名品

최신 **출제기준** 반영

유기농업기능사

권현준 저

JN412730

필기

BEST
명품강의
보러가기
www.kisa.co.kr

TALK 실시간 카톡문의
@kisa
1544-8509

자격시험안내

1. 개요

최근 환경오염과 함께 유기농업의 중요성 및 수요는 증대되고 있으며, 과거 저부가가치의 농작물에서 고부가가치가 가능한 농작물로 전환할 필요성이 대두되고 이러한 고부가가치 작물생산의 한 방안으로 최근 유기농업에 대한 관심 및 수요가 증가되는 추세에 있다. 유기농업이란 화학비료, 유기합성농약(농약, 생장조절제, 제초제 등), 가축사료첨가제 등 일체의 합성화학물질을 사용하지 않고 유기물과 자연광석 미생물 등 자연적인 자재만을 사용하는 농법을 말한다. 이러한 유기농업은 단순히 자연보호 및 농가소득증대라는 소극적 중요성을 떠나, WTO에 대응하여 자국농업을 보호하는 수단이 되며, 아울러 국민의 보건복지 증진이라는 의미에서도 매우 중요하다. 이러한 유기농업의 중요성에도 불구하고, 전문 유기농업인력을 육성·공급할 수 있는 자격신설이 필요하게 됨

2. 시행기관 및 원서접수

한국산업인력공단(www.q-net.or.kr)

3. 수행직무

유기농업 분야의 입지선정, 작목선정, 경영여건분석, 환경분석 등을 기획하고, 윤작체계 및 자재의 선정, 토양비옥도 및 병해충방지, 시비방법선정 사료확보 등 생산, 축사 설계, 축사분뇨처리업무와 유기농산물 원료의 가공, 포장, 유통 직무 수행

4. 시험과목 및 검정방법

구분	시험과목	검정방법
필기시험	① 유기 작물재배 ② 토양관리 ③ 유기농업일반	객관식 4지 택일형, 60문항(1시간)
실기시험	유기농산물 재배 실무	필답형(2시간)

5. 합격기준

① 필기 : 100점을 만점으로 하여 과목당 40점 이상, 전 과목 평균 60점 이상
② 실기 : 100점을 만점으로 하여 60점 이상

6. 응시절차

1	필기원서접수	<ul><li>Q-net를 통한 인터넷 원서접수</li><li>필기접수 기간 내 수험원서 인터넷 제출</li><li>사진(6개월 이내에 촬영한 3.5×4.5cm 칼라사진, 수수료 전자결제</li><li>수험표 본인 선택(선착순)</li></ul>
2	필기시험	수험표, 신분증, 필기구(흑색 싸인펜 등), 공학용계산기 지참
3	합격자 발표	<ul><li>Q-net를 통한 합격확인(마이페이지 등)</li><li>응시자격(기술사, 기능장, 산업기사, 서비스 분야 일부종목)</li><li>제한종목은 합격예정자 발표일부터 8일 이내에(토, 공휴일 제외)</li><li>응시자격서류를 제출하여 합격처리된 사람에 한하여 실기접수가 가능</li></ul>
4	실기원서 접수	<ul><li>실기접수기간 내 수험원서 인터넷(www.Q-net.or.kr)제출</li><li>사진(6개월 이내에 촬영한 반명함판 사진파일(JPG), 수수료(정액)</li><li>시험일시, 장소, 본인 선택(선착순) 단, 기술사 면접시험은 시행 10일 전 공고</li></ul>
5	실기시험	수험표, 신분증, 필기구, 공학용 계산기, 수험자 지참준비물(작업형 시험한정) 지참
6	최종합격자 발표	Q-net를 통한 합격확인(마이페이지 등)
7	자격증 발급	<ul><li>(인터넷) 인터넷 신청 후 우편 배송</li><li>(방문수령) 여권규격사진 및 신분확인 서류</li></ul>

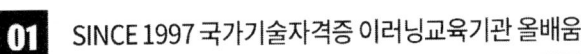

| 전국 한국산업인력공단 안내 |

기관명	주소	연락처
서울지역본부	(02512)서울 동대문구 장안벚꽃로 279(휘경동 49-35)	02-2137-0590
서울서부지사	(03302)서울 은평구 진관3로 36(진관동 산100-23)	02-2024-1700
서울남부지사	(07225)서울시 영등포구 버드나루로 110(당산동)	02-876-8322
서울강남지사	(06193)서울시 강남구 테헤란로 412 알레르망타워 15층(대치동)	02-2161-9100
인천지사	(21634)인천시 남동구 남동서로 209(고잔동)	032-820-8600
경인지역본부	(16626)경기도 수원시 권선구 호매실로 46-68(탑동)	031-249-1201
경기동부지사	(13313)경기 성남시 수정구 성남대로 1214 광우빌딩(1~7층)	031-750-6200
경기서부지사	(14488) 경기도 부천시 길주로 463번길 69(춘의동)	032-719-0800
경기남부지사	(17561)경기 안성시 공도읍 공도로 51-23	031-615-9000
경기북부지사	(11801)경기도 의정부시 바대논길 21 해인프라자 3~5층(고산동)	031-850-9100
강원지사	(24408)강원특별자치도 춘천시 동내면 원창 고개길 135(학곡리)	033-248-8500
강원동부지사	(25440)강원특별자치도 강릉시 사천면 방동길 60(방동리)	033-650-5700
부산지역본부	(46519)부산시 북구 금곡대로 441번길 26(금곡동)	051-330-1910
부산남부지사	(48518)부산시 남구 신선로 454-18(용당동)	051-620-1910
경남지사	(51519)경남 창원시 성산구 두대로 239(중앙동)	055-212-7200
경남서부지사	(52733)경남 진주시 남강로 1689(초전동 260)	055-791-0700
울산지사	(44538)울산광역시 중구 종가로 347(교동)	052-220-3277
대구지역본부	(42704)대구시 달서구 성서공단로 213(갈산동)	053-580-2300
경북지사	(36616)경북 안동시 서후면 학가산 온천길 42(명리)	054-840-3000
경북동부지사	(37580)경북 포항시 북구 법원로 140번길 9(장성동)	054-230-3200
경북서부지사	(39371)경상북도 구미시 산호대로 253(구미첨단의료 기술타워 2층)	054-713-3000
광주지역본부	(61008)광주광역시 북구 첨단벤처로 82(대촌동)	062-970-1700
전북지사	(54852)전북특별자치도 전주시 덕진구 유상로 69(팔복동)	063-210-9200
전북서부지사	(54098)전북특별자치도 군산시 공단대로 197번지 풍산빌딩 2층(수송동)	063-731-5500
전남지사	(57948)전남 순천시 순광로 35-2(조례동)	061-720-8500
전남서부지사	(58604)전남 목포시 영산로 820(대양동)	061-288-3300
대전지역본부	(35000)대전광역시 중구 서문로 25번길 1(문화동)	042-580-9100
충북지사	(28456)충북 청주시 흥덕구 1순환로 394번길 81(신봉동)	043-279-9000
충북북부지사	(27480)충북 충주시 호암수청2로 14 (호암동) 충주농협 호암행복지점 3~4층	043-722-4300
충남지사	(31081)충남 천안시 서북구 상고1길 27(신당동)	041-620-7600
세종지사	(30128)세종특별자치시 한누리대로 296(나성동)	044-410-8000
제주지사	(63220)제주 제주시 복지로 19(도남동)	064-729-0701

7. 출제기준

직무 분야	농림어업	중직무 분야	농업	자격 종목	유기농업기능사	적용 기간	2025.1.1. ~2027.12.31.

○ 직무내용

유기농축 산업 분야에 대한 윤작체계, 자재선정, 토양특성, 병해충관리, 가축사육 및 질병, 인증관리 등 관련 업무를 수행하는 직무이다.

필기검정방법	객관식	문제수	60	시험시간	1시간

필기과목명	주요항목	세부항목
유기 작물재배, 토양관리, 유기농업 일반	1. 유기재배 준비	1. 유기농업 환경 분석 2. 생산계획 수립 3. 생산체계 수립 4. 영농일지
	2. 유기재배 토양관리	1. 토양의 특성　　2. 토양 검정 3. 퇴비 제조　　　4. 토양 관리 5. 토양 보전관리
	3. 유기생육관리	1. 비배 관리　　　2. 생육단계별 관리 3. 재배환경관리　4. 생육진단 처방
	4. 유기재배 잡초관리	1. 잡초관리
	5. 유기재배 병충해 관리	1. 병충해 관리
	6. 유기재배 수확관리	1. 수확 및 저장　　2. 판매 관리
	7. 유기재배 농자재제조 관리	1. 유기농업 허용물질 관리 2. 제조 및 이용 방법
	8. 유기축산	1. 유기축산 일반 2. 유기축산의 사료생산 및 급여 3. 유기축산의 질병예방 및 관리 4. 유기축산의 사육시설 5. 유기축산 품질 인증 관리

차례

PART 1

유기작물재배

01 재배의 기원과 현황

1. 재배작물의 기원과 발달

(1) 재배

① 재배는 인간이 경지를 이용하여 작물을 기르고 수확하는 경제적 행위를 말한다.

② 재배는 되도록 많은 수량을 내어 소득을 올리는 것이 좋고 일정 토지면적에서 작물의 수량을 극대화하기 위해 우수한 품종을 선택하고 최적의 환경을 조성해지면서 적합한 재배기술을 적용한다.

③ 작물의 수량은 유전성, 환경조건, 재배기술을 3변으로 표현하는 작물수량 삼각형으로 표현한다.

④ 작물수량 삼각형은 유전성은 우수하고 최적의 환경조건을 가지며 적합한 재배기술을 적용해야 한다.

⑤ 재배종 특성

ㄱ 발아억제 물질이 감소하거나 소실되는 방향으로 발달하였다.

ㄴ 생장에너지가 다량 함유된 대립종자에서 발전하였다.

ㄷ 종자의 단백질 함량이 낮아지고 탄수화물 함량이 증가하는 방향으로 발전하였다.

ㄹ 모든 종자가 일시에 성숙되고 개화기에 일시에 집중하는 방향으로 발전하였다.

ㅁ 탈립성이 작은 방향으로 수량은 많은 방향으로 발달하였다.

(2) 작물의 특징

① 작물은 일반식물에 비하여 이용성과 경제성이 높아야 한다.

② 작물의 경제성을 높이기 위해 특정 수확부위의 수량을 높여야 한다. 특정 부위만 매우 발달한 일종의 기형식물을 이루는 경우가 있다.

③ 기형으로 발달된 작물은 야생식물보다 생존 경쟁력이 약하다.

(3) 식물의 기원과 분화

① 식물의 기원

  ㉠ 현재 재배되는 작물들은 야생식물에서 순화 및 발달되었다.

  ㉡ 어떤 작물의 야생하는 원형식물을 그 작물의 야생종 혹은 원종이라 한다.

  ㉢ 재배종이 야생원형식물로부터 변이, 발달해온 과정을 작물의 식물적 기원이라 한다.

② 작물의 분화

  ㉠ 분화는 작물이 여러 갈래로 갈라지는 현상을 의미한다.

  ㉡ 분화는 첫 과정은 유전적 변이의 발생이다.

  ㉢ 분화의 과정은 자연교잡, 돌연변이에서 도태와 적응, 순화, 적응형의 과정을 거친다.

  ㉣ 작물의 환경이나 생존경쟁에서 견디지 못해 죽게 되는 것을 도태라고 하고 환경에 적응하여 특성이 변화되는 것을 순화라고 한다.

  ㉤ 분화의 마지막 과정은 적응형들이 유전적으로 안정적인 상태를 유지하는 것이고 이를 위하여 적응형 상호간에 유전적 교섭이 발생하지 않게 격절(고립, isolation)을 하도록 한다.

  ㉥ 격절에는 지리적 격절, 생리적 격절, 인위적 격절 등이 있다.

지리적 격절	지리적으로 떨어져 있어 유전적 교섭이 일어나지 않는다.
생리적 격절	개화기의 차이, 교잡불능 등으로 유전적 교섭이 방지된다.
인위적 격절	인위적으로 다른 유전자와의 교섭을 방지한다.

  ㉦ 야생형 식물의 경우 분화과정에서 종자의 탈립, 산포능력의 상실, 종실의 크기 대형화, 방어적 구조의 퇴화, 종자의 휴면성약화 등이 나타난다. 즉 야생식물의 경우 재배화되면서 여러 가지 순화된 특성이 나타나게 되는 것이다.

③ 작물의 유연관계

  ㉠ 작물의 분화는 유연관계가 있는 다양성을 나타내기에 식물적 기원을 파악하는데 도움이 된다.

  ㉡ 유연관계를 파악하는 방법에는 교잡에 의한 방법, 염색체에 의한 방법, 면역학적 방법 등이 있다.

  ㉢ 작물의 유연관계는 내부 유전적인 영향이 가장 크며 염색체의 수, 모양의 차이로 파악이 가능하다.

(4) 식물의 지리적 분류

① 작물의 최초 원산지에서 타지역으로 전파된 과정을 지리적 기원이라 한다.

② 작물의 원산지 연구는 De Candolle 의 야생종의 분포지방, 고고학 등에 표시되어 있는 사실과 전설 및 구기 등을 참고하여 작물의 발상지, 재배 연대, 내력 등을 최초로 밝혔다. De Candolle 의 저서로 1883년 '재배식물의 기원'이 있다.

③ 바빌로프(Vavilov)는 작물의 원산지에 관련하여 유전자중심지설(gene center theory)을 제기하였다. 중심지에서 재배 식물의 변이가 가장 풍부하고 다른 지방에 없는 변이를 보이며 중심지에서 우성형질이 많고 중심지에서 멀어지면 열성 유전자가 많이 보인다.

④ 농경의 발상지는 학자에 따라 다르게 추정하였는데 큰강의 유역은 De Candolle, 산간부는 Vavilov, 해안지대는 P. Dettweiler 이다.

⑤ 유전자중심지설은 작물육종에 있어 새로운 유용 유전자를 탐색 및 수집에 많이 활용된다.

⑥ 바빌로프는 주요 작물의 재배기원 중심지를 8개 지역으로 나누었다.

중국지구	조, 피, 메밀, 무, 오이, 상추, 배, 복숭아, 매화, 자운영, 미나리
힌두스탄지구	벼, 목화, 삼, 귤, 가지
중앙아시아지구	밀, 완두, 강낭콩, 아마, 포도, 참깨, 양파, 무화과
근동지구	늘보리, 6재배 귀리, 배, 사과, 알팔파
지중해연안지구	채소류, 2립계 밀, 클로버, 순무
아비시니아지구	보리, 아마, 해바라기
중앙아메리카지구	옥수수, 고구마
남아메리카지구	감자, 담배, 바나나, 토마토

2. 작물의 분류

(1) 식물분류학적 분류

① 식물분류는 이명법(린네)을 주로 기준으로 한다.

계 → 문 → 강 → 목 → 과 → 속 → 종 → 변종

② 식물의 분류 시 기본단위는 종은 같은 유전형질을 나타낸다.

③ 종을 학명으로 표시할 경우 린네가 만든 이명법을 사용한다.

④ 속명과 종명은 라틴어를 사용하고 오른쪽으로 기울어진 이탤릭체를 쓴다.

⑤ 식물은 학술적으로 연구를 할 때 소통의 어려움이 있어 이명법을 통해 세계 공용으로 활용하고 있다.

(2) 작물의 종류와 특성

① 식용작물

미곡	벼
맥류	보리, 호밀, 밀, 귀리
잡곡	수수, 옥수수, 메밀, 기장
두류	콩, 녹두 강낭콩, 완두, 팥, 땅콩
서류	고구마, 감자

② 공예작물

섬유작물	목화, 삼, 모시풀, 수세미, 닥나무
전분작물	옥수수, 감자, 고구마
유료작물	참깨, 들깨, 유채, 땅콩, 해바라기, 아주까리, 오일팜
기호료작물	차, 담배, 커피
약료작물	제충국, 인삼, 도라지, 박하, 당귀
당료작물	사탕무, 사탕수수

③ 사료 작물

화본과	옥수수, 티머시, 오처드 그래스
콩과	알팔파, 레드클러버, 스위트 클로버, 화이트 클로버

④ 녹비 작물

화본과	귀리, 호밀, 라이그래스
콩과	자운영, 콩

⑤ 채소

과채류		오이, 호박, 참외, 멜론, 수박, 딸기
협채류		완두, 동부, 강낭콩
근채류	괴근류	고구마, 감자, 마, 연근, 생강
	직근류	무, 당근, 우엉
경엽채류	엽채류	배추, 양배추, 갓
	생채류	샐러드, 상치, 파슬리, 땅두릅
	유채류	미나리, 아스파라가스, 죽순, 시금치
	총류	파, 양파, 쪽파, 마늘

⑥ 생태적 분류

생존연한	・1년생 작물 : 벼, 콩, 옥수수, 배추 ・2년생 작물(월년생작물) : 대파, 무, 사탕무 ・다년생 작물 : 감자, 고구마, 아스파라거스
생육계절	・하작물 : 콩, 수수혼작 ・동작물 : 밀, 보리
생육형	・주형작물(식물체가 포기를 형성) : 벼, 맥류, 오챠드그라스 ・포복형작물(땅을 기어 지표를 덮음) : 고구마
생육온도	・저온작물 : 맥류, 감자 ・고온작물 : 벼, 콩, 담배
저항성	・내산성 작물 : 감자, 벼 ・내건성 작물 : 수수 ・내습성 작물 : 밭벼 ・내염성 작물 : 사탕무, 목화, 양배추, 유채 ・내풍성 작물 : 고구마

⑦ 재배・이용에 따른 분류

작부방식	・동반작물 : 다년생초지에 초기 산초량을 높이기 위해 섞는 작물 ・보호작물 : 주요작물의 보호를 위해 심는 작물 ・대용작물 : 주작물 수확이 어려울 경우 대체작물, 메밀・채소・조 ・구황작물 : 불리한 환경(흉년)에 수확량이 상당한 작물, 메밀・고구마・조・피
토양보호	・토양보호 작물 : 일종의 토양 피복 작물 ・토양조성 작물 : 지력증진에 도움이 되는 작물, 콩과식물 ・토양수탈 작물 : 토양 양분만 가져가 비료분을 공급해야 하는 작물, 화곡류
경제・경영	・자급 작물 : 농가에서 자급용 작물 ・환금 작물 : 판매용 작물, 담배・인삼 ・경제 작물 : 환금작물 중 수익성이 높은 작물, 담배・양파・마늘
사료용도	・청예작물 : 곡식의 줄기나 잎을 사료로 사용할 목적, 순무 ・건초작물 : 건초용으로 사용되는 작물, 티머시・알팔파 ・종실사료작물 : 종자를 사료로 이용하는 작물, 맥류・옥수수

(3) 작물의 식물학적, 농업적 분류

① 원경

  ㉠ 작은 면적의 농지에 자본과 인력을 집약적으로 투입하여 단위 면적당 수확량을 많게 하는 농업 형태로 현재의 도시근교 시설원예가 이에 해당한다.

  ㉡ 예로부터 유럽의 농업에서는 취락 근처의 농지를 울짱 등으로 둘러싸서 원지로 삼고 여기에서 야채나 과수를 재배하는 것이 일반적이었으며, 멀리 떨어진 바깥쪽의 경지에서 영위되는 곡물재배와는 집약도라는 점에서 현저하게 다르기 때문에 원경과 곡경은 특히 구별되어 왔다.

② 곡경

  ㉠ 미국, 아르헨티나 등지에서의 밀 재배와 같이 밀, 벼, 옥수수 따위의 곡류가 광대한 지대에 걸쳐 재배되는 농업 형태이다.

  ㉡ 대규모기계화단지에 적합하다.

  ㉢ 포경

    ⓐ 넓은 들이므로 사료작물을 키운다는 의미가 있어 축산을 겸하는 농업 형태이다.

    ⓑ 식량과 사료를 균형 생산할 수 있는 방법으로 구미의 발달한 농업형태이고, 유기농업이 추구하는 방향이기도 하다.

③ 소경

  ㉠ 거름을 많이 넣으면 밭을 깊게 많이 갈아야 하지만 적게 간다는 것은 비배관리가 거의 전무한 원시적 약탈농업임을 의미한다.

  ㉡ 아프리카 중남부, 동남아 아열대의 섬지방 등 후진국의 척박지에서 시행

④ 식경

  ㉠ 열대나 아열대 지방에서 선진국의 자본과 원주민의 노동력을 결합하여 벼, 목화, 담배 따위의 작물을 대규모로 경작하는 농업 형태이다.

  ㉡ 식민지농경의 형태이다.

3. 재배의 현황

(1) 세계의 재배현황

① 국토면적 중 일반작물을 재배하는 토지를 농경지, 경지라 하고 경지는 과수와 임목을 재배하는 수원지를 포함한다.

② 세계의 토지 총면적은 약 134.6억 ha 이며 이 중 농경지는 약 15.3ha 로 경지율은 11.3% 이다.

③ 농경지 면적과 경지율은 아시아가 가장 높으며 다음으로 유럽, 북·중앙아메리카, 아프리카 순이다.

④ 경제활동인구 중 농업인구는 세계 전체로 40.6% 이며 대부분이 아시아 국가들이다.

⑤ 한국의 농업 비중은 아시아 국가들보다 낮으나 서구 선진국보다는 다소 높다.

(2) 국내 재배 현황

① 국내 총생산액 중 농업생산이 차지하는 비중은 1970년 25.4%에서 2009년 2.2% 정도로 낮아졌다.

② 국토면적 중 농경지가 1970년 23.3% 정도였으나 2009년 17.4% 정도로 매년 감소하는 추세이다.

③ 우리나라 농가구 및 농가인구는 지속적으로 감소하고 있으며 1970년 44.7%에서 2009년 6.4%로 크게 감소하였다.

1. 수분

(1) 표시방법

① 수분 포텐셜

㉠ 토양수분장력은 Potential Force 의 약자를 따서 pF 로 표기한다. 토양에 수분이 어느정도의 힘으로 있는가를 수주 높이로 표시한 것이다.

㉡ pF = log H (H : 수조 높이, 단위 : cm) 이며 토양의 수주높이가 1000cm 의 경우 pF = 3 으로 1기압(1atm) 이다.

㉢ 토양의 수분함량에 따라 아래와 같이 정의한다. 이때 영구위조점을 지나 pF 6 은 풍건상태, pF 7 은 건토상태라고 정의 한다.

용어	pF	특징
최대용수량	0	토양내에 모든 공극에 물이 찬 상태의 수분함량
포장용수량	1.7~2.7	최대용수량에 중력수가 제거 되고 모세관의 수분 함량 기준
위조점	4.2	식물이 수분을 흡수하지 못하고 영구히 시들어버리는 시점, 이때의 수분함량은 위조계수라 한다.
흡습계수	4.5	마른 토양의 수분함량
수분당량	2.7~3.0	물을 포화시킨 토양에 원심력 적용후 토양에 남아 있는 수분

㉣ 유효수분은 포장용수량 ~ 영구위조점까지 pF 2.7 ~ 4.2 정도이다. 여기서 일반작물의 유효수분은 pF 1.8 ~ 4.0 정도이며 정상생육이 가능한 범위는 1.8 ~ 3.0이다.

㉤ 포장용수량은 강우나 관개 후 2 ~ 3일 경과되어 완전 배수가 된 포장에서 중력에 저항하여 토양에 보류하는 수분을 의미한다.

㉥ 토양 수분의 종류는 아래와 같이 분류된다. 결합수와 흡습수는 식물이 사용할 수 없는 수분이고 주로 모관수가 작물에 이용된다.

종류	pF	특징
결합수	7.0↑	토양이나 생체 속 등에서 강하게 결합되어서 쉽게 제거할 수 없는 물
흡습수	4.5~7	토양입자 표면에 피막 상을 흡착된 수분
모관수	2.7~4.5	모관 인력에 의하여 토양 내의 작은 공극을 상승하는 수분
중력수	2.5↓	중력의 영향으로 토양에서 배수되는 물

② 수분 스트레스

　㉠ 함수량이 저하되면 시들기 시작하는데 이를 위조현상이라 한다.

　㉡ 이러한 시드는 과정은 정도에 따라 초기위조, 일시적위조, 영구위조로 구분된다.

초기위조	· 지상부가 시들기 시작하는 상태이다. · 식물 생육억제의 초기 단계, pF 3.9 정도이다.
일시적 위조	· 초기 위조 이후 진행된 상태, 그러나 관수에 의하지 않아도 회복이 가능한 단계이다. · 보통 작물의 증산이 흡수보다 클 때 일어난다.
영구위조	· 뿌리 흡수조차 불가능한 상태로 회복할 수 없는 시점이다. · pF 는 통상 4.2 정도이다.

(2) 수분의 흡수

① 식물의 수분 흡수

　㉠ 수분의 흡수를 담당하는 뿌리는 뿌리골무, 생장점, 신장부, 근모부로 분류되며 근모부에서 수분의 흡수가 가장 활발하게 이루어진다.

　㉡ 나무에서 수분의 이동통로는 목부부분이 담당하며 양분의 이동통로는 사부에서 이루어진다. 수종에 따라 침엽수의 경우 가도관이 대부분이며 도관이 없고 활엽수는 목부에 도관이 발달한 것이 특징이다.

　㉢ 작물에서의 수분 흡수는 뿌리와 뿌리의 선단부의 뿌리털에 의해 토양의 수분을 흡수하며 뿌리가 자라나 토양, 수분과의 접촉면적을 확대하려는 것이 특징이다.

　㉣ 수분 흡수 과정에서 세포에 작용되는 삼투압은 세포 내로 수분이 들어가는 압력을 의미하고 막압은 세포 외로 수분이 배출되는 압력을 의미한다.

　㉤ 뿌리의 수분 흡수는 세포의 삼투압이 토양의 삼투압보다 높아 물이 흡수되는 것이다. 이러한 뿌리의 흡수력에 의한 것을 능동적 흡수라고 한다.

　㉥ 토양에서 작물뿌리의 흡수는 DPD와 SMS 의 사이에 의해 이루어지며 아래 공식으로 표현한다. DPD는 세포로 수분이 들어오려는 삼투압과 못들어오게 하는 벽압의 차이이고 SMS는 토양의 수분보류력과 삼투압을 합친 것을 말한다.

$$DPD - SMS = (a - m) - (t + a^0)$$

여기서, a : 세포 삼투포텐셜

　　　　 m : 세포의 팽압

　　　　 t : 토양 부분보류력

　　　　 a^0 : 토양용액 삼투포텐셜

    ⓐ 일비현상은 줄기를 자른 곳에서 물이 배출되는 현상이고, 일액현상은 잎의 가장자리에 있는 수공에서 물이 나오는 현상인데 이 두 가지 현상은 뿌리세포의 근압에 의해 능동적 흡수가 발생한다.

    ⓞ 압력구배에 따라 물 분자의 집단이 함께 이동하는 것을 집단류라 하는데 식물의 증산작용이 활발하면 잎의 수분포텐셜이 감소하여 엽맥의 수분을 끌어들이게 된다.

    ⓩ 작물의 흡수압은 평균적으로 약 5 ~ 14기압, pF 3.5 ~ 4.1 정도이다.

② 작물의 요수량

    ㉠ 요수량의 정의는 건물 1g 을 생산하는데 소요되는 수분량으로 요수량은 가뭄에 대한 저항성의 척도가 되기도 한다. 보통 요수량이 작은 식물은 건조에 대한 저항성이 강한 편이다.

    ㉡ 요수량이 큰 식물로 알팔파, 클로버, 완두 등이 있으며 그중에서도 명아주는 요수량이 매우 크다. 요수량이 적은 식물로 수수, 기장, 옥수수 등이 있다.

    ㉢ 요수량은 환경에 영향을 받으며 햇빛이 부족할 경우, 바람이 강할 경우, 습도가 낮을 경우, 토양이 척박할 경우 요수량이 커진다.

(3) 관개

① 관개

    ㉠ 작물을 재배하는 생육기간에 걸쳐 필요한 양의 물을 계획적으로 대주는 작업을 관개 또는 관수라고 한다.

    ㉡ 관개의 시기, 횟수, 수량은 토양의 보수력, 근군의 분포, 증발산량 등에 의해 결정된다.

    ㉢ 관개는 보통 유효수분의 50~85%가 소모되거나 pF 2.0 ~ 2.5 일 때 실시한다.

    ㉣ 관개를 통해 논에서는 생리적으로 필요한 수분을 공급해주고 질소, 칼륨 등의 양분을 공급하며 온도의 조절 작용 등의 역할을 해준다. 밭에서는 수분공급 및 품질과 수량을 높이며 지온을 조절하고 양분의 이용률을 높이는데 도움을 준다.

② 관개 방법

    ㉠ 지표관개

        • 지표관개는 지표면에 물을 흘려 대는 방법으로 전면관개, 부분관개, 침출관개가 있다.

        • 전면관개는 지표면 전면에 물을 흘려 대는 방법으로 수반법, 등고선월류법, 보더법이 있다.

        • 일류관개는 등고선에 따라 수로를 내어 임의의 장소로부터 월류하도록 하는 방법이다.

- 보더관개는 완경사의 포장을 알맞게 구획하여 상단의 수로로부터 전체 표면에 물을 흘려 대는 방법이다.
- 수반법은 포장을 수평으로 구획하고 관개하는 방법이다.
- 고랑관개는 포장에 이랑을 세우고 고랑에 물을 흘려 대는 방법이다.

ⓛ 살수관개
- 살수관개는 공중에 물을 뿌려 대는 방법으로 스프링클러법, 다공관관개법, 물방울관개법이 있다.
- 다공관관개는 파이프에 직접 작은 구멍을 내어 살수하는 방법이다.
- 스프링클러관개는 스프링클러를 이용하여 살수하는 방법이다.
- 물방울관개는 물방울 식으로 살수하는 방법으로 drip 법, subsurface 법, bubbler 법이 있다.

ⓒ 지하관개
- 지하관개는 지하로부터 수분을 공급하는 방법으로 개거법, 암거법, 압입법이 있다.
- 개거법은 개방된 토수로에 투수하여 이것이 침투해 모관상승을 통해 근권에 공급되게 하는 방법이다. 지하수위가 낮지 않은 사질토 지대에 이용된다.
- 암거법은 지하에 토관, 목관, 콘크리트관, 플라스틱관 등을 배치하여 통수하고 간극으로부터 스며 오르게 하는 방법이다.
- 압입법은 뿌리가 깊은 과수 주변에 구멍을 뚫고 물을 주입하거나 기계적으로 압입하는 방법이다.

③ 관개의 효과
  ㉠ 논 담수관개 효과
  - 생리적으로 필요한 수분을 공급한다.
  - 담수의 온도 조절 작용을 한다.
  - 비료 성분을 공급할 수 있다.
  - 유해물질을 제거한다.
  - 잡초를 억제한다.
  - 병해충이 경감된다.
  - 토양이 부드러워 모내기, 중경제초 등 작업이 용이하다.

  ㉡ 밭 관개의 효과
  - 생리적으로 필요한 수분을 공급하여 수량과 품질이 향상된다.
  - 관개로 인하여 유리한 작물을 선택하고 재배기술의 향상이 가능하게 된다.
  - 지온을 조절할 수 있다.

- 비료성분의 보급이 용이하고, 이용효율이 높아진다.
- 건조 지대에 관개로 풍식을 방지할 수 있다.

④ 용수량
  ㉠ 벼농사기간 중 논관개에 소요되는 수분의 총량을 용수량이라 한다.
  ㉡ 용수량 = (엽면증산량 + 수분증발량 + 지하침투량) – 유효우량

⑤ 밭관개와 재배상 유의점
  ㉠ 수익성이 높은 작물을 선택한다.
  ㉡ 다비재배를 할 수 있다.
  ㉢ 내도복성 품종을 선택한다.
  ㉣ 재식밀도를 높일 수 있다.
  ㉤ 병충해 방제 및 제초를 철저히 실시한다.
  ㉥ 식질토양에서 휴립, 중경 등으로 관개수의 침투를 도모하고 비닐멀칭을 통해 지면증발을 억제하도록 한다.

(4) 배수

① 원활한 배수를 통해 습해 및 수해를 막을 수 있다.
② 다모작을 가능하게 하여 경지의 이용도를 높인다.
③ 토양의 성질이 개선되고 농작업이 용이하게 되면서 기계화가 촉진된다.
④ 배수법으로 객토법, 명거배수, 암거배수가 있다.

객토법	토성을 개량하거나 지반을 높여 배수를 꾀하는 방법으로 경비가 많이 들어 대규모는 어렵다.
명거배수	배수로 표토면 바로 아래쪽에서 물을 빼는 방법이다.
암거배수	배수로가 지하로 매설되어 물을 빼는 방법이다.

⑤ 습답 등 암거배수시설을 설치한 해에는 질소비료 사용량을 줄이고 석회를 충분히 주도록 한다.

2. 공기

(1) 대기조성

① 대기조성

　㉠ 대기의 조성은 질소 78%, 산소 21%, 이산화탄소 0.03% 및 기타로 구성되어 있다.

　㉡ 식물의 경우 이러한 질소를 질소동화작용에 의해 암모늄염이온(NH_4^+), 질산이온(NO_3^-) 형태로 흡수하여 이용한다.

　㉢ 살아있는 생물이 죽을 경우 미생물이나 세균에 의해 분해되어 암모늄이온, 질산이온으로 변화하여 흡수되며 토양미생물인 탈질균은 이러한 질산염을 가스의 형태로 대기로 돌아간다.

　㉣ 작물 재배상 산소농도가 5~10% 이하 또는 90% 이상이면 호흡에 지장을 초래한다.

② 질소

　㉠ 질소는 대기중에 약 78% 정도 구성하고 있으며 식물의 경우 질소동화작용에 의해 암모늄염이온(NH_4^+), 질산이온(NO_3^-) 형태로 흡수하여 이용한다. 질소(N_2)는 불활성이라 생물체가 영양소로 사용할 수 없다.

　㉡ 질소고정은 미생물에 의하여 암모늄(NH_3)형태로 환원되는 생물적 질소고정, 번개에 의하여 대기권에서 NO_x 형태로 산화되는 광화학적 질소고정, 비료공장에서 합성되는 산업적 질소고정의 3가지가 있다.

③ 이산화탄소

　㉠ 탄소의 순환은 광합성, 호흡, 화석연료의 생성, 연소로 인한 이산화탄소의 방출, 이산화탄소의 물에 녹는 등의 다양한 현상에 의해 순환한다. 식물이 이용하는 공기 중의 이산화탄소의 경우 대략 0.03% 정도 차지하고 있다.

　㉡ 생물에 의한 이산화탄소의 동화량과 동식물의 호흡에 의한 이산화탄소, 연료의 연소 등으로 발생되는 이산화탄소의 합의 값은 거의 같으며 이를 탄소평형이라 말한다.

　㉢ 이산화탄소 농도는 여름철에는 낮고 상대적으로 가을철에는 높다.

　㉣ 이산화탄소는 식물체가 무성한 곳에 지면에 가까운 공기층의 농도가 높으나 지표에서 떨어진 공기층의 이산화탄소 농도는 낮다.

　㉤ 미숙퇴비, 낙엽 등을 시용하면 이산화탄소 발생이 많아진다.

(2) 이산화탄소

① 이산화탄소 농도에 관여 요인

　㉠ 계절 : 식물의 잎이 무성한 공기층에 광합성이 왕성하여 이산화탄소 농도가 낮고 가을철에는 다시 높아진다.

　㉡ 지면과의 거리 : 지면으로부터 멀어짐에 따라 이산화탄소 농도는 낮아지는 경향이 있다.

　㉢ 식생 : 식생이 무성하면 뿌리의 호흡이 왕성하고 바람을 막아 지면에 가까운 공기층의 이산화탄소 농도를 높게 하나 지표에서 떨어진 공기층은 잎의 왕성한 광합성 때문에 이산화탄소 농도가 낮아진다.

　㉣ 바람 : 바람은 공기 중의 이산화탄소 농도의 불균형 상태를 완화한다.

　㉤ 미숙유기물 시용 : 미숙퇴비, 낙엽, 녹비를 시용하면 이산화탄소의 발생이 많아져 작물 주변 공기층의 이산화탄소 농도가 높아진다.

② 대기 중 이산화탄소와 작물의 생리작용

　㉠ 호흡작용

　　• 대기 중 이산화탄소 농도가 높아지면 일반적으로 호흡속도는 감소한다.

　　• 이산화탄소 농도가 20% 이상 될 때 호흡속도의 변화는 조직에 따라 다르다. 정상적 상태에서 호흡이 낮은 기관인 감자의 덩이줄기나 튤립과 양파의 비늘줄기에서 오히려 호흡이 증가한다.

　㉡ 광합성

　　• 이산화탄소 농도가 높아지면 어느 한계까지 광합성의 속도가 증대한다.

　　• 광합성에 의한 유기물의 생성속도와 호흡에 의한 유기물의 소모속도가 같아지는 이산화탄소 농도를 이산화탄소 보상점이라 한다.

　　• 작물이 생장을 계속하기 위해 이산화탄소보상점 이상의 이산화탄소 농도가 필요하다.

　　• 대체로 작물의 이산화탄소보상점은 대기 중 농도의 1/10 ~ 1/3(0.003 ~ 0.01%) 정도이다.

　　• 이산화탄소농도가 어느 한계까지 높아지면 그 이상 높아져도 광합성속도는 그 이상 증대하지 않는 상태에 도달하게 되는데 이 한계점의 이산화탄소 농도를 이산화탄소 포화점이라 한다.

　　• 광합성 속도에서 이산화탄소 농도 뿐만 아니라 광의 강도도 관계한다. 광이 약할 경우 이산화탄소보상점이 높아지고 이산화탄소포화점은 낮아지며 반대로 광이 강할 때에는 이산화탄소보상점이 낮아지고 이산화탄소포화점은 높아진다.

- 광합성은 어느 한계까지는 온도, 광도, 이산화탄소 농도의 증대에 따라 증가하게 된다.
- C4 식물은 C3 식물보다 이산화탄소보상점이 낮아서 낮은 농도의 이산화탄소 조건에서도 적응할 수 있으며, 보통 이산화탄소포화점은 C4식물이 C3식물보다 높다.

   ⓒ 이산화탄소의 영향

- 밀, 완두, 해바라기 등에서 이산화탄소의 농도 증대로 암중 발아를 촉진시킨다.
- 강낭콩, 옥수수, 구리 등은 흡수과정에서 산소는 과도한 흡수작용을 일으켜 파괴작용을 하지만 이산화탄소는 과도한 수분흡수를 억제하여 오히려 보호작용을 한다.
- 이산화탄소는 셀레늄(Se)염 및 2,4-D의 해를 줄여주고 옥수수의 저온저항성을 높여준다.
- 과실 및 채소 등을 이산화탄소 중에 저장하면 대사기능이 억제되어 품질이 비교적 양호하게 유지하고 장기간 저장이 가능하다.

   ⓔ 이산화탄소 시비

- 시설재배에서 시설 내 이산화탄소 농도를 인위적으로 높여주는 것을 이산화탄소시비, 탄산시비, 탄산비료라고 한다.
- 이산화탄소시비는 보통 이산화탄소 농도를 0.15~0.3% 조절하며, 이산화탄소의 효과는 각종 환경요소의 변화, 작물의 종류, 품종, 재배형 등에 따라 달라진다.

(3) 대기오염

① 대기의 오염으로 인하여 식물의 생육을 방해하거나 심할 경우 고사를 유발하기도 한다. 이러한 피해현상을 이용하여 특정한 식물은 대기오염의 지표로 사용하기도 한다.

② 지표식물은 특정 병에 대한 감수성을 의미하며 병이 잘 발생한다는 것은 감수성이 높다는 것을 의미한다.

③ 대기오염 물질에 따른 지표식물

아황산가스	알팔파, 보리, 튤립
이산화질소	토마토, 상추
PAN	시금치, 상추, 샐러리
오존	무, 토마토, 담배, 콩
염소	알팔파, 무

④ 작물에 질소질 비료를 과다하게 공급하면 대기오염에 취약하게 되고 칼륨, 칼슘을 사용할 경우 오염물질에 대한 피해가 줄어든다.

⑤ 작물의 수분이 많을 경우 기공이 열리는 횟수 및 크기가 커지기 때문에 작물이 입는 피해가 커진다.

⑥ 대기오염 피해는 봄, 여름에 많이 발생하고 온도가 떨어지는 가을, 겨울에는 경감된다.

⑦ 식물의 광합성 및 동화작용이 활발한 낮에는 기공의 개폐가 활발하여 대기오염의 피해가 크게 나타나며 특히 낮 11시 ~ 2시 사이에 가장 크다.

(4) 대기오염물질

① 아황산가스(SO_2)

  ㉠ 공장 등 인위적인 요소에 의해 발생되는 아황산가스는 독성이 매우 강한 편이다.

  ㉡ 아황산가스의 피해는 대기 중 농도에 고농도의 경우 급성피해와, 저농도의 경우 만성피해로 분류 할 수 있다.

급성피해	엽록소 파괴의 가속, 세포의 붕괴 및 괴사 발생
만성피해	엽록소가 서서히 붕괴, 황화현상의 발생

  ㉢ 아황산가스의 저항성 영향인자

온도	0°C에 가까운 저온의 경우 저항성 증가(감수성 감소)
습도	습도가 높을 경우 저항성 감소(감수성 증가)
광도	광도가 낮을수록 저항성 증가(감수성 감소)
계절	봄에는 저항성 감소(감수성 증가)

  ㉣ 아황산가스는 화력발전소, 황산 제조공장, 증유를 원료로 사용하는 공장 및 자동차 등에서 배출된다.

  ㉤ 아황산가스 농도가 높을수록 피해시간은 짧아지는데 보통 3ppm 이면 10분, 0.01ppm 이면 1년 정도로 나타났다.

  ㉥ 아황산가스의 피해 대책으로 저항성 품종을 선택하며 칼리와 규산질 비료를 공급한다.

  ㉦ 저항성 품종의 경우 벼, 밀, 감자, 수박, 포도 등이 있다.

② 이산화질소(NO_2)

  ㉠ 차량 엔진 연소 및 공장 등의 인위적 요인에 의해 발생된다.

  ㉡ 산성비의 원인 물질이 되기도 하며 식물세포 파괴 및 갈변현상을 일으킨다.

  ㉢ 이산화질소는 식물의 조직괴사 및 낙과현상을 일으킨다.

  ㉣ 담배는 2ppm에서 8시간 정도면 피해가 발생한다.

      ⓜ 엽맥 사이 백색이나 황백색의 불규칙한 형상을 한 괴사 부위가 나타난다.

③ 질산과산화 아세틸(PAN)

      ㉠ PAN 은 햇빛이 있는 조건에서 피해가 나타난다.

      ㉡ 질소산화물과 탄화수소가 광화학반응에 의해 생성되는 2차 오염물질이다.

      ㉢ 식물의 세포막이나 소기관을 파괴하여 기능을 상실시키며 광합성을 저하시킨다.

      ㉣ 담배, 피튜니아의 경우 10ppm에서 5시간 접촉 시 피해증상이 나타나는데 잎의 뒷면에
백색 반점이 엽맥 사이에 나타난다.

④ 오존

      ㉠ 오존층은 대기권 중 성층권에 분포하는 오존의 밀도가 높은 층으로 태양에서 오는
자외선을 막아 지구 생태계를 보호해주는 역할을 하고 있다.

      ㉡ 오존층을 파괴하는 대표 물질로 프레온가스가 있으며 오존층 파괴에 의한 피해는
아래와 같다.

        • 식물 엽록소의 감소 및 광합성의 저하

        • 식물의 생장 감소

        • 고사 식물의 증가

        • 산림 파괴에 의한 온난화현상의 가속

      ㉢ 오존은 NO_2가 자외선 하에서 광산화되어 생성된다.

      ㉣ 0.15ppm 의 농도에서 1시간이면 피해가 발생한다.

      ㉤ 어린잎보다는 자란 잎에서 피해가 더 크며 피해를 줄이기 위해 저항성 작물 및 품종을
선택한다.

⑤ 불화수소(HF)

      ㉠ 독성이 매우 강한편이며 미량으로도 식물에 피해를 주며 피해 현상은 아래와 같다

        • 엽록소 및 세포의 파괴

        • 광합성의 억제

        • 엽소현상의 발생

        • 잎의 가장자리의 백변

      ㉡ 불화수소의 경우 외부적 요인에도 영향을 받으며 습도가 높을 경우 그리고 기공이
열려 있는 밤에 피해가 심하다.

      ㉢ 알루미늄의 정연, 인산비료 제조, 요엽 등의 경우와 제출을 할 때 철광석에서 배출된다.

      ㉣ 10ppb 농도에서 10~20시간 정도면 식물이 피해를 받게 된다.

      ㉤ 피해를 줄이기 위해 소석회액에 요소, 황산아연, 황산망간 및 미량요소 등을 첨가하여
살포한다.

⑥ 염소계가스(Cl_2)

　㉠ 염산 및 가성소다 제조공장, 펄프공장, 화학공장 등에서 발생한다.

　㉡ 세포 내 유기물질들을 산화상태로 만들어 세포가 괴사하고 세포 내 엽록소가 파괴된다.

　㉢ 저항성이 낮고 감수성이 높은 무, 앨펄퍼는 0.1ppm에서 1시간이면 피해가 나타나고 양파, 옥수수, 해바라기 등은 0.1ppm에서 2시간이면 피해를 받는다.

　㉣ 회백색의 작은 반점이 잎 표면에 다수 나타나고 가스 접촉시 햇볕이 강하면 피해가 더 크게 나타난다.

　㉤ 저항성 품종을 선택하거나 석회물질을 시용한다.

⑦ 연무

　연무는 먼지, 증기, 연기, 과산화물, 알데히드, 유기산, 아황산가스, 질소화합물 등이 관여하여 생성된 것을 말한다.

⑧ 산성비

　㉠ 산성비는 대기 중 SO_2, NO_2, HF, HCl가스 등에 의해 pH 가 5.5 이하의 강우를 말한다.

　㉡ 산성비로 인해 식물체의 엽록소가 파괴되고 양분이 일탈하며 개화 및 결실 장해가 발생한다. 또한 광합성 저하나 식물의 저항성 감소 현상도 나타난다.

　㉢ 침엽수보다는 활엽수에서 많이 나타난다.

(5) 바람

① 바람은 보퍼트 풍력계급표에 의거하여 식물에 영향을 많이 주는 바람을 연풍이라 하며 연풍은 계급표에서 2~6급 정도의 약한 바람을 말한다. 연풍은 바람의 세기는 풍속 4~6km/h 정도로 작물에 이로운 영향을 준다.

② 가벼운 바람으로 인해 대기오염물질이 확산되어 피해를 줄여주며 바람에 의해 잎이 움직여 그늘에 가려지는 잎들까지 채광이 충분히 공급되어 광합성량을 높여준다.

③ 바람이 너무 강할 경우 기공이 닫히지만 연풍조건의 경우 기공이 열려 증산이 활발하게 이루어지며 이산화탄소 흡수량 역시 증가한다.

④ 연풍의 특징

　㉠ 증산 및 양분흡수를 촉진

　　연풍으로 작물 주위 습기가 줄고 증산이 촉진되어 양분의 흡수를 좋게 한다.

　㉡ 병해 경감

　　바람으로 규산의 흡수가 많아지고 작물군락 내의 과습상태가 경감되어 병해가 적어진다.

　㉢ 광합성 촉진

　　바람에 의해 작물의 잎이 흔들려 군락 내부의 잎이 골고루 햇볕을 받게 된다.

　　㉣ 수정 및 결실 촉진

　　　연풍으로 풍매화의 수정과 결실을 좋게 한다.

　　㉤ 기타

　　　· 바람으로 여름의 기온과 지온을 낮추어준다.

　　　· 봄, 가을에 서리를 막아준다.

　　　· 수확물의 건조를 촉진한다.

　　㉥ 연풍의 단점

　　　· 잡초의 씨나 병균을 전파한다.

　　　· 건조할 경우 건조를 더욱 조장한다.

　　　· 냉풍은 냉해를 유발한다.

3. 온도

(1) 주요온도

① 작물의 생육 가능한 온도의 범위를 유효온도라 하며 그중에서 작물의 생육이 가장 왕성한 온도를 최적온도라 한다. 작물 중에서 최적온도가 가장 높은 종류는 멜론, 오이, 옥수수, 벼 등이 대표적이다.

② 적산온도는 작물이 생존하는 기간동안 소요되는 총온량으로 작물의 발아로부터 성숙하는 데 까지의 0℃ 이상의 일평균기온을 합산한 것을 말한다. 작물별로 적산온도의 경우 메밀은 1000~1200℃, 감자는 1300~3000℃, 추파맥류는 1700~2300℃, 완두는 2100~2800℃, 콩은 2500~3000℃, 담배는 3200~3600℃ 벼는 3500~4500℃ 정도이다.

③ 온도계수는 온도가 10℃ 상승할 경우 작물의 생리작용, 이화학적 반응 등이 높아지는 정도를 나타내는 것으로 Q_{10} 이라고 표시하기도 한다. 작물의 경우 일반적으로 2~4 정도의 온도계수를 가진다.

④ 적산온도를 산출하기 위한 공식은 아래와 같다.

　　유효적산온도 = (일평균온도 – 생육최저온도) × 경과일수

⑤ 온도의 변화에 의해 작물의 생육에도 아래와 같은 영향을 미치게 된다.

　· 동화물질의 축적이 증가한다.

　· 발아 및 결실이 조장된다.

　· 덩이뿌리, 줄기가 발달한다.

　· 출수 및 개화가 촉진된다.

⑥ 변온이 효과적인 작물로 호박, 참외, 토마토, 가지 등이 있다.

(2) 온도와 작물 생리작용

① 광합성

㉠ 이산화탄소 농도, 광의 강도, 수분 등이 제한요소로 작용하지 않는 한 30~35℃에 이르기까지 광합성의 Q_{10}은 2 내외이고, 광합성의 Q_{10}은 고온보다 저온에서 크다.

㉡ 광합성속도는 온도상승에 따라 증가하나, 적온보다 높으면 광합성은 둔화되는 반면 호흡은 급격히 증가한다.

㉢ 외견상광합성은 진정광합성보다 온도상승에 따른 속도증가가 고온까지 계속되기 힘들며, 외견상광합성은 적온 이상에서 급격히 감소하고, 온도상승에 따라 생장속도는 적온까지 증가한다.

② 호흡

㉠ 호흡작용의 Q_{10}은 일반적으로 30℃정도까지 2~3이고, 32~35℃에 이르면 감소하기 시작하여 50℃ 부근에서 호흡이 정지한다.

㉡ 적온을 넘어 고온이 되면 체내의 효소계가 파괴되어 호흡속도가 오히려 감소한다.

③ 동화물질 전류

㉠ 동화물질이 잎에서 생장점 또는 곡실로 전류되는 속도는 적온까지는 온도가 높을수록 빠르고, 그보다 저온이나 고온이면 그 차이만큼 느려진다.

㉡ 저온에서 뿌리의 당류농도가 높아지기 때문에 잎으로부터 전류가 억제되고 고온에서 호흡작용이 왕성해져 뿌리나 잎에서 당류가 급격히 소모되므로 전류물질이 줄어든다.

㉢ 동화물질이 곡립으로 전류하는 양은 조생종에서 많고 만생종에서 적다.

④ 수분 및 양분의 흡수 이행

㉠ 온도상승에 따라 세포의 투과성과 호흡에너지의 방출, 증산작용이 증대하고 수분의 점성도 감소하여 수분흡수가 증대한다.

㉡ 온도의 상승과 함께 양분의 흡수와 이동도 증가하지만 적온 이상으로 온도가 상승하게 되면 호흡작용에 필요한 산소의 공급량이 줄어들어 탄수화물의 소모가 많아짐에 따라 오히려 양분의 흡수가 감퇴한다.

⑤ 증산

온도가 상승하면 수분의 흡수와 이동이 증대되고 엽내 수증기압이 상대적으로 증가하며 공기 중 포화부족량도 증가하게 되므로 온도가 과도하게 높아져서 식물체에 이상이 생기지 않는 한 증산량도 증가한다.

(3) 유효적산온도

① 작물생육에서 저온의 한계, 즉 생육은 멈추지만 죽지않는 온도를 그 작물의 기본온도라 한다.

② 고온의 한계, 즉 어떤 온도 이상으로 올라가도 생육효과가 나타나지 않는 온도를 유효고온 한계온도라 한다. 그 범위 내의 온도를 작물생육의 유효온도라고 한다.

③ 유효온도를 작물의 발아 이후 일정한 생육단계까지 적산한 것을 유효적산온도라고 한다.

④ 작물의 생육이 가능한 가장 낮은 온도를 최저온도, 작물의 생육이 가능한 가장 높은 온도를 최고 온도라 한다.

(4) 작물별 주요 온도

작물의 종류	최저온도	최적온도	최고온도
밀	3~4.5	25	30~32
호밀	1~2	25	30
보리	3~4.5	20	28~30
옥수수	8~10	30~32	40~44
벼	10~12	30~32	36~38
담배	13~14	28	35
사탕무	4~5	25	28~30
완두	1~2	30	40
오이	12	33~34	40

(5) 일변화

① 기온이 1일 주기로 변화하는 것을 일변화 혹은 변온이라 한다.

② 변온은 작물의 발아를 촉진하기도 한다.

③ 낮의 기온이 높으면 광합성과 합성물질의 전류가 촉진된다. 밤에 기온이 낮아야 호흡소모가 적다. 즉, 변온이 큰 것이 동화물질의 축적이 많아 신장생장이 좋아진다.

④ 밤의 기온이 어느 정도 높으면 변온이 작아 생장이 빠른 경우도 있는데 무기성분의 흡수와 동화양분의 소모가 왕성하기 때문이다.

⑤ 일반적으로 작물은 변온이 커서 밤의 기온이 비교적 낮은 것이 동화물질의 전류와 축적이 활발하여 개화가 촉진되고 화기도 커진다.

⑥ 변온조건에서 결실이 좋아지는 작물이 많은데, 가을에 결실하는 작물은 변온에 의하여 결실이 촉진된다.

4. 광

(1) 광과 작물생리작용

① 햇빛에 의해 발생되는 광의 경우 파장에 의해 적외선, 가시광선, 자외선으로 분류하며 작물에는 가시광선이 가장 큰 영향을 주며 파장의 범위는 아래와 같다.

자외선	400nm 이하
가시광선	400~700 nm
적외선	700nm 이상

② 식물이 빛에너지를 이용하여 엽록체에서 CO_2와 물로부터 유기물을 합성하는 동화작용으로 반응식은 아래와 같다.

$$6CO_2 + 12H_2O \rightarrow C_6H_{12}O_6(포도당) + 6H_2O + 6O_2$$

③ 식물은 광합성을 하는 동안 유기물의 합성과 호흡이 동시에 일어난다.

④ 엽록소의 형성에 가장 효과적인 광파장은 청색파장(450nm), 적색파장(650nm)이며 광을 잘 받게 되면 작물의 착색이 좋아지게 된다. 반대로 광을 잘 못 받게 될 경우 엽록소 형성이 잘 되지 않아 담황색 색소가 형성되어 황백화 현상이 발생한다.

⑤ 일반적으로 광의 강도가 약하면 작물의 생장이 느려지고 수확량도 감소한다.

(2) 보상점과 광포화점

① 보상점은 광도 곡선 상에서 광합성 속도가 호흡 속도와 같아지는 지점에서의 빛의 세기를 말한다.

② 광포화점은 광도가 높아짐에 따라 광합성이 증가하다가 어느 한계점에 이후 더 이상 광합성이 증대되지 않는 점을 말한다. 결국 광포화점에서는 광합성량이 최대가 되는 시점을 말한다.

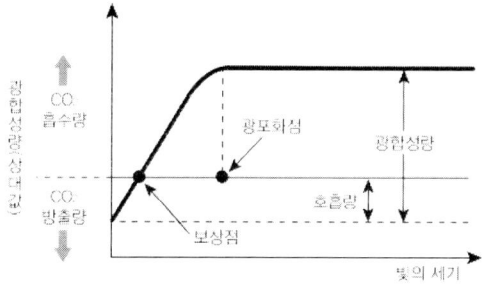

③ 식물은 보상점 이상의 광을 받아야 지속적인 생육이 가능하다. 보상점이 낮은 식물은 그늘에 견딜 수 있어 내음성이 강하다. 보상점이 낮아 그늘에 적응하고 광을 강하게

받으면 도리어 해를 받는 식물을 음생식물(음지식물)이라 한다.

④ 보상점이 높아 그늘에 적응하지 못하고 햇볕 쪼이는 곳에서 잘 자라는 식물을 양생식물(양지식물)이라 한다.

⑤ 교목, 관목, 초본식물 등 음생식물처럼 그늘에서 잎이 전개되는 것을 음엽이라 하고 이와는 반대로 햇볕에서 잎이 전개되는 것을 양엽이라 한다.

⑥ 쌍떡잎식물의 양엽은 잎이 좁고 두꺼우며, 음엽은 잎이 얇고 넓은 편이다.

(3) 군락과 수광

① 포장동화능력은 포장군락의 단위면적당 광합성의 능력을 말하며 아래와 같이 산출한다.

포장동화능력 = 총엽면적 × 수광능률 × 평균동화능력

② 최적엽면적은 건물생산이 최대로 되는 단위 면적당의 군락엽면적이며 군락의 엽면적을 토지면적에 대한 배수치로 표현한 것을 엽면적지수라 한다. 최적엽면적지수는 작물의 종류에 따라 상이하고 일사량이 클수록, 균형시비 할수록 증가한다.

③ 이러한 군락의 수광을 이용하기 위한 작물의 위치, 방향 등의 자세가 중요하며 이것을 수광태세라 한다. 수광태세를 좋게 하기 위해서는 각 작물에 따른 이상적인 태세가 있는데 벼의 경우 규산과 칼륨을 충분히 공급해주고 무효분얼기에는 질소를 적게 시비한다. 벼나 콩의 경우 밀식을 할 때는 심는 줄간격을 넓히고 포기 사이는 좁혀주는 방법을 이용하면 개선이 가능하다.

④ 특정한 몇 개의 잎이나 한 개체가 고립되어 있는 경우와 같이 실험대상이 되는 각각의 잎이 직사광을 받는 경우를 고립상태라 한다.

⑤ 포장에서 작물이 밀생하고 크게 자라며 잎이 서로 포개져서 많은 수의 잎이 직사광을 받지 못하고 그늘에 있는 상태를 군락상태라 한다.

⑥ 군락의 수광태세

　㉠ 벼의 초형

　　· 잎이 과히 얇지 않고 약간 좁으며 상위엽이 직립한다.

　　· 키가 너무 크거나 작지 않다.

　　· 분얼이 조금 개산형인 것이 좋다.

　　· 각 잎이 공간적으로 되도록 균일하게 분포한다.

　㉡ 옥수수 초형

　　· 상위엽이 직립하고 아래로 갈수록 약간 기울어 하위엽은 수평이 된다.

　　· 수이삭이 작고 잎혀가 없다.

　　· 암이삭은 1개인 것보다 2개인 것이 더욱 밀식에 적응한다.

ⓒ 콩의 초형

- 키가 크고, 도복이 안되며 가지를 적게치고 가지가 짧다.
- 꼬투리가 원줄기에 많이 달리고 밑에까지 착생한다.
- 잎자루가 짧고 일어선다.
- 잎이 작고 가늘다.

⑦ 재배법에 의한 수광태세 개선

ⓐ 벼에서 규산, 칼리를 충분히 주면 잎이 꼿꼿이 선다. 무효분얼기에 질소를 적게 주면 상위엽이 꼿꼿이 선다. 질소를 과하게 주면 과번무하고 잎이 늘어진다.

ⓑ 벼나 콩에서 밀식시 줄사이를 넓히고 포기사이를 좁히는 것이 파상군락을 형성하게 하여 군락 하부로의 광투사를 좋게 한다.

ⓒ 맥류에 광파재배보다 드릴파재배를 하는 것이 잎이 조기에 포장 전면을 덮어 수광상태가 좋아지고 포장의 지면증발량도 적어진다.

ⓓ 비배관리 및 재식밀도 관리를 적절히 한다.

(4) 호흡작용

① 벼, 담배 등의 C3 식물에서는 광합성 과정에서 호흡이 일어나는 광호흡이 있으나, 옥수수 등의 C4 식물에서는 이 호흡과정이 거의 없다.

② 광호흡은 광합성 과정에서만 CO_2를 방출하는 현상으로 세포 내의 엽록소, 미토콘드리아, 페록시좀 등의 협동작용으로 이루어지며 광합성률을 떨어뜨리는 원인으로 본다.

③ C4 식물과 CAM(crassulacean acid metabolism)식물은 광호흡이 거의 없다.

④ C3 식물은 광합성 과정에 들어온 전체 이산화탄소의 30~50%를 광호흡으로 재방출하기에 CO_2 고정이 낮아 광합성률이 C4 식물의 1/1.5 ~ 1/2 정도이다.

⑤ 강광이고 고온이며 이산화탄소 농도가 낮고 산소농도가 높을 경우 광호흡이 높다.

⑥ 아래 표는 C3, C4 식물의 광합성 특성 및 생리적, 생태적, 형태적 특성을 비교한 것이다.

특성	C3식물	C4식물
CO_2 고정계	칼빈회로	C4회로+칼빈회로
최대광합성능력 ($mgCO_2/cm^2$/시간)	15~40	35~80
CO_2보상점(ppm)	30~70	0~10
21% O_2에 의한 광합성 억제	있음	없음
광호흡	있음	유관속초세포에만 있음
광포화점	최대일사의 1/4~1/2	최대일사 이상으로 강광조건에서 높은 광합성률을 보임
내건성	약	강
광합성산물 전류속도	소	대
최대건물생장률 (g/m^2/일)	19.5±1.9	30.3±13.8
건물생장량 (ton/ha/년)	22±3.3	38±16.9
증산율(g H_2O/g 건물량증가)	450~950	250~350
식물종	벼, 콩, 밀, 보리, 감자 등	옥수수, 사탕수수, 참억새, 기장, 조 등

⑦ 잎조직 구조의 특징

    ㉠ C3 식물 : 엽육세포로 분화하거나 내용이 같은 엽록유세포에 엽록체가 많이 포함되어 광합성이 이곳에서 이루어지며 유관속초세포는 발달하지 않고 발달하여도 엽록체를 거의 포함하지 않는다.

    ㉡ C4 식물 : 유관속초세포가 매우 발달하여 다량의 엽록체를 포함하고, 유관속초세포의 주변에 엽육세포가 방사상으로 배열되어 크랜즈(Kranz)구조를 보인다.

    ㉢ CAM 식물 : 엽육세포는 해면상이고 균일하게 발달하여 엽록체도 균일하게 분포한다. 유관속초세포는 발달하지 않으며 두꺼운 잎조직의 안쪽에는 저수조직을 가지고 있다.

(5) 광피해

① 작물은 빛이 부족하면 광합성이 부족하여 생장이 느리고 식물병에 걸리기 쉽다.

② 벼는 유숙기에 차광이 수량을 가장 감소시키며 다음으로 피해가 큰 경우가 생식세포 감수분열기이다.

③ 일조의 건물생산효과에 대한 온도의 호흡촉진효과의 비를 소모도장효과라 한다. 소모도 장효과가 크면 건물의 생산에 비해 소모경향이 커지고 도장이 발생한다.

④ 여름철 장마기에 기온이 높은데 강수량이 많아 일조가 부족하면서 소모도장효과가 크게 나타난다.

(6) 굴광현상

① 식물의 한쪽에 광을 조사하면 조사된 쪽에 옥신 농도가 낮아지고 반대쪽의 옥신농도가 높아진다.

② 줄기나 초엽에서 광이 조사된 옥신의 농도가 낮은 쪽의 생장속도가 반대쪽보다 낮아져서 광을 향하여 구부러지는 향광성(굴광성)을 나타내지만 뿌리에서는 그 반대로 배광성(굴지성)을 나타낸다.

③ 식물이 광조사의 방향에 반응하여 굴곡반응을 나타내는 것을 굴광현상이라 한다.

④ 굴광현상은 400~500nm, 특히 440~480nm 청색광이 가장 유효하다.

5. 상적발육과 환경

(1) 상적발육

① 상적발육은 식물이 발아하여 성숙하는데까지의 단계적 과정을 상적 발육이라 한다.

② 생장은 시간이 지남에 따라 식물의 크기가 증가하는 것으로 영양생장이라고도 한다.

③ 발육은 식물이 시간에 따라 점점 성숙되는 것을 말하며 생식생장이라고도 한다.

④ 종자의 발아에서 줄기가 커지고 잎이 증가하는 과정을 거쳐 꽃눈이 형성될 때까지를 생장 혹은 영양생장이라 하며 꽃눈이 형성되는 시점에서 개화, 결실의 단계를 발육 혹은 생식생장이라 한다.

⑤ 식물의 다양한 유전자 발현, 생리작용에 영향을 주는 색소로 피토크롬(파이토크롬)이 있다.

(2) 춘화처리

① 춘화처리라고도 하는 버널리제이션은 식물에 인위적인 저온 처리를 통해 화성을 유도하는 것을 의미한다. 일정 저온조건에서 식물의 감온상을 경과하도록 하는 것이라 할 수 있다.

② 버널리제이션의 영향 인자

온도	겨울작물은 저온조건, 여름작물은 고온 조건이 효과적이다.
산소	처리도중 산소가 부족할 경우 효과가 감소한다.
종자	처리도중 종자가 건조할 경우 효과가 줄어든다.

③ 버널리제이션은 맥류의 추파성을 소거하는 방법으로도 적합하다. 저온처리를 하면 추파성을 춘파성으로 변화시킬 수 있다.

④ 춘화처리시 저온의 조건은 0~10℃, 고온 처리조건은 10~30℃ 정도를 기준으로 한다.

⑤ 춘화처리 효과로 화성 유도 외에도 채종상 이용, 육종상 이용, 재배법의 개선 등이 있다.

⑥ 맥류, 채소류, 튤립, 히아신스 등의 작물을 인공교배하기 위해 개화기를 조절하는데 저온의 춘화처리를 이용한다.

⑦ 춘화처리에 감응하는 식물의 부위는 생장점이다.

⑧ 식물의 춘화형은 생육단계별 감온에 따라 종자춘화형, 녹식물춘화형, 무춘화형으로 구분된다.

종자춘화형	• 최아종자의 시기에 저온에 감응하여 개화 • 완두, 잠두, 무, 배추 등
녹식물춘화형	• 유묘의 시기에 저온에 감응하여 개화 • 양파, 파, 양배추, 당근, 담배, 사탕무 등
무춘화형	• 개화에 저온을 요구하지 않고 일장반응에 따라 개화 • 갓 등

⑨ 주요 작물의 처리온도 및 기간은 다음과 같다.

　㉠ 일반작물

　　• 추파맥류는 최아종자를 0 ~ 3℃에 30 ~ 60일이다.

　　• 벼는 최아종자를 37℃에 10 ~ 20일이다.

　　• 옥수수, 수수는 최아종자를 20 ~ 30℃에 10 ~ 15일이다.

　　• 콩은 최아종자를 20 ~ 25℃에 10 ~ 15일이다.

　㉡ 채소류

　　• 배추는 최아종자를 –2 ~ 1℃에 33일 이다.

　　• 시금치는 최아종자를 1±1에 32일 이다.

　　• 결구배추는 최아종자를 3℃에 15 ~ 20일이다.

　㉢ 화훼류

　　• 나팔수선은 8℃에 35 ~ 45일 또는 60일 이다.

　　• 아이리스는 30℃에 14일, 그 후 7 ~ 8℃에 40 ~ 45일이다.

　　• 글라디올러스는 28℃에 60일, 그 후 10℃에 보관한다.

(3) 일장효과

① 식물이 일장에 의해 생육, 개화 등에 영향을 받는 현상을 일장효과, 광주반응(광주율)이라고 한다.

장일식물	• 낮이 길게 되어 화아가 유발되는 식물로 14시간 이상의 일장 조건 • 보리, 시금치, 양파, 양배추, 아마, 감자, 상추 등
단일식물	• 낮이 밤 길이보다 짧은 조건에서 화아가 유발되어 식물로 12시간 이하의 일장 조건 • 콩, 옥수수, 벼, 딸기, 국화, 코스모스, 들깨, 샐비어, 담배 등
중성식물	• 일장에 관계 없이 화아하는 식물(=중일식물) • 토마토, 고추, 오이, 호박, 당근 등
정일식물 (정일성식물)	• 단일, 장일에서 개화하지 않고 특정한 일장에서만 개화하는 식물(=중간식물) • 사탕수수
장단일식물	처음에 장일이고 뒤에 단일이 되면 화성이 유도되나 계속 일정한 일장에만 두면 장일이나 단일에 개화하지 못한다.
단장일식물	처음에 단일, 뒤에 장일이면 화성이 유도된다.

② 일장효과를 이용하여 특정 작물의 개화를 촉진하거나 억제할 수 있다. 이를 이용하면 작물의 개화시기를 조절하여 원하는 시기에 재배가 가능하다.

③ 식물의 일장형은 화아분화 전, 후가 다를 수 있어 다음과 같이 구분되며 장일성은 L, 단일성은 S, 중일성은 I 로 표기된다.

명칭	분화전	분화후	작물
LL식물	장일성	장일성	시금치
LI식물	장일성	중일성	사탕무
LS식물	장일성	단일성	볼토니아
IL식물	중일성	장일성	밀(적피적)
II식물	중일성	중일성	고추, 벼(조생종), 메밀, 토마토
IS식물	중일성	단일성	소빈국
SL식물	단일성	장일성	딸기, 시네라리아
SI식물	단일성	중일성	벼(만생종), 도꼬마리
SS식물	단일성	단일성	코스모스, 나팔꽃

(4) 품종의 기상생태형

① 기상생태형은 생육온도 및 일장에 대한 출수, 개화반응을 기초로 작물의 품종군을 구분한 것을 말한다. 기상생태형은 감온형(blT형), 감광형(bLt형), 기본영양생장형(Blt형), blt형으로 구분된다.

감온형	· 기본영양생장성과 감광성이 작고 감온성이 커서 생육기간이 주로 감온성에 지배된다. · 생육적온에 도달하기 전까지는 생육온도가 높을수록 출수개화가 촉진되는 성질을 감온성이라 한다. · 감온형 작물로 조생종, 올콩, 봄조, 여름메밀 등이 있다.
감광형	· 기본영양생장성과 감온성이 작고 감광성이 커서 생육기간이 주로 감광성에 지배된다. · 일장에서 단일에 의해 출수개화가 촉진되는 성질을 감광성이라 한다. · 감광형 작물로 만생종, 그루콩, 그루조, 가을메밀 등이 있다.
기본영양생장형	· 감온성과 감광성이 모두 작고 기본영양생장이 커서 생육기간이 주로 기본영양생장성에 지배된다. · 출수 개화에 알맞은 조건이라도 일정 기간 기본영양생장 후 출수, 개화를 하는 성질을 기본영양생장성이라 한다.
blt 형	· 기상생태형을 구성하는 세 가지 성질이 모두 작고 어느 환경에서나 생육기간이 짧다.

② 기상생태형의 지리적 분류
　㉠ 고위도 지방은 blt 형이나 감온형 주로 분포한다.
　㉡ 중위도 지방은 기본영양생장형이나 감광형이 주로 분포한다.
　㉢ 저위도 지방은 기본영양생장형이 분포한다.

③ 국내 작물의 기상생태형과 재배형
　㉠ 봄, 초여름의 고온에 일찍 감응하여 출수개화가 빨라지는 감온형과 여름초, 가을의 단일에 늦게 감응하여 출수개화가 늦어지는 감광형이 국내 여러 작물의 기본적 기상생태형이다.
　㉡ 북부지방으로 갈수록 감온형, 남부지방으로 갈수록 감광형이 기본품종이 되며 중간지대인 중북부지방에는 중간적 성질을 띠는 중간형이 있다.
　㉢ 감온형은 조기파종하여 조기수확하며 감광형은 수확기가 늦고 늦게 파종해도 되므로 윤작 등 작부체계상 파종기가 늦은 것이 보통이다.

(5) 기상생태형과 재배적 특성

① 조만성

파종과 모내기를 일찍이 할 때 blt형, 감온형은 조생종이 되고, 기본영양생장형, 감광형은 만생종이 된다.

② 묘대일수감응도

㉠ 손모내기에서 묘대일수감응도는 못자리기간을 길게할 때 모가 노숙하고 모낸 뒤 생육에 난조가 생기는 정도이다.

㉡ 못자리 기간이 길어져 못자리 때 영양이 결핍되고 고온기에 이르면 감온형은 쉽게 생식생장을 하지만 감광형이나 기본영양생장형은 생식생장의 경향을 보이지 않는다.

㉢ 묘대일수감응도는 감온형이 높고, 감광형과 기본영양생장형이 낮다.

③ 만식적응성

㉠ 만식적응성은 이앙기를 늦게 할 때 적응하는 특성이다.

㉡ 기본영양생장형은 만식을 하면 출수가 지연되어 성숙이 불안정해진다.

㉢ 감온형은 못자리기간이 길어지면 생육에 난조가 온다.

④ 조식적응성

㉠ 조기수확을 목적으로 조파조식을 할 때 감온형, blt 형이 적합하다.

㉡ 출수, 성숙을 앞당기지 않고 파종, 모내기를 앞당겨 생육기간을 연장시켜 증수를 할 때에는 감광형이 적합하다.

⑤ 작기이동 및 출수

조파조식을 할 때보다 만파만식을 할 때 출수기가 지연되는 정도는 기본영양생장형, 감온형이 크고 감광형이 작다.

6. 작물 구성원소

(1) 작물 필수 원소

① 무기염류는 작물의 생육에 필요한 필수원소 16가지가 있으며 이러한 원소들이 많이 필요한 것들을 다량원소, 소량 필요할 경우를 미량원소라 한다.

구분		흡수 형태	상대량(%)
다량원소	탄소(C)	CO_2	45
	산소(O)	O_2, H_2O	45
	수소(H)	H_2O	6
	질소(N)	NO_3^-, NH_4^+	1.5
	칼륨(K)	K^+	1.0
	칼슘(Ca)	Ca^{2+}	0.5
	마그네슘(Mg)	Mg^{2+}	0.2
	인(P)	$H_2PO_4^-$, HPO_4^{2-}	0.2
	황(S)	SO_4^{2-}	0.1
미량원소	염소(Cl)	Cl^-	0.01
	철(Fe)	Fe^{3+}, Fe^{2+}	0.01
	망간(Mn)	Mn^{2+}	0.005
	붕소(B)	$H_2BO_3^-$	0.002
	아연(Zn)	Zn^{2+}	0.002
	구리(Cu)	Cu^+, Cu^{2+}	0.0006
	몰리브덴(Mo)	MoO_4^{3-}	0.00001

② 식물의 일반 조성은 보통 75% 이상이 수분이고 나머지는 탄소, 수소, 산소, 회분 등이다. 건물은 주로 탄소, 수소, 산소의 합계가 약 93~96%이고, 질소 및 광물질이 4~7%로 구성되어 있다. 조금 더 세부적으로 보면 식물체의 뼈대인 세포막과 세포 내용물의 대부분을 차지하는 탄수화물 및 지방은 C, H, O로 세포질의 주요 성분인 단백질은 C, H, O, N, S 으로, 그리고 세포핵의 대부분은 C, H, O, N, P 로 구성되어 있다.

③ 식물의 주요 유기화합물에서 셀룰로오스, 헤미셀룰로오스, 리그닌, 녹말, 유지, 카로틴, 유기산은 C, H, O 가 구성요소이다.

(2) 무기성분의 종류 및 특징

㉠ 질소

특징	• 대기 중의 78% 정도를 차지하는 원소로 단백질, 아미노산 등의 유기화합물을 구성하는 필수 원소이다. • 식물 내의 질소의 함량이 가장 많은 부위는 잎이다. • 주로 식물에 흡수시 질산태(NO_3^-), 암모니아태(NH_4^+)로 흡수된다.
결핍증상	• 잎의 생장이 불량하고 잎이 짧아지거나 전반적으로 소형화된다. • 성숙한 잎 전체의 황백화 현상이 나타나며 심할 경우 괴사한다.
과잉증상	• 잎이 짙은 녹색이 되면서 도장현상이 나타난다. • 가뭄, 병충해 등의 저항성이 약해진다. • 결실률이 떨어지고 과실의 경우 소과가 되기도 한다.

㉡ 인산

특징	• 강산성 토양에서 인산은 철, 알루미늄, 망간과 결합하여 식물이 이용할 수 없게 된다. • 중성 토양의 경우 인산의 유효도가 증가하며 pH 6~7 정도가 적당하다. • 뿌리의 신장을 촉진하고 내한 및 내건성을 증가시킨다. • 주로 이온 형태($H_2PO_4^-$, HPO_4^{2-})로 흡수한다.
결핍증상	• 뿌리 발달이 늦어 식물의 발육도 늦어진다. • 갈색반점이 생기거나 노엽은 암록색을 띠고 개화결실이 불량해진다. • 과실 및 종자의 형성이 불충실해진다.
과잉증상	• 아연, 철, 고토의 결핍을 유발하고 황화현상을 일으킨다. • 영양생장이 멈추고 성숙이 빨라져 수확량이 감소한다.

㉢ 칼륨

특징	• 탄수화물대사, 단백질대사, 효소 활성화 등의 촉매역할을 한다. • 뿌리의 발육과 개화결실에 도움을 준다. • 뿌리, 줄기를 강하게 하고 병해충에 대한 저항력을 증가시킨다. • 양이온(K^+)으로 흡수 및 이용하며 세포의 팽압을 유지한다. • 잎, 뿌리 등의 선단에 많이 있으며 광합성에 영향을 준다.
결핍증상	• 늙은잎의 선단에서 황화하고 조기낙엽이 발생한다. • 어린잎은 암록색이 되고 신장이 나쁘게 되면서 줄기가 약해진다. • 뿌리의 생장이 제한되고 뿌리썩음병이 일어나기 쉽다. • 과실의 경우 모양과 품질이 저하된다.
과잉증상	• 칼슘과 마그네슘의 흡수를 억제하여 결핍시킨다.

㉣ 칼슘

특징	· 건조지역이 습한지역보다 더 많은 양을 함유하고 있다. · 정단 분열조직 발달, 단백질의 합성, 뿌리 및 지상부의 신장에 관여한다. · 식물체 내에서는 세포막의 구성성분으로 주로 잎에 함유량이 많다. · 질소의 흡수를 도와주고 알루미늄의 흡수를 조절해준다.
결핍증상	· 분열조직의 생장이 감퇴한다. · 칼슘은 식물체내에서도 이동성이 낮아 신엽, 경엽등에서 결핍증상이 나타난다. · 어린잎의 경우 잎 가장자리가 위쪽으로 뒤틀리고, 새가지 선단에서 강하게 자라면서 전개되는 잎은 황화되며 생장이 정지된다. · 토마토 배꼽썩음병이 발생하기도 한다.
과잉증상	· 철, 마그네슘, 아연등의 흡수를 방해하는 일종의 길항작용을 한다.

㉤ 마그네슘

특징	· 마그네슘은 식물의 광합성에 필수적인 엽록소의 구성성분이다. · 칼륨, 망간에 길항작용을 한다. · 황산고토, 백운성으로 결핍을 방지할 수 있다.
결핍증상	· 늙은 잎에서 먼저 황화되며 심할 경우 백화현상이 일어난다. · 뿌리, 줄기의 생장이 저해된다.

㉥ 황

특징	· 토양내 유기태, 무기태 형태로 있으며 대부분 유기태로 존재한다. · 토양의 유기태 황은 미생물에 의해 무기화되어 식물에 이용된다. · 단백질, 아미노산, 비타민의 구성성분으로 식물의 생리작용에 관여한다. · 대부분의 산림토양에서 황의 결핍은 거의 없으나 유기물함량이 낮은 사질토양에서 종종 발생한다. · 식물체내 이동성이 낮은 편이라 어린잎에서 먼저 결핍증상이 나타난다.
결핍증상	· 생장이 저조해지며 뿌리혹박테리아에 의한 질소고정능력이 저하된다. · 엽록소의 형성이 억제된다.
과잉증상	· 토양의 산성화를 촉진한다.

㉦ 철

특징	· 엽록소의 생성 및 호흡효소 활동에 관여한다.
결핍증상	· 엽록소 생성이 방해되며 새잎에서 황백화가 발생한다.
과잉증상	· 망간, 인산의 결핍을 조장한다.

◎ 망간

특징	· 산화효소를 도와 산화, 환원반응에 관여한다. · 엽록소의 생성에 관여한다.
결핍증상	· 잎의 소형화, 잎의 황화현상이 일어나기도 한다. · 알칼리성 토양에서 결핍증상이 자주 발생된다. · 벼, 보리에서 세로의 줄무늬가 발생한다.
과잉증상	· 철의 결핍을 조장한다. · 뿌리가 갈변하거나 사과의 경우 적진병이 발생하기도 한다.

ⓩ 붕소

특징	· 세포의 분열과 화분의 수정에 관여한다. · 세포막 펙틴의 형성에 관여한다. · 식물체내 이동성이 낮아 어린잎에서 결핍증상이 나타난다. · 붕소는 $H_2BO_3^-$ 형태로 식물체에 흡수된다.
결핍증상	· 생장점의 발육이 중지되고 심할 경우 뿌리 생장점도 더뎌진다. · 꽃가루 생성이 불량하고 불임이 발생한다. · 조직이 전반적으로 거칠고 단단해지며 괴사가 일어난다. · 사과의 축과병 같은 병해가 나타난다.
과잉증상	· 잎의 황화 현상이 발생되며 심할 경우 고사한다.

ⓒ 몰리브덴

특징	· 질산 환원 효소의 구성성분으로 콩과작물의 질소고정에 도움을 준다. · 질소를 고정하는 근류균의 생육에 도움을 준다. · 단백질의 합성에 관여한다.
결핍증상	· 광엽이 엽면의 안쪽으로 감아 휘게 된다. · 늙은잎에서부터 황화현상이 발생된다.

03 유기재배 기술

1. 작부체계

(1) 작부체계의 정의와 중요성

① 작부체계는 일정 포장에 있어 순차적인 작물종류의 변천이나 일정 포장에 있어 동시적인 작물 종류의 조합을 말한다. 이는 포장의 효율적 이용을 도모하고 노동력 배분 및 합리적인 경영을 위해 작물 재배의 종류, 순서, 조합, 배열의 방식을 의미한다.

② 작부체계의 방식에는 동일 포장에 같은 종류의 작물을 반복적으로 재배하는 연작이 있으며 작물의 종류를 변화시켜 재배하는 윤작, 2개 이상의 작물을 함께 심는 혼작이 있다.

③ 작부체계의 이점으로 경지이용도의 제고, 지력의 유지증강, 병해충 및 잡초발생의 감소, 농업생산성 향상 및 생산의 안정화, 농업노동의 효율적 배분, 종합적 수익성 향상 및 안정화를 도모 등이 있다.

(2) 작부체계의 변천 및 발달

① 주곡식 대전법은 인구증가로 인해 경지의 제한을 받게 되면서 점차 정착농경으로 전환되어 경지를 영속적으로 재배하게 되었고 특지 경지의 대부분을 곡식작물로 재배하게 되었다.

② 휴한 농법은 곡식작물을 연작으로 하면 지력이 감퇴되어 지력 회복을 위한 쉬었다가 작물을 재배하는 방법이다.

③ 순 3포식 농법은 경지의 2/3에 춘파 및 추파곡물을 재배하고 나머지 1/3에는 휴한하는 것을 순서대로 돌려가면서 재배하는 방법이다.

④ 개량 3포식 농법은 1/3의 휴한 지역을 토지 이용상 불리하다고 판단될 경우 휴한 대신 클로버나 콩과 작물을 재배하여 질소고정을 통해 지력의 증진을 유도하는 방식이다.

(3) 연작과 기지

① 연작은 동일 포장에 동일 작물을 매년 지속적으로 재배하는 방식을 말한다. 연작을 할 경우 작물이 선호하는 양분의 선택적 이용으로 토양에 특정 양분이 부족하게 되어 작물이 제대로 자라지 못하게 되는데 이때 발생되는 피해를 기지라고 한다.

연작 피해가 적은 작물	벼, 맥류, 조, 수수, 옥수수, 담배, 무, 당근, 양파, 호박, 순무, 아스파라거스, 딸기, 미나리, 양배추, 고구마
1년 휴작이 요구되는 작물	쪽파, 콩, 파, 생강, 시금치
2년 휴작이 요구되는 작물	마, 오이, 땅콩, 잠두, 감자
3년 휴작이 요구되는 작물	토란, 참외, 강낭콩
5~7년 휴작이 요구되는 작물	수박, 토마토, 사탕무, 완두, 가지, 우엉, 고추
10년 이상 휴작이 요구되는 작물	아마, 인삼

② 연작에 의한 기지 발생 시 작물이 선호하는 특정 양분의 소모로 다음 작물이 요구하는 양분을 충분히 공급할 수가 없다. 또한 토양 전염병, 토양 선충, 유독물질의 축적, 토양의 입단구조의 파괴 등 다양한 피해가 발생한다.

③ 기지 피해를 줄이기 위해 윤작이 가장 효과적이며 토양을 소독하거나 유해물질을 제거, 시비 작업 등의 작업이 필요하다.

④ 대표적으로 벼의 연작은 지속적인 관개수 유지에 의한 양분의 공급과 생장저해물질의 축적이 없기에 연작이 가능하다.

(4) 윤작

① 윤작의 방식 및 특징

㉠ 윤작은 한 농경지에 동일 작물을 재배하는 연작과는 반대로 다른 종류의 작물을 순차적으로 재배하는 방식이다. 윤작은 토양의 양분 유지와 병해충의 전염 방지에도 도움이 된다. 이러한 윤작에는 삼포식, 개량삼포식, 노포크식이 있다.

㉡ 삼포식은 포장을 3등분하여 하나는 여름작물, 다른 하나는 겨울작물, 마지막 하나는 휴한을 하여 매년 돌려짓기를 실시하며 결국 3년에 한번의 휴한을 하게 된다.

㉢ 개량삼포식은 지력유지에 매우 효과적인 방법으로 휴한하는 대신 지력증진작물을 함께 재배하는 방법으로 삼포식보다 더 개량된 방법이다.

㉣ 노포크식은 화본과의 식용작물과 두과인 클로버, 근채류인 순무를 순차적으로 윤작하는 방법으로 <순무-보리-클로버-밀> , <밀-콩-보리-순무> 로 4년주기의 윤작방식이다

㉤ 윤작의 효과로 지력 유지, 토양보호, 병충해 경감, 노동의 합리적 분배, 경영의 안정화 등이 있다.

② 윤작의 기본원리

㉠ 지력 유지 및 향상을 위해 콩과, 녹비작물이 포함된다.

㉡ 토양의 보호를 위해 피복작물이 포함된다.

ⓒ 토양의 이용도를 높이기 위해 하작물, 동작물이 결합된다.

ⓓ 잡초의 경감을 위해 중경작물이나 피복작물이 포함된다.

(5) 답전윤환

① 답전윤환은 논상태와 밭상태로 몇 해씩 돌려가면서 벼와 작물을 재배하는 방식을 말한다. 답전윤환은 최소 2~3년 정도의 기간을 많이 채택하고 있다.

② 답전윤환 효과로 지력 유지 및 증진, 기지의 회피, 잡초 발생의 억제, 재배량 증가, 노력절감이 있다.

③ 논에서의 답전윤환을 하게 될 경우 토양의 통기성과 투수성이 개선되고 양분의 유실이 적게 발생한다. 결국 화학적 성질이 개선되고 선충 및 잡초 감소의 효과도 함께 나타나게 된다.

④ 토양 중 유기태 양분의 무기화 촉진을 위해 논토양을 상온에 대기조건에서 풍건처리한 후 담수 보온 처리를 하면 다량의 무기태 양분이 생성되는데 이를 건토효과라 한다.

(6) 혼파

① 혼파는 두 가지 이상의 작물을 혼합하여 파종하는 방법이다.

② 혼파를 할 경우 토양이나 기상에 대한 적응력이 높아지고 병해충에 대한 위험성이 낮아지게 된다. 또한 공간의 이용이 효율적이며 잡초 경감, 재배에 대한 안정성이 증가하게 되며 산초량이 시기적으로 평준화된다.

③ 혼파에도 단점이 있는데 파종작업이 힘들고 작물의 생장속도 차이로 인해 관리에도 어려움이 있다.

(7) 그 밖의 작부체계

① 교호작

ⓐ 교호작은 생육기간이 비슷한 2 가지 이상의 작물을 일정 이랑씩 번갈아 가면서 재배하는 방법이다. 대표적인 교호작으로 옥수수와 콩이 있으며 재배기간이 비슷하여 수확에도 용이하다.

ⓑ 번갈아 가면서 재배하다보니 작물을 2줄 혹은 3줄로 번갈아 가면서 재배하기도 한다.

② 주위작

ⓐ 포장의 주위에 포장내의 작물과는 다른 작물을 재배하는 방식으로 주위에 빈공간을 이용하는 것이다.

ⓑ 옥수수나 수수의 경우 주위에 재배시 방풍의 효과가 있다.

③ 간작

ㄱ 한 가지 작물이 생육하고 있는 조간에 다른 작물을 재배하는 방법이다.

ㄴ 간작은 생육 기간이 다른 작물을 주로 재배한다.

ㄷ 먼저 재배하고 있던 작물을 상작, 이후에 재배되는 작물을 하작이라 한다.

ㄹ 간작은 먼저 재배하고 있는 작물에 피해가 없는 다른 작물을 이후 재배하여 토지의 이용율을 높이고자 함에 있다.

④ 혼작

ㄱ 혼작은 생육기간이 거의 같거나 유사한 작물을 섞어 재배하는 방법이다.

ㄴ 혼작은 주로 상호보완이 가능한 작물끼리 재배하는 것이 유리하다.

⑤ 대전법

대전법은 개간한 토지에서 몇 해 동안 작물을 연속적으로 재배하고 그 후 지력이 소모되고 잡초발생이 증가하면 경지를 떠나 다른 토지를 개간하여 작물을 재배하는 경작방법이다

⑥ 주곡식 대전법

주곡식 대전법은 정착농업을 하면서 초지와 경지 전부를 주곡으로 재배하는 작부방식이다.

⑦ 휴한농업

휴한농업은 정착농업 이후에 지력감퇴를 방지하기 위하여 농경지의 일부를 몇 년에 한번씩 휴한하는 작부방식이다.

⑧ 자유식

자유식은 시장의 경기상황이나 생산자재의 가격변동 등에 따라 작목을 수시로 바꾸는 재배방식이다

2. 영양번식

(1) 영양번식의 뜻과 이점

① 영양번식은 채종이 곤란한 작물에 적용하면 유리하다.

② 우량한 상태의 유전형질을 유지할 수 있다.

③ 종자번식보다 생육이 왕성하고 짧은 기간 내에 수확이 가능하고 수량도 증가한다.

④ 접목의 경우 환경에 대한 적응성, 병해충에 대한 저항력이 증가한다.

⑤ 영양번식에 유리한 작물로 감자, 고구마 등이 있다.

(2) 영양번식의 종류

① 작물에 적용하는 영양번식 방법에는 분주, 삽목, 취목, 접목 등이 있다.

② 분주 : 뿌리가 달린채로 분리하여 번식시키는 방법으로 분주 시기에 따라 화아분화, 개화시기가 결정되기도 한다.

③ 삽목 : 모체에서 분리한 영양체의 일부를 삽상에 심어 뿌리를 내리게 하여 독립개체로 번식시키는 방법이다. 삽목의 부위에 따라 엽삽, 근삽, 지삽으로 분류한다.

④ 취목 : 식물의 가지나 줄기를 모체에서 분리하지 않고 흙에 묻거나 암흑상태에 습기와 공기 조건을 맞추어 주면 발근이 되어 이 발근된 부위를 독립적으로 번식시키는 방법이다.

⑤ 접목 : 접목은 두 가지 식물의 형성층 부위를 밀착시켜 접합하도록 하는 방법으로 정부가 되는 부분을 접수, 기부가 되는 부분을 대목이라 한다.

(3) 취목

① 나무의 가지 일부분의 껍질을 벗겨 땅속에 묻어 뿌리를 내리는 방법으로 삽목이 어려운 경우 대체하는 방법이다.

② 취목은 방법에 따라 다음과 같이 분류된다.

종류	특징
단순취목 (선취법)	가지를 굽혀서 땅속에 묻고 자기의 선단을 지상으로 나오게 하는 방법이다.
공중취목 (고취법)	가지나 줄기의 일부에 상처를 주고 그 자리에 수태 혹은 황토로 싸서 건조하지 않도록 해주며 물을 주어 적당한 습도 조건에 유지하여 발근하는 방법으로 관상수목에 적용시 높은 곳에서 발근시킨다.
단부취목	가지를 굽혀 땅속에 묻어 지상으로 굴곡한 후 성장시켜 분주하는 방법이다.
매간취목	나무의 전체를 평면으로 묻어 새가지를 나오게 하고 이후 가지 밑에서 뿌리가 나오면 절단하여 새 개체를 만드는 방법이다.
파상취목	가지를 여러번 파상적으로 굽혀 굴곡시켜 번식하는 방법이다.
맹아지 취목	나무의 줄기를 지면 부근에서 절단하고 성토하여 그곳에서 새로운 가지의 밑부분에서 뿌리가 나오게 하는 방법이다.

(4) 접목육묘

① 접목육묘는 오이, 수박, 멜론, 가지, 토마토 등의 작물에 토양병해충의 피해를 예방하고 양분의 흡수를 증대시키기 위해 이용된다.

② 접목육묘에 있어 대목은 내병성, 내습성에 대한 친화력이 강해야 한다.

③ 접목육묘에서 초세조절을 잘못하면 기형과의 발생이 증가하고 당도가 낮아진다.

④ 접목 방법에는 주로 할접(쪼개접), 호접(맞접), 삽접(꽂이접)이 이용된다.

⑤ 작물의 종류에 따라 적합한 접목방법을 선택하며 오이는 맞접, 수박은 꽂이접을 적용한다.

(5) 영양기관

① 종묘로 이용되는 영양기관에는 눈, 잎, 줄기 등이 활용된다.

② 눈의 경우 마, 포도나무 등에 적합하며 잎은 베고니아 등이 대표적이다.

③ 줄기의 경우 다음과 같이 분류된다.

    ㉠ 덩이줄기(괴경) : 감자, 토란, 돼지감자 등

    ㉡ 알줄기(구경) : 글라디올러스, 프라이자 등

    ㉢ 비늘줄기(인경) : 마늘, 양파 등

    ㉣ 땅속줄기(지하경) : 생강, 연, 박하, 호프 등

    ㉤ 덩이뿌리(괴근) : 고구마, 마

3. 종자의 구조

(1) 종자의 외곽부

① 종피는 배주를 싸고 있는 주피가 변화하면서 만들어진 것으로 경층, 팽창층, 색소층 등으로 구성되어 있다.

② 종피는 모체의 일부이며 종자의 내부를 보호하는데 휴면이나 발아지연을 유발하기도 한다.

③ 종피의 표면은 식물에 따라 차이가 있는데 파 종자의 경우 주름이 있고 토마토 종자는 털이 있다.

(2) 저장조직과 배

① 종자의 저장조직

    ㉠ 종자의 저장조직은 배유, 외배유, 자엽으로 구성되어 있으며 양분을 저장하는 배유종자 와 배유가 없거나 퇴화된 무배유종자가 있다.

배유종자	• 배유에는 양분이 저장되고 배는 잎, 생장점, 줄기, 뿌리 등의 어린 조직이 모두 갖추고 있다. • 벼, 보리, 밀, 옥수수, 양파, 당근, 토마토 등
무배유종자	• 자엽에 양분이 저장되어 있고 배는 유아, 배축, 유근의 세부분으로 형성 되어 있다. • 콩, 완두, 팥, 녹두, 클로버 등의 콩과식물 및 수박, 오이, 호박, 상추, 배추 등

ⓛ 종자의 저장물질은 전분(탄수화물), 단백질, 지방, 유기산 등이 있으며 배유, 자엽, 배축, 외배유 등에 주로 저장되며 소량은 종자 전체 분포하기도 한다.

ⓒ 외배유는 주심(중앙의 유조직)조직의 일부가 수정 후 발달해 영양을 저장한다.

ⓔ 자엽에 양분을 저장하는 것으로 콩과식물은 단백질과 탄수화물을 저장하고 오이, 호박, 상추, 배추 등은 지방과 단백질을 저장한다.

ⓜ 배유에 양분을 저장하는 것으로 단백질과 탄수화물을 저장하는 벼, 보리, 밀, 옥수수 등이 있고 지방을 저장하는 들깨, 참깨 등이 있다.

② 배

배는 유아, 떡잎, 배축, 유근 등으로 구성된다.

유아	배의 끝에 있는 눈으로 신장발달을 통해 지방부의 줄기, 잎을 형성한다.
떡잎	양분의 저장기관으로 종자가 발아할 때 본엽 출현 시까지 배에 양분을 공급한다.
배축	배에 있는 줄기 모양의 주축으로 배축 중 자엽 윗부분을 상배축, 자엽 아랫부분을 하배축이라 한다.
유근	뿌리가 될 부분으로 발아에 의해 신장한다.

(3) 외형적 특징

① 종자의 크기는 식물종에 따라 수mm ~ 수십cm 까지 다양하다.

② 종자의 형상은 원형이나 타원형이나 식물의 종류에 따라 다양하게 나타난다.

형상	종류	형상	종류
타원형	벼, 밀, 팥, 콩	능각형	메밀, 삼
구형	배추, 양배추	난형	고추, 무, 레드클로버
방추형	보리, 모시풀	도란형	목화
방패형	파, 양파, 부추	난원형	은행나무

③ 식물종에 따라 종자의 이동을 위한 편모나 날개가 있다.

④ 종자에 따라 고유색이나 무늬가 다양하게 나타난다.

(4) 외형에 나타나는 특수기관

① 성숙종자에는 제(배꼽), 주공(발아공), 봉선, 합점, 우류 등의 특수기관이 있다.

② 종자의 배병이나 태좌에 붙어있던 흔적인 제(배꼽)은 식물의 종류에 따라 위치가 다르다. 배추, 시금치는 종자의 끝에 위치하고 상추, 쑥갓은 종자의 기부에 위치한다. 콩의 경우

종자의 뒷면에 위치하는 것이 특징이다.

③ 주공은 제(배꼽)의 끝에 위치하며 꽃가루의 침입구이다.

④ 봉선은 가는 선이나 홈을 이룬 것으로 종피와 다른 색을 띠며 길이를 통해 종자의 구분이
가능하다.

⑤ 합점은 봉선의 가장 끝에 있는 혹 같은 점으로 여기서부터 관다발이 갈라지면서 종자의
내부로 들어간다.

⑥ 우류는 종자의 제 옆에 있는 주름이다.

(5) 종자 수명

① 종자의 수명은 종자가 발아할 수 있는 발아력을 가지고 있는 기간을 말한다. 종자의
수명에 따라 단명종자, 중명종자, 장명종자로 분류할 수 있다.

단명종자(1~2년)	양파, 파, 콩, 땅콩, 당근, 메밀, 고추, 상추, 베고니아 등
중명(상명)종자(2~3년)	벼, 밀, 보리, 무, 완두 등
장명종자 (4~6년, 6년 이상)	·비트, 수박, 호박, 오이, 배추, 가지, 토마토, 알팔파, 클로버 등 ·화훼류의 장명종자 : 스토크, 백일홍, 안개초, 봉선화 등

② 종자의 수명에 관여하는 요인

㉠ 종자의 유전성 및 성숙도

㉡ 종자의 기계적 손상 정도

㉢ 종자 저장고의 공기조성 및 환경

㉣ 온도 및 상대습도

· 저장기간 중에 종자의 수명이 짧아지는 요인으로 고온, 고습이 있다.

· 대부분 종자는 80% 상대습도, 25~30℃ 온도에 저장하면 발아력이 빨리 저하되나
50% 이하의 상대습도, 5℃ 이하의 온도에서 저장하면 발아력을 유지할 수 있다.
장기저장을 위한 최적은 상대습도는 20~30% 이다.

㉤ 종자의 수분함량

· 종자가 더 이상 수분을 흡수하지 않고, 잃지 않는 상태를 수분평형이라 한다.

· 종자를 저장하려면 종자를 최소한 평형수분함량까지 건조시켜야 한다. 전분종자의
평형수분함량은 약 14% 이고, 유료종자의 평형수분함량은 8% 정도이다.

· 안전하게 저장하기 위한 종자의 최대수분함량은 일반종자 5~7%, 유지종자 3~5%
정도이다.

· 안전저장을 위한 종자 최대수분함량은 대략 벼 15%, 보리 13%, 콩 11%, 시금치

9%, 배추 5%, 고추 4.5% 정도이며 토마토는 일반적인 종자들보다 더 낮은 수준으로 해야 한다.

4. 종자의 퇴화증상

(1) 종자의 퇴화

① 작물 재배에서 연수가 경과하는 동안 유전적, 생리적으로 생산력이 감퇴하는 경우 종자의 퇴화라고 한다.

② 종자의 퇴화 증상

· 종자의 호흡감소 · 종자 내부의 효소 활성 감소 · 발아율의 저하 · 발아조건 감소 · 변색	· 발육 저하 · 저항력 저하 · 균일성 및 수량의 감소 · 유리지방산 증가 · 종자침출액 증가

(2) 종자 퇴화의 원인

① 유전적 퇴화

㉠ 세대가 경과함에 따라 유전적으로 변이가 발생하거나 순수하지 못해 유전적으로 퇴화하는 경우가 있다.

㉡ 돌연변이, 자연교잡, 근교약세 등이 있다.

돌연변이	원래의 특성을 잃고 세대가 경과되어 누적된다.
자연교잡	번식체계, 격리거리, 종자생산 규모, 꽃가루 매개 방법 등이 퇴화 정도를 결정하게 된다.
이형유전자의 분류	열성유전자 분리
근교약세	타식성 작물을 계속 자식시키면 세력이 약해진다.
기회적 부동	재식 개체수가 적거나 채종 개체수가 적은 경우 특정 유전자형만 채종되어 다음 세대 유전자의 비율이 달라지게 된다.
이형종자의 기계적 혼입	파종, 이앙, 수확 등의 작업과정에서 다른 품종이 혼입되는 경우가 있다.
역도태	수량과 품질이 개화, 추대로 쇠약해지면서 역도태가 된다.

② 생리적 퇴화

㉠ 생산지의 환경이 나쁘면 생리적 조건이 불량해지면서 퇴화하게 된다.

㉡ 콩 등은 동일 장소에서 재배 및 채종을 계속하면 미량원소가 결핍되고 다음해의 수량이 감소하게 되는데 이러한 퇴화를 후작용에 의한 퇴화라 한다.

ⓒ 온도와 일장에 의한 퇴화가 있는데 벼의 경우 고랭지에서 2년 정도 채종을 되풀이 한 것을 난지에 재배하였을 때 재래종에 비해 출수가 늦고 수량이 적어지게 된다.

③ 병리적 퇴화

종자로 전염하는 병해로 인하여 병리적으로 퇴화하는 것을 말한다.

④ 기타 종자 퇴화

· 종자 저장 양분의 고갈	· 효소의 분해와 불활성
· 분열조직세포의 기아	· 지질의 자동산화
· 유해물질의 축적	· 가수분해효소의 형성과 활성화
· 발아유도기구의 분해	· 병균의 침입
· 리보솜 분리의 저해	· 기능상 구조변화

(3) 종자 퇴화의 방지

① 유전적 퇴화의 방지

ㄱ 격리재배를 통해 자연교잡을 방지한다.

ㄴ 이형종자의 혼입을 막기 위해 낙수 제거, 채종포 변경, 수확 및 조세의 주의, 완숙퇴비 사용한다.

② 생리적 퇴화의 방지

ㄱ 재배적 조건이 불량해도 종자는 생리적으로 퇴화할 수 있기에 퇴화를 방지하려면 재배시기의 조절, 비배관리의 개선, 착과수의 제한, 종자의 선별 등의 작업이 필요하다.

ㄴ 벼 종자는 분지의 비옥한 점질토양이 좋으며, 감자의 경우 고랭지에서 채종하도록 한다.

③ 병리적 퇴화의 방지

ㄱ 무병지에서 채종하는 것이 좋다.

ㄴ 종자의 소독, 이병주 및 이병수를 제거하도록 한다.

5. 종자의 휴면

(1) 휴면의 형태

① 종자 휴면

ㄱ 휴면은 작물이 일시적으로 생장활동을 멈추는 현상으로 식물이 불리한 환경을 극복하기 위한 수단이다.

ㄴ 성숙한 종자가 발아조건이 되어도 발아하지 않을 경우 휴면이라 하며 생육의 일시적 정지상태라 할 수 있다.

ⓒ 종자의 휴면기간
- 벼 : 1주일 ~ 6개월
- 맥류 : 거의 없음 ~ 3개월
- 감자 : 수일 ~ 5개월
- 경실종자 : 수개월 ~ 수년

㉣ 야생종은 재배종에 비해 휴면성이 강한 편이다.

② 휴면의 효과

㉠ 작물재배나 육종에 있어 휴면을 통해 다양한 효과를 얻을 수 있다.

㉡ 우량종자의 안전한 장기저장이 가능하다.

㉢ 맥류의 수발아 억제가 가능하다.

㉣ 괴근, 괴경 등 영양기관 맹아억제 및 추대를 방지한다.

㉤ 과수류의 동상해 응급대책의 효과가 있다.

③ 휴면의 형태

㉠ 자발적 휴면은 외적 조건이 생육에 부적당하지 않을 때, 내적 원인에 의해 유발되는 휴면으로 생리적 휴면, 미숙 배 휴면, 종피 휴면 등이 있으며 종피에 발아억제물질이 많이 함유하여 휴면하는 경우도 포함된다.

㉡ 타발적 휴면은 발아력을 가진 종자에 수분, 광, 가스, 온도, 등의 외적 조건에 의해 유발되는 휴면이다.

㉢ 자발적 휴면과 타발적 휴면을 1차 휴면이라 하고 성숙한 종자가 불리한 환경조건에서 장기간 보존되어 휴면이 새로이 발생하는 경우를 2차 휴면이라 한다.

(2) 휴면의 원인

① 종피 불투수성

㉠ 장기간 발아하지 않는 종자를 경실이라 하는데 종피가 수분의 투과를 저해하여 발아를 시작하지 못하는 경우를 말한다.

㉡ 물의 투과성 저해로 인한 경실 종자에는 자운영, 고구마, 나팔꽃 등이 있다.

② 종피 불투기성

㉠ 종피의 불투기성으로 산소 흡수가 저해되어 발아하지 못하는 경우가 있다.

㉡ 보리, 귀리, 도꼬마리 등에서 주로 나타난다.

③ 종피의 기계적 저항

잡초종자에서 종피가 기계적 저항으로 배의 늘어남이 억제되어 휴면하게 된다.

④ 발아 억제 물질

ⓒ 종실이나 과피에 ABA(Abscisic acid)와 같은 발아 억제 물질이 존재하는 경우 휴면하는 경우가 있다.

ⓒ 순무종자는 과피, 옥수수종자는 배유, 토마토, 오이 등의 장과류는 장과에 발아억제물질이 존재한다.

ⓒ 종피휴면을 하는 식물에서 벼는 영에, 보리는 영과 과피, 도꼬마리는 내종피에 발아억제물질이 존재한다.

⑤ 배의 미숙
　ⓒ 장미과식물에서 종자가 모주를 이탈할 때 배의 발육이 미숙하여 발아하지 못하는 경우가 있다.

　ⓒ 배의 성숙에는 수주일~수개월의 기간이 필요한 경우가 있는데 이러한 기간 및 과정을 후숙이라 한다.

　ⓒ 후숙은 휴면하는 종자의 발아를 위해 종자의 수분함량을 조절하고, 다량의 산소를 공급하는 등의 작업을 하게 된다.

　ⓒ 화곡류 종자는 온도 15~20℃, 1~2개월 후숙을 하면 최대 발아율을 나타낸다.

⑥ 배유의 미숙
　ⓒ 배는 완숙되었지만 종자의 저장물질인 배유가 미숙하면 휴면이 발생하기도 한다.

　ⓒ 배유가 미숙하면 저장물질의 변화에 필요한 가수분해효소, 호흡에 필요한 산화환원효소가 불활성되어 휴면이 발생하게 된다.

⑦ 발아 촉진 물질(생장소)의 부족
　배유에서 배로, 자엽에서 유아 및 유근으로 생장촉진물질의 공급이 저해되면 휴면이 발생한다.

⑧ 식물호르몬 불균형
　생장억제물질인 ABA와 생장촉진물질인 지베렐린의 함량비로 인하여 휴면이 발생되거나 조기에 타파되기도 한다.

(3) 휴면의 타파
　① 종피파상법
　　ⓒ 경실의 휴면 타파를 통해 발아를 촉진시키기 위한 방법으로 종피에 상처를 내는 방법이다.

　　ⓒ 자운영 경실종자는 모래와 섞어 절구에 가볍게 찧어 상처를 내며 고구마 종자는 손톱깎기를 이용하여 상처를 낸다.

② 생장조절제

  ㉠ 지베렐린, 시토키닌, 에틸렌, 질산칼륨, 티오요소, 키네틴, 과산화수소 등의 생장조절제를 처리하여 휴면을 타파할 수 있다.

  ㉡ 지베렐린은 땅콩, 앵두, 셀러리, 씨감자 등, 시토키닌은 상추에 효과가 있다.

③ 광 처리

  ㉠ 광발아종자는 광이 휴면을 타파한다.

  ㉡ 가시광선 파장영역에서 600 ~ 700nm의 적색광 파장영역은 휴면을 타파시킨다. 반대로 청색광(420 ~ 500nm)은 휴면을 유도하고 초적색광(720 ~ 780nm)에서는 휴면이 발생한다.

④ 온도 처리

  ㉠ 종자가 침윤하기 전에 저온처리하면 휴면이 타파되고 이후 고온 처리를 하면 발아가 촉진된다.

  ㉡ 배 휴면을 하는 종자는 0~6℃ 조건의 저온에서 수일~수개월 저장하면 휴면이 타파된다.

  ㉢ 배휴면을 하는 종자를 저온습윤처리를 하면 불용성 물질이 분해되어 가용성 물질로 변화된다. 이때 삼투압이 낮아지면서 배의 물질이동이 쉬워지면서 휴면이 타파되며 새로운 조직의 형성을 위한 당류, 아미노산 등의 유기물질들이 나타난다.

⑤ 작물별 휴면타파

  ㉠ 벼 종자는 40℃ 의 고온에서 3주 정도 처리한다.

  ㉡ 맥류 종자의 경우 0.5~1% 과산화수소용액에 24시간 침지 후 저온(5~10℃) 조건에서 처리한다.

  ㉢ 감자는 최아법, 박피절단법, 지베렐린 처리(GA처리), 에틸렌-클로로하이드린 처리를 한다. 지베렐린처리는 2ppm 에 30~60분 정도 침지하고 그늘에 말리도록 한다.

  ㉣ 화본과 목초는 파종 전에 질산칼륨이나 지베렐린으로 처리한다.

  ㉤ 시금치는 60℃ 고온에서 3~5일 정도 처리한다.

  ㉥ 상추 및 자작나무의 경우 저온 및 광처리를 통해 휴면을 타파한다.

⑥ 충적처리

  ㉠ 충적처리는 휴면의 타파 뿐만 아니라 발아력 저하방지, 발아억제물질 제거, 후숙 방지 등의 효과가 있다.

  ㉡ 나무상자나 나무통에 습기가 있는 모래 혹은 톱밥과 종자를 층을 만들어 종자를 넣어 저온저장고에 보관한다. 일반적으로 모래 4cm, 종자 2cm 로 층을 쌓는다.

6. 종자발아

(1) 종자의 내적 조건

① 수분

㉠ 종자는 수분을 흡수하여 발아를 하는데 종피가 수분을 흡수하면서 연해지고 배, 배유 등이 팽창하면서 파열되기 쉽게 된다.

㉡ 연해진 종피는 가스교환이 쉽게 일어나고 산소가 종자의 내부로 공급되면서 호흡이 시작되고 효소가 활성화되면서 이산화탄소도 발생하게 된다.

㉢ 수분이 흡수된 상태에서 내부세포의 원형질 농도가 낮아지고 저장물질의 이동이 활발해진다.

㉣ 수분의 함량이 너무 높을 경우 오히려 종자의 발아율은 감소하게 된다.

㉤ 식물의 종류에 따라 종자가 발아하기 위해 함량에 차이가 있다. 완두 59.8%, 콩 50%, 밀 40.8%, 사탕무 31%, 옥수수 30.5%, 벼 26.5% 정도이다.

㉥ 수중에서도 발아가 잘되는 수종이 있는데 대표적으로 벼, 상추, 당근, 셀러리 등이 있다. 반대로 수중에서 발아가 잘 안되는 종자에는 밀, 콩, 무, 귀리, 양배추, 가지, 고추 등이 있다.

㉦ 발아에 필요한 종자의 수분 흡수량은 종자무게 대비 벼 23%, 밀 30%, 콩 100% 정도이다.

② 온도

㉠ 종자의 발아는 온도의 영향을 받으며 최적온도 20~30℃에서 가장 빠르다.

㉡ 종자가 발아 가능한 최저온도 조건은 0 ~ 10℃, 최고온도는 35 ~ 40℃ 정도이다. 너무 고온이나 저온은 발아에 불리하며 발아가 되지 않는 경우도 발생한다.

㉢ 식물에 따라 온도의 주기적 변화를 주는 변온조건에서 발아가 촉진되는 경우도 있다. 변온조건에서 발아가 촉진되지 않는 작물로 당근이 있는데 이러한 작물들은 지베렐린 이나 침수처리 등에 의해 발아가 이루어진다.

㉣ 저온작물은 고온작물에 비해 발아 온도가 낮고 파종기의 기온이나 지온은 발아의 최저온도보다 높고 최적온도보다 낮다.

㉤ 저온에서 발아하는 종자에는 시금치, 상추, 부추 등이 있다.

㉥ 고온에서 발아하는 종자에는 토마토, 가지, 고추 등이 있으며 옥수수는 40℃ 내외의 최고온도 조건을 가진다.

③ 산소

㉠ 식물의 종자는 대부분 충분한 산소가 공급되어야 호흡이 이루어지면서 발아를 할

수 있다.

ⓛ 종자에 따라 요구되는 산소 요구량이 다른데 벼, 상추 등의 종자는 산소가 없을 경우
무기호흡에 의해 발아하기도 한다.

산소가 없이 발아되는 종자	벼, 상추, 당근, 셀러리
산소가 없으면 발아가 감퇴하는 종자	담배, 토마토
산소가 없으면 발아하지 못하는 종자	밀, 무, 배추, 가지, 고추

④ 광(光)

㉠ 식물의 종류에 따라 광선에 의해 종자가 발아되거나 억제되는 경우가 있다.

ⓛ 광을 주어야 발아하는 호광성 종자는 담배, 상추, 우엉 등이 있으며 광을 싫어하는
혐광성 종자에는 호박, 고추, 양파, 오이 등이 있다.

호광성종자	담배, 상추, 우엉, 뽕나무, 베고니아, 샐러리
혐광성종자	호박, 토마토, 고추, 양파, 가지, 오이, 무, 부추
광무관계종자	화곡류의 대부분, 콩과작물의 대부분

㉢ 호광성 종자의 경우 발아를 촉진하는 광파장은 적색부분(660~700nm) 이며
660~670nm 파장에서 가장 활성화된다. 반대로 적외선 파장(730nm) 부근에서는 발아
가 억제되는 현상을 보인다.

㉣ 종자 발아에 있어 광의 효과에는 종자의 나이, 침윤시간, 침윤온도, 발아온도 등에
영향을 받는다.

㉤ 식물에 존재하는 색소단백질인 파이토크롬(phytochrome)은 특정 파장을 흡수하여
광가역 반응을 일으킨다. 파이토크롬의 특징은 다음과 같다.

· 광흡수색소로서 일장효과에 관여하며 Pr은 호광성 종자의 발아를 억제한다.
· 종자발아, 화아유도 등의 생리학적 조절에 관여한다.
· 적색광에 의해 가능한 반응이 적색광에 이어 바로 근적외광을 처리하면 무효화
된다는 것을 광가역성이라 한다.
· 적색광, 근적외광을 교대로 처리하면 마지막에 조사한 빛에 의해 발아율이 좌우된다.

(2) 발아력 검정

① 발아율

발아율은 준비한 전체 시료 종자수에서 일정기간 동안 발아된 종자입수의 백분율로
표시하며 공식은 아래와 같다.

$$발아율(\%) = \frac{발아한 종자 수}{전체 시료 종자수} \times 100$$

② 발아세

발아세는 발아시험을 위한 일정 기간동안 발아하는 종자수의 비율을 말하며 통상 발아율보다 수치가 적다. 발아세를 구하는 방법은 아래의 식에 따른다.

$$발아세(\%) = \frac{기간 중 가장 많이 발아한 날까지 종자수}{발아시험용 총 종자수} \times 100$$

③ 용가(진가)

종자의 용가 혹은 진가는 순도와 발아율에 의해 결정되며 종자의 용가가 높은 것이 양호한 품질의 종자이다.

$$종자의 용가(진가) = \frac{발아율 \times 순도}{100}$$

④ 발아 검정

㉠ 발아시는 발아가 처음 나타난 날이다.

㉡ 발아기는 종자가 50%가 발아한 날을 말한다.

㉢ 발아전은 파종된 종자의 80% 이상이 발아한 날이다.

㉣ 발아일수는 파종기부터 발아기까지 일수를 말한다.

(3) 발아촉진

① 발아촉진은 종자가 일정하게 발아하도록 종자휴면을 타파하는 것이다.

② 발아를 촉진하는 물질에는 지베렐린, 시토키닌, 에틸렌, 과산화수소, 질산칼륨, 티오요소 등이 있다.

지베렐린 (gibberellin)	• 지베렐린은 종자의 휴면타파의 효과가 있는 식물생장조절제로 옥신과 함께 사용시 효과가 극대화된다. • 지베렐린은 휴면하지 않는 종자에는 발아촉진효과가 있다. • 지베렐린은 극성이 없으며 미숙종자에 다량 포함되어 있다. • 주로 GA_3이 많이 이용되고 있다.
시토키닌 (cytokinin)	• 시토키닌은 주로 뿌리에서 합성되며 옥신과 함께 작용하여 세포분열을 촉진한다. 주로 물관을 통해 이동하며 측지발생 및 세포의 분열에 관여한다. • 어린종자나 과일에도 시토키닌이 많으나 열매가 성숙할수록 시토키닌의 함량은 감소한다. • 키네틴(kinetin)은 호광성종자의 암발아를 유도한다.

에틸렌	· 과실의 성숙을 촉진하는 물질로 주로 기체상태로 존재하며 전구물질은 메티오닌(methionine)이다. · 에틸렌은 0.1ppm 정도의 낮은 농도로서 식물의 생장에 영향을 미친다. · 에틸렌을 생성하며 식물의 노화 및 과일의 숙기에 영향을 주는 약제를 에테폰이라 한다.
과산화수소	· 과산화수소(H_2O_2)는 콩과식물, 토마토, 보리 등의 발아를 촉진시키고 종자의 살균 역할도 한다.
질산칼륨	· 발아촉진에 사용되며 화본과 목초의 발아에 효과적이다.
티오요소	· 발아 촉진에 이용되며 발아에 필요한 광, 온도를 대체하는 효과가 있다.

(4) 발아억제제

① 발아억제제는 종자가 싹이 트는 것이 저해되는 것으로 외부 환경적 요인 및 발아억제물질로 인하여 발아가 억제 된다.

② 발아 억제 물질은 종자의 과피의 껍질에 존재하며 암모니아(NH_3), 시안화수소(HCN), 쿠마린, 페놀산, 아브시스산(ABA, abscisic acid) 등이 있다.

③ 발아억제물질인 쿠마린(coumarin)의 경우 보리의 영 부위에 존재하면서 보리의 발아를 억제하기도 한다.

(5) 종자 활력 검사

① 살아 있는 종자 조직의 착색 정도를 통해 종자세를 평가한다.

② 0.1~1.0%의 테트라졸리움 용액을 사용한다.

③ 일반적으로 활력 종자의 조직은 호흡으로 생긴 탈수소효소가 산화상태의 테트라졸륨과 결합하면 붉은색 계통을 띠게 된다.

④ 배유종자는 배만, 무배유종는 자엽까지 색이 나타난다.

7. 정지

(1) 경운

① 경운은 토양을 갈아 흙덩이를 부스러뜨리는 작업이다.

② 경운은 정지작업에서 가장 먼저 하는 작업으로 파종이나 이식을 하기 전에 실시한다.

③ 경운을 통해 토양의 투수성, 통기성이 좋아져 이후 종자의 발달, 뿌리의 발달에 도움이 된다. 또한 통기성이 좋아야 토양에 살고 있는 미생물의 활동이 활발해져 유기물 분해 촉진 및 순환에 도움을 준다.

④ 흙을 반전시켜 잡초의 발생이 줄어들고 해충이 박멸하는데 도움이 된다.

(2) 쇄토

① 쇄토는 경운 다음으로 실시하는 작업으로 갈아 일으킨 흙덩이를 좀 더 곱게 부수고 지면을 평평하게 고르는 작업이다.

② 논은 경운한 다음 물을 대고 써레로 흙덩이를 곱게 부수는데 써레를 이용한다 하여 써레질이라 한다.

(3) 작휴

① 작휴법은 작물이 심긴부분과 심기지 않은 부분이 규칙적으로 반복되는 것을 이랑이라 한다. 이랑은 평평하지 않고 기복이 있을 경우 융기부를 이랑, 함몰부를 고랑이나 골이라 한다.

② 이랑을 만들게 되면 파종, 제초, 솎음의 관리가 용이하고 배수 및 통기에 좋게 하고 작토층을 두껍게 한다.

③ 작휴법에는 평휴법, 휴립법, 성휴법이 있다.

평휴법		· 이랑을 평평하게 하여 이랑과 고랑 높이를 같게 하는 방법 · 주로 채소, 밭벼에 실시한다.
휴립법	휴립법	· 이랑을 세워 고랑이 낮게 하는 방법
	휴립구파법	· 이랑을 세우고 낮은 골에 파종하는 방법 · 맥류의 한해와 동해를 동시에 방지할 수 있다. · 감자의 발아촉진이나 이랑 사이 토양을 작물의 포기 밑에 모아주는 배토 작업을 위해 실시한다.
	휴립휴파법	· 이랑을 세우고 이랑에 파종하는 방법 · 고구마는 이랑을 높게 세우고 조, 콩은 이랑을 낮게 세운다.
성휴법		· 이랑을 보통보다 넓고 크게 하는 방법 · 맥후작 콩의 재배에 실시한다.

(4) 진압

① 진압은 정지 작업에서 경운, 쇄토 이후에 실시하는 작업이다. 파종하고 복토 전후 종자를 눌러 주는 작업이다.

② 진압을 하게 되면 토양사이 공극이 변화하고 모세관현상에 의한 수분공급으로 종자나 식물의 뿌리에 수분흡수를 쉽게 하게 된다.

8. 파종

(1) 파종시기

① 파종시기는 파종된 종자가 발아하기 위해 종자의 종류, 온도, 환경 등의 발아조건을 고려하여 결정하게 된다.

② 작물의 종류에 따라 추파, 춘파를 결정하고 지역에 따라 달라지는데 고랭지의 경우 늦봄에 실시한다.

③ 작부방법이나 특정 재해 시기, 토양의 상태, 출하기도 파종시기에 영향을 준다.

④ 감온형 벼 품종은 조파조식하는 것이 좋고 추파맥류는 추파성이 높은 품종은 조파한다.

⑤ 월동작물은 추파하고 여름작물은 춘파한다.

(2) 파종양식

산파(흩어뿌림)	포장 전면에 종자를 흩어 뿌리는 방법
조파(줄뿌림)	종자를 줄지어 뿌리는 방법
점파(점뿌림)	일정 간격으로 종자를 수 개씩 파종하는 방법
적파	점파와 유사하나 한곳에 여러개의 종자를 파종하는 방법

(3) 파종량

① 파종량은 작물의 종류 및 품종, 종자 크기, 재배지, 토양의 조건, 시비, 종자 상태를 고려하여 결정한다.

② 온도가 낮은 지역의 경우 파종량을 늘리도록 한다.

③ 토양 조건이 좋지 않거나 시비량이 적은 경우 파종량을 늘린다.

④ 발아력이 낮거나 파종기가 늦을 경우 파종량을 늘린다.

⑤ 주요 작물의 종자 파종량은 다음과 같다.

작물	10a 당 파종량	작물	10a 당 파종량
감자	150~200L	시금치	6500~14000ml
맥류	10~20L	당근	800ml
메밀	7~15L	배추	70~500ml
팥	5~7L	오이	200~300ml
녹두	2~3L	상추	50~500ml

(4) 복토

① 복토는 흙덮기로서 작물의 종자를 파종한 후 흙을 덮어 주는 작업이다.

② 작물별로 복토의 깊이에 차이가 있으며 기준은 다음과 같다.

깊이 기준(cm)	작물 종류
종자가 보이지 않을 정도	소립목초종자, 파, 양파, 당근, 상추, 담배, 유채
0.5~1	순무, 배추, 양배추, 가지, 고추, 토마토, 오이
1.5~2	조, 기장, 수수, 무, 시금치, 수박, 호박
2.5~3	밀, 호밀, 귀리
3.5~4	콩, 팥, 완두, 잠두, 옥수수, 강낭콩
5~9	감자, 생강, 토란, 글라디올러스
10 이상	나리, 튤립, 수선, 히아신스

9. 이식

(1) 이식의 종류

① 조식은 골에 줄지어 이식하는 방법이다.

② 점식은 포기를 일정한 간격을 두고 띄어서 점점이 이식하는 방법이다.

③ 혈식은 포기를 많이 띄어서 구덩이를 파고 이식하는 방법이다.

④ 난식은 일정한 질서 없이 점점이 이식하는 방법이다.

(2) 이식시기

① 과수와 다년생 목본식물은 싹이 움트기 전에 춘식하거나 낙엽이 진 뒤 추식한다.

② 일반작물은 파종기에 영향을 주는 요인에 의해 이식기가 결정된다.

(3) 이식방법

① 작물에 따라 이식방법은 다양하다. 벼의 경우 기온이 15℃ 전후 이식해야 하며 일찍 하는 것이 좋다. 논의 써레질이 종료되면 바로 하게 되며 줄모로 심어야 고르게 자랄 수 있다.

② 채소, 화초는 식상을 피하고 잘 자라게 하고자 쇄토작업을 통해 흙을 부드럽게 갈아두어야 한다. 이식 후에는 뿌리를 내리는데 시간이 걸려 물을 주고 덮개를 해주어 증발을 막아준다.

(4) 이식효과

장점	단점
① 이식을 실시하면 줄기나 잎의 웃자람을 억제할 수 있다. ② 이식 작업시 뿌리가 잘려 새로운 뿌리가 발생되어 생육이 좋아진다. ③ 생육이 어느 정도 진행되어 병해충에 피해가 감소된다. ④ 식물의 경우 개화를 촉진시킬 수 있다.	① 무, 당근 등 직근류는 뿌리가 손상될 경우 상품성이 저하되기도 한다. ② 수박, 참외는 뿌리가 손상시 발육이 저하된다. ③ 작물에 따라 이식이 해가 되는 경우가 있다.

10. 생력재배

(1) 생력재배의 정의

① 생력재배는 노력을 줄여 농사를 짓는 것으로 본디 목적은 노동력이 부족한 농가의 상황을 개선하기 위한 방법이다.

② 부족한 노동력 때문에 농업의 기계화를 장려하고 잡초를 방제하기보다 제초제를 도입하는 방법등이 생력재배라 한다.

(2) 생력재배의 효과

① 생력재배를 통해 농업에 필요한 노동력 절감 및 경영에 효율이 개선된다.

② 농업 연구를 통한 새로운 품종의 개발과 경운파종과 같은 저비용 생산을 목적으로 생력기계화 재배기술 등의 도입으로 저투입 지속농업(LISA)이 가능하다.

③ 실제 생력재배의 사례로 파식파종기를 이용한 생력파종, 기계화를 통한 잡초 방제, 배토기를 이용한 중경배토 작업, 기계 수확, 탈곡 및 선별, 건조 등 전과정에 걸쳐 효과가 나타난다.

(3) 생력기계화재배의 전제조건

① 농지가 생력화를 가능하게 할 수 있게 정리되어야 한다.

② 넓은 면적은 공동관리하여 집단 재배해야 한다.

③ 기계화에 따른 잉여 노동력을 수익화 해야 한다.

④ 품종의 선택, 재배법 등 기계화를 통한 재배체계를 확립해야 한다.

⑤ 국가 차원의 제도화, 보조, 개발등의 도움이 필요하다.

(4) 기계화 적응 재배

① 기계화 재배

㉠ 농업기계화로 노동의 능률 및 생산력이 향상되었다. 노동을 절약하고 중노동에서 벗어나는 계기가 되었다.

㉡ 단위노동시간당 작업량을 늘려 능률적 작업을 통해 생산량을 높일 수 있다.

㉢ 적합한 농업기계의 선택을 통해 토지이용률을 높여 생산량을 늘릴 수 있다.

㉣ 농업기계의 크기는 경영면적, 포장면적, 경지조건, 기계의 구동능력을 고려하여 결정한다.

㉤ 농업기계의 이용시간은 최대한 확대하여 활용한다.

② 정밀농업

㉠ 정밀농업은 농작물 재배에 영향을 미치는 요인에 관한 정보를 수집하고, 이를 분석하여 불필요한 농자재 및 작업을 최소화함으로써 농산물 생산 관리의 효율을 최적화하는 시스템이다.

㉡ 정밀농업기술은 식량생산 한계나 환경보존의 문제를 동시에 해결할 수 있는 대안으로 부상하고 있다.

㉢ 정밀농업은 선진국을 중심으로 1990년대부터 집중적으로 연구되기 시작한 해결방법으로 기술, 경영, 과학이 결합된 것이 특징이다.

11. 재배관리

(1) 시비

① 시비

㉠ 시비는 거름주기로 주요 비료의 종류는 질소, 인산, 칼륨이 있다. 질소의 경우 과다하게 공급되면 도장의 우려가 있어 공급량을 조절해 주어야 한다.

㉡ 작물에 따른 적정 시비(질소 : 인산 : 칼륨)

벼	5 : 2 : 4
맥류	5 : 2 : 3
옥수수	4 : 2 : 3
감자	3 : 1 : 4

㉢ 규소는 화곡류의 저항성을 높이는데 도움을 주는데 벼에 있어 도열병에 대한 저항성을 키워주고 잎을 곧게 지지하도록 도와준다. 잎을 곧게 지지하여 수광율을 높이는데도 도움을 주며 한해에 대한 경감 효과도 있다.

㉣ 고구마와 같은 작물은 칼륨의 흡수비율이 높은 편인데 칼륨이 양분을 지하부로 이동하는 것을 촉진하여 덩이뿌리가 굵어지도록 도와주는 역할을 한다.

㉤ 질소, 인산, 칼륨 등 비료가 하천으로 다량 유입되면 부영양화로 조류가 발생하기도 한다.

㉥ 이론적 단위면적당 시비량의 계산은 다음과 같다.

$$시비량 = \frac{비료요소흡수량 - 천연공급량}{비료요소의 흡수율}$$

② 엽면시비

㉠ 작물은 뿌리에서 뿐 아니라 기공을 통한 흡수가 이루어지며 이를 엽면시비라 한다.

㉡ 엽면시비는 잎의 호흡작용이 왕성할수록 더 잘 흡수된다.

㉢ 엽면시비된 살포액이 약산성의 경우 흡수가 잘 이루어진다.

㉣ 잎의 뒷면은 살포액의 부착이 좋고 기공수가 많아 표면보다 흡수가 잘 이루어진다.

㉤ 엽면시비는 주로 철, 아연, 망간, 칼슘 등의 미량원소, 요소를 뿌려 준다.

㉥ 엽면시비는 뿌리의 흡수력이 낮을 경우 영양회복을 위해 작업을 한다.

㉦ 요소의 엽면시비 농도는 노지작물 0.5~2%, 과수 0.5~1%, 오이 및 수박 1% 이하, 무 및 양배추 2% 이하 정도로 한다.

③ 비료의 분류

㉠ 성분에 따른 비료

질소비료	요소, 질산암모늄(초안), 황산암모늄(유안)
인산질비료	과인산석회, 용성인비, 용과린, 중과인산석회
칼륨질비료	염화칼륨, 황산칼륨

㉡ 화학적 반응에 따른 비료

산성비료	과인산석회, 염화암모늄
중성비료	황산칼륨, 염화칼륨, 요소, 질산나트륨
염기성비료	생석회, 소석회, 탄산칼륨, 용성인비

㉢ 생리적 반응에 따른 비료

생리적 산성비료	황산암모늄, 염화암모늄, 황산칼륨, 염화칼륨
생리적 중성비료	질산암모늄, 질산칼륨, 요소
생리적 염기성비료	질산나트륨, 질산칼슘, 용성인비, 초목회

㉣ 반응 효과에 따른 비료

속효성비료	황산암모늄, 염화칼륨
완효성비료	석회질소

㉤ 주요 비료의 성분비

종류	질소	인산	칼륨
요소	46		
질산암모늄	35		
황산암모늄	21		
석회질소	20~22		
중과인산석회		44	
용성인비		18~19	
과인산석회		16	
염화칼륨			60
황산칼륨			48~50

④ 이용률

㉠ 비료의 이용률은 비료 성분량 중에서 작물이 흡수하여 이용한 양을 나타낸 것으로 질소는 30~50%, 칼륨 40~60%, 인산 10~20% 정도의 이용률을 보인다.

㉡ 비료의 이용률에 영향인자로 비료성분, 화학적 형태, 작물의 종류, 토양의 화학적

조건, 시비시기 등이 있다.

⑤ 비료요소의 형태

㉠ 질소

- 질산태질소를 함유하는 것으로 질산암모늄, 질산칼륨, 질산칼슘 등이 있다.
- 질산태질소는 물에 잘 녹고 속효성이다.
- 질산은 음이온이므로 토양에 흡착되지 않고 유실되기 쉽다.
- 암모니아태질소를 함유하는 것에는 황산암모늄, 질산암모늄, 인산암모늄, 완숙퇴비 등이 있다.
- 암모니아태질소는 물에 잘 녹고 속효성이나 질산태보다는 속효성이 아니다.
- 유기태질소를 함유하는 비료에는 어비, 골분, 녹비, 쌀겨 등이 있다.

㉡ 인

- 인산질비료는 용해성에 따라 수용성, 구용성, 불용성으로 구분된다.
- 수용성 인산에는 과인산석회, 중과인산석회 등이 있고 구용성 인산에는 용성인비, 소성인비 등이 있다.
- 사용상 유기질 인산비료와 무기질 인산비료로 구분된다.
- 유기질 인산비료에는 동물 뼈, 물고기뼈, 쌀겨, 보리겨 등이 있다.
- 인산질 비료의 이용율을 높이기 위해 수용성 인산보다는 구용성 인산을 선택하거나 접촉면이 작은 입상을 선택하는 것이 이용율을 높이는데 유리하다.
- 무기질 인산비료의 주요 원료는 인광석이다.

㉢ 칼리

- 칼리질 비료로 사용되는 칼리는 무기태칼리, 유기태칼리로 나누어지며 거의 수용성이고 비효가 빠르다.
- 유기태칼리는 쌀겨, 녹비, 퇴비, 산야초 등이 많이 함유되어 있다.
- 지방성과 결합된 칼리는 수용성이고 속효성이나 단백질과 결합된 칼리는 물에 난용성이어서 지효성 칼리이다.

㉣ 칼슘

- 칼슘은 직접적으로 다량으로 요구되는 필수원소이나 간접적으로 토양의 물리적, 화학적 성질을 개선한다.
- 일반적으로 토양 내에 가장 많이 함유되어 있고 비료에 함유되는 칼슘은 CaO, $Ca(OH)_2$, $CaCO_3$, $CaSO_4$등의 형태로 되어 있고 가장 많이 이용되는 석회질 비료는 $Ca(OH)_2$ 이다.
- 부산물로 얻어지는 부산소석회, 규회석, 용성인비와 규산질 비료에도 칼슘이 많이

함유되어 있다.

(2) 보식, 솎기
① 보식은 발아가 불량한 곳이나 고사한 곳에 보충하여 이식하는 것이다.
② 솎기는 밀생한 곳에 일부를 제거하여 작물끼리 경쟁을 줄이고 공간을 넓혀 주는 작업이다.
③ 솎기는 생육 공간 확보를 통해 균일한 생육을 도와주고 불량한 개체를 제거해 우량한 개체만 남길 수 있다.

(3) 중경
① 파종이나 이식 이후에 작물 생육 기간에 작물사이 토양의 표토를 긁어 부드럽게 하는 토양관리를 중경이라 한다.
② 중경작업은 잡초의 방제, 토양의 이화학적 성질 개선을 통해 작물의 생육을 돕는다.
③ 중경의 효과

발아조장	파종이후 토양에 피막이 생겼을 때 중경작업을 실시하여 피막을 제거하면 발아가 조장된다.
통기성증진	작물이 생육하는 포장을 중경하여 토양의 가스교환과 미생물의 활동을 높이고 유기물 분해가 촉진되어 작물에 활력을 주게 된다.
수분증발억제	중경작업 시 토양을 얕게 작업하면 모세관이 절단되고 표면 공극이 좁아져 토양의 유효수분 증발이 줄어드는 효과가 있다.
비효증진	논토양의 경우 항상 물에 잠긴 상태이기에 표층은 산화층, 아래는 환원층이 형성된다. 이때 추비를 하고 중경작업을 실시하면 산화층과 환원층이 섞이면서 탈질작용이 억제되고 질소질 비료의 효과가 증진된다.

④ 중경의 단점

단근피해 발생	어린 작물의 경우 중경작업 과정에서 뿌리에 피해를 주게 되면 뿌리 흡수에 피해를 준다.
토양침식 발생	바람이 심하거나 건조가 심한 지역은 중경을 하면 토양의 건조 및 침식이 발생된다.
동상해 발생	환경에 따라 중경작업을 하면 지열의 유지가 되지 않아 저온의 피해가 발생할 수 있다.

(4) 멀칭

① 피복재료인 비닐, 플라스틱 필름, 건초를 이용하여 포장 토양의 표면을 덮는 작업을 멀칭이라 한다. 그리고 멀칭작업에 사용되는 피복재료를 멀치라 한다.

② 멀칭의 효과로는 생육 촉진과 토양의 침식 및 비료유실을 방지하고 수분조절, 온도조절, 잡초 방지, 유익 박테리아의 증식 등의 효과가 있다.

③ 작물의 비닐은 주위 조건에 따라 적합한 색을 선별한다. 검은색 비늘은 뿌리의 지온 유지 및 잡초 발생을 억제해주며 투명비늘은 추운 계절 지온 상승과 습도의 유지에 도움을 준다. 최근에는 적색비닐을 통해 작물의 광합성량을 늘리는 등 색상에 따른 효과를 파악하고 선택한다.

④ 투명플라스틱 필름의 경우 지온의 상승, 토양의 건조 방지, 비료의 유실 방지 등의 효과가 있다. 불투명플라스틱의 경우 적색광을 차단하여 잡초의 발생을 억제해준다.

(5) 배토

① 배토는 작물 생육기간 중 골사이나 포기사이 흙을 포기 밑으로 긁어 모아주는 것을 말한다.

② 배토는 맥류, 채소류, 밭벼, 감자, 옥수수 등의 작물에 실시한다. 토란이나 파 등은 작물의 품질을 좋게 하고 소출을 증대시키며 맥류는 무효분얼을 억제하고 소출이 증대된다.

③ 배토의 목적 및 효과

새 뿌리 발생 조장	콩, 담배 등은 줄기의 밑동이 경화하기 전에 몇 차례 배토를 해주면 새 뿌리의 발생이 조장되어 생육이 증진된다.
도복 경감	옥수수, 수수, 등은 배토에 의해 줄기의 밑동이 잘 고정되어 도복이 경감된다.
무효분얼 억제	벼는 마지막 김매기를 하는 유효분얼종지기에 포기 밑에 배토를 해주면 무효분얼이 억제된다.
덩이줄기 발육조장	감자의 덩이줄기는 지하 10cm 정도 깊이에 발육할 수 있도록 배토를 해주면 발육이 조장된다.
배수 및 잡초 억제	콩 등을 평이랑에 재배하였다가 장마철 이전 깊은 배토를 해주면 배수로가 마련되어 과습기에 배수가 좋게 되고 잡초도 방제된다.

04 식물병

1. 식물병

(1) 병원

① 식물에 병의 원인을 병원이라 하고 병원에 있어 생물 및 바이러스 등에 의한 때를 병원체, 세균 및 진균등에 의한 경우 병원균이라 한다.

② 식물병에 직접적인 요인을 주인, 주인을 도와 발병을 촉진 및 확산시키는 요인들을 유인이라 하며 유인은 주로 환경적 요인이 대표적이 예이다.

③ 병원체도 변이를 일으키기도 하는데 기작으로 돌연변이, 교잡, 이핵, 준유성교환이 있다.

(2) 기주 및 감수성

① 기주

㉠ 기주는 기생을 당하는 것으로 병원체가 식물을 침해한 상태를 말한다.

㉡ 소인은 식물체가 처음부터 가지고 있는 병에 걸리기 쉬운 성질을 말한다.

㉢ 소인은 종족소인과 개체소인으로 분류되며 종족소인은 어느 종 또는 품종이 병에 걸리기 쉬운 유전적 성질을 말하며 개체소인은 같은 종이나 품종 중에서 개체간 발병의 정도가 다른 성질을 말한다.

② 감수성

감수성은 식물병에 대해 민감한 정도를 의미하며 감수성이 높으면 병에 대한 저항성이 낮음을 의미한다.

관련 용어	정의
감수성	식물이 병에 대해 민감한 정도
이병성	식물이 병에 걸리기 쉬운 성질
저항성	식물이 병에 감염을 억제하는 것
면역성	식물이 병에 걸리지 않도록 하는 것
회피성	식물이 병원체의 활동시기를 피해 병에 걸리지 않도록 하는 것

(3) 발병요인의 상호관계

① 기생성병은 환경조건과 관련이 있으며 병원체, 기주, 병원체와 기주의 상호작용에 영향을 준다.

② 온도

병원체에 따라 발병하기 좋은 적정온도가 있다. 온도에 따른 발생하는 병은 아래와 같다.

발생조건	종류
저온	복숭아나무 잎오갈병, 보리 줄무늬병, 보리·밀 줄녹병 등
고온	사과나무 탄저병, 가지과 풋마름병 등

③ 습도 및 바람

㉠ 일반적으로 병원균의 경우 습도가 높을 때 발병확률이 높아진다. 병원균의 포자가 발아하여 침입하기 위해서는 90% 이상의 높은 상대습도를 요구하기도 한다.

㉡ 바람의 경우 포자 분산에 관련이 깊으며 바람이 강할 경우 발생 및 전파 정도가 증가한다.

㉢ 토양병원균은 습도가 높지 않고 통기가 잘 되는 곳에서 많이 발생한다.

④ 토양

㉠ 토양의 pH 가 식물체가 생육하기 적정 pH를 벗어날 경우 식물체의 양분흡수가 약해져 병원체에 대한 저항성이 약해진다.

토양조건	발생 병
산성토양	목화 시들음병, 토마토 시들음병
알칼리성토양	목화 뿌리썩음병, 침엽수 모잘록병, 감자더뎅이병
중성토양	감자 더뎅이병

㉡ 산성토양의 경우 일반적으로 식물체가 생육하기 부적합하며 이는 토양에서의 양분의 이온화 등으로 인한 필수원소가 결핍이나 생육에 방해가 되는 수소이온, 알루미늄이온 등이 다량 발생하기 때문이다.

⑤ 비료

㉠ 비료의 경우 균형잡힌 시비는 식물체의 생육에 도움을 주어 병의 발생을 줄여주거나 방제할 수 있으나 특정 비료를 과잉 공급할 경우 생육에 문제가 발생하여 식물병이 발생하기도 한다.

㉡ 질소질 비료를 과잉 공급할 경우 도장으로 인해 연약하게 자라 저항성이 낮아지게 되어 식물병이 발생하기도 한다.

⑥ 일광

ㄱ 일광이 부족하면 광합성이 줄어 식물체가 연약해지면서 병이 잘 발생할 수 있다.

ㄴ 벼에 일조량이 부족하게 되면 규산의 집적량이 감소하고 벼 도열병이 심하게 나타난다.

ㄷ 식물체 내에 아미노산이나 아마이드 등을 증가시키게 된다.

⑦ 시설환경

ㄱ 시설환경 조건에 의해 병원균의 발생하기도 하며 밀폐된 시설에는 전염속도가 매우 빠르다.

ㄴ 시설내에서 저온다습한 환경의 경우 노균병, 균핵병, 잿빛곰팡이병 등이 잘 발생되며 반대로 고온다습한 경우 무름병, 탄저병, 풋마름병 등이 발생된다.

ㄷ 시설 내에 약효가 오래 지속되나 식물이 연약해지고 도장하기에 노지와 비교하여 병의 발생이 많다.

2. 식물병 종류

(1) 점균류에 의한 식물병

① 진핵균류 중에서 세포벽이 없이 변형체를 만드는 균을 점균류라 한다. 점균류의 포자는 발아하여 균사를 만들지는 않으나 편모운동을 하는 것이 특징이다.

② 점균의 종류로는 감자 가루더뎅이병, 담배 잿빛먼지곰팡이병, 배추 뿌리혹병 등이 있다.

(2) 진균류에 의한 식물병

① 진균의 경우 균사에 격벽이 없는 조균류, 유성포자를 자낭 속에 형성하는 자낭균류, 유성포자를 담자기에 형성하는 담자균류, 유성포자가 확인되지 않는 불완전균류로 분류되며 각각에 다양한 식물병이 있다.

② 진균류 종류

조균류	벼 모썩음병, 벼 노균병, 담배 노균병, 무·배추 흰녹가루병, 가지 솜털역병 등
자낭균류	벼 키다리병, 보리 줄무늬병, 고구마 검은무늬병, 소나무 잎떨림병 등
담자균류	벼 잎집무늬마름병, 보리 속깜부기병, 맥류 줄기녹병, 배나무·사과나무 붉은별무늬병, 향나무 녹병 등
불완전균류	벼 도열병, 콩 갈색무늬병, 담배 검은뿌리 썩음병, 토마토 점무늬병, 가지 갈색무늬병 등
접합균류	고구마무름병

(3) 세균에 의한 식물병

① 세균은 광학현미경으로 관찰이 가능한 크기로 형태에 따라 간균, 구균, 나선균 등으로 분류한다. 편모를 가지고 있어 스스로 이동이 가능한 것이 특징이다.

② 세균의 대표적인 종류로 벼 세균성줄무늬병, 벼 흰잎마름병, 맥류 검은마디병, 감자 둘레썩음병, 감자 더뎅이병, 토마토 풋마름병 등이 있다.

(4) 바이러스에 의한 식물병

① 병을 일으키는 핵단백질로 살아있는 기주세포에서만 증식이 가능하며 크기가 작아 육안으로는 관찰이 불가능하며 전자 현미경을 통해 관찰 가능하다.

② 식물성 바이러스는 대부분 RNA이며 인공배양 및 증식이 불가능하다.

③ 바이러스에 의해 발생하는 식물병으로 벼 오갈병, 벼 검은줄무늬오갈병, 감자 잎말림병, 사과나무 고접병, 보리 줄무늬모자이크병, 감자 X 모자이크병 등이 있다.

(5) 기타 병원체에 의한 식물병

① 파이토플라스마

　㉠ 파이토플라스마는 병든 식물의 체관 또는 사부에서 발견되며 병을 일으키는 원인이 되는 미생물을 의미한다.

　㉡ 대표적으로 대추나무 빗자루병, 오동나무 빗자루병, 뽕나무오갈병 등이 있다.

② 바이로이드

　㉠ 바이로이드는 감염성이 있는 외가닥의 작은 (250~400염기) 구형 핵산 입자를 말한다. 바이러스와 마찬가지로 비세포성 병원으로 단백질 껍질이 없는 RNA 로 구성되어 있다.

　㉡ 대표적으로 감자 걀쭉병이 있다.

③ 선충

　㉠ 선충은 벼 이삭선충병, 뿌리혹선충병, 뿌리썩이선충병, 소나무 재선충병 등이 있다.

　㉡ 선충의 경우 식물의 특정 부위를 가해하기에 전신감염이 아닌 부분 감염을 일으킨다.

05 각종재해

1. 냉해

① 여름작물이 생육상 고온이 필요한 여름철에 냉온에 의해 발생되는 피해현상을 냉해라 하고 식물체 조직 내에 결빙이 생기지 않을 정도의 저온의 피해를 저온해라 한다.

② 대표적으로 벼는 냉온에 약한 작물로 10℃ 이하의 냉온이 지속되면 냉해의 피해가 발생된다. 벼는 감수분열기에 이상발육이 초래되어 불임현상이 나타나기도 한다.

③ 냉해의 원인은 저온, 일조 부족, 다우 등이 있다.

④ 냉온 발생시 수분과 양분의 흡수 기능이 감퇴되어 식물호흡이 증가하며 식물의 동화작용과 생육에 저해되고 유해한 암모니아성 물질이 축적된다.

⑤ 냉해의 종류에는 지연형 냉해, 장해형 냉해, 병해형 냉해가 있으며 이러한 냉해는 복합적으로 나타날 경우 혼합형 냉해라고 한다. 복합적으로 나타날 경우 피해정도가 더욱 커진다.

지연형 냉해	생육 초기에서 출수기까지 여러 시기에 냉온을 만나 등숙이 지연되어 후기의 냉온에 의해 등숙불량이 나타나는 현상이 발생한다.
장해형 냉해	유수형성기에서 개화기까지 화분이나 배낭의 생식기관이 정상적으로 형성되지 못하거나 수정장해가 유발되는 등의 현상이 발생한다.
병해형 냉해	냉온 조건에서 증산작용이 감퇴되어 규산과 같은 양분 흡수가 저해되어 표면의 규질화 불량등으로 병해충의 침입이 쉬워진다.

⑥ 냉해의 대책

㉠ 냉해저항성 품종의 선택한다.

㉡ 방풍림조성 및 암거배수로 습답 개량, 객토의 누수답 개량, 지력배양 등의 입지조건을 개선한다.

㉢ 적절한 시비량을 적용한다.

㉣ 파종, 이식 등의 방법을 개선하는 재배적 방법의 개선을 강구한다.

2. 습해 및 수해

(1) 습해

① 습해는 토양수분이 작물의 생육에 필요한 수분량보다 과다하게 많을 경우 발생하는 피해현상이다. 보통 작물의 토양 최적함수량은 최대용수량의 80% 정도이며 이를 넘어서면 습해현상이 발생한다.

② 발생시 토양의 산소가 부족으로 환원성물질이 발생하고 이로 인해 증산 및 광합성 작용의 저해를 야기한다. 또한 토양산소가 결핍되어 뿌리의 호흡이 불량해지고 수분과 무기양분

의 흡수에도 방해를 받게 된다.

③ 습해 현상이 지속될 경우 식물의 황변현상이 발생되고 잎의 위조가 나타난다.

④ 습해의 피해를 줄이기 위해 배수 철저, 객토 및 심경, 토양의 개량, 병충해 방제, 내습성 작물의 선택 등이 있으며 이랑을 높게 하여 재배하도록 한다.

⑤ 작물의 내습성은 미나리, 벼, 옥수수 등이 높은 편이며 파, 양파, 고추 등은 낮은 편이다.

⑥ 과수의 내습성은 올리브가 크며 다음으로 포도, 밀감, 감·배, 밤·복숭아·무화과 순서를 보이며 무화과나 복숭아는 작은 편이다.

⑦ 내습성 작물의 특징

  ㉠ 경엽에서 뿌리로 산소를 공급하는 능력이 크다.

  ㉡ 뿌리 조직의 목화로 환원성 유해물질을 침입을 막는다.

  ㉢ 근계가 얕게 발달하거나, 습해를 받을 경우 부정근의 발생력이 크다.

  ㉣ 뿌리가 환원성 유해물질에 대한 저항성이 크다.

(2) 수해

① 수해는 집중호우나 장마기간에 발생하는데 하천이나 강이 범람하면서 발생한다.

② 작물이 완전히 물에 침수되는 것을 관수해라 하는데 침수로 인하여 습해, 물리적 충격에 의한 작물의 손상, 도복의 피해가 발생한다.

③ 관수해의 피해가 더욱 커지는 원인으로 흙탕물이나 고인 정체수, 고수온 등이 있다.

④ 벼가 수온이 높아 정체탁수 중에서 급히 고사할 때는 단백질이 소모되지 못해 푸른 채로 죽는 것을 청고라 하고, 수온이 낮은 유동청수 중 단백질도 소모되고 갈색으로 변해 죽는 것을 적고라 한다.

⑤ 이러한 수해가 유발되기 시작하면 산소의 부족으로 인하여 무기호흡량이 많아져 작물 내에 에탄올성분이 축적된다.

⑥ 수해는 수온이 높을수록 질소질비료를 과용할수록 피해가 심해지며 피해를 줄이기 위해 침수에 강한 작물을 심기도 한다. 피, 수수, 옥수수 등은 침수에 강한 편이다.

⑦ 벼는 분얼 초기 침수에 강해 피해가 적게 나타나지만 수잉기에서 출수개화기에는 침수에 약해지면서 침수피해가 크게 나타난다.

⑧ 수발아

  ㉠ 화곡류의 이삭이 도복이나 강우에 의해 젖은 상태가 지속되면 이삭에 싹이 트는 현상을 수발아라 한다.

  ㉡ 수발아의 경우 종자의 품질이 나쁘고 수량이 극히 저하된다.

  ㉢ 수발아의 대책은 다음과 같다.

　　　・수발아에 위험이 적은 작물을 선택한다.

　　　・만숙종보다는 조숙종으로 선택한다.

　　　・조기수확을 한다.

　　　・출수 후 발아억제제를 살포하여 수발아를 억제한다.

　　　・도복을 방지한다.

⑨ 수해에 관여하는 요인

　　㉠ 작물적 요인 : 작물의 종류, 품종, 생육단계

　　㉡ 침수요인 : 수온, 수질, 침수기간

　　㉢ 재배적 요인 : 비료

⑩ 수해대책

　　㉠ 사전대책

　　　・경사지와 경작지의 토양을 보호한다.

　　　・경사정리를 하여 배수가 잘되게 한다.

　　　・수해상습지는 작물의 종류나 품종의 선택에 유의한다.

　　　・파종기 또는 이식기를 조절하여 수해를 회피한다.

　　　・질소질 비료의 과용을 피한다.

　　㉡ 침수시 대책

　　　・배수에 노력하여 관수기간을 짧게 한다.

　　　・물이 빠질 때 잎의 흙 앙금을 씻어준다.

　　　・키가 큰 작물은 서로 결속하여 유수에 의한 도복을 방지한다.

　　㉢ 사후대책

　　　・퇴수 후 새로운 물을 갈아 댄다.

　　　・표토가 많이 씻겨 내렸을 때 새 뿌리의 발생 후 덧거름을 준다.

　　　・침수 후 병충해 발생이 많아지므로 방제에 노력을 한다.

　　　・피해가 심할 경우 추파, 보식, 개식, 대작 등을 고려한다.

3. 가뭄해 및 열해

(1) 가뭄해(한해)

① 가뭄해는 토양수분의 부족으로 작물의 생육이 저해되어 위조현상이 발생하거나 심할 경우 고사한다.

② 작물이 수분이 부족하게 되면 증산 및 광합성이 줄어들고 동화물질이 감소되면서 위조상태에 이르게 되면서 생장이 억제되게 된다. 또한 병해충에 대한 저항성이 약해지고 효소작용이 원활하게 되지 않아 심할 경우 고사하게 된다.

③ 가뭄해를 방지하기 위한 대책은 다음과 같다.

　㉠ 관개시설을 만들고 가뭄해에 강한 작물을 선택하거나 재식밀도를 낮추어 준다.

　㉡ 토양수분의 유지를 위해 토양의 입단화를 조성하고 증발을 억제하도록 피복작업을 해준다.

　㉢ 질소질 과용을 피하고 인산, 칼륨을 사용해 준다.

　㉣ 뿌림골을 낮추어 주며 논에서는 직파재배를 한다.

④ 가뭄해에 강한 내건성 작물의 특징은 아래와 같다.

　㉠ 잎이 왜소하고 작을수록 내건성이 강하다.

　㉡ 지상부에 비해 뿌리의 발달이 좋아야 한다.

　㉢ 옆맥과 울타리조직(책상조직)이 발달하여야 한다.

　㉣ 표피와 각피가 발달하여야 하고 기공이 작고 수가 적어야 한다.

　㉤ 표면적(지상부)/체적(전체부피)의 비율이 작아야 한다.

　㉥ 세포액의 삼투압이 높고 세포가 작을수록 내건성이 강하다.

(2) 열해

① 주위의 온도가 작물이 생육할 수 있는 온도 범위를 넘어 고온의 피해가 발생되는 경우 열해라고 한다.

② 고온에서는 유기물의 소모가 늘어난다.

③ 고온에서 단백질 합성이 저해되고 암모니아 축적이 많아진다.

④ 고온에서 철분의 침전에 의한 엽록소 형성장해가 발생하여 황화현상이 나타난다.

⑤ 식물의 증산량이 증가하고 뿌리의 수분흡수력이 감소하여 증산과다를 유발하여 식물의 위조현상이 나타난다.

⑥ 열해에 대한 저항성을 내열성이라 하고 내열성 작물의 특징은 다음과 같다.

　㉠ 당분, 단백질, 염류 등이 증가할수록 내열성이 증대한다.

ⓒ 늙은 잎이 어린 잎보다 내열성이 크다.

ⓒ 원형질의 점성이 높고 원형질막의 수분투과성이 크면 내열성이 크다.

ⓐ 세포 내 결합수가 많고 유리수가 적을수록 내열성이 커진다.

⑦ 식물체 부위에 따른 내열성은 다음과 같다.

　　ⓐ 지상부가 지하부보다 내열성이 강하고 지상부 중에서는 수분이 적고 당함량이 많은 기관이 강하다.

　　ⓒ 눈과 어린잎은 비교적 내열성이 강하다.

　　ⓒ 미성엽과 중심주는 내열성이 가장 약하다.

　　ⓐ 주피와 늙은 잎은 내열성이 강하다.

⑧ 하고현상

　　ⓐ 하고현상은 내한성이 강하여 월동을 하는 북방형 목초가 여름철과 같은 고온으로 인하여 생육장해를 일으키는 현상을 말한다.

　　ⓒ 하고현상의 원인에는 고온, 건조, 병해충, 장일, 잡초 등으로 나타나기도 한다.

　　ⓒ 하고현상이 심한 목초의 종류에는 티머시, 블루그라스, 레드클로버 등이 있고 상대적으로 하고현상이 적은 종류에는 라이그라스, 화이트클로버, 오처드그라스 등이 있다.

　　ⓐ 하고현상 대책

　　　　• 스프링플러시 억제 : 봄철 일찍 방목하거나 채초를 하고, 덧거름을 늦게 여름철에 주면 스프링플러시의 정도를 완화시켜 하고현상이 완화된다.

　　　　• 관개 : 고온건조기에 관개를 하면 수분을 공급하여 지온이 낮아지면서 하고현상이 억제된다.

　　　　• 초종의 선택 : 하고현상이 적은 우량초종을 선택한다.

　　　　• 혼파 : 하고현상이 없는 난지형 목초를 혼파한다.

　　　　• 방목 및 채초의 조절 : 약한 정도의 방목과 채초가 하고현상을 경감시킨다.

4. 동해 및 상해

(1) 동해 및 상해

① 동해는 저온에 의해 작물 조직 내에 결빙이 발생하는 피해를 말하며 상해는 서리에 의한 피해를 의미한다. 동해와 상해를 합쳐서 동상해라 부른다.

② 서릿발에 의한 피해를 상주해라 하며 서릿발은 토양수분이 많고 추위가 심하지 않을 경우 발생하는데 상주해를 방지하기 위해 퇴비를 이용하고 배수를 개선해야 한다.

③ 추위에 대한 작물의 내동성이 중요한데 품종에 따라 차이가 있으나 작물내부에 수분 함량이 적거나 유지함량이 높을수록 내동성이 강한편이다.

④ 작물의 당분 함량이 많거나 삼투포텐셜이 낮은 경우에도 내동성이 증가된다.

⑤ 원형단백질이 많을수록 내동성은 증가하며 단백질 중에 -SS 기 보다 -SH 기가 많은 것이 내동성 증가에 유리하다.

(2) 동상해의 대책

① 일반 대책

   ㉠ 이러한 추위로 인하여 발생되는 대책으로 방풍림 조성을 통해 찬바람을 막아준다

   ㉡ 저습지대의 경우 배수구를 설치하여 토양에 다량의 수분이 체류하는 것을 막아준다

   ㉢ 내동성에 강한 품종을 선택한다.

   ㉣ 유기질비료, 인산, 칼륨, 규산 비료를 뿌려주면 내동성을 증대시킬 수 있으며 특히 칼륨, 규산을 공급하는데 좋다.

   ㉤ 이랑을 세워 뿌림골을 깊게 한다.

② 응급 대책

   ㉠ 관개법 : 서리가 예상되는 지역은 저녁에 충분히 관개하는 방법

   ㉡ 송풍법 : 지상 10m 높이에 송풍기를 설치하여 따뜻한 공기를 지면으로 송풍하는 방법

   ㉢ 발연법 : 연기를 발산하여 지온의 방열을 막는 방법

   ㉣ 피복법 : 비닐 등을 덮어 보온을 유지하는 방법

   ㉤ 연소법 : 발열재료를 연소시켜 열을 공급하는 방법

   ㉥ 살수빙결법 : 스프링클러로 물을 뿌려 식물의 표면을 동결시켜 잠열을 이용해 식물체온을 유지하는 방법

③ 사후대책

    ㉠ 인공수분을 한다.

    ㉡ 적과를 늦춘다.

    ㉢ 영양상태의 회복을 꾀한다.

    ㉣ 병충해를 방제한다.

    ㉤ 심하면 대작을 한다.

5. 도복과 풍해

(1) 도복

① 도복은 외부의 물리적 힘에 의해 작물이 쓰러지는 것으로 주로 화곡류와 두류에서 발생한다.

② 화곡류에서 이삭이 무거워지고 줄기가 취약해지는 등숙후기에 도복의 가능성이 높다.

③ 작물이 도복하게 되면 줄기에 달린 경엽들이 엉켜 햇빛을 제대로 받지 못해 광합성이 저하되어 결과적으로 생장이 저하된다.

④ 도복이 심하면 줄기나 뿌리에 상처가 발생되어 병해충에 감염위험성이 높아진다.

⑤ 영양생장이 부족하면 종실에도 영향을 주어 결국 품질 저하로 이어지게 된다.

⑥ 도복의 발생 조건

    ㉠ 바람 등의 기상적 요인

    ㉡ 질소 성분의 과잉 흡수

    ㉢ 과도한 밀식에 의한 근계발달의 불량

    ㉣ 유전적으로 도복에 취약한 품종의 선택

⑦ 도복의 대책

    ㉠ 품종의 선택시 키가 크기보다 대가 튼튼한 것을 선택한다.

    ㉡ 질소질 비료의 과용을 삼가고 칼리질 및 규산질 비료를 사용한다.

    ㉢ 병해충을 방제한다.

    ㉣ 밀도 조절을 통해 통풍과 수광태세를 개선한다.

    ㉤ 배토, 답압, 토입 등을 해준다.

(2) 풍해

① 풍해는 바람에 의해 발생되는 피해현상으로 바람이 강할수록 피해가 커진다.

② 바람에 의해 도복이 발생하고 과수류의 경우 낙과를 초래한다.

③ 바람이 강할 경우 물리적 손상에 의한 상처가 발생하여 병해충에 취약해지고 작물의 호흡이 증가되어 양분의 소모가 증가된다.

④ 풍해를 방지하기 위해 방풍림 조성이 가장 효과적이며 내풍성 및 내도복성 수종의 선택, 비배관리, 풍향의 직각방향 이랑 만들기 등의 방법이 있다.

⑤ 풍해의 기계적 장해

    ㉠ 벼, 맥류에서 도복, 수발아, 부패립 등이 발생한다.

    ㉡ 벼에서 수분, 수정이 저해되고 불임립이 발생한다.

    ㉢ 상처 발생시 도열병 및 식물병이 발생한다.

    ㉣ 과수에서는 절손, 열상, 낙과 등이 발생한다.

⑥ 풍해의 생리적 장해

    ㉠ 상처가 발생하면 호흡이 증대되어 채내 양분의 소모가 증가한다.

    ㉡ 상처가 건조하면 광산화반응을 일으켜 고사한다.

    ㉢ 풍속이 강하고 공기가 건조하면 증산이 심해져 식물체가 건조해진다.

    ㉣ 풍속이 강해지면 기공이 닫혀 이산화탄소 흡수가 감소되어 광합성이 감퇴한다.

    ㉤ 백수현상은 벼의 출수 직후 건조한 강풍이 불면서 탈수가 빨라 백수가 되는 것을 말한다. 이러한 백수현상은 공기습도 60%, 풍속 10m/sec 의 조건에서 주로 발생한다.

01 작물의 수량에 영향을 주는 요인 3가지가 아닌 것은?

① 유전성   ② 환경조건

③ 재배기술   ④ 온도

해설

작물의 수량은 유전성, 환경조건, 재배기술을 3변으로 표현하는 작물수량 삼각형으로 표현한다.

02 작물의 유연관계를 파악하는 방법이 아닌 것은?

① 종자의 발아율   ② 교잡에 의한 방법

③ 염색체에 의한 방법   ④ 면역학적 방법

해설

작물의 유연관계를 파악하는 방법에는 교잡에 의한 방법, 염색체에 의한 방법, 면역학적 방법 등이 있다.

03 다음 중 구황작물에 해당하는 것은?

① 양파   ② 담배

③ 고구마   ④ 무

해설

구황작물에는 메밀, 고구마, 조, 피 등이 있다.

04 다음 중 작물의 요수량이 가장 큰 작물은?

① 수수   ② 옥수수

③ 명아주   ④ 기장

해설

요수량이 큰 식물로 알팔파, 클로버, 완두 등이 있으며 그중에서도 명아주는 요수량이 매우 크다
요수량이 적은 식물로 수수, 기장, 옥수수 등이 있다.

05 다음 중 C4 식물에 해당하는 것은?

① 옥수수　　　　　　　　　　　② 벼
③ 밀　　　　　　　　　　　　　④ 감자

해설

C4 식물에는 옥수수, 사탕수수, 기장, 조 등이 있다.

06 작은 면적의 농지에 자본과 인력을 집약적으로 투입하여 단위 면적당 수확량을 많게 하는 농업 형태는?

① 곡경　　　　　　　　　　　　② 원경
③ 포경　　　　　　　　　　　　④ 소경

해설

원경은 작은 면적의 농지에 자본과 인력을 집약적으로 투입하여 단위 면적당 수확량을 많게 하는 농업 형태로 현재의 도시근교 시설원예가 이에 해당한다.

07 춘화처리에 대한 설명으로 옳지 않은 것은?

① 식물에 인위적인 저온 처리를 통해 화성을 유도한다.
② 처리도중 산소가 부족할 경우 효과가 감소한다.
③ 저온처리를 하면 춘파성을 추파성으로 변화시킬 수 있다.
④ 춘화처리에 감응하는 식물의 부위는 생장점이다.

해설

저온처리를 하면 추파성을 춘파성으로 변화시킬 수 있다.

08 다음 원소 중 식물의 미량원소에 해당하는 것은?

① 칼슘　　　　　　　　　　　　② 아연
③ 마그네슘　　　　　　　　　　④ 황

해설

식물에 필수 원소 중 미량원소에는 염소, 철, 망간, 붕소, 아연, 구리 등이 있다.

09 다음 중 연작의 피해가 가장 적은 작물은?

① 수수　　　　　　　　　　② 아마

③ 인삼　　　　　　　　　　④ 수박

해설

연작의 피해가 적은 작물에 벼, 조, 수수, 옥수수, 무 등이 있다.

10 관개방법 중 등고선에 따라 수로를 내어 임의의 장소로부터 월류하도록 하는 방법은?

① 전면관개　　　　　　　　② 일류관개

③ 보더관개　　　　　　　　④ 고랑관개

해설

일류관개는 등고선에 따라 수로를 내어 임의의 장소로부터 월류하도록 하는 방법이다.

11 최대용수량에 중력수가 제거 되고 모세관의 수분 함량 기준을 의미하는 것은?

① 최대용수량　　　　　　　② 포장용수량

③ 위조점　　　　　　　　　④ 흡습계수

해설

최대용수량에 중력수가 제거 되고 모세관의 수분 함량 기준을 포장용수량이라 한다.

12 다음 중 지하관개에 해당하지 않는 것은?

① 개거법　　　　　　　　　② 암거법

③ 압입법　　　　　　　　　④ 수반법

해설

수반법은 지표관개에 해당한다.

13 농경의 발상지와 관련이 적은 것은?

① 큰강의 유역　　　　　　　② 산간부

③ 해안지대　　　　　　　　④ 사막지대

해설

농경의 발상지는 학자에 따라 다르게 추정하였는데 큰강의 유역은 De Candolle, 산간부는 Vavilov, 해안지대는 P. Dettweiler 이다.

14 토양의 유효수분은?

① 포장용수량 ~ 영구위조점
② 포장용수량 ~ 초기위조점
③ 최대용수량 ~ 영구위조점
④ 최대용수량 ~ 영구위조점

> **해설**
>
> 유효수분은 포장용수량~영구위조점까지 pF 2.7~4.2 정도이다.

15 다음 중 논의 담수관개의 효과가 아닌 것은?

① 온도 조절 작용을 한다.
② 비료 성분을 공급한다.
③ 잡초를 억제한다.
④ 유해물질이 증가한다.

> **해설**
>
> 논의 담수관개를 통해 유해물질이 제거된다.

16 식물의 춘화형에서 녹식물춘화형에 해당하는 작물은?

① 완두
② 배추
③ 양파
④ 갓

> **해설**
>
> 녹식물춘화형에는 양파, 파, 양배추, 당근, 담배, 사탕무 등이 있다.

17 이산화탄소 농도에 관여하는 요인에 대한 설명으로 옳지 않은 것은?

① 이산화탄소 농도는 계절에 영향을 받지 않는다.
② 지면으로부터 멀어짐에 따라 이산화탄소 농도는 낮아지는 경향이 있다.
③ 미숙퇴비를 사용하면 이산화탄소 발생이 많아진다.
④ 바람은 공기 중의 이산화탄소 농도의 불균형 상태를 완화한다.

> **해설**
>
> 식물의 잎이 무성한 공기층에 광합성이 왕성하여 여름철에는 이산화탄소 농도가 낮고 가을철에는 다시 높아진다.

18 작물의 기원지가 중국인 작물은?

① 보리
② 메밀
③ 해바라기
④ 옥수수

> **해설**
>
> 작물의 기원지가 중국지구인 작물로 조, 피, 메밀, 무, 오이 등이 있다.

19 식물이 토양에서 사용가능한 수분의 종류는?

① 결합수   ② 흡습수

③ 모관수   ④ 중력수

해설

결합수와 흡습수는 식물이 사용할 수 없는 수분이고 주로 모관수가 작물에 이용된다.

20 연풍에 대한 내용으로 옳지 않은 것은?

① 증산이 촉진되고 양분의 흡수가 좋아진다.

② 병해가 증가한다.

③ 수정과 결실이 좋아진다.

④ 봄, 가을에 서리를 막아준다.

해설

바람으로 규산의 흡수가 많아지고 작물군락 내의 과습상태가 경감되어 병해가 적어진다.

21 다음 중 생리적 격절에 대한 설명으로 옳은 것은?

① 지리적으로 떨어져 있어 유전적 교섭이 일어나지 않는다.

② 개화기의 차이, 교잡불능 등으로 유전적 교섭이 방지된다.

③ 인위적으로 다른 유전자와의 교섭을 방지한다.

④ 돌연변이에 의해 지리적으로 격리되어 있다.

해설

격절에는 지리적 격절, 생리적 격절, 인위적 격절 등이 있다. 여기서 생리적 격절은 개화기의 차이, 교잡불능 등으로 유전적 교섭이 방지된다.

22 식물의 분화과정이 순서대로 나열된 것은?

① 변이 – 도태와 적응 – 순화 – 격리   ② 변이 – 순화 – 도태와 적응 – 격리

③ 순화 – 변이 – 도태와 적응 – 격리   ④ 순화 – 도태와 적응 – 격리 – 변이

해설

분화의 과정은 변이를 시작으로 도태와 적응, 순화, 적응, 격리의 과정을 거친다.

23 다음 중 맥류가 아닌 것은?

① 보리   ② 메밀
③ 밀   ④ 귀리

해설

메밀은 잡곡에 해당한다.

24 식물에서 수분의 흡수가 가장 왕성한 부위는?

① 뿌리골무   ② 생장점
③ 신장부   ④ 근모부

해설

수분의 흡수를 담당하는 뿌리는 뿌리골무, 생장점, 신장부, 근모부로 분류되며 근모부에서 수분의 흡수가
가장 활발하게 이루어진다.

25 식물의 광합성에 가장 효과적인 광은?

① 적색광   ② 자색광
③ 자외선   ④ 적외선

해설

식물의 광합성에 가장 효과적인 광은 청색광과 적색광이다.

26 다음 중 단일 식물에 해당하는 것은?

① 보리   ② 양배추
③ 감자   ④ 옥수수

해설

콩, 옥수수, 벼, 딸기, 국화 등이 단일식물에 해당한다.

27 군락의 수광태세에 대한 내용으로 옳지 않은 것은?

① 벼의 초형은 분얼이 조금 개산형인 것이 좋다.
② 벼의 초형은 잎이 과히 얇지 않고 약간 좁으며 상위엽이 직립한다.
③ 옥수수의 초형은 상위엽이 직립하고 아래로 갈수록 약간 기울어 하위엽은 수평이 된다.
④ 옥수수의 초형은 수이삭이 크고 잎혀가 2개이다.

해설

옥수수의 초형은 수이삭이 작고 잎혀가 없다.

28 다음 중 섬유작물에 해당하는 것은?

① 목화
② 옥수수
③ 감자
④ 유채

> **해설**
>
> 섬유작물에는 목화, 삼, 모시풀, 수세미, 닥나무 등이 있다.

29 잎의 가장자리에 있는 수공에서 물이 나오는 현상은?

① 요수현상
② 일액현상
③ 일비현상
④ 증산현상

> **해설**
>
> 일액현상은 잎의 가장자리에 있는 수공에서 물이 나오는 현상이다.

30 작물의 특징에 대한 내용으로 옳지 않은 것은?

① 작물은 이용성과 경제성이 높아야 한다.
② 작물은 특정 수확부위의 수량을 높여야 한다.
③ 기형으로 발달된 작물은 야생식물보다 생존 경쟁력이 강하다.
④ 특정 부위만 매우 발달한 기형식물을 이루기도 한다.

> **해설**
>
> 기형으로 발달된 작물은 야생식물보다 생존 경쟁력이 약하다.

31 아래 설명에 적합한 방법은?

> 가지나 줄기의 일부에 상처를 주고 그 자리에 수태 혹은 황토로 싸서 건조하지 않도록 해주며 물을 주어 적당한 습도 조건에 유지하여 발근하는 방법이다.

① 선취법
② 고취법
③ 단부취목
④ 매간취목

> **해설**
>
> 공중취목은 고취법이라 하며 가지나 줄기의 일부에 상처를 주고 그 자리에 수태 혹은 황토로 싸서 건조하지 않도록 해주며 물을 주어 적당한 습도 조건에 유지하여 발근하는 방법으로 관상수목에 적용시 높은 곳에서 발근시킨다.

32 다음 중 인경으로 번식하는 것은?

① 마늘　　　　　　　　　② 감자
③ 토란　　　　　　　　　④ 돼지감자

해설

마늘, 양파 등은 비늘줄기(인경)으로 번식한다.

33 다음 중 단명종자에 해당하는 것은?

① 수박　　　　　　　　　② 호박
③ 오이　　　　　　　　　④ 양파

해설

양파, 콩, 당근, 고추 등은 단명종자에 해당한다.

34 논상태와 밭상태로 몇 해씩 돌려가면서 벼와 작물을 재배하는 방식은?

① 윤작　　　　　　　　　② 혼파
③ 답전윤환　　　　　　　④ 주위작

해설

답전윤환은 논상태와 밭상태로 몇 해씩 돌려가면서 벼와 작물을 재배하는 방식을 말한다.

35 다음 중 종자의 퇴화 증상이 아닌 것은?

① 종자의 호흡 감소　　　② 발아율의 저하
③ 유리지방산 감소　　　④ 종자침출액 증가

해설

종자의 퇴화 증상을 보면 유리지방산은 증가한다.

36 근교약세는 종자의 퇴화 원인 중 어디에 해당하는가?

① 유전적 퇴화　　　　　② 생리적 퇴화
③ 병리적 퇴화　　　　　④ 재배적 퇴화

해설

근교약세, 돌연변이, 자연교잡 등은 유전적퇴화에 해당한다.

37 다음 중 호광성 종자에 해당하는 것은?

① 호박
② 토마토
③ 상추
④ 양파

해설

담배, 상추, 우엉 등은 호광성 종자에 해당한다.

38 파종된 종자의 80% 이상이 발아한 날은?

① 발아시
② 발아기
③ 발아전
④ 발아세

해설

발아전은 파종된 종자의 80% 이상이 발아한 날이다.

39 윤작에 대한 설명으로 옳지 않은 것은?

① 연작과는 반대로 다른 종류의 작물을 순차적으로 재배하는 방식이다.
② 윤작은 토양의 양분 유지와 병해충의 전염 방지에도 도움이 된다.
③ 노포크식은 화본과의 식용작물과 두과인 클로버, 근채류인 순무를 순차적으로 윤작하는 방법이다.
④ 윤작은 경영의 불안정화를 야기한다.

해설

윤작의 효과 중 경영의 안정화가 있다.

40 정지 작업 중 경운의 효과가 아닌 것은?

① 토양의 투수성이 좋아진다.
② 잡초의 발생이 증가한다.
③ 유기물의 분해가 촉진된다.
④ 작물의 미생물 활동이 활발해진다.

해설

흙을 반전시켜 잡초의 발생이 줄어들고 해충이 박멸하는데 도움이 된다.

41 다음 작물 중 10a 당 파종량이 가장 많은 것은?

① 감자
② 메밀
③ 팥
④ 녹두

해설

보기 중 감자는 10a 당 파종량이 150~200L 로 가장 많다.

42 다음 중 인산질비료에 해당하는 것은?

① 요소
② 질산암모늄
③ 용성인비
④ 황산암모늄

해설

용성인비, 용과린, 과인산석회 등은 인산질비료에 해당한다.

43 비료에 대한 설명 중 틀린 것은?

① 질산태질소는 지효성이다.
② 유기질 인산비료에는 동물 뼈, 물고기뼈, 쌀겨, 보리겨 등이 있다.
③ 지방성과 결합된 칼리는 수용성이고 속효성이다.
④ 유기태질소를 함유하는 비료에는 어비, 골분, 녹비, 쌀겨 등이 있다.

해설

질산태질소는 물에 잘 녹고 속효성이다.

44 다음 중 냉해의 종류가 아닌 것은?

① 지연형 냉해
② 장해형 냉해
③ 재배형 냉해
④ 병해형 냉해

해설

냉해의 종류에는 지연형 냉해, 장해형 냉해, 병해형 냉해가 있으며 이러한 냉해는 복합적으로 나타날 경우 혼합형 냉해라고 한다.

45 생력기계화재배의 전제조건이 아닌 것은?

① 농지가 정리되어 있어야 한다.
② 넓은 면적은 공동관리한다.
③ 잉여 노동력을 수익화 해야 한다.
④ 국가 차원의 도움이 필요 없다.

해설

생력기계화재배의 전제조건에서 국가 차원의 제도화, 보조, 개발등의 도움이 필요하다.

46 파종 양식 중 산파에 대한 설명으로 옳은 것은?

① 포장 전면에 종자를 흩어 뿌리는 방법
② 종자를 줄지어 뿌리는 방법
③ 일정 간격으로 종자를 수 개씩 파종하는 방법
④ 한곳에 여러 종류의 종자를 파종하는 방법

해설

산파는 흩어뿌림이라 하며 포장 전면에 종자를 흩어 뿌리는 방법이다.

47 다음 중 발아를 촉진하는 물질이 아닌 것은?

① 지베렐린 ② 시토키닌
③ ABA ④ 에틸렌

해설

ABA(아브시스산)은 발아를 억제하는 물질이다.

48 종자 휴면의 원인이 아닌 것은?

① 종피 불투수성 ② 종피의 기계적 저항
③ 발아 억제 물질 ④ 배의 성숙

해설

휴면의 원인 중 배의 미숙으로 인하여 종자가 휴면하기도 한다.

49 다음 중 배유종자에 해당하는 것은?

① 보리 ② 완두
③ 녹두 ④ 콩

해설

보리, 벼, 밀 등은 배유종자에 해당한다.

50 다음 작물 중에서 휴작기간이 가장 긴 작물은?

① 미나리 ② 시금치
③ 당근 ④ 인삼

해설

아마, 인삼은 10년 이상 휴작이 요구되는 작물이다.

01 매화의 기원지는 남아메리카지구이다.

답 (　　　)

02 흡습계수의 pF 는 4.5 이다.

답 (　　　)

03 지표관개에는 스프링클러법, 다공관관개법, 물방울관개법이 있다.

답 (　　　)

04 이산화탄소의 농도가 높아지면 광합성 속도는 계속 증대한다.

답 (　　　)

05 유효온도를 작물의 발아 이후 일정한 생육단계까지 적산한 것을 유효적산온도라고 한다.

답 (　　　)

06 식물의 춘화형에서 종자춘화형에는 완두, 잠두가 있다.

답 (　　　)

07 인삼은 연작의 피해가 적은 작물에 해당한다.

답 (　　　)

08 유효수분은 포장용수량~영구위조점까지이다.

답 (　　　)

09 식물의 분류시 기본단위는 종이다.

답 (　　　)

10 광합성에 의한 유기물의 생성속도와 호흡에 의한 유기물의 소모속도가 같아지는 이산화탄소 농도를 이산화탄소 보상점이라 한다.

답 (　　　)

11 가시광선의 파장은 400~700 nm 이다.

답 (　　　)

12 답전윤환은 논상태와 밭상태로 몇 해씩 돌려가면서 벼와 작물을 재배하는 방식을 말한다.

답 (　　　)

13 광합성에 효과적인 파장은 자색파장이다.

답 (　　　)

14 작물의 수량은 유전성, 환경조건, 재배기술에 영향을 받는다.

답 (　　　)

15 간작은 포장의 주위에 포장내의 작물과는 다른 작물을 재배하는 방식을 말한다.

답 (   )

16 접목을 하면 병해충에 대한 저항성이 낮아진다.

답 (   )

17 식용작물의 분류 중 수수, 옥수수, 보리, 메밀은 잡곡에 해당한다.

답 (   )

18 지하관개에는 개거법, 암거법, 압입법이 있다.

답 (   )

19 이산화질소는 차량엔진의 연소에 의해 발생한다.

답 (   )

20 광포화점은 광도가 높아짐에 따라 급격하게 광합성이 증가하는 지점을 말한다.

답 (   )

21 공예작물에는 섬유작물, 전분작물, 유료작물이 있다.

답 (   )

22 단일, 장일에서 개화하지 않고 특정한 일장에서만 개화하는 식물을 정일식물이라 한다.

답 (   )

23 토양 수분 중에서 흡습수는 식물이 사용가능한 수분이다.

답 (   )

24 작물의 경제성을 높이기 위해서는 특정부위를 줄어야 한다.

답 (   )

25 논의 담수관개는 비료 공급 효과가 있다.

답 (   )

26 벼의 수광태세가 양호하기 위해서는 분얼이 조금 개산형인 것이 좋다.

답 (   )

27 식물의 필수 원소 중에서 철은 다량원소에 해당한다.

답 (   )

28 영양번식의 예로 삽목, 취목, 접목 등이 있다.

답 (   )

29 발아전은 파종된 종자의 80% 이상이 발아한 날이다.

답 (   )

30 일비현상은 잎의 가장자리에 있는 수공에서 물이 나오는 현상이다.

답 (   )

31 굴광현상에 영향을 주는 식물호르몬으로 옥신이 있다.

답 (   )

32 영양기관으로 번식하는 작물 중 고구마는 구경에 해당한다.

답 (   )

33 지베렐린은 종자의 발아를 촉진하는 식물호르몬이다.

답 (   )

34 벼농사기간 동안의 용수량을 구하는데 엽면증산량, 수분증발량, 지하침투량, 유효우량이 필요하다.

답 (   )

35 산성비로 인하여 식물의 엽록소가 파괴되기도 한다.

답 (   )

36 원경은 밀 벼, 옥수수 따위의 곡류가 광대한 지대에 걸쳐 재배되는 농업 형태이다.

답 (   )

37 춘화처리는 식물에 인위적인 저온 처리를 통해 화성을 유도하는 것이다.

답 (   )

38 명아주는 요수량이 적은 작물이다.

답 (   )

39 ABA 는 종자의 발아를 촉진한다.

답 (   )

40 호광성 종자는 광을 싫어하는 종자이다.

답 (   )

41 경운은 작물의 뿌리 발달에 도움이 된다.

답 (   )

42 산성 토양의 경우 인산의 유효도가 증가한다.

답 (   )

43 연풍에 의해 광합성이 촉진된다.

답 (   )

44 분화의 과정은 순화, 토태, 적응, 교잡의 과정으로 이루어진다.

답 (　　)

45 춘화처리에 감응하는 식물의 부위는 생장점이다.

답 (　　)

46 원활한 배수는 토양의 성질을 개선하는데 도움이 된다.

답 (　　)

47 벼의 적산온도는 $3500 \sim 4500 ℃$ 정도이다.

답 (　　)

48 토양의 수분포텐셜을 표시할 때 pF 로 표시하고 수주높이가 100cm 의 경우 1기압이다.

답 (　　)

49 공기 중의 이산화탄소의 경우 대략 0.03% 정도 차지하고 있다.

답 (　　)

50 De Candolle 는 유전자중심지설을 제기한 인물이다.

답 (　　)

01 매화의 기원지는 남아메리카지구이다.

> **해설**
> 매화의 기원지는 중국지구이다.

답 ✕

02 흡습계수의 pF 는 4.5 이다.

답 ○

03 지표관개에는 스프링클러법, 다공관관개법, 물방울관개법이 있다.

> **해설**
> 살수관개는 공중에 물을 뿌려 대는 방법으로 스프링클러법, 다공관관개법, 물방울관개법이 있다.

답 ✕

04 이산화탄소의 농도가 높아지면 광합성 속도는 계속 증대한다.

> **해설**
> 이산화탄소 농도가 높아지면 어느 한계까지 광합성의 속도가 증대하지만 한계 이상으로는 증대하지 않는다.

답 ✕

05 유효온도를 작물의 발아 이후 일정한 생육단계까지 적산한 것을 유효적산온도라고 한다.

답 ○

06 식물의 춘화형에서 종자춘화형에는 완두, 잠두가 있다.

답 ○

07 인삼은 연작의 피해가 적은 작물에 해당한다.

> **해설**
> 인삼은 10년 이상 휴작이 요구되는 작물이다.

답 ✕

08 유효수분은 포장용수량~영구위조점까지이다.

답 ○

09 식물의 분류시 기본단위는 종이다.

답 ○

10 광합성에 의한 유기물의 생성속도와 호흡에 의한 유기물의 소모속도가 같아지는 이산화탄소 농도를 이산화탄소 보상점이라 한다.

답 ○

11 가시광선의 파장은 400~700 nm 이다.

답 ○

12 답전윤환은 논상태와 밭상태로 몇 해씩 돌려가면서 벼와 작물을 재배하는 방식을 말한다.

답 ○

13 광합성에 효과적인 파장은 자색파장이다.

> **해설**
> 광합성에 효과적인 파장은 청색파장(450nm), 적색파장(650nm)이다.

답 ✕

14 작물의 수량은 유전성, 환경조건, 재배기술에 영향을 받는다.

답 ○

15 간작은 포장의 주위에 포장내의 작물과는 다른 작물을 재배하는 방식을 말한다.

> **해설**
> 주위작은 포장의 주위에 포장내의 작물과는 다른 작물을 재배하는 방식으로 주위에 빈공간을 이용하는 것이다.

답 ✕

16 접목을 하면 병해충에 대한 저항성이 낮아진다.

> **해설**
> 접목의 경우 환경에 대한 적응성, 병해충에 대한 저항력이 증가한다.

답 ✕

17 식용작물의 분류 중 수수, 옥수수, 보리, 메밀은 잡곡에 해당한다.

> **해설**
> 보리는 맥류에 해당한다.

답 ✕

18 지하관개에는 개거법, 암거법, 압입법이 있다.

답 ○

19 이산화질소는 차량엔진의 연소에 의해 발생한다.

답 ○

20 광포화점은 광도가 높아짐에 따라 급격하게 광합성이 증가하는 지점을 말한다.

> **해설**
> 광포화점은 광도가 높아짐에 따라 광합성이 증가하다가 어느 한계점에 이후 더 이상 광합성이 증대되지 않는 점을 말한다.

답 ✕

21 공예작물에는 섬유작물, 전분작물, 유료작물이 있다.

답 ○

22 단일, 장일에서 개화하지 않고 특정한 일장에서만 개화하는 식물을 정일식물이라 한다.

답 ○

23 토양 수분 중에서 흡습수는 식물이 사용가능한 수분이다.

> **해설**
> 결합수와 흡습수는 식물이 사용할 수 없는 수분이고 주로 모관수가 작물에 이용된다.

답 ✕

24 작물의 경제성을 높이기 위해서는 특정부위를 줄여야 한다.)

> **해설**
> 작물의 경제성을 높이기 위해 특정 수확부위의 수량을 높여야 한다.

답 ✕

25 논의 담수관개는 비료 공급 효과가 있다.

답 ○

26 벼의 수광태세가 양호하기 위해서는 분얼이 조금 개산형인 것이 좋다.

답 ○

27 식물의 필수 원소 중에서 철은 다량원소에 해당한다.

해설
철은 식물의 미량원소에 해당한다.

답 ✕

28 영양번식의 예로 삽목, 취목, 접목 등이 있다.

답 ○

29 발아전은 파종된 종자의 80% 이상이 발아한 날이다.

답 ○

30 일비현상은 잎의 가장자리에 있는 수공에서 물이 나오는 현상이다.

해설
일비현상은 줄기를 자른 곳에서 물이 배출되는 현상이다.

답 ✕

31 굴광현상에 영향을 주는 식물호르몬으로 옥신이 있다.

답 ○

32 영양기관으로 번식하는 작물 중 고구마는 구경에 해당한다.

해설
고구마는 덩이뿌리인 괴근에 해당한다.

답 ✕

33 지베렐린은 종자의 발아를 촉진하는 식물호르몬이다.

답 ○

34 벼농사기간 동안의 용수량을 구하는데 엽면증산량, 수분증발량, 지하침투량, 유효우량이 필요하다.

답 ○

35 산성비로 인하여 식물의 엽록소가 파괴되기도 한다.

답 ○

36 원경은 밀 벼, 옥수수 따위의 곡류가 광대한 지대에 걸쳐 재배되는 농업 형태이다.

해설
곡경은 밀 벼, 옥수수 따위의 곡류가 광대한 지대에 걸쳐 재배되는 농업 형태이다.

답 ✕

37 춘화처리는 식물에 인위적인 저온 처리를 통해 화성을 유도하는 것이다.

답 ○

38 명아주는 요수량이 적은 작물이다.

> **해설**
> 명아주는 요수량이 매우 크다.

답 ✕

39 ABA는 종자의 발아를 촉진한다.

> **해설**
> ABA는 종자의 휴면을 유도한다.

답 ✕

40 호광성 종자는 광을 싫어하는 종자이다.

> **해설**
> 호광성 종자는 광을 주어야 발아하는 종자이다.

답 ✕

41 경운은 작물의 뿌리 발달에 도움이 된다.

답 ○

42 산성 토양의 경우 인산의 유효도가 증가한다.

> **해설**
> 중성 토양의 경우 인산의 유효도가 증가하며 pH 6~7 정도가 적당하다.

답 ✕

43 연풍에 의해 광합성이 촉진된다.

답 ○

44 분화의 과정은 순화, 토태, 적응, 교잡의 과정으로 이루어진다.

> **해설**
> 분화의 과정은 자연교잡, 돌연변이에서 도태와 적응, 순화, 적응형의 과정을 거친다.

답 ✕

45 춘화처리에 감응하는 식물의 부위는 생장점이다.

답 ○

46 원활한 배수는 토양의 성질을 개선하는데 도움이 된다.

답 ○

47 벼의 적산온도는 3500~4500℃ 정도이다.

답 ○

48 토양의 수분포텐셜을 표시할 때 pF로 표시하고 수주높이가 100cm의 경우 1기압이다.

> **해설**
> 토양의 수주높이가 1000cm의 경우 pF = 3 으로 1기압(1atm) 이다.

답 ✕

49 공기 중의 이산화탄소의 경우 대략 0.03% 정도 차지하고 있다.

답 ○

50 De Candolle 는 유전자중심지설을 제기한 인물이다.

> **해설**
> 바빌로프(Vavilov)는 작물의 원산지에 관련하여 유전자중심지설(gene center theory)을 제기하였다.

답 ✕

PART 2

토양관리

01 토양생성

1. 토양의 생성과 발달

(1) 토양생성 작용인자

① 성대성토양은 토양생성 중 기후, 식생을 가장 많이 받은 토양으로 토양의 분화가 빠르게 일어나는 토양이다.

② 간대성 토양은 토양생성 중 모재, 지형, 배수 등 지역적 조건의 영향을 많이 받아 생성된 토양이다.

③ 토양의 생성에 있어 소극적(수동적)인자에 모재, 지형이 있고 적극적(능동적)인자에는 기후, 식생, 시간이 있다.

④ 토양 생성 발달 관여 인자는 다음과 같다.

　㉠ 기후인자

　　· 기온 및 강수량이 화학적, 물리적으로 가장 큰 영향을 주며 토양단면 발달에 직접적인 영향을 준다.

　　· 우리나라 토양이 위도에 비해 비교적 남방형 토양이 생성되었다는 것은 여름철 온도가 높고 일시적 우량이 많아지며 겨울철 추위가 심하기 때문이다.

　㉡ 식생(생물인자)

　　· 동, 식물을 비롯하여 토양미생물 등 생물이 토양의 단면발달과정에 큰 영향을 준다.

　　· 자연식생에 함유된 무기성분의 종류와 함량에 따라 토양의 발달을 결정 된다.

　　· 동물이나 곤충 등이 토양단면에 흙을 섞게 하고 배설물에 의해 토양미생물이 발달하여 간접적으로 토양생성작용을 촉진한다.

　㉢ 모재

　　· 모재의 성질은 토양의 단면특성을 결정하는 기본 인자이다.

　　· 모재는 점토광물의 종류를 결정지어 주는 1차적 요인이 된다.

　　· 우리나라 국토의 2/3 정도는 화강암과 화강편마암으로 되어 있다.

　㉣ 지형

　　· 토양생성작용에 미치는 기후의 영향을 촉진시키거나 지연시킨다.

　　· 동일 기후조건에서 비슷한 모재를 가지고 발달한 토양이 지형과 배수의 차이로

토양의 성질이 달라지기도 한다.
- 우리나라 토양은 지형에 따라 산악지에는 암쇄토, 구릉지는 적황색토, 산록지에는 퇴적토 등이 분포되어 있다.
ⓜ 시간
- 모재가 어느 정도의 시간 동안 풍화작용을 받느냐에 따라 토양생성작용에 영향을 준다.

(2) 암석

① 토양의 암석

ⓖ 지각표면에 주요 암석으로 화성암, 퇴적암, 변성암이 있으며 화성암과 변성암이 95% 정도를 처지하고 퇴적암이 5% 정도 차지한다.

ⓛ 주요 암석의 특징은 다음과 같다.

종류	특징
화성암	- 마그마나 용암이 굳어 형성된 것으로 규산함량에 따라 암석의 색이 영향을 받는다. - 규산함량이 많을수록 색이 상대적으로 밝고 규산함량이 적고 염기가 많을 경우 어두운 색을 가진다. - 화성암의 종류로 화강암, 섬록암, 현무암, 안산암 등이 있다.
퇴적암	- 중량분포로 표면의 암석권에 5%를 차지하나 면적으로는 대륙의 80%, 바다의 대부분을 덮고 있으며 풍화, 침식작용에 의해 퇴적물이 굳은 것이다. - 퇴적암의 종류로 사암, 혈암, 석회암 등이 있다.
변성암	- 변성암은 높은 열과 압력을 받아 성질이 변하는 변성 작용에 의해 만들어진 것이다. - 화강암은 열과 압력을 받아 편마암으로, 사암은 규암, 석회암은 대리암으로 변성 한다.

ⓒ 규산함량

분류	산성암 (규산>66%)	중성암 (규산 52~66%)	염기성암 (규산<52%)
심성암	화강암	섬록암	반려암
반심성암	석영반암	섬록반암	휘록암
화산암	유문암	안산암	현무암

② 화성암

　㉠ 화강암

　　• 심성암중에서 가장 분포가 넓은편이다.

　　• 주요광물에는 석영, 장석, 운모, 각섬석, 휘석등이 있다.

　　• 풍화정도는 장석, 운모, 휘석, 각감석, 석영의 순으로 풍화되며 석영이 가장 풍화되기 어렵다.

　㉡ 섬록암

　　• 섬록암은 화강암과 비슷하나 흑백의 조립반점으로된 결정질로 화강암보다 다소 검게 보이며 암록색을 띤다.

　　• 성분은 사장석과 각섬석의 혼합물로 중성암이며 풍화는 결합상태에 따라 차이는 있으나 풍화되기 쉬우며 석질토양이나 중점토를 이룬다.

　　• 석영이 함유된 석영섬록암은 화강암의 풍화토와 유사한 토양을 형성하고 다른 토양에 비해 붕괴되지 않는다.

　㉢ 반려암

　　• 주성분은 사장석과 휘석이지만 각섬석, 감람석, 자철광 등을 함유하기도 한다.

　　• 흑색을 띤 무거운 세립의 결정질인 염기성암으로 분해가 잘되고 휘석이 먼저 풍화되며 산화철을 다량 함유한 식토가 된다.

　㉣ 석영반암

　　• 화강암과 성분이 비슷하고 석영이 많고 치밀하며 풍화가 곤란하여 토심이 얕고 석괴가 많으며 척박한 사토가 된다.

　㉤ 반암

　　• 섬록암과 대개 같으며 장석과 운모의 혼합물, 때로는 각섬석, 휘석이 혼합된다.

　　• 풍화가 용이하며 그 생성토양은 석괴를 함유한 것이 많지만 토심이 깊은 점토로서 유기물의 분해가 늦다.

　㉥ 석영조면암 및 조면암

　　• 석영조면암은 화산암으로 성분은 화강암과 같은 산성에 속하며 분해는 화강암과 같이 풍화가 용이하지만 우수에 손실되기 쉬운 관계로 얕고 척박하며 건조한 토양을 형성한다.

　　• 미세립의 치밀한 암석인 조면암은 사질토양을 생성하며 칼륨이 많고 계곡에서는 깊은 토심을 이룬다.

　㉦ 안산암

　　• 중성 화산암으로 종류가 많으며 주성분은 사장석이며 그 외에 휘석, 각섬석, 흑운모

등이고 때로는 소량의 감람석과 석영을 함유하고 있다.
- 안산암은 미정질의 주성분 광물반정이 산재되어 있어 치밀한 것부터 다공질인 것 등 물리적 성질을 달리하는 것도 있고 풍화상태에 따라 생성물의 성질도 다르다.
- 가장 보편적인 휘석안산암은 대개 식질토양으로 보수력은 크지만 물리적 성질은 불량하다.
③ 퇴적암
  ㉠ 점판암
    - 혈암이나 이암 등이 변질된 것으로 판상으로 쪼개지는 성질을 갖는 대부분 암회색을 띠는 암석이다.
    - 옛날의 암석이 더운 해수에 용해되어 분리된 침전물질이 굳어서 된 것으로 주성분은 석영, 장석 외에 녹니석, 견운모 등이며 혈암이나 이암에 비하여 풍화가 매우 늦으며 다소의 유기물이 있다 하더라도 적색풍화토는 점질로 수분통기성 등 물리적 성질이 불량하다.
  ㉡ 혈암
    - 모래가 점토와 같은 미세한 입자와 고결된 것으로 구성입자는 육안으로 식별하기 어렵다.
    - 조성광물은 장석, 석영, 점토광물 등이며 빛깔은 사암의 경우와 같이 여러 가지이다.
    - 혈암(이판암)의 분포는 전 퇴적암의 반 정도이며 생성토양은 점판암과 비슷하다.
  ㉢ 석회암
    - 석회암은 회백색 내지 갈색으로 방해석($CaCO_3$)을 주성분으로 하고 다소의 백운석을 함유하고 있다. 탄산수에 잘 용해되며 풍화도도 높다.
    - 규산염을 다량 함유한 암석류에서는 알칼리성 토양이 된다.
    - 토양은 강우에 의하여 잘 손실되며 타암석의 혼합비율에 따라 토성이 달라진다.
  ㉣ 응회암
    - 퇴적암류로 화산 분출물에 의해 이루어졌다.
    - 풍화는 용이하나 대부분이 점토질이어서 물리적 성질이 불량하다.
④ 변성암
  ㉠ 편마암
    - 화강암과 같은 광물조성(석영, 장석, 운모)을 가지지만 장석을 주성분으로 하는 편마상의 변성암이다. 일반적으로 장석과 흑운모가 많은 것은 분해가 빠르며, 조직이 거칠고 층리가 수직일 때는 분해가 용이하다.
    - 화강암질 토양과 유사하며 칼륨함량이 풍부하다.

ⓛ 천매암
- 점판암이 변질된 것으로 석영, 장석으로 구성되어 있으며 석영이 많으면 풍화가 느리고 적으면 빨라진다.
- 풍화토는 역질 식양토를 이루며 척박한 건조지가 되기 쉽다.

ⓒ 편암
- 혈암, 점판암, 염기성 화성암 등에서 유래된 엽편상의 변성암이다.
- 광물암의 조성 성분에 따라 많은 종류로 나뉘어진다.
- 편암은 석영이 풍부하며 화강암보다 풍화가 느리다.

(3) 토양 생성

① 토양 생성 작용 종류

포드졸화작용	• 한랭 습윤지대의 침엽수림에 주로 발생한다. • 토양표층의 철과 알루미늄 등이 용탈되어 하층토에 집적된다. • 용탈층에는 규산이 남아 백색의 표토층이 되고, 집적층에는 철과 알루미늄에 의해 황갈색이 된다.
라테라이트화작용	• 고온다습한 아열대, 열대지방에 일어난다. • 규산의 용탈이 심한 적색토양을 띤다.
석회화작용	• 중위도의 건조 기후 하에 일어난다. • 칼슘과 마그네슘 등이 토양에 집적되어 석회화작용이 일어난다.
글라이화작용	• 배수불량지나 저습지에서 산소공급이 부족한 환원상태에서 발생한다. • 표층은 담청색, 녹청색, 청회색 등을 띤다.
염류화작용	• 건조지대의 모세관을 따라 올라온 수분이 증발하면서 생성되는 토양이다. • 모세관을 따라 올라온 수분이 증발하고 남은 가용성의 염류가 표토에 집적하게 되는 것을 염류화 작용이라 한다. • 염류토양에 Na^+ 염이 첨가되면 토양교질은 Na^+ 교질로 변화되는데 이 토양은 알칼리에 의해 유기물이 분해되어 흑색을 띠고 이런 토양을 solonets 라 한다.
점토화작용	• 2차적인 점토광물의 생성작용을 한다. • 온난습윤지대와 같이 충분한 수분과 온도 조건에서 발생한다.
부식집적작용	• 동식물의 유체 등이 일부에 남아 토양을 기름지게 한다.

(4) 토양 단면

토양은 성분이 용탈과 집적의 차이로 구분되며 이때 빛깔과 입자의 크기에 따라 층으로 구분한다.

O층 (유기물층)	· O1 : 분해되지 않은 유기물이 있어 육안관찰 가능 · O2 : 분해된 유기물이 있어 육안관찰 불가
A층 (용탈층)	· 부식된 유기물 및 광물질이 쌓여 검은색을 띤다. · A1 : 유기물 및 광물질이 있음 · A2 : 용탈이 가장 심한 층(E층)
B층 (집적층)	· A층에서 용탈된 물질이 있는 층 · B1 : A층의 전이층 · B2 : 집적이 가장 많은 층
C층 (모재층)	위층의 물질이 쌓이거나 토양의 생성작용을 거의 받지 않은 층
R층 (모암층)	굳어져 있는 암반층

(5) 풍화작용

① 풍화작용

ㄱ 지각에서 일어나는 암석의 풍화작용은 모암이나 모재가 대기환경에 의해 그 형태가 변화된다.

ㄴ 기계적 풍화작용, 화학적 풍화작용, 생물적 풍화작용으로 구분된다.

기계적 풍화작용	· 기계적 풍화작용은 화학적 변화 없이 물, 바람, 충격, 온도, 염류작용 등에 의해 크기가 작아지는 현상이다. · 온도의 변화에 따라 팽창과 수축율의 차이에서 오는 바위의 붕괴현상이 있다. · 바람에 의한 풍식, 물에 의한 수식, 빙하에 의한 빙식작용 등이 있다.
화학적 풍화작용	· 산소, 물, 이산화탄소 등에 의해 일어나는 여러 화학반응에 의해 암석이나 광물의 조직, 조성 등이 변화된다. · 가수분해작용, 수화작용, 탄산화작용, 산화환원작용, 용해작용 등이 있다. · 탄산화작용(탄산작용)은 공기중의 이산화탄소가 물에 용해되어 탄산이 되고, 이때 발생하는 이온에 의해 화학적 풍화작용이 일어나는데 석회암지대의 천연동굴의 훼손에 가장 많이 관련된 현상이다.
생물적 풍화작용	· 동물에 의한 기계적 풍화와 식물뿌리 및 토양미생물에 의한 화학적 풍화로 구분된다.

② 정적토

　㉠ 정적토는 기반암의 풍화 물질이 암석의 표층 제자리에 집적되어 형성된 토양을 말한다.

　㉡ 정적토의 대부분이 잔적토로 암석의 풍화산물 중 가용성인 것이 용탈되고 남은 부분이 퇴적된 것이다.

　㉢ 이탄토는 지표부분에 분해가 진척되어 토양화된 것으로 표토에 50% 이상의 유기물 함유량을 보여준다.

③ 운적토

　㉠ 풍화작용을 받은 토양이 다른 곳으로 이동하여 쌓인 흙으로 이동된 종류에 따라 붕적토, 수적토, 빙하토, 풍적토, 선상퇴토 등으로 분류된다.

　㉡ 붕적토는 토양 모재가 중력에 의해 경사지에서 미끄러져 퇴적된 것이다.

　㉢ 선상퇴토는 큰 비로 경사가 심한 골짜기에서 평지 또는 하천으로 밀려 내려온 모래, 자갈, 암석 등의 퇴적물이다.

　㉣ 수적토(하성충적토)는 하수에 의해 퇴적된 것으로 국내의 논토양이 해당된다. 수적토는 보통 홍함지, 삼각주, 하안단구로 구분된다.

홍함지	홍수 때 강물이 범람한 범위의 평야로 흙, 모래, 자갈 등이 퇴적하여 이루어진다.
하안단구	하곡과 하천 연안에 평탄면이 계단 모양으로 여러 단을 이루며 분포하는 잔존지형이다.
삼각주	강에 의해 운반된 퇴적물이 하구에 형성되는 지형이다.

④ 풍적토는 풍화모재 중 토사가 풍력에 의해 운반, 퇴적되는 것이다.

⑤ 빙하토는 빙하에 의해 운반, 퇴적된 것을 말한다.

02 토양의 성질

1. 토양의 물리적 성질

(1) 토성

① 토양은 고상, 기상, 액상으로 구성되어 있으며 고상의 대부분은 무기물이, 기상은 토양공기, 액상은 토양수분을 의미하며 고상 : 액상 : 기상 = 50 : 25 : 25 비율로 구성되어 있는 것이 작물이 크기에 가장 이상적인 구조이다.

② 토성은 모래(미사, 조사), 점토 함량을 기준으로 분류하는데 주로 점토를 기준으로 분류하며 사토, 식토, 양토, 사양토, 식양토 등으로 분류된다.

토양	진흙정도(%)
사토	12.5 이하
사양토	12.5 ~ 25.0
양토	25.0 ~ 37.5
식양토	37.5 ~ 50.0
식토	50.0 이상

③ 토양입자의 입경에 따라 아래와 같이 분류된다.

입자	입경(mm)
자갈	2.0 이상
조사(거친모래)	0.2 ~ 2.0
세사(가는모래)	0.02 ~ 0.2
미사(고운모래)	0.002 ~ 0.02
점토	0.002 이하

④ 자갈이나 모래가 많은 토양의 경우 빈공극이 많아 통기성이 좋으나 보수력이나 보비력이 낮아 작물의 생육에는 오히려 불리하다. 점토함량이 많은 토양의 경우 보수력과 보비력은 좋으나 공극이 작아 통기성이 불량하여 이 역시도 작물의 생육에는 불리하다.

⑤ 신토양분류법

   ⊙ 형태론적 토양분류법은 전 세계 토양을 12개의 목으로 분류하였다.

   ⓒ 국내의 토양목은 알피솔, 안디솔, 엔티솔, 히스토솔, 인셉티솔, 몰리솔, 울티솔로 7개의 목이 분포한다.

ⓒ 형태론적 토양분류법은 아래와 같다.

알피솔(alfisols)	석회가 세탈되고 Al, Fe 가 하층도에 집적되는 습윤지방의 토양으로 국내의 토양의 2.9%가 해당된다.
안디솔(andisols)	화산재를 모재로 발달한 토양으로 유기물 함량이 높고 어두운 편이다. 제주도 및 철원지역에 분포하며 국내 토양의 1.3% 정도가 해당된다.
아라디솔 (aridisols)	건조한 지대에 생성되는 염류집적 토양이다.
엔티솔(entisols)	토양발달과정이 거의 없는 토양으로 국내 토양의 13.7% 가 해당된다.
젤라솔(gelisols)	툰드라지대의 영구동결층
히스토솔(histosol)	늪지대와 같이 유기물 분해가 완만하여 집적량이 많은 토양으로 국내 토양의 0.004% 가 해당된다.
인셉티솔 (inceptisols)	온대, 열대습윤지대에서 생성되며 토층발달이 중간 정도의 토양으로 국내 토양의 69.2% 정도가 해당된다.
몰리솔(mollisols)	유기물 함량이 많고 물리성이 좋으며 국내 토양의 0.1% 정도가 해당된다.
옥시솔(oxisols)	풍화와 용탈이 매우 심하게 일어나는 고온다습한 열대지역으로 양분 보유량이 적어 비옥도가 낮다.
스포도솔 (spodosols)	용탈이 용이한 사질 모재 조건과 냉온대 습윤조건에서 발달한다.
울티솔(ultisols)	온난, 습윤한 열대나 아열대 지역에서 발달하며 국내 토양의 4.2% 가 해당된다.
버티솔(vertisols)	점토분이 많은 토양으로 건조와 습윤이 교호되는 아열대, 열대에서 생성된다.

(2) 토양의 구조

① 토양 구조는 토양입자의 배열상태를 말하며 토양입자가 개별적으로 있는 경우 단립구조, 서로 결합되어 무리를 이루는 경우를 입단구조라 정의한다.

단립구조(홑알구조)	입단구조(떼알구조)
· 토양에서 각각 독립적으로 존재하는 구조로서 큰공극이 많아 수분 및 비료의 함량이 적은 편이다. · 대표적으로 모래와 미사가 단립구조를 가진다.	· 여러 입자들이 하나의 단체를 만들고 단체끼리 모여 입단을 만드는 구조로 통기성이 좋고 적정량의 수분을 보유한다. · 식물이 생육하기에 수분 및 공기의 유동에 적합한 구조이다.

② 입단을 조성하기 위해서는 칼슘(Ca^{2+})과 같은 양이온의 작용과 점토, 유기물 등을 첨가, 콩과식물의 재배, 토양의 피복, 토양개량제(krillium, PVC) 등을 통해 구조를 개선해야 한다.

③ 유기물질의 수산기 혹은 카르복시기가 점토광물과 결합하면서 입단을 형성하거나 토양에서 죽은 식물체가 미생물의 분해작용으로 분해되면서 입단이 조성되기도 한다.

④ 입단의 분해 혹은 파괴가 일어나는 경우는 과도한 경운작업과 같은 물리적 충격을 주거나 환경 및 기상에 의한 입단의 수축, 팽윤의 반복 혹은 입단구조에서 반발력이 있는 이온(나트륨이온 등)이 과다할 때 발생한다.

⑤ 토양구조는 모양에 따라 구상구조(입상구조), 괴상구조, 주상구조, 판상구조 등이 있다.

구상구조	• 구상구조는 입상구조라 하며 주로 유기물이 많은 표층토에서 발달하고 입단이 구상을 나타낸다. • 외관은 거의 구상이고 유기물이 많은 건조한 곳에서 생성된다. 모양은 둥글고 직경은 1cm 이하의 작은 입단으로 되어 있다.
괴상구조	• 배수와 통기성이 양호하고 뿌리의 발달이 원활한 심토층에 주로 발달된다. • 입단의 모양은 불규칙하나 대개 6면체로 되어 있으며 덩어리의 외면 특성에 따라 각이 있으면 각괴라고 하며 각이 없으면 아각괴라 한다.
주상구조	• 각주상, 원주상인 것이 있으며 토양입자가 세로로 배열되어 때로는 길고 큰 구조를 만든다.
ㄴ각주상 구조	• 건조 또는 반건조지역의 심층토에 주로 지표면과 수직한 형태로 발달한다. • 단위구조의 수직길이가 수평길이보다 긴 기둥모양이며 수평면이 평탄하고 각진 모서리 구조를 가진다. • 습윤지역의 배수가 불량한 토양이나 팽창 특성을 지닌 점토가 많은 토양에 주로 발달한다.
ㄴ원주상 구조	• 기둥모양의 주상 구조이지만 각주상 구조와 달리 수평면이 둥글게 발달한다. • Na 이온이 많은 B층의 토양에서 많이 관찰된다.
판상구조	• 접시와 같은 모양이거나 수평배열의 토괴로 구성된 구조로 토양생성과정 중에 발달하는 편이다. • 우리나라의 논토양에서 많이 발견되며 용적밀도가 크고 공극률이 낮으며 대공극이 없다. • 토양의 투수성과 통기성이 불량하여 수분의 하향이동이 어렵고 뿌리가 밑으로 자랄 수 없다.

(3) 토양공극

① 토양의 공극률

㉠ 진비중은 입자밀도 혹은 진밀도라고도 하며, 가비중은 용적밀도 혹은 용적중이라고 한다.

㉡ 토양의 공극률은 다음과 같이 구할 수 있다.

$$공극률(\%) = (1 - \frac{가비중}{진비중}) \times 100$$

② 토양의 공극량

㉠ 토양의 공극량은 사토(40%), 사양토(43%), 양토(47%), 식양토(55%), 식토(58%)을 보인다.

㉡ 토양의 공극량은 토양의 구조, 요소의 배열, 입단의 크기 등에 의해 영향을 받는다.

㉢ 모래의 함량이 많은 토양은 비모관공극이 모관공극보다 많고 점토의 함량이 많은 토양은 모관공극이 비모관공극보다 많다.

③ 토양공극에 따른 작물 생육

㉠ 토양 공극의 크기가 작으면 공기의 유통이 불량하여 작물의 호흡이 저하되어 뿌리 발달이 불량해진다.

㉡ 토양 공극의 크기가 너무 크면 수분의 보유력이 작아 한해를 받기 쉽고 비료성분의 유실 가능성이 높아진다.

㉢ 사질토양은 식질토양보다 전공극량이 작지만 대공극량이 많아 공기 및 물의 유동이 빠른편이다.

④ 토양밀도

㉠ 토양에서 입자밀도는 고상을 구성하는 자체밀도로서 $2.5 \sim 2.7 g/cm^3$ 으로 평균 $2.65 g/cm^3$ 이다.

㉡ 용적밀도는 자연상태의 토양밀도로 무기질, 유기질, 공기, 수분이 혼합된 밀도이다. 이러한 용적밀도 측정을 통해 토양의 구조발달 정도를 파악한다.

(4) 토양공기

① 토양에 빈공간에 공기로 차 있는 공극부분을 용기량이라 하며 일반적으로 모관공극에는 수분이 차지하고 있으며 비모관 공극에 공기가 분포되어 있다.

② 토양공기의 분포는 산소는 10~21%, 이산화탄소는 0.1~10%, 질소는 75~80% 정도이다.

③ 작물이 생육하기 위한 가장 적합한 최적용기량은 10~25% 정도이며 작물에 따라 최적용기량은 달라진다.

④ 토양에 공기는 미생물의 호흡 및 환경에 의해 주로 산소는 적은편이고 이산화탄소의 경우 일반 대기의 이산화탄소 농도보다 높은 편이다.

⑤ 토양도 깊이에 따라 공기의 차이가 있는데 아래로 내려갈수록 산소의 농도는 낮아지고 이산화탄소의 농도는 높아진다.

⑥ 식물이 살아가는데 토양의 통기성을 양호하게 하는 방법으로 유기물, 토양개량제 등을 이용한 입단조성, 배수 시설의 조성, 객토 등을 통한 물리적 방법등이 있다.

(5) 토양온도

① 토양에서 온도는 미생물 활동, 종자 발아, 식물 생장, 토양 화학반응, 토양 수분 이동, 토양의 비열 및 열전도율 등이 영향을 준다.

② 토양의 수분함량은 토양온도의 가장 큰 영향을 준다. 물의 비열이 크기에 토양수분이 많을수록 토양온도의 변화가 적다.

③ 경사도에 영향을 받는데 경사도가 작을수록 수광량이 작아지고 경사도가 수직일 때 수광량이 가장 높다.

④ 피복식물 및 멀칭 등에 의해 토양온도가 영향을 받는데 피복된 지역의 온도 변화가 상대적으로 적다.

⑤ 토양의 색은 열의 흡수 정도에 영향을 주고 온도를 변화시키는데 흑색이 가장 많은 열을 흡수하고 백색의 토양이 가장 적은 열을 흡수한다.

⑥ 토양의 온도가 높아지면 유기물의 분해속도가 빨라져 토양의 유기물 함량은 줄어드는 경향을 보인다.

(6) 토양색

① 토양색의 영향 요인

㉠ 토양의 색은 모재의 종류, 토양 유기물 함량, 수분함량 등에 의해 다르게 나타난다.

㉡ 토양의 유기물 함량에 의해 흑색이나 어두운 회색을 띠는데 유기물의 함량이 많을수록 어두운 색을 띤다.

㉢ 흑운모, 각섬석, 전기성 등은 철(Fe)이 들어 있어 흑색, 녹색 등 여러 색을 띠고 이들이 풍화되면서 황색이나 적색을 띠게 된다.

② 토양색 표시

㉠ 토양색은 객관적이고 미세한 차이 구별을 위해 'Munsell 컬러차트'를 활용하여 색상, 명도, 채도의 3속성 조합으로 표현한다.

㉡ 보통 색상, 명도, 채도의 순서로 표기한다. 예를 들어 7.5R 7/2 로 표기한 토양은

색상은 7.5R, 명도는 7, 채도는 2를 의미한다.

ⓒ 색상은 빛의 색을 숫자로 표시한다. 빨강, 노랑, 초록, 파랑 및 보라의 5개 색상과 5개의 중간색상을 포함한 10개의 색상으로 구분하고 각 색상은 2.5의 배수로 '2.5, 5, 7.5, 10' 의 4단계로 구분한다.

ⓔ 명도는 색상의 밝기로 검은색을 0, 순백을 10 으로 표시하며 토양의 명도는 2에서 8까지 구분한다.

ⓜ 채도는 색깔의 선명도를 나타내는데 Munsell 체계에서 각각의 색상별로 회색에 가까울 수록 낮은 값인 1 로부터 2, 3, 4, 6, 8 까지로 구분하고 있다.

2. 토양의 화학적 성질

(1) 점토광물

① 점토광물은 암석의 풍화산물이 일정 조건에 토양생성작용을 받아 재합성된 광물로 2차광물이라고도 한다.

② 결정질 점토광물은 규산4면체와 알루미나8면체가 결합하여 결정단위를 이루고 있는 교질입자이다. 규산4면체는 규소 이온 4개의 산소원자와 결합한 구조이고 알루미나8면체는 알루미늄 원자가 6개의 산소원자 혹은 수산기와 결합하여 8개의 면을 가지는 구조로 배열된 것을 말한다.

③ 점토광물 분류

ⓐ 격자구조에 의한 분류

1:1 격자형	규산판 1개와 알루미나판 1개가 결속되어 한 결정단위를 이루고 있는 것이며 kaolinite, halloysite 등 kaolinite계 점토광물이 대표적이다.
2:1 격자형	2개의 규산판 사이에 알루미나판 1개가 삽입된 모양으로 결속되어 한결정단위를 이루고 있는 것이며 illite, montmorillonite, vermiculite계가 있다.
2:2 격자형	마그네슘 8면체를 중간에 넣고 2:1 격자형 점토광물이 결합된 것으로 chlorite가 있다. chlorite의 양이온치환용량은 illite와 비슷하다.
부정형	일정한 결정형으로 규정할 수 없는 광물로 알로판(allophane) 이 있다.

ⓛ 팽창성에 의한 분류

팽창형	· 수분이 결정단위 사이를 자유롭게 왕래할 수 있어 건조상태와 습윤상태에 따라 수축하거나 팽창할 수 있는 점토광물이다. · 수분 중에 용존하는 K^+, NH_4^+가 규산판 표면의 6각형 공극 내부에 빠지면 고정이 된다. · 2 : 1 격자형 점토광물 중 montmorillonite. vermiculite 등이 팽창형이다.
비팽창형	· 결정단위 사이에 다량의 K^+ 이온이 존재하여 물이 자유로이 통과하지 못하고, 토양이 습윤·건조의 반복에도 결정단위 사이의 간격이 변동하지 않는 점토광물로 illite 계통이 이에 해당된다. · 1 : 1 격자형 점토광물인 kaolinite계도 그 조직이 단단하여 비팽창형이다.

ⓒ 점토광물 특성

카올리나이트 (kaolinite)	· kaolinite, 할로이사이트(halloysite) 등이 있는데 고령토라고 한다. · 적색 또는 회색 포트졸(podzol) 토양의 주요 점토광물이며 우리나라의 토양은 kaolinite 점토가 대부분이다. · kaolinite는 온난습윤한 기후조건에서 염기물질이 신속히 용탈될 때 생성되므로 척박하다.
일라이트 (illite)	· 가수운모라고도 하며 구조는 montmorillonite와 같으나 규산 4 면체 중의 몇 개의 규소가 Al^{3+}에 의해 동형 치환된 결과 생긴 양전하의 부족량만큼이 K^+에 의해 충족되어 있다. · illite는 점토광물 중 칼륨의 함유량이 가장 많으며, 이 칼륨이 공간을 막고 있어 물이 통과할 수 없기 때문에 비팽창성이다. · 강하게 부착되어 있는 K^+이 제거되는 등의 일정 조건 하에서 montmorillonite 또는 vermiculite라는 팽창성 점토광물로 된다.
몬모릴로나이트 (montmorillonite)	· montmorillonite, saponite 등이 속하며 산성백토라 불린다. · 이광물은 염기성 광물이 고토가 많은 조건 하에서 풍화될때 토양 중에서 재합성되는 것으로 2:1 격자형 팽창성 점토광물이다 · 각 결정단위의 표변에도 흡착위치가 존재하므로 양이온치환용량이 매우 크다.
버미큘라이트 (vermiculite)	운모류에서 K^+나 Mg^{2+} 이온이 풍화과정에서 용탈될때 생성되는 2:1 격자형 팽창성 점토광물로 광물 중 양이온치환용량이 가장 크다.
알로판 (allophane)	규소와 알루미늄의 산화물이 약하게 결합한 광물로 결정형을 규정할 수 없는 부정형 점토광물이다.
클로라이트 (chlorite)	혼합형광물로 2:1:1 형의 비팽창형 광물이다

(2) 토양반응

① 양이온 치환

㉠ 토양 입자에 흡착되어 있는 양이온이 치환되는 경우 치환성양이온이라 하며 종류로 Ca^{2+}, Mg^{2+}, K^+, Na^+ 등이 있으며 이 중에서 Ca^{2+} 의 비율이 가장 높다.

㉡ 토양이 양이온에 흡착할 수 있는 능력을 양이온 치환용량이라 하며 CEC 라 표기한다. 양이온 치환용량은 토양 100g 에 보유되는 음전하의 수와도 같으며 단위로 me/100g 으로 표현한다. 이러한 양이온치환용량이 크다는 것은 비옥한 토양을 의미한다.

㉢ 토양에 따른 양이온 치환능력은 식토 > 식양토 > 양토 > 사양토 > 사토 순이다.

㉣ 양이온이 토양으로 흡착하는 힘이 강하면 입자표면에서 떨어져 나오기 어렵기에 침입력과 침출력의 순위는 반대가 되며 일반적인 양이온의 교환력은 아래와 같다.

치환(교환) 침입력	$H^+ \geq Ca^{2+} > Mg^{2+} > K^+ \geq NH_4^+ > Na^+$
치환(교환) 침출력	$H^+ \leq Ca^{2+} < Mg^{2+} < K^+ \leq NH_4^+ < Na^+$

㉤ 산성토양을 석회로 중화시키는 것은 교질입자의 양이온치환에 의한 것이다.

㉥ 유기물이 많을 경우 토양의 보비력이 높아지는데 이는 유기물이 전기적으로 비료를 흡착하는 능력이 크기 때문이다.

㉦ 점토광물의 양이온치환용량은 다음과 같다.

부식	100~300
버미큘라이트	80~150
몬모릴로나이트	80~150
일라이트	25~40
클로라이트	10~40
카올리나이트	3~15

② 염기포화도

㉠ 토양에 양이온치환용량의 H^+, Al^+ 이온을 제외한 치환성염기인 Ca^{2+}, Mg^{2+}, K^+, NH_4^+, Na^+의 함유비율을 염기포화도라 정의하며 치환성 염기량과 양이온 치환용량의 백분율로 나타낸다.

$$염기포화도 = \frac{치환성염기량}{양이온치환용량} \times 100(\%)$$

㉡ 토양은 염기포화도가 높을수록 알칼리성을 띠게 되며 낮을수록 산성을 띤다.

㉢ 토양의 pH 가 높고 비옥하면 염기가 많은 편이고 반대로 pH 가 낮으면 척박하고 염기가 적다.

ㄹ 우리나라의 자연토양 염기포화도는 50% 보다 낮은 수준이지만 우리나라 논토양의 염기포화도는 약 50% 정도이다.

ㅁ 포드졸과 같은 강산성 토양에서는 염기의 용탈이 심해 포화도는 0 에 가깝다.

③ 토양의 가용도

ㄱ 토양을 산성, 염기성, 중성 토양으로 분류하는 것을 pH 로 수치화하며 1~14 까지 분류한다. pH 7 을 중성으로 수가 작을수록 산성, 수가 클수록 염기성 혹은 알칼리성 토양이라 한다.

ㄴ 토양 산도에 따른 가용 원소들은 아래와 같이 분류된다.

산성토양에서 가용도가 높은 원소	알루미늄(Al), 구리(Cu), 철(Fe), 망간(Mn), 아연(Zn)
산성토양에서 가용도가 낮은 원소	붕소(B), 칼슘(Ca), 마그네슘(Mg), 인산(P), 몰리브덴(Mo)

ㄷ 보통 산림토양의 pH 는 경작토양에 피해 낮은 편이다

④ 음이온 흡착

ㄱ 점토에서는 잠시적 전하에 의해, 부식에서는 잠시적 전하와 아민기에 의해 pH가 낮을 때 양이온이 발생한다. 이 외에도 pH가 낮을 때 Fe, Al 등의 수산화물에 의해 양전하가 발생된다.

ㄴ 음이온이 토양교질물에 의해 흡착되는 순서는 SiO_4^{2-}, PO_4^{3-} > SO_4^{2-} > NO_3^- > Cl^-다.

⑤ 산성토양

ㄱ 토양이 산성화가 되면 작물의 뿌리에 피해를 주게 되는데 주로 이온성물질에 의한 피해나 미생물등에 영향을 준다.

ㄴ 토양이 산성화가 되면 질소고정균이나 근류균 등의 이로운 미생물들이 생활하기 어려운 환경 조건이 되어 활동에 지장을 받거나 줄어들게 된다.

ㄷ 토양의 산성화로 탈질균의 활성이 감소하면서 질소 손실이 상대적으로 줄어들게 된다.

ㄹ 산성화로 인하여 작물에 이로운 이온들이 용출되면서 결핍증상이 발생하는데 주로 인, 칼슘, 마그네슘 등의 필수미량원소들이 산성조건에서 용해도가 줄어 결핍되게 된다.

ㅁ 미생물 활동 및 이온성분들의 결핍으로 입단조성에 지장을 받게 되면서 통기성이 불량해지는 문제가 발생된다.

ㅂ 산성토양은 석회물질이나 유기물을 공급하여 개선할 수 있으며 석회를 공급하면 토양 pH를 높여 중금속의 유해작용을 경감시킬수도 있다.

      Ⓢ 산성토양에 저항성이 강한 작물로는 벼, 귀리, 조, 옥수수, 감자 등이 대표적이며 약한 작물로는 보리, 콩, 양파, 파, 고추, 가지, 알파파, 시금치 등이 있다.

⑥ 토양산성화의 원인

      ㉠ 토양 중 Ca^{2+}, Mg^{2+}, K^+ 등의 치환성 염기가 용탈되어 미포화교질(H^+)이 늘어나는 경우 산성화의 원인이 된다.

      ㉡ 강우량이 많거나 관개를 하면 토양이 점점 산성으로 진행된다.

      ㉢ 유기물이 분해할 때 발생하는 각종 유기산이 토양염기의 용탈을 조장한다.

      ㉣ 토양 중 탄산, 유기산이 산성의 원인이 된다.

      ㉤ 토양 중의 질소나 황이 산화되면 질산 또는 황산으로 되면서 토양이 산성화되고 염기가 용탈된다.

      ㉥ 황산암모늄, 염화칼륨, 황산칼륨, 녹비 등을 연용하면 토양이 산성화된다.

03 토양생물 및 토양오염

1. 토양미생물

(1) 토양미생물의 종류 및 작용

① 토양미생물 종류

㉠ 세균류

- 세균은 세포분열에 의해 증식하고 토양미생물 중 가장 많이 분포한다.
- 자급영양세균은 암모니아, 철 등의 무기물을 산화하여 에너지를 얻는다.
- 타급영양세균은 토양유기물을 산화하여 에너지를 얻는다.
- 토양세균은 온도 25~30℃, pH 6~8 정도에서 생육이 양호한데 황세균과 같이 pH 2~4 에 최적화되어 있는 세균도 있다.
- 세균에는 자급영양세균에는 질산화성균, 황세균, 철세균이 있다.
- 타급영양세균에는 단독유리질소고정세균(호기성세균, 혐기성세균), 공생유리질소고정세균(근류균), 암모니아화성균, 섬유소분해균 등이 있다.
- 단독생활 질소고정균으로 호기성 고정균에는 Azotobacter, 혐기성 고정균에는 Clostridium 이 있고 다른 생물과 공생하여 공중질소를 고정하는 것으로 Rhizobium 이 있다.
- 토양미생물 중 질소순환에 관여하는 균 중 질산화균에는 암모니아산화균과 아질산산화균이 있다. 암모니아산화균에는 Nitrosomonas, Nitrosococcus, Nitrosospira 가 있으며 아질산산화균에는 Nitrobacter, Nitrocystis 가 있다.

㉡ 균류

- 균사(사상균)로 번식하며 대부분 유기물을 분해하여 에너지를 얻는다.
- 균근은 식물의 뿌리가 토양 중 있는 곰팡이와 공생하는 형태를 말한다.
- 보통 호기성이며 토양의 통기성이 불량하면 활동이 저조해진다.
- 광범위한 pH 조건에서도 잘 생육하며 산성토양에도 적응력이 좋다.
- 균근의 경우 인산의 함량이 높을수록 균근의 형성률이 낮아진다.
- 식물 뿌리와 상리공생 하면서 기주 식물의 수분이나 질소와 황과 같은 무기염 등의 양분의 흡수에 도움을 준다.
- 균근에 감염된 수종의 경우 외부의 스트레스에 대한 저항성이 높아진다.
- 균류는 크게 외생균근, 내생균근, 내외생균근으로 분류한다.

외생균근	· 균사가 뿌리 표면에 공생하며 뿌리내 세포까지는 침입하지 않는다. · 균사가 뿌리 표면을 두껍게 싸서 균투를 형성하고 세포 간극에 하티그망 (Hartig net)을 형성한다. · 인산이온처럼 이동성이 느린 이온의 흡수를 도와주고 지력이 낮은 곳에서 큰 역할을 한다.
내생균근	· 균사가 뿌리 피층세포 안까지 침투하여 공생 혹은 기생한다. · 식물 뿌리의 피층세포까지 관통한 내생균근은 가지 모양의 균사(균지, arbuscule)나 주머니 모양의 균낭(소낭, vesicle) 등을 형성한다. · 균투를 형성하지 않고 감염된 식물의 뿌리털이 정상적으로 발달한다. · 외생균근과 비교하여 기주범위가 넓은 편이다.
내외생균근	· 외생균, 내생균의 특징을 모두 가지고 있으며 외생균근 곰팡이의 균사가 세포 안으로 침투하여 자란다. · 형태적으로 외생균근과 흡사하다.

ⓒ 방사상균
  · 실모양의 사상이며 토양에 있는 유기물을 분해하며 세균과 곰팡이의 중간적 성질을 가진 미생물로 취급한다.
  · 방사상균은 호기성이며 토양의 통기성이 좋아야 잘 생육하며 산성토양에서는 생육이 억제된다.

ⓔ 조류
  · 조류는 엽록소를 가지고 광합성을 하는 남조류, 녹조류 등이 있으며 엽록소가 없고 토양의 유기물을 이용하는 종류도 있다.
  · 유기물의 생성, 공중질소의 고정, 산소의 공급등 토양의 많은 요소에 관여를 한다.

② 토양미생물 생육

수분	최대용수량 60~80%
온도	최적온도 27~28℃ , 생육온도 0~80℃
pH	중성이 비교적 적당
토양 깊이	깊이 2~3cm 정도 최대 번식

③ 토양미생물 작용

유익작용	유해작용
• 탄소의 순환 • 토양구조 입단화 • 암모니아화성작용 • 질산화성작용 • 공중질소고정작용 • 인산 가급태화 • 토양미생물간 길항작용	• 병해의 유발 • 질산환원작용 • 탈질 작용 • 환원성 유해물질 생성 집적 • 무기성분의 변화 • 황산염의 환원작용

④ 식물군

　　㉠ 독립영양생물에는 녹조류, 규조류가 있다.

　　㉡ 종속영양생물에는 사상균, 방사상균이 있다.

　　㉢ 독립 및 종속영양생물에는 세균, 남조류가 있다.

2. 토양침식

(1) 토양침식

① 토양침식은 강우로 표토가 유실되거나 바람에 의해 표토가 비산되어 지력이 저하되는 현상이다.

② 강우가 원인이 되는 경우 수식, 바람이 원인이 되는 경우 풍식으로 구별한다.

③ 토양의 침식에 영향을 주는 요인에는 바람이나 강우와 같은 기상조건, 경사 및 토양조건에 따른 지형, 식물의 종류 및 밀도 등이 있다.

(2) 수식

① 수식

　　㉠ 수식은 강우에 의해 토립의 분산, 입단의 파괴 등으로 토양의 침식이 진행되는 것을 말한다.

　　㉡ 수식의 종류에는 입단파괴 침식, 면상 침식, 우곡침식, 구상 침식이 있다.

　　㉢ 입단파괴 침식(우격침식)은 빗방울에 의하여 지표가 타격을 받아 입단이 파괴되는 침식이다.

　　㉣ 면상침식은 침식의 초기 단계로 토양표면 전면이 엷게 유실되는 침식이다.

　　㉤ 우곡침식은 토양표면에 잔도랑이 생기면서 유속이 빨라지고 침식력이 강해지면서 토양이 유실되는 침식이다.

　　㉥ 구상침식은 우곡 침식이 진행되면서 넓고 깊은 도랑이 생기게 된다.

② 수식의 영향인자

    ㉠ 수식의 영향인자에는 강우속도, 강우량, 경사도, 경사장, 토양의 성질, 지표면 피복상태 등에 영향을 받는다.

    ㉡ 강우강도가 강우량보다 토양침식에 더 큰 영향을 준다.

    ㉢ 토양의 흡수능에 가장 큰 영향인자는 공극량 중 대공극(비모세관공극)이다.

    ㉣ 수분이 잘 침투하는 토양 조건은 수분함량이 적을수록, 유기물 함량이 많을수록, 입단이 클수록, 대공극이 많을수록, 팽윤도가 작을수록 잘 침투하게 된다.

    ㉤ 경사도가 클수록 유거수의 속도가 증가하면서 토양유실량이 증가한다.

    ㉥ 토양유실량은 작물의 피복도가 높으면 낮아진다. 상대적으로 토양유실량은 피복도가 낮은 배추, 옥수수 등이 컸으며 피복도가 높은 땅콩, 율무 등은 낮은 것으로 나타났다.

③ 수식의 대책

    ㉠ 토양의 입단구조형성을 촉진하여 투수성, 보수력을 증대시켜야 한다.

    ㉡ 입단형성은 유기물 시용, 석회질 물질 시용, 토양개량제 등을 활용한다.

    ㉢ 유거의 속도조절 및 경작법으로 초생대와 부초, 등고선재배, 등고선대생재배, 계단재배, 승수로설치재배 등이 있다.

    ㉣ 부초법, 인공피복법 등의 피복법을 활용한다.

④ 경작법

초생재배	· 과수원은 청경재배보다 초생재배가 유리하다. · 초생재배가 피복 및 지력증진에 도움이 된다.
대상재배	· 경사지에 수식성 작물을 재배할 경우 등고선을 일정 간격으로 적당한 폭의 목초대를 두어 토양침식을 경감시킨다.
계단재배	· 경사도 15° 이상일 경우 계단식 재배와 반계단식 재배를 활용한다. · 토양유실 방지에 도움이 되고 배수로 설치가 필요하다.
등고선경작	· 경사지에서 등고선을 따라 이랑을 만든다. · 이랑 사이 유거수가 발생하지 않아 침식이 방지된다.

(3) 풍식

① 풍식

    ㉠ 풍식은 바람에 의한 토양침식으로 피해가 가장 심한 풍식은 토양입자가 도약, 운반되는 것이다

    ㉡ 풍식의 기작으로 약동, 포행, 부유가 있다

약동	바람에 의하여 지름 0.1mm 토양입자가 지표면에서 30cm 이하의 높이로 비교적 짧은 거리를 구르거나 튀는 모양으로 이동하는 것으로 풍식에 의한 전체 이동량의 50~90% 정도를 차지한다.
포행	큰 입자가 토양 표면을 구르거나 미끄러지며 이동하는 것으로 이동하는 입자의 크기는 약 1mm 이상이며 전체 토양 이동량의 5~25%를 차지한다.
부유	가는 모래 정도 크기의 토양입자 혹은 더 작은 입자가 공중에 떠서 토양 표면과 평행하게 멀리 이동하는 것으로 전체 토양 이동량의 15% 정도이다.

② 풍식의 대책
  ㉠ 방풍림조성 및 방풍울타리를 설치한다.
  ㉡ 관개 및 담수를 실시한다.
  ㉢ 피복작물을 재배한다.
  ㉣ 토양개량 및 진압을 실시한다.
  ㉤ 풍향과 직각방향으로 이랑을 만들어준다.

3. 토양오염

(1) 토양오염

① 토양오염은 토양속에 오염물질이 함유되어 있는 경우를 말한다.
② 토양오염의 원인으로 농약, 생활하수, 비료, 폐수, 폐기물 등이 있으며 오염원에는 가축사육장, 폐기물매립지, 공장 등 다양하다.

(2) 토양오염 물질 및 특징

① 토양오염에 영향을 주는 무기원소로 비소(As), 카드뮴(Cd), 코발트(Co), 크롬(Cr), 구리(Cu), 수은(Hg), 납(Pb), 망간(Mn) 등이 있다.
② 토양오염의 원인이 되는 중금속은 pH 가 낮을수록 용출이 되면서 토양에서의 양이 줄어들게 된다. 반대로 pH 가 높은 토양은 중금속 흡착으로 중금속의 양이 많아지게 된다.
③ 비소는 직물이나 피혁공장의 폐기수에 함유되어 있어 토양을 오염시키기도 하는데 논이나 밭에 피해를 많이 주며 특히 논에 더 큰 피해를 준다. 논은 담수상태라 환원되면서 독성이 높아지게 된다.
④ 토양오염물질 중 질소, 인산, 칼륨 등의 화학비료에 의하여 하천이나 호수에서 부영양화를 일으킨다. 화학비료를 과다시용할 경우 토양오염을 유발하게 된다.

⑤ 카드뮴은 이타이이타이병을 발생시키는데 등뼈, 손발, 관절이 아프고 뼈가 잘 부러지는
증상이 나타난다.

(3) 잔류농약

① 잔류성 농약의 주성분이 작물, 토양, 수질 등에 잔류하여 오염시키는 것을 의미한다.
② 농약의 잔류량 및 잔류기간에 따라 약해의 영향 정도가 결정된다.
③ 잔류량 및 기간은 농약의 물리성, 화학성과 농약의 제형방법 및 살포방법 외부의 기상조건
등에 의해 영향을 받는다.

(4) 잔류성 농약의 종류

① 토양잔류성 농약
  ㉠ 토양 중 농약의 반감기간이 180일 이상인 농약을 토양잔류성 농약이라 한다.
  ㉡ 주로 병해충방제용으로 약품을 살포하였다가 약품 성분이 잔류되어 동식물에 영향을
  주게 된다.
  ㉢ 동일 농약을 지속적으로 살포하면 특정 농약의 미생물들이 분해작용이 활성화되어
  농약의 잔류 정도가 줄어들게 되나 혼합처리 혹은 서로 다른 약품들을 교대로 살포처
  리할 경우 분해가 느려져 잔류가 지속되기도 한다.
  ㉣ 토양의 유기물 함량이 높고 알칼리성 토양의 경우 농약의 분해가 빠른편이다.
  ㉤ 토양의 잔류 정도는 농약 자체의 특성에 따라 상이한데 유기염소계 농약의 경우
  환경에 안정적이라 토양에 오래 잔류하는 편이며 아닐린유도체와 같이 토양입자에
  강하게 흡착되는 경우도 오래 잔류한다.
② 작물잔류성 농약
  ㉠ 농약은 작물의 표피의 유지층에 잔류하며 일부가 조직의 내부까지 침투하여 잔류하게
  된다. 또한 작물의 표면에 털이 많거나 피복량이 적으면 잔류량이 많아질 확률이
  높다.
  ㉡ 농약 조제시 전착제를 많이 첨가할 경우 그만큼 작물의 표면에 다량 잔류하게 된다.
③ 수질오염성 농약
  ㉠ 살포한 농약 중 수질을 오염시켜 수중생물 및 물을 이용하는 동식물의 피해가 우려되는
  농약을 말한다.
  ㉡ 수질오염성 농약은 물을 이용하는 동식물에 직접적인 피해 뿐 아니라 내부 잔류
  농약으로 인하여 2차적 피해가 발생할 가능성도 있다.

04 토양 관리

1. 논·밭 토양

(1) 논토양

① 논토양

㉠ 논토양은 물에 잠겨 있는 담수상태이기에 밭토양과 현저한 차이를 보인다.

㉡ 논토양은 화합물의 용해도가 크게 변한다.

㉢ 토양의 환원은 부패, 발효와 같은 유기물 분해로 뿌리부의 환경을 불량하게 한다.

㉣ 논토양은 담수상태일 때 토양의 pH 는 평균 6.5~7.5 정도이다. 담수를 통해 토양의 염류를 제거하는데 도움이 된다.

㉤ 토양의 환원정도는 0 이상의 정수이며 산화상태이고 이보다 작으면 (–) 값을 띠게 되면서 환원상태가 된다.

㉥ 담수상태에서 토양에 산소가 호기성미생물에 의해 소모되고 대부분 소모되고 나면 호기성미생물의 활동이 정지하고 혐기성미생물의 활동이 활발해진다.

㉦ 논토양은 적갈색의 산화층과 청회색의 환원층이 있다. 산화층에는 산화제2철, 환원층에는 산화제1철이 있다.

㉧ 논토양은 환원물(N_2, H_2S)이 존재하며 탈질 작용이 일어나는데 주로 환원층에서 발생한다.

㉨ 논토양에서는 혐기성균이 질산은 N_2, Fe^{3+}는 Fe^{2+}, SO_4^{2-}는 S 또는 H_2S, Mn^{4+}는 Mn^{2+} 된다.

㉩ 논토양의 산화층에서는 질산화성작용이 이루어지는데 암모니아가 질산으로 산화되는 과정이다. 암모니아태질소(NH_4^+)가 질산균에 의해 2번의 반응을 거쳐 질산태질소(NO_3^-)가 된다.

㉪ 논토양의 지력증진을 위해 지온을 상승시키거나 수산화칼슘처리, 토양을 건조 시킨 후 가수를 하는 방법 등이 있다. 이러한 방법은 유기태질소의 무기화를 촉진시켜 암모니아가 생성된다.

㉫ 논의 담수를 통해 온도 조절, 비료분 분해조절, 양분의 천연공급, 토양의 침식 방지, 수분의 공급, 유해물질의 제거, 잡초발생의 억제 등의 효과가 있다.

㉬ 질산태질소는 일부는 작물에 흡수되고 일부는 용탈되거나 탈질균에 의해 가스로 휘산되기에 암모니아태질소의 비효가 높다.

② 논토양의 유형

 ㉠ 보통논 : 일반적 재배법으로 일정 수준 이상의 수량을 말한다.

 ㉡ 사질논 : 모래가 많은 논을 말한다.

 ㉢ 미숙논 : 새로 만들어 이용기간이 짧은 논을 말한다.

 ㉣ 습논 : 지하수위가 높아 항상 담수상태에 있는 논을 말한다.

 ㉤ 염해논 : 바닷물의 영향을 받아 염분이 있는 논을 말한다.

 ㉥ 특이산성논 : 토양에 황(S) 성분이 많아 담수상태에서 항상 산성인 논을 말한다.

③ 담수의 화학적 변화

 ㉠ 수소이온농도

  · 담수 후에는 pH 가 6.5~7.5 정도로 변화한다.

  · 중성토양에서 식물의 양분 흡수가 유리해지고 독성물질의 발생이 줄어든다.

 ㉡ 산화환원전위(Eh)

  · 담수 후 환원물질이 많아져 산화환원전위 값이 작아지고, 산소가 부족한 상태가 된다. 반대로 산화물질 농도가 높으면 Eh 값은 커진다.

  · 논토양의 Eh 는 여름에 환원이 심할수록 작아지고 가을부터 봄까지 산화가 심할수록 커지게 된다.

  · 토양의 산화환원전위 값을 통해 토양의 공기유통 및 배수상태를 알 수 있다.

 ㉢ 이온강도

  이온강도는 비전도도라 하는데 용액 안의 이온 농도의 척도가 된다.

④ 노후답

 ㉠ 노후답은 노후화 현상이 발생한 논토양으로 철분, 망간, 칼슘, 마그네슘 등의 주요 양분이 용탈하여 영양장애 등을 유발하는 것을 말한다.

 ㉡ 여름철에는 환원층에서 황화수소가 발생하는데 철분이 부족할 경우 황화수소가 철과 반응하여 황화철로 침전되지 못해 벼의 뿌리를 상하게 한다.

 ㉢ 노후답에서는 깨씨무늬병 등의 식물병이 발생하여 수확량이 감소하기도 한다.

 ㉣ 노후답의 재배 대책으로 저항성 품종을 심거나, 조기재배를 통해 수확이 빠르도록 하여 추락을 완화한다. 무황산근 비료를 시비하여 황화수소의 발생을 줄이도록 한다. 또한 덧거름 중점의 시비나 엽면시비를 하기도 한다.

 ㉤ 노후답은 객토, 심경, 함철자재의 사용, 규산질 비료의 사용을 통해 개량이 가능하다.

⑤ 간척지답

 ㉠ 간척지 토양의 모재는 육지에서 운반된 암석풍화성분의 퇴적물이라 비옥하지만 벼농사에는 불리하다.

ⓛ 간척지처럼 염류가 많은 토양을 염류토라 한다.

ⓒ 높은 염분농도 때문에 벼의 생육이 저해된다. 염화나트륨의 농도가 0.3% 이하이면
배 재배가 가능은 하지만 0.1% 이상이면 염해의 가능성이 있다.

ⓔ 유기물이나 황 등이 표층토에 집적되어 강산성을 띠는 특이산성토이다.

ⓜ 점토가 과다하고 나트륨이온이 많아 토양의 투수성 및 통기성이 불량하다.

ⓗ 간척지 토양 개량
  · 관, 배수시설을 하여 염분과 황산을 제거하고 이상적 환원상태의 발달을 방지한다.
  · 석회를 시용하여 산성을 중화하고 염분이 쉽게 용탈되도록 한다.
  · 석고, 토양개량제, 생고 등을 시용하여 토양의 물리성을 개량한다.
  · 염생식물을 심어 염분을 흡수한 후 제거한다.

ⓢ 염분제거법

담수법	물을 10일 간씩 대어 염분을 녹여 배수하는 조치를 반복하는 방법
명거법	5~10m 간격으로 도랑을 내서 염분이 도랑으로 씻겨 내리도록 하는 방법
여과법	땅속에 암거를 설치하여 염분을 걸러냄과 아울러 토양통기도 촉진하는 방법

⑥ 습답

㉠ 습답은 지하수위가 높고 1년 중 건조하지 않으며 침투되는 수분의 양이 적어 유기물
분해도 적다.

㉡ 습답에는 미숙유기물이 집적되어 환원상태가 된다.

㉢ 유기물이 혐기적으로 분해되어 유기산을 생성하나 투수가 적어 작토 중 유기산이
집적되어 뿌리의 생장과 흡수작용이 방해된다.

㉣ 담수상태의 논토양에서 벼의 근권 토양은 항상 환원상태이다. 벼의 생육 후기 질소과다
가 되어 병해 및 도복 등이 유발되고 추락현상이 유발된다.

㉤ 유기물은 혐기성 균인 메탄생성균이 분해하여 메탄이 생성된다.

㉥ 습답의 개량
  · 암거배수 등을 하거나 투수를 좋게 하고 유해물질을 배제해야 한다.
  · 철분 등 성분을 보급하기 위해 객토를 하는 것이 좋다.
  · 재배상으로 석회, 규산석회 등을 공급하여 산성의 중화와 부족성분을 보급한다.
  · 이랑재배를 하고 질소 시용량을 줄이는 것이 좋다.

(2) 밭토양

① 밭토양

ㄱ) 밭은 양분의 천연공급량이 낮고 유해생물의 번식이 많아 논보다 연작의 장해가 많다.

ㄴ) 밭토양이 세립질토양의 경우 투수성이 불량하고 건조하면 토양이 단단해지면서 뿌리의 신장이 어렵게 된다.

ㄷ) 밭토양이 조립질 토양인 경우 토양이 한발의 피해를 입기 쉽고 자갈이나 모래가 많아 비옥도가 낮다.

ㄹ) 우리나라 밭토양은 식질이나 식양질과 같은 세립질토양이 다량 분포하고 있으며 그 중에서 식양질이 가장 많이 분포하고 있다.

ㅁ) 우리나라 밭 토양의 입지적 특성은 주로 곡간지, 구릉지 등의 경사지가 많이 분포되어 있다. 산과 산 사이 골짜기에 퇴적된 곡간지 산기슭의 경사진 곳에 퇴적된 산록지에 많이 분포되어 있다.

ㅂ) 밭토양은 주로 황갈색이나 적갈색을 띠며 산화물(NO_3, SO_4)이 존재한다.

② 밭토양의 종류

보통밭	토성이 식양토, 양토 및 사양토로서 토심이 깊고 생산성이 크게 제약되지 않아서 비배 관리를 통해 높은 수량을 얻는다.
사질밭	모래나 자갈 함량이 높아 물을 간직하는 능력이 적으며, 양분 흡수 능력이 낮아 생산성이 제한된다.
미숙밭	심토가 발달하지 못하여 유효 토심이 얕아 뿌리가 깊게 뻗지 못한다.
중점밭	점토질이 너무 많아 투수가 어렵고, 경운하기가 어려우며, 작물의 뿌리뻗음이 얕아 생산성이 제한된다.
고원밭	표고가 높은 고랭지 밭으로 경사가 심해 토양의 유실이 많다.
화산회밭	점토와 유기질 함량이 많고 투수가 빠르다.

③ 개간지

ㄱ) 개간한 토양은 보통 산성을 띠는데 부식과 점토가 적고 토양의 구조가 불량하다.

ㄴ) 비료성분이 적어 토양의 비옥도가 낮다.

ㄷ) 개간지는 산성토양인 경우가 많고, 경사진 곳이 많아 토양의 보호가 필요하다.

ㄹ) 개간지 토양의 개선을 위해 작토층 증대, 석회물질 및 인산질 비료 시용 등이 필요하다.

④ 사구지

ㄱ) 사구지는 해안이나 사막에 바람에 의해 운반, 퇴적되어 이루어진 모래 언덕의 지역이다.

ⓛ 점토와 부식 함량이 적어 작물 재배가 어렵다.

ⓒ 사구지는 수분이 부족하고 풍식을 받기 쉽다.

ⓔ 사구지 토양 개량을 위해서는 방풍시설 및 관개시설을 하고 점토와 부식을 공급해야 한다. 또한 생육 가능한 진주조, 위핑러브그래스, 헤어리베치 등의 피복작물을 심어 토양부식의 증대를 돕는다.

(3) 논, 밭토양의 차이

① 밭과 논의 토양은 산화상태의 밭과 환원상태의 논으로 인하여 원소 형태의 차이가 발생한다. 특히 밭토양은 산화상태이기에 유기물의 분해가 논토양보다 빠르다.

종류	밭	논
탄소(C)	CO_2	CH_4, CO, 알데히드
질소(N)	NO_3^-	N_2, NH_4^+ 등
망간(Mn)	Mn^{4+}	Mn^{2+}, Mn^{3+}
철(Fe)	Fe^{3+}	Fe^{2+}
황(S)	SO_4^{2-}	H_2S, S^{2-}

② 논토양은 관개수로 천연공급이 많고 밭토양은 빗물에 의해 양분의 유실이 많다.

③ 논토양은 유기물 함량이 많을 경우 혐기조건에 의해 해가 발생하기도 한다.

④ 논토양은 환원상태로 회색이나 청회색을 띠며 밭토양은 산화상태로 적갈색이나 황갈색을 띤다.

⑤ 논토양은 담수기간에 밤과 낮의 pH 차이가 발생하고 밭토양은 유사하다.

2. 시설재배지 토양

(1) 시설재배지 토양 특성

① 시설 재배지는 강우가 차단된 상태라 노지밭과 달리 경작 연수가 많을수록 토양에 염류 집적과 양분 불균형이 심화되어 작물의 생산성 및 품질이 떨어지게 된다.

② 시설재배지에서 연작할 경우 특정 병해의 발생이 심하다.

③ 수분의 침투량보다 수분증발량이 많아지면 염류가 집적되기도 한다.

④ 토양의 염류농도를 평가하기 위해 토양용액의 전기전도도를 측정한다.

(2) 과수원 토양 특성

① 우리나라의 기존 과수원은 대부분 경사 지형의 산간지 또는 배수가 원만한 곡간 평탄지에 발달하였으나, 최근에는 논을 과수원으로 전환 하는 농가가 점차 늘어나는 추세이다.

② 을 과수원으로 전환할 경우는 암거 배수 설치 등배수 시설을 먼저 갖추고 경반층이 있을 경우는 심토 파쇄 작업을 하여 충분한 유효 토심 확보 등 토양 물리성을 개선해야 한다.

01 토양의 생성에 있어 소극적 인자는?

① 지형 ② 기후
③ 식생 ④ 시간

해설

토양의 생성에 있어 소극적(수동적)인자에 모재, 지형이 있고 적극적(능동적)인자에는 기후, 식생, 시간이 있다.

02 포드졸화작용에 대한 설명으로 옳지 않은 것은?

① 한랭 습윤지대의 침엽수림에 주로 발생한다.
② 건조지대의 모세관을 따라 올라온 수분이 증발하면서 생성되는 토양이다.
③ 용탈층에는 규산이 남아 백색의 표토층이 된다.
④ 집적층에는 철과 알루미늄에 의해 황갈색이 된다.

해설

건조지대의 모세관을 따라 올라온 수분이 증발하면서 생성되는 토양은 염류화작용에 의한 토양이다.

03 다음 중 운적토의 종류가 아닌 것은?

① 붕적토 ② 정적토
③ 수적토 ④ 풍적토

해설

정적토의 대부분이 잔적토로 암석의 풍화산물 중 가용성인 것이 용탈되고 남은 부분이 퇴적된 것이다.

04 작물이 생육하기에 토양의 고상, 액상, 기상의 가장 이상적인 비율은?

① 50 : 25 : 25 ② 30 : 30 : 40
③ 70 : 20 : 10 ④ 50 : 40 : 10

해설

고상:액상:기상=50:25:25 비율로 구성되어 있는 것이 작물이 크기에 가장 이상적인 구조이다.

05 토양의 입단을 조상하기 위한 방법으로 거리가 먼 것은?
① 유기물 첨가
② 콩과식물 재배
③ 토양개량제 공급
④ 나트륨이온의 공급

해설
나트륨이온을 공급하면 반발력에 의하여 입단구조가 파괴된다.

06 토양에 미생물 활동이 활발해지면 농도가 가장 증가하는 성분은?
① 산소
② 이산화탄소
③ 질소
④ 아르곤

해설
이산화탄소는 미생물활동에 의해 다량 발생하게 된다. 실제로 토양공기의 이산화탄소는 대기중의 이산화탄소의 농도보다 높다.

07 토양색에 대한 내용으로 옳지 않은 것은?
① 토양 유기물 함량은 토양 색에 영향을 준다.
② 토양색 표시는 보통 색상, 명도, 채도의 순서로 표기한다.
③ 토양에 유기물 함량이 많을수록 밝은 색을 띤다.
④ 감섬석은 철(Fe)이 들어 있어 흑색 및 녹색을 띤다.

해설
토양에 유기물 함량이 많을수록 어두운 색을 띤다.

08 토양에 따른 양이온 치환용량이 가장 큰 것은?
① 양토
② 사양토
③ 사토
④ 식토

해설
토양에 따른 양이온 치환능력은 식토 > 식양토 > 양토 > 사양토 > 사토 순이다.

09 산성토양에 저항성이 강한 작물은?
① 감자
② 보리
③ 양파
④ 가지

해설
산성토양에 저항성이 강한 작물로는 벼, 귀리, 조, 옥수수, 감자 등이 대표적이다.

정답 05 ④ 06 ② 07 ③ 08 ④ 09 ①

10 다음 토성의 종류 중 진흙의 함량이 가장 많은 토양은?

① 사토   ② 사양토

③ 양토   ④ 식토

> **해설**
> 식토는 진흙의 함량이 50% 이상이다.

11 아래 보기의 토양단면 층 중에서 용탈된 물질이 있는 층은?

① O 층   ② A 층

③ B 층   ④ R 층

> **해설**
> 용탈된 물질이 있는 층은 집적층(B층)이다.

12 다음 중 괴상구조에 대한 설명으로 옳은 것은?

① 주로 유기물이 많은 표층토에서 발달하고 입단이 구상을 나타낸다.

② 배수와 통기성이 양호하고 뿌리의 발달이 원활한 심토층에 주로 발달된다.

③ 각주상, 원주상인 것이 있으며 토양입자가 세로로 배열되어 때로는 길고 큰 구조를 만든다.

④ 접시와 같은 모양이거나 수평배열의 토괴로 구성된 구조로 토양생성과정 중에 발달하는 편이다.

> **해설**
> 괴상구조는 배수와 통기성이 양호하고 뿌리의 발달이 원활한 심토층에 주로 발달된다.

13 토양의 산성화에 대한 내용으로 옳지 않은 것은?

① 미포화교질이 늘어나면 염기화되어 산성화를 방지할 수 있다.

② 강우량이 많거나 관개를 하면 토양이 점점 산성으로 진행된다.

③ 유기물이 분해할 때 발생하는 각종 유기산이 토양염기의 용탈을 조장한다.

④ 녹비를 연용하면 토양이 산성화된다.

> **해설**
> 토양 중 Ca^{2+}, Mg^{2+}, K^+ 등의 치환성 염기가 용탈되어 미포화교질(H^+)이 늘어나는 경우 산성화의 원인이 된다.

14 다음 중 토양미생물의 유익작용이 아닌 것은?

① 토양 구조 입단화   ② 인산 가급태화

③ 탈질 작용   ④ 공중질소고정작용

> **해설**
> 탈질 작용은 토양미생물의 유해작용으로 분류된다.

15 토양침식 중 수식에 대한 설명으로 옳지 않은 것은?

① 강우강도가 강우량보다 토양침식에 더 큰 영향을 준다.

② 토양에 유기물 함량이 많을수록 수분이 토양에 잘 침투하지 못한다.

③ 경사도가 클수록 토양유실량이 증가한다.

④ 토양유실량은 작물의 피복도가 높으면 낮아진다.

> **해설**
>
> 수분이 잘 침투하는 토양 조건은 수분함량이 적을수록, 유기물 함량이 많을수록, 입단이 클수록, 대공극이 많을수록, 팽윤도가 작을수록 잘 침투하게 된다.

16 직물이나 피혁공장의 폐기수에 함유되어 있어 토양을 오염시키는 중금속은?

① 수은   ② 카드뮴

③ 납   ④ 비소

> **해설**
>
> 비소는 직물이나 피혁공장의 폐기수에 함유되어 있어 토양을 오염시키기도 하는데 논이나 밭에 피해를 많이 주며 특히 논에 더 큰 피해를 준다.

17 큰 비로 경사가 심한 골짜기에서 평지 또는 하천으로 밀려 내려온 모래, 자갈, 암석 등의 퇴적물은?

① 선상퇴토   ② 빙하토

③ 풍적토   ④ 붕적토

> **해설**
>
> 선상퇴토는 큰 비로 경사가 심한 골짜기에서 평지 또는 하천으로 밀려 내려온 모래, 자갈, 암석 등의 퇴적물이다.

18 토양입자를 입경에 따라 분류할 때 조사의 기준은?

① 2 mm 이상   ② 0.2 ~ 2.0mm

③ 0.02 ~ 0.2mm   ④ 0.002 ~ 0.02mm

> **해설**
>
> 토양입자의 입경이 0.2 ~2.0mm는 조사(거친모래)이다.

19 접시와 같은 모양이거나 수평배열의 토괴로 구성된 구조로 토양생성과정 중에 발달하는 토양구조는?

① 판상구조   ② 주상구조

③ 괴상구조   ④ 구상구조

> **해설**
>
> 판상구조는 접시와 같은 모양이거나 수평배열의 토괴로 구성된 구조로 토양생성과정 중에 발달하는 편이다.

20 토양의 공극량이 가장 많은 토양은?

① 사토   ② 사양토

③ 양토   ④ 식토

> **해설**
>
> 식토는 토양의 공극량이 58% 정도로 가장 많다.

21 점토광물 중 양이온치환용량이 가장 큰 것은?

① 버미큘라이트   ② 일라이트

③ 클로라이트   ④ 카올리나이트

> **해설**
>
> 버미큘라이트의 양이온치환용량은 80~150me/100g 으로 보기 중 가장 크다.

22 토양의 미생물 중 자급영양세균이 아닌 것은?

① 철세   ② 황세균

③ 질산화성균   ④ 암모니아화성균

> **해설**
>
> 암모니아화성균은 타급영양세균이다.

23 빗방울에 의하여 지표가 타격을 받는 침식은?

① 입단파괴침식   ② 면상침식

③ 우곡침식   ④ 구상침식

> **해설**
>
> 입단파괴 침식(우격침식)은 빗방울에 의하여 지표가 타격을 받아 입단이 파괴되는 침식이다.

24 논토양에 대한 내용으로 옳지 않은 것은?

① 담수상태에서 혐기성미생물의 활동이 활발하다.

② 논토양의 탈질작용은 산화층에서 발생한다.

③ 논토양의 산화층에서는 질산화성작용이 이루어진다.

④ 담수를 통해 잡초발생이 억제된다.

> **해설**
>
> 논토양의 탈질작용은 환원층에서 발생한다.

25 일반적인 국내 논토양의 퇴적양식은?

① 붕적토   ② 선상퇴토
③ 충적토   ④ 빙하토

> **해설**
> 수적토(하성충적토)는 하수에 의해 퇴적된 것으로 국내의 논토양이 해당된다.

26 신토양분류법에서 국내에 분포하는 토양목이 아닌 것은?

① 알피솔   ② 인셉티솔
③ 안디솔   ④ 젤라솔

> **해설**
> 국내의 토양목은 알피솔, 안디솔, 엔티솔, 히스토솔, 인셉티솔, 몰리솔, 울티솔로 7개의 목이 분포한다.

27 토양단면을 순서대로 나열한 것은?

① O층 – A층 – B층 – R층   ② O층 – B층 – R층 – A층
③ A층 – B층 – O층 – R층   ④ A층 – B층 – R층 – O층

> **해설**
> 토양단면은 O층인 유기물층을 시작으로 A층, B층, C층, R층으로 분류된다.

28 점토광물의 격자구조에서 2:1 격자형이 아닌 것은?

① illite   ② kaolinite
③ montmorillonite   ④ vermiculite

> **해설**
> kaolinite 는 1:1 격자형에 속한다.

29 염기포화도에 대한 설명으로 옳지 않은 것은?

① 토양에 양이온치환용량의 H^+, Al^+ 이온을 제외한다.
② 토양은 염기포화도가 높을수록 알칼리성을 띤다.
③ 우리나라 논토양의 염기포화도는 자연토양 보다 매우 낮다.
④ 포드졸은 염기포화도가 0 에 가깝다.

> **해설**
> 우리나라의 자연토양 염기포화도는 50% 보다 낮은 수준이지만 우리나라 논토양의 염기포화도는 약 50% 정도이다.

30 암모니아산화균의 종류가 아닌 것은?

① Nitrosomonas
② Nitrosococcus
③ Nitrosospira
④ Nitrobacter

해설

Nitrobacter 는 아질산산화균이다.

31 풍식의 기작 중 큰 입자가 토양 표면을 구르거나 미끄러지며 이동하는 것은?

① 약동
② 포행
③ 부유
④ 붕락

해설

포행은 큰 입자가 토양 표면을 구르거나 미끄러지며 이동하는 것으로 이동하는 입자의 크기는 약 1mm
이상이며 전체 토양 이동량의 5~25%를 차지한다.

32 밭토양에 대한 설명으로 옳지 않은 것은?

① 밭토양은 논보다 연작의 장해가 적다.
② 우리나라 밭토양은 식양질이 다량 분포하고 있다.
③ 밭토양은 주로 황갈색이나 적갈색을 띤다.
④ 국내 밭 토양은 주로 곡간지, 구릉지에 많이 분포되어 있다.

해설

밭은 양분의 천연공급량이 낮고 유해생물의 번식이 많아 논보다 연작의 장해가 많다.

33 논토양과 밭토양의 차이점에 대한 설명으로 옳지 않은 것은?

① 논토양은 관개수로 천연공급이 많고 밭토양은 빗물에 의해 양분의 유실이 많다.
② 논토양은 산화상태이기에 유기물의 분해가 밭토양보다 빠르다.
③ 논토양은 유기물 함량이 많을 경우 혐기조건에 의해 해가 발생하기도 한다.
④ 논토양은 회색이나 청회색을 띤다.

해설

밭토양은 산화상태이기에 유기물의 분해가 논토양보다 빠르다

34 가수분해에 의한 작용은 어떤 풍화작용에 해당하는가?

① 기계적 풍화적용
② 화학적 풍화작용
③ 생물적 풍화작용
④ 물리적 풍화작용

해설

화학적 풍화작용에는 가수분해작용, 수화작용, 탄산화작용, 산화환원작용, 용해작용 등이 있다.

35 산성토양에서 가용도가 높은 원소는?

① 붕소

② 칼슘

③ 마그네슘

④ 알루미늄

해설

산성토양에서 가용도가 높은 원소에는 알루미늄(Al), 구리(Cu), 철(Fe), 망간(Mn), 아연(Zn)이 있다.

36 논이 담수상태일 때 효과가 아닌 것은?

① 온도 조절이 용이하다.

② 양분의 천연공급이 이루어진다.

③ 잡초 발생이 억제된다.

④ 토양의 침식이 발생한다.

해설

논의 담수를 통해 토양의 침식이 방지된다.

37 풍식의 대책으로 틀린 것은?

① 방풍림을 조성한다.

② 피복작물을 재배한다.

③ 진압을 실시한다.

④ 풍향과 직각방향으로 고랑을 만들어준다.

해설

풍향과 직각방향으로 이랑을 만들어준다.

38 토양미생물에 대한 설명으로 옳지 않은 것은?

① 토양세균은 산성조건에서는 생육이 불가능하다.

② 질소고정균에는 호기성세균, 혐기성세균이 있다.

③ 균류는 대부분 유기물을 분해하여 에너지를 얻는다.

④ 균류는 산성토양에서도 적응력이 좋다.

해설

토양세균은 pH 6~8에서 생육이 양호한데 황세균과 같이 pH 2~4 에 최적화되어 있는 세균도 있다.

39 토양색을 표기할 때 '7.5R 7/2'에서 2 는 무엇을 의미하는가?

① 색상

② 명도

③ 채도

④ 밝기

해설

토양은 색상은 7.5R, 명도는 7, 채도는 2를 의미한다.

40 대기 중 공기 조성에 비해 토양공기에 많은 성분은?

① 질소
② 산소
③ 이산화탄소
④ 아르곤

해설

대기중 이산화탄소는 0.03% 정도이지만 토양공기 중에서는 0.1~10% 정도로 많아진다.

41 토양의 생성인자 중 모재에 대한 설명으로 옳지 않은 것은?

① 모재의 성질은 토양의 단면특성을 결정하는 기본 인자이다.
② 모재는 능동적 인자에 해당한다.
③ 우리나라 국토의 2/3 정도는 화강암과 화강편마암으로 되어 있다.
④ 모재는 점토광물의 종류를 결정지어 주는 1차적 요인이 된다.

해설

모재는 토양의 생성에 있어 수동적 인자에 해당한다.

42 산성토양에 대한 설명으로 옳지 않은 것은?

① 토양이 산성화되면 작물의 뿌리에 피해를 주기도 한다.
② 토양이 산성화되면 근류균이 생활하기 유리하다.
③ 토양이 산성화되면 통기성이 불량해진다.
④ 토양이 산성화되면 칼슘이 결핍된다.

해설

토양이 산성화가 되면 질소고정균이나 근류균 등의 이로운 미생물들이 생활하기 어려운 환경 조건이 되어
활동에 지장을 받거나 줄어들게 된다.

43 혼합형광물로 2:1:1 형의 비팽창형 광물은?

① 버미큘라이트
② 클로라이트
③ 카올리나이트
④ 일라이트

해설

클로라이트(chlorite)는 혼합형광물로 2:1:1 형의 비팽창형 광물이다.

44 적색 또는 회색 포트졸(podzol) 토양의 주요 점토광물이며 우리나라의 대부분을 차지하는 점토광물
은?

① 카올리나이트
② 일라이트
③ 몬모릴로나이트
④ 버미큘라이트

해설

적색 또는 회색 포트졸(podzol) 토양의 주요 점토광물이며 우리나라의 토양은 kaolinite 점토가 대부분이다.

45 토양 공극에 관련된 내용으로 옳지 않은 것은?

① 토양의 공극량은 입단의 크기에 영향을 받는다.
② 토양 공극의 크기가 작으면 뿌리 발달이 양호해진다.
③ 토양 공극의 크기가 크면 비료성분의 유실 가능성이 높아진다.
④ 모래의 함량이 많은 토양은 비모관공극이 모관공극보다 많다.

> **해설**
> 토양 공극의 크기가 작으면 공기의 유통이 불량하여 작물의 호흡이 저하되어 뿌리 발달이 불량해진다.

46 석회가 세탈되고 Al, Fe 가 하층도에 집적되는 습윤지방의 토양은?

① 아라디솔 　　② 알피솔
③ 옥시솔 　　④ 몰리솔

> **해설**
> 알피솔(alfisols)은 석회가 세탈되고 Al, Fe 가 하층도에 집적되는 습윤지방의 토양으로 국내의 토양의 2.9% 가 해당된다.

47 다음 중 유기물이 가장 많이 퇴적된 토양은?

① 이탄토 　　② 풍적토
③ 선상퇴토 　　④ 붕적토

> **해설**
> 이탄토는 지표부분에 분해가 진척되어 토양화된 것으로 표토에 50% 이상의 유기물 함유량을 보여준다.

48 다음 중 화성암의 종류가 아닌 것은?

① 화강암 　　② 섬록암
③ 현무암 　　④ 사암

> **해설**
> 사암은 퇴적암에 속한다.

49 다음 중 기계적 풍화작용에 해당하지 않는 것은?

① 풍식작용 　　② 수식작용
③ 빙식작용 　　④ 탄산작용

> **해설**
> 탄산작용은 화학적 풍화작용에 해당한다.

50 규산함량이 높은 산성암에 해당하지 않는 것은?

① 화강암　　　　　　　　　　② 석영반암

③ 현무암　　　　　　　　　　④ 유문암

해설

현무암은 염기성암에 해당한다.

01 식토는 진흙의 함량이 12.5% 이하인 것을 말한다.

답 ( )

02 라테라이트화작용은 규산의 용탈이 심한 적색토양을 띤다.

답 ( )

03 토양의 공극이 클수록 수분의 보유력이 커진다.

답 ( )

04 토양의 유기물 함량이 많을수록 어두운 색을 띤다.

답 ( )

05 pH 7 은 중성이다.

답 ( )

06 황산칼륨을 연용하면 토양이 산성화된다.

답 ( )

07 토양의 침식에 영향을 주는 요인에는 바람이나 강우와 같은 기상조건만 있다.

답 ( )

08 풍식의 대책 중 하나로 풍향과 평행하게 이랑을 만들어준다.

답 ( )

09 논의 담수를 통해 토양의 침식이 가속화된다.

답 ( )

10 우리나라 밭토양에는 식양질이 가장 많이 분포하고 있다.

답 ( )

11 미숙밭은 심토가 발달하지 못하여 유효 토심이 얕아 뿌리가 깊게 뻗지 못한다.

답 ( )

12 담수 후 환원물질이 많아져 산화환원전위 값이 작아진다.

답 ( )

13 황세균은 산성토양에서 생육이 불가능하다.

답 ( )

14 대기의 이산화탄소보다 토양의 이산화탄소의 농도가 높다.

답 ( )

15 유기물이 관찰되는 토양단면 층은 집적층이다.

답 (   )

16 토양 생성에 능동적 인자에는 모재, 지형이 있다.

답 (   )

17 우리나라의 토양은 kaolinite 점토가 대부분이다.

답 (   )

18 알루미늄은 산성토양에서 가용도가 낮다.

답 (   )

19 암모니아산화균은 질소순환에 관여하는 토양미생물이다.

답 (   )

20 토양침식 중 면상침식은 토양표면 전면이 엷게 유실되는 침식이다.

답 (   )

21 생활하수는 토양오염의 원인에 해당되지 않는다.

답 (   )

22 노후답은 주요 양분이 용탈하여 영양장애를 유발한 것을 말한다.

답 (   )

23 토양이 양이온에 흡착할 수 있는 능력을 양이온 치환용량이라 한다.

답 (   )

24 토양의 입단구조 조성을 위해 나트륨을 공급하면 도움이 된다.

답 (   )

25 우리나라 국토의 2/3 정도는 화강암과 화강편마암으로 되어 있다.

답 (   )

26 가수분해는 기계적 풍화작용에 해당한다.

답 (   )

27 토양이 산성화가 되면 작물의 뿌리에 피해를 준다.

답 (   )

28 균류는 중성토양에서만 생육이 가능하다.

답 (   )

29 강우량보다 강우강도가 토양침식에 더 큰 영향을 준다.

답 (   )

30 토양 중금속 중 비소는 논의 담수상태에서 산화되면서 독성이 높아지게 된다.

답 (   )

31 간척지 토양을 개량하는데 석회를 사용하는 것이 도움이 된다.

답 (　　)

32 밭토양은 산화상태이기에 유기물의 분해가 논토양보다 빠르다.

답 (　　)

33 유기물이 많을 경우 토양의 보비력이 높아진다.

답 (　　)

34 괴상구조는 유기물이 많은 표층토에서 발달하고 입단이 구상을 나타낸다.

답 (　　)

35 붕적토는 토양 모재가 중력에 의해 경사지에서 미끄러져 퇴적된 것이다.

답 (　　)

36 석회암은 변성암에 해당한다.

답 (　　)

37 토양의 아래로 내려갈수록 산소의 농도는 낮아진다.

답 (　　)

38 카올리나이트보다는 버미큘라이트의 양이온 치환용량이 크다.

답 (　　)

39 산성토양에 석회물질을 통해 개선이 가능하지만 중금속의 유해작용에는 영향을 주지 않는다.

답 (　　)

40 질산환원작용은 토양미생물의 유해작용에 해당한다.

답 (　　)

41 논토양의 환원물의 탈질작용은 환원층에서 주로 발생한다.

답 (　　)

42 습답에는 미숙유기물이 집적되어 환원상태가 된다.

답 (　　)

43 풍식에서 큰 입자가 토양 표면을 구르거나 미끄러지며 이동하는 것을 부유라 한다.

답 (　　)

44 작물이 생육하기 이상적인 토양의 구조는 고상, 액상, 기상이 50:25:25 의 비율로 구성되었을 경우이다.

답 (　　)

45 화강암, 석영반암, 유문암은 산성암에 해당한다.

답 (　　)

46 사토와 식토 중 토양의 공극량은 식토가 더 많다.

답 (　　　)

47 토양온도는 경사도의 영향을 받지 않는다.

답 (　　　)

48 토양의 양이온치환용량에는 수소이온이 포함된다.

답 (　　　)

49 벼는 산성토양에 저항성이 강한 작물이다.

답 (　　　)

50 종속영양생물에는 녹조류가 있다.

답 (　　　)

01 식토는 진흙의 함량이 12.5% 이하인 것을 말한다.

> **해설**
> 식토는 진흙의 함량이 50% 이상인 것을 말한다.
> **답** ×

02 라테라이트화작용은 규산의 용탈이 심한 적색토양을 띤다.

> **답** ○

03 토양의 공극이 클수록 수분의 보유력이 커진다.

> **해설**
> 토양 공극의 크기가 너무 크면 수분의 보유력이 작아 한해를 받기 쉽게 된다.
> **답** ×

04 토양의 유기물 함량이 많을수록 어두운 색을 띤다.

> **답** ○

05 pH 7 은 중성이다.

> **답** ○

06 황산칼륨을 연용하면 토양이 산성화된다.

> **답** ○

07 토양의 침식에 영향을 주는 요인에는 바람이나 강우와 같은 기상조건만 있다.

> **해설**
> 토양의 침식에 영향을 주는 요인에는 바람이나 강우와 같은 기상조건, 경사 및 토양조건에 따른 지형, 식물의 종류 및 밀도 등이 있다.
> **답** ×

08 풍식의 대책 중 하나로 풍향과 평행하게 이랑을 만들어준다.

> **해설**
> 풍향과 직각방향으로 이랑을 만들어준다.
> **답** ×

09 논의 담수를 통해 토양의 침식이 가속화된다.

> **해설**
> 논의 담수를 통해 토양의 침식이 방지된다.
> **답** ×

10 우리나라 밭토양에는 식양질이 가장 많이 분포하고 있다.

> **답** ○

11 미숙밭은 심토가 발달하지 못하여 유효 토심이 얕아 뿌리가 깊게 뻗지 못한다.

> **답** ○

12 담수 후 환원물질이 많아져 산화환원전위 값이 작아진다.

답 ○

13 황세균은 산성토양에서 생육이 불가능하다.

해설

황세균은 pH 2~4 에 생육이 최적화되어 있는 세균이다.

답 ×

14 대기의 이산화탄소보다 토양의 이산화탄소의 농도가 높다.

답 ○

15 유기물이 관찰되는 토양단면 층은 집적층이다.

해설

유기물이 관찰되는 층은 유기물층이다.

답 ×

16 토양 생성에 능동적 인자에는 모재, 지형이 있다.

해설

토양의 생성에 있어 소극적(수동적)인자에 모재, 지형이 있고 적극적(능동적)인자에는 기후, 식생, 시간이 있다.

답 ×

17 우리나라의 토양은 kaolinite 점토가 대부분이다.

답 ○

18 알루미늄은 산성토양에서 가용도가 낮다.

해설

알루미늄은 산성토양에서 가용도가 높은 원소이다.

답 ×

19 암모니아산화균은 질소순환에 관여하는 토양미생물이다.

답 ○

20 토양침식 중 면상침식은 토양표면 전면이 엷게 유실되는 침식이다.

답 ○

21 생활하수는 토양오염의 원인에 해당되지 않는다.

해설

토양오염의 원인으로 농약, 생활하수, 비료, 폐수, 폐기물 등이 있다.

답 ×

22 노후답은 주요 양분이 용탈하여 영양장애를 유발한 것을 말한다.

답 ○

23 토양이 양이온에 흡착할 수 있는 능력을 양이온 치환용량이라 한다.

답 ○

24 토양의 입단구조 조성을 위해 나트륨을 공급하면 도움이 된다.

> **해설**
> 나트륨이온에 의해 토양의 반발력이 발생하여 입단구조가 파괴된다.
>
> **답** ×

25 우리나라 국토의 2/3 정도는 화강암과 화강편마암으로 되어 있다.

> **답** ○

26 가수분해는 기계적 풍화작용에 해당한다.

> **해설**
> 가수분해는 화학적 풍화작용에 해당한다.
>
> **답** ×

27 토양이 산성화가 되면 작물의 뿌리에 피해를 준다.

> **답** ○

28 균류는 중성토양에서만 생육이 가능하다.

> **해설**
> 균류는 광범위한 pH 조건에서도 잘 생육하며 산성토양에도 적응력이 좋다.
>
> **답** ×

29 강우량보다 강우강도가 토양침식에 더 큰 영향을 준다.

> **해설**
> 강우강도가 강우량보다 토양침식에 더 큰 영향을 준다.
>
> **답** ×

30 토양 중금속 중 비소는 논의 담수상태에서 산화되면서 독성이 높아지게 된다.

> **해설**
> 비소는 논에서 담수상태로 인하여 환원되면서 독성이 높아지게 된다.
>
> **답** ×

31 간척지 토양을 개량하는데 석회를 사용하는 것이 도움이 된다.

> **답** ○

32 밭토양은 산화상태이기에 유기물의 분해가 논토양보다 빠르다.

> **답** ○

33 유기물이 많을 경우 토양의 보비력이 높아진다.

> **답** ○

34 괴상구조는 유기물이 많은 표층토에서 발달하고 입단이 구상을 나타낸다.

> **해설**
> 구상구조는 입상구조라 하며 주로 유기물이 많은 표층토에서 발달하고 입단이 구상을 나타낸다.
>
> **답** ×

35 붕적토는 토양 모재가 중력에 의해 경사지에서 미끄러져 퇴적된 것이다.

> **답** ○

36 석회암은 변성암에 해당한다.

> **해설**
> 석회암은 퇴적암에 해당한다.
>
> 답 ×

37 토양의 아래로 내려갈수록 산소의 농도는 낮아진다.

> 답 ○

38 카올리나이트보다는 버미큘라이트의 양이온 치환용량이 크다.

> 답 ○

39 산성토양에 석회물질을 통해 개선이 가능하지만 중금속의 유해작용에는 영향을 주지 않는다.

> **해설**
> 산성토양에 석회물질을 통해 개선이 가능하며 토양 pH를 높여 중금속의 유해작용을 경감시킬수도 있다.
>
> 답 ×

40 질산환원작용은 토양미생물의 유해작용에 해당한다.

> 답 ○

41 논토양의 환원물의 탈질작용은 환원층에서 주로 발생한다.

> 답 ○

42 습답에는 미숙유기물이 집적되어 환원상태가 된다.

> 답 ○

43 풍식에서 큰 입자가 토양 표면을 구르거나 미끄러지며 이동하는 것을 부유라 한다.

> **해설**
> 큰 입자가 토양 표면을 구르거나 미끄러지며 이동하는 것을 포행이라 한다.
>
> 답 ×

44 작물이 생육하기 이상적인 토양의 구조는 고상, 액상, 기상이 50:25:25 의 비율로 구성되었을 경우이다.

> 답 ○

45 화강암, 석영반암, 유문암은 산성암에 해당한다.

> 답 ○

46 사토와 식토 중 토양의 공극량은 식토가 더 많다.

> 답 ○

47 토양온도는 경사도의 영향을 받지 않는다.

> **해설**
> 토양온도는 경사도에 영향을 받는데 경사도가 작을수록 수광량이 작아지고 경사도가 작을수록 수광량이 많아진다.
>
> 답 ×

48 토양의 양이온치환용량에는 수소이온이 포함된다.

> **해설**
> 토양에 양이온치환용량의 H^+, Al^+ 이온을 제외한다.
>
> 답 ×

49 벼는 산성토양에 저항성이 강한 작물이다.

> 답 ○

50 종속영양생물에는 녹조류가 있다.

> **해설**
> 녹조류는 독립영양생물에 해당한다.
>
> 답 ×

PART 3

유기농업일반

ORGANIC AGRICULTURE

01 유기농업의 의의

1. 유기농업의 배경 및 의의

(1) 유기농업의 배경

① 유럽과 북미는 화학비료의 대량 투입으로 토양의 황폐화에 대한 위기감이 발생하였고 화학자재의 대량 사용에 따른 자연생태계 파괴에 대한 환경보호문제가 대두되었다.

② 일본은 중화학공업을 중심으로 한 고도경제성장으로 심각한 공해문제와 농업근대화로 인하여 식품 안전성 문제, 건강문제에 대한 위기감이 대두되었다.

③ 루돌프 슈타이너(1861~1925)는 인지학을 제창한 오스트리아의 철학자로 1924년 폴란드에서 열린 심포지엄에서 '지구상의 모든 현상은 생명현상을 포함해 우주의 법칙에 지배되어지고 있다' 는 지구적 상황을 전제로 '인간이 지구상에서 육체적인 생명을 가능하게 하는 것은 농업이다' 라고 주장하였다. 즉 조화로운 사회의 기초는 농업에 있다고 주장하였다.

④ 1840년 유스타스 폰 리비히가 식물의 성장에 필요한 것은 무기염뿐이라고 '무기양분설'을 주장하였다.

⑤ 찰스 다윈은 1881년 낸 지렁이의 부엽토 형성에 관한 책에서 자연에서 지렁이가 담당하는 역할에 관한 기술하였는데 '만일 지렁이가 없다면 식물은 죽어 사라질 것이다' 라는 결론을 지었으며 유기농업의 이론적 근거를 최초로 제공한 인물이다.

(2) 유기농업의 의의

① 유기농업은 합성화학물질을 사용하지 않고 환경을 고려하는 것으로 작물의 생장, 토양의 관리, 가축 사육, 생산물의 저장 및 유통 등의 일련의 과정에서 제초제, 살균제, 화학비료, 호르몬, 유전자변형농산물(GMO) 등 어떠한 화학적 자재를 활용하지 않는 것이다.

② 유기농업은 사회, 경제, 환경적 측면을 고려하는 미래지향적인 농업 형태로 소비자의 건강증진, 생상자의 소득보장, 자연생태계 보전 등을 고려한다.

(3) 유기농업의 기본목적

① 영양가 높은 음식을 충분히 생산한다.

② 장기적으로 토양의 비옥도를 유지한다.

③ 자연계를 지배하지 않고 협력한다.

④ 미생물, 흙 속의 동식물, 일반 동식물을 포함한 농업체계 내의 생물적 순환을 촉진하고 개선한다.

⑤ 유기물질이나 영양소와 관련하여 가능한 한 폐쇄된 체계내에서 일한다.

⑥ 유기물질이나 영양소와 관련하여 가능한 폐쇄된 체계내에서 일한다.

⑦ 모든 가축에게 그들이 타고난 본능적 욕구를 최대한으로 충족시킬 수 있는 생활조건을 만들어준다.

⑧ 농업기술로 발생할 수 있는 모든 형태의 오염을 피한다.

⑨ 식물과 야생동물 서식지 보호 등 농업체계와 그 환경의 유전적 다양성을 유지한다.

⑩ 농업생산자에게 안전한 작업환경 등 일로부터 적당한 보답과 만족을 얻게 한다.

2. 유기농업의 현황

(1) Codex 유기식품의 생산, 가공, 표시 및 유통

① 본 가이드라인은 유기식품의 생산, 표시 및 강조표시에 관하여 합의된 요건을 제공하기 위하여 마련되었다.

② 본 가이드라인의 목적은 다음과 같다.

  ㉠ 시장에서 일어나는 기만과 부정행위 그리고 입증되지 않은 제품의 강조표시로부터 소비자를 보호하기 위함

  ㉡ 비유기 제품이 유기제품으로 잘못 표시되는 것으로부터 유기제품 생산자를 보호하기 위함

  ㉢ 생산, 준비, 저장, 운송, 유통의 모든 단계가 본 가이드라인에 따라 검사되고 부합하게 하기 위함

  ㉣ 유기적으로 재배된 제품의 생산, 인증, 확인, 표시 규정을 조화시키기 위함

  ㉤ 수입품에 대한 국가제도 간의 동등성 인정을 용이하게 하기 위해 유기식품 관리제도에 대한 국제적 가이드라인을 제공하기 위함

  ㉥ 지역 및 세계 보존에 이바지하도록 각 국의 유기농업시스템을 유지하고 강화하기 위함.

③ "유기(organic)" 는 어떤 제품이 유기생산 기준에 따라 생산되고, 공인 인증기관이나 인증권자가 인증했다는 것을 나타내는 표시 용어이다.

④ 유기농업은 합성비료와 합성농약의 사용을 피하기 위하여 외부 투입물의 사용을 최소화한다. 환경이 전반적으로 오염되어 있는 현실이므로 유기농업 규범을 사용했다고 해서 잔류물이 완전히 제거된 제품이 생산되는 것은 아니다. 하지만 유기농법은 대기, 토양, 그리고 수질의 오염을 최소화하기 위한 방법이다.

⑤ 유기식품 취급자, 가공업자, 소매업자는 유기농산물의 순수성을 유지하기 위하여 기준을 충실히 지키고 있다.

⑥ 유기농업의 우선적인 목표는 토양생물, 식물, 동물, 사람이라고 하는 상호의존적 존재들의 건강과 생산성을 최적화하는데 있다.

⑦ 유기생산 체계는 다음을 목적으로 한다.

　㉠ 체계 전체의 생물학적 다양성을 증진시키기 위하여

　㉡ 토양의 생물학적 활성을 촉진시키기 위하여

　㉢ 토양 비옥도를 오래도록 유지시키기 위하여

　㉣ 동식물 유래 폐기물을 재활용하여 영양분을 토양에 되돌려주는 한편 재생이 불가능한 자원의 사용을 최소화하기 위하여

　㉤ 현지 농업체계 안에서 재생 가능한 자원에 의존하기 위하여

　㉥ 영농의 결과로 초래될 수 있는 모든 형태의 토양, 물, 대기 오염을 최소화할 뿐만 아니라 그런 것들의 건전한 사용을 촉진하기 위하여

　㉦ 제품의 전 단계에서 제품의 유기적 순수성과 필수적인 품질 유지를 위하여 가공방법에 신중을 기하면서 농산물을 취급하기 위하여

　㉧ 현존하는 어느 농장이든 전환기간만 거치면 유기농장으로 정착할 수 있게 한다. 전환기간은 농지의 이력, 작물과 가축의 종류 등 특정요소를 감안하여 적절히 결정한다.

02 품종

1. 품종

(1) 품종의 개념

① 품종의 특성

　㉠ 어떤 품종을 다른 품종과 구별하는데 필요한 특징을 특성이라 하고 특성을 표현하기 위해 측정의 대상이 되는 것을 형질이라 한다.

　㉡ 품종의 특성은 품종에 속하는 개체들의 형태적, 생리적, 생태적인 형질을 말한다.

　㉢ 품종육성은 나라 경제 발전에 기여하고 농작물 재배의 지리적 한계 및 계절적 한계를 극복할 수 있다. 농산물의 품질을 개선하고 작황의 안정성 증대, 농업경영의 합리화를 기대할 수 있다.

　㉣ 과실의 크기가 크거나 작은 것은 품종의 특성이며 과실의 높이 및 폭 등이 과실의 크기 형질이 된다.

② 품종특성 종류

　㉠ 일반작물의 재배적 특성에는 키, 초형, 까락, 조만성, 저온발아성, 탈립성, 내병성, 내도복성, 내한성, 저장성 등 다양하게 존재한다.

　㉡ 키가 큰 장간종과 단간종으로 구분한다.

　㉢ 초형은 분얼의 다소에 의해 벼의 형상을 말하며 수중형, 중간형, 수수형으로 분류된다.

　㉣ 까락은 화본과 식물 꽃의 아랫 조각 끝에 난 돌기부분으로 탈곡 및 동화작용과 관련된다.

　㉤ 조만성은 생육일수 및 출수기의 장단에 따라 극조생, 조생, 중생, 만생, 극만생으로 구분한다.

　㉥ 저온발아성은 품종에 따라 차이가 있다.

　㉦ 탈립성은 낟알이 떨어지는 탈립의 정도가 품종에 따라 차이가 있다.

　㉧ 내비성은 시비한 비료성분을 흡수 및 이용하는 정도를 말한다.

　㉨ 내도복성은 작물이 비와 바람 등 외부적 작용에 넘어지지 않고 견디는 성질을 말한다.

③ 우량품종 조건

　㉠ 우량품종의 조건에는 구별성, 균일성, 안정성이 있다.

　㉡ 구별성은 기존의 품종과 구별되는 분명한 특성이 있어야 한다.

　㉢ 균일성은 재배나 이용상 지장이 없도록 균일하여야 한다.

　㉣ 안정성은 세대를 반복하여 대대로 변하지 않고 유지되어야 한다.

(2) 품종의 특성 유지

① 품종의 고유한 특성을 잃어버리지 않도록 하는 것을 품종의 특성 유지라 하며 종자의 퇴화를 방지하고 품종의 특성을 유지하기 위해 육성된 신품종, 기존우량품종의 종자를 증식하기 위한 기본식물종자로 사용한다.

② 품종의 특성을 유지하기 위한 방법에는 개체집단선발법, 계통집단선발법, 주보존재배, 격리재배, 종자갱신 등의 방법이 있다.

③ 개체집단선발법은 특성유지를 원하는 품종을 재배하여 그 품종의 특성을 가진 개체만을 선발한다.

④ 계통집단선발법은 개체집단선발법으로 선발한 개체를 계통재배하여 그 계통을 서로 비교하여 순계만 선발한다.

⑤ 주보존재배는 영양번식 방법에 의하여 유전자형을 보존한다.

⑥ 격리재배는 품종의 순도를 높이기 위해 채종포는 일반 포장과 격리재배한다.

⑦ 종자갱신은 어떤 품종의 재배용 종자를 유전적으로 순수하게 생리적으로 충실한 종자로 교환한다.

(3) 종자 증식체계

① 우량종자를 대량 채종하여 종자갱신에 충족시키기 위해 품종특성이 유지되도록 관리하고 종자생산에 필요한 기본식물을 생산하여 종자의 퇴화가 방지되도록 증식체계를 수립한다.

② 농작물은 재배연수가 경과함에 따라 종자가 퇴화하고 품종의 고유특성을 유지하기 어렵다.

③ 일정 주기 내에 종자를 갱신하여야 순도 높은 품종을 농가에 공급하여 생산성 향상 및 농가 소득 증대를 기대할 수 있다.

④ 벼, 보리, 콩 등의 갱신주기는 4년으로 보며 감자, 옥수수 등은 매년 갱신한다.

⑤ 주요 식량 작물은 농가에 공급할 많은 양의 종자를 일시에 생산할 수 없어 4단계의 채종단계를 거쳐 농가에 공급한다.

　　㉠ 1단계 : 품종육성 및 기본식물생산

　　㉡ 2단계 원원종 : 기본 식물로 육성한 신품종이 고유의 특성을 유지하면서 증식이 되는 근원의 종자

　　㉢ 3단계 원종 : 원원종포장에서 생산된 종자를 재식하여 불순한 개체를 제거한 후 순수한 종자를 생산하여 보급종 생산용으로 공급

　　㉣ 4단계 보급종 : 원종포장에서 생산된 종자를 확대 증식하기 위하여 채종적지의 농가와 계약 생산하여 농가에 보급

⑥ 기본식물의 종자는 우량품종의 순도 유지를 위해 육종가 혹은 육종기관에서 관리를 한다.

⑦ 원원종은 품종 고유의 특성을 보유하고 종자의 증식에 기본이 되는 종자로 각 도 농업기술원 및 강원도 감자종자진흥원에서 생산한다.

03 육종

1. 육종

(1) 육종의 개요

① 유용한 생물의 유전적 형질을 사람이 희망하는 쪽으로 개량하는 것으로 육종에는 유전적 변이를 가진 집단을 모으거나 만들어내는 조작(변이 창출)과 원하는 형질을 희망하는 집단에 옮겨가게 하기 위한 조작(선발), 또한 이렇게 하여 얻어진 집단을 양호한 상태로 유지, 관리하기 위한 조작(원종의 관리)들이 포함된다.

② 육종기술은 변이의 탐구와 창성, 변이의 선택과 고정, 신품종의 증식과 보급의 3단계로 구성된다.

(2) 작물육종의 목표

① 작물육종은 수량을 증대, 품질을 향상, 내병충, 내재해성 향상을 통해 수확의 안정성을 높여 식량의 안정적 공급을 목표로 한다.

② 작물육종의 목표는 다수확, 생산물의 품질 향상, 재배의 용이성, 소비자 기호 증진 등이다.

③ 육종의 목표를 설정할 때 현 재배 품종의 장점과 단점, 보급의 상향을 가장 우선으로 고려한다.

(3) 종자의 증식과 보급

① 신품종

국내의 채소, 화훼류를 제외한 모든 작물의 품종은 정부가 육종하여 농가에 분배 보급한다.

② 경제적 효과

단위면적당 수량의 증대 및 저항성 품종의 보급을 통해 생산비를 절감하는 등의 경제적 효과가 있다.

③ 품질의 개선

과수류, 채소류 등과 같은 작물의 품질을 개선하였다.

④ 재배안정성

주변환경에 대한 적응성을 높이고 병해충 등에 대한 저항성을 향상시킨 품종의 보급으로 재배안정성을 증대시켰다.

⑤ 재배한계의 확대

육종에 의해 농작물 재배의 지리적, 계절적 한계를 극복하여 확대시켰다.

⑥ 경영의 합리화

기계화를 통해 생산비를 절감하는 등의 경영의 합리화를 도모하였다.

⑦ 작물별 육종 목표

㉠ 벼

양질 다수성, 안전성, 내도복성, 내염성, 내탈립성, 가공적성, 준단간 직립성, 병해충 및 기상재해 복합 저항성, 생산비 절감을 위한 직파재배 적응성

㉡ 채소

생산의 안정화 및 증대화, 작형의 다양화, 생산의 주년화, 작업의 편의화, 재배의 생력화

㉢ 과수

양질 다수성, 안전성, 저장성, 내한성, 친화적 왜성대목

㉣ 화훼

꽃의 크기 및 모양의 다양화, 꽃 색깔의 차별과, 개화기간의 증대, 향기의 품위 향상

2. 멘델의 유전법칙

(1) 멘델의 유전법칙 일반

① 멘델(Mendel, 1822~1884)은 완두를 재료로 유전이 일정한 법칙에 의한다는 유전법칙을 발표하였다.

② 1900년대에는 네덜란드의 드브리스(De vries), 독일의 코렌스(correns), 오스트리아의 체르마크(tschermak)가 멘델의 유전법칙을 연구하였다.

③ 작물 유전의 돌연변이설을 주장한 드브리스(De vries)는 달맞이꽃을 재배하여 새로운 변종들이 무작위로 생기는 것을 통해 학설을 주장하였다.

(2) 멘델의 유전법칙 내용

① 한 가지 유전형질은 하나의 유전적 단위에 의해 지배된다.

② 유전자는 배우자를 통해 양친에서 자손으로 전달된다.

③ 개체는 한 가지 유전형질에 대하여 한 쌍의 유전자를 가진다. 하나는 부계, 하나는 모계에서 온다.

④ 개체가 배우자를 만들 때 한 쌍의 유전자는 서로 독립적으로 분리된다.

⑤ 배우자는 서로 자유롭게 결합한다.

⑥ 유전자는 변화하지 않으며 다른 유전자에 영향을 받지 않는다.

⑦ 한쌍의 대립유전자에 형질발현에 있어 한쪽은 우성이고 한쪽은 열성이다.

(3) 멘델의 유전법칙

① 지배의 법칙

㉠ 멘델의 제1유전법칙이며 잡종 1세대(F_1)에서 우성형질만 나타나고 열성형질은 나타나지 않는다.

㉡ F_1은 유전자조성이 Aa 와 같이 언제나 이형접합이므로 지배의 법칙은 유전자형이 헤테로(hetero)에 적용된다.

㉢ 멘델은 양친을 바꾸어서 교배하는 정역교배를 통해 결과를 증명하였다.

㉣ 우성이 열성을 지배한다고 하여 우성의 법칙 혹은 우열의 법칙 이라고도 한다.

② 분리의 법칙

㉠ 멘델의 제2유전법칙으로 잡종 2세대(F_2)에서 우성과 열성의 두 형질이 일정 비율로 분리된다.

㉡ 한 쌍의 대립유전자가 관여하는 경우 우성과 열성은 3:1의 비율로 분리된다.

㉢ 멘델은 검정교배를 실시하여 이를 입증하였다.

㉣ 검정교배는 F_1을 그 형질에 대하여 열성인 개체와 교배하는 것으로 어떤 개체의 유전자형과 배우자의 분리비를 알 수 있다.

③ 독립의 법칙

㉠ 멘델의 제3유전법칙으로 다른 염색체상에 있는 두쌍이나 두쌍 이상의 대립유전자가 간섭받지 않고 후대로 전해진다.

㉡ 서로 다른 염색체 상에 두 쌍의 대립유전자에 의해 지배되는 형질은 F_2 분리비는 9:3:3:1 로 분리되며 F_1의 배우자 분리비는 1:1:1:1 이다.

3. 염색체 수

① 이수성

㉠ 염색체 조성이 2n 인 개체에서 감수분열 과정에서 한 두 개의 상동염색체가 완전히 분리되지 않아 n+1 혹은 n-1 인 배우자가 형성된다. 이들 배우자가 정상적인 n 상태의 배우자와 수정되어 수정된 개체가 2n+1 이나 2n-1 인 염색체가 되는 경우를 이수성이라 한다.

ⓛ 2n-1 을 단염색체, 2n+1을 3염색체, 2n+2를 4염색체라 한다.

② 배수성

　　㉠ 생물종이 가지는 게놈의 증감 현상을 배수성이라 한다.

　　㉡ 동일 종류의 게놈이 증가되는 경우 동질배수체라 하며 이종 게놈이 첨가되어 배수성을
　　　 되는 경우를 이질배수체라 한다.

　　㉢ 이배체 : 2벌로 된 염색체로 양친의 염색체에서 한 쌍씩의 짝을 이루는 상동염색체이다.

　　㉣ 반수체 : 체세포 염색체수의 반을 가지고 성세포나 배우자로 완전 불임성이다.

　　㉤ 동질배수체 : 동종의 게놈이 배가된 것으로 형질의 확대현상이 나타난다.

　　㉥ 이질배수체 : 복이배체(복2배체)라 하며 서로 다른 종류의 게놈이 배가되어 배수체를
　　　 만든 것이다. 복이배체의 이용성이 높으며 육성초기 높은 불임성을 가진다.

　　㉦ 트리티케일(Triticale) : 밀과 호밀을 인공교배하여 만든 이질배수체로 속간잡종이다.

4. 육종방법

(1) 도입육종법

① 육종방법은 육종의 소재가 되는 변이의 작성방법, 선발방법, 작물의 번식법 등에 따라
　 달라진다. 육종목표와 육종재료 및 목표형질의 유전양식에 따라 육종의 목표 및 규모가
　 결정된다.

② 도입육종은 외지에서 들여온 수종으로서 생산의 증진을 꾀하는 육종방법이다.

③ 외국품종을 도입하기에 식물방역에 신경을 써야 한다.

④ 비용이 적게 들고 단시간에 신품종을 얻을 수 있다.

⑤ 도입육종의 과정은 크게 검역, 평가, 증식의 과정을 거친다.

(2) 분리육종법

① 분리육종법(선발육종법)

　　㉠ 지방종, 재래종 혹은 재배품종을 대상으로 서로 다른 개체나 개체군을 분리하고 그로부
　　　 터 우량 형질을 가진 것을 골라 새로운 품종으로 고정하는 육종방법이다.

　　㉡ 재래종이나 지방종은 한 지역에서 예로부터 재배되어 온 것을 말하기도 하며 하나의
　　　 품종으로 보기도 한다. 대부분 재래종은 일종의 고정종에 속한다.

　　㉢ 분리육종법의 주대상은 지방족이나 재래종이다.

　　㉣ 분리육종법은 순계분리법, 계통분리법, 영양계분리법으로 나눌 수 있다.

　　㉤ 자가수정작물의 분리육종법은 순계분리법이고 타가수정작물의 분리육종법은 계통분

리법이다. 영년생과 영양번식 작물의 분리육종법은 영양계분리법이다.

② 순계분리법

    ⊙ 순계는 동일한 유전자형으로 구성된 집단으로 순계 내에서의 선발은 효과가 없다는 것이 요한센(Johannsen)의 순계설이다.

    ⓒ 완전히 자가수정하는 작물의 한 개체에서 나온 자손을 순계라 하며 순계는 유전적으로 동형접합체이다. 자식성 작물이 자가수정을 계속하면 동형접합성이 증가하게 된다.

    ⓒ 기본 집단에서 우수한 형질을 가진 개체를 계속 선발하여 우수한 순계를 선발하는 방법으로 자가수정작물에 이용된다.

    ⓔ 타가수정작물에서 근교약세를 나타내지 않는 작물은 순계분리법을 적용할 수 있는데 이때 순계를 얻기 위해 인공수분에 의한 교배가 필요하다.

    ⓜ 근교약세는 잡종 F_1에서 나타났던 잡종강세가 자식 혹은 근계교배를 계속함에 따라 현저하게 생활력이 감퇴되는 현상으로 자식약세라 하며 주로 타가수정작물에서 나타난다.

    ⓗ 순계 내에 변이는 환경에 의해 방황변이로 선발의 효과가 없다. 순계분리법에서 방황변이와 유전적 변이를 구별하기 위해 후대검정을 한 다음 생산력 검정을 한다.

③ 계통분리법

    ⊙ 집단을 대상으로 선발을 계속하여 우수한 계통을 분리하는 방법이며 순계분리법과 같이 완전한 순계를 얻기는 어렵다.

    ⓒ 자가수정작물의 채종에서 단기간에 순수한 집단을 얻을 수 있어 품종의 특성을 유지하는데 적합하다.

    ⓒ 계통분리법은 집단선발법, 계통집단선발법, 성군집단선발법, 1수1렬법, 모계선발법, 가계선발법이 있다.

집단선발법	• 개체나 계통의 집단을 대상으로 선발하는 방법으로 타가수정작물에 많이 이용된다. • 타가수정작물에는 기본집단에서 비슷한 우량개체들을 집단선발하여 집단재배하는 과정을 3년간 계속하고 다음 격리포장에서 증식하여 생산력 검정시험 등을 하여 새품종을 결정한다. • 자가수정작물에 발수법이 이용되는데 원품종 중에서 이형을 없애는 정도로 국한되며 순계선발법 때와 같이 유전자형을 개량하는 효과는 거의 없다.
계통집단선발법	• 계통의 집단을 대상으로 선발하는 방법으로 집단선발법과 방법은 유사하나 양적형질의 선발은 개체를 대상으로 할 수 없어 선발한 개체를 계통재배하고 그 계통을 비교하여 양적형질을 선발한다. • 자가수정작물에서 원원종포에서 우량품종이나 육성된 신품종의 특성을 유지하기 위해 적용하는 방법이다.
성군집단선발법	• 집단선발법을 특성의 차이가 있는 몇가지 군으로 분류하여 실시한다. • 단시간 내 비교적 특성이 균일한 계통을 얻을 수 있으며 집단선발법보다 우수한 유전자형을 얻을 수 있다.
1수1렬법	재료집단에서 선발한 우량개체를 격리포장에서 1수1렬로 재배하면서 우량 계통을 선발하는 육종법이다.
직접법	각 지방에서 선발한 우량개체의 자수(암이삭)를 격리포장에서 1수1렬로 재배한다.

④ 영양계분리법

과수류, 화목류, 임목 등의 목본작물이나 고구마, 감자 등 영양체로 번식하는 작물의 우량 영양체를 분리하여 이용하는 방법이다.

(3) 교잡육종법

① 교잡육종법의 이론적 근거

㉠ 교잡육종법은 육종의 소재가 되는 변이를 교잡을 통해 얻는 방법이다. 품종간, 종속간 교잡에 의해 유전적 변이를 작성하여 그 중에 우량 계통을 선발하여 신품종으로 육성하는 것이다.

㉡ 양친의 우량형질을 신품종에 모아 신품종의 재배적 특성을 종합적으로 향상시키는 것을 조합육종이라 한다. 조합육종은 교배육종에서 두 개의 품종이 각각 별도로 가지고 있는 유용 형질을 한 개체 속에 새롭게 조합시킬 목적으로 교배하는 것을 말한다.

㉢ 양친이 가지고 있지 못하던 새로운 우량형질을 신품종에 발현시키는 것을 초월육종이라 한다. 초월육종은 교배육종에서 양친이 가지고 있는 유전자의 특수한 상호작용을

이용하여 양친의 어느 편에도 가지고 있지 않은 새로운 우량형질을 발현하는 것이다.

　ⓔ 교잡육종법은 멘델의 유전법칙에 근거로 성립하여 가장 널리 사용되는 방법이다.

　ⓜ 교잡육종법은 계통육종법, 집단육종법, 여교잡육종법, 파생계통육종법 등이 있다.

② 계통육종법

　㉠ 계통육종법은 교배를 하여 잡종을 만들고 그 분리세대인 F_2이후부터 계속 개체선발을 하고 선발된 개체를 개체별 계통재배를 되풀이 하면 그들 계통을 서로 비교하여 우량한 계통을 선발, 고정하여 순계를 만들어 가는 방법으로 자가수정작물의 대표적인 육종방법이다.

　㉡ 계통육종법은 질적형질이나 유전력이 높은 양적형질의 개량에 효과적인 육종법이다.

　㉢ 잡종에 있어서 형질분리, 유전자 조환이 멘델의 유전법칙에 따라 표현되는 것을 기대하여 체계화된 가장 기본적 육종법이다.

　㉣ 교배육종의 성패를 좌우하는 교배모본의 선정에 있어 품종의 특성조사성적, 형질의 유전자분석결과, 육종실적을 검토하여 과거 주요품종을 양친 중 한 모본을 선택하여 교배를 통해 조합능력을 검정한다. 과거의 주요품종을 양친 중의 한 모본으로 선택하기에 양친의 유전적 조성 차이가 작아야 한다.

　㉤ 계통의 재배 세대구가 증가할수록 양적형질에 대한 유전력이 증가하여 선발이 용이하다.

　㉥ 계통육종법의 경우 인공교배, F_1 양성, F_2전개와 개체 선발, 계통육성과 특성검정, 생산력 검정, 지역적응성 검정 및 농가실증시험, 종자증식, 농가보급의 순서로 진행된다.

③ 집단육종법

　㉠ 집단육종법은 교배를 하여 잡종을 만들고 잡종 초기세대에 선발을 하지 않고 집단채종이나 혼합재배를 하여 수세대를 거쳐 개체가 순종이 되었을 때 선발을 시작하는 육종법이다. 선발을 시작하면 이후 육종 과정은 계통육종법에 준한다.

　㉡ 수량과 같이 재배적으로 중요한 양적형질은 많은 유전자가 관여하고 초기 분리세대에서 잡종강세를 나타내는 개체가 많고 환경의 영향을 받기 쉽다.

　㉢ 집단육종법은 수세대 후 개체를 선발하기에 잡종강세 개체를 선발할 가능성은 적으나 세대를 거듭할수록 많은 개체를 유지할 필요가 있다.

　㉣ 집단육종법은 수량형질에 관여하는 미동유전자의 집적을 목적으로 할 경우 주로 사용되며 계통 육종법과 벼, 보리 등 자가수정작물의 육종방법으로 활용된다.

　㉤ 대부분의 개체가 고정될 때까지 선발하지 않고 실용적으로 고정되었을 후기 세대에서 선발한다.

ⓗ 생산력 검정에 이르기 위한 육성계통의 세대수를 보면 집단육종법은 대체적으로 육성계통의 세대수가 다른 육종법에 비해 많이 소요된다. 일반적으로 계통육종법은 F_3 세대부터, 집단육종법은 $F_6 \sim F_7$ 세대이다.

ⓢ 집단육종법은 선발을 위한 노력이 절감되며 유용유전자에 대한 상실의 가능성이 적다.

④ 여교잡육종법

㉠ 여교잡육종법은 양친의 제1대 잡종에 양친 중 한쪽의 유전자형을 가진 개체를 교잡하고 이것을 수세대 반복하여 우량개체를 선발하는 방법이다. 여교잡육종법은 연속적으로 교배하면서 목표형질만을 선발하므로 육종효과가 있으나 목표형질 이외 다른 형질의 개량을 기대하기 어렵다.

㉡ 여교잡육종법은 (A×B)×B, (A×B)×A, [(A×B)×B]×B 등의 형식이며 한번 교잡시킨 것을 1회친, 두 번 이상 교잡시킨 것을 반복친이라 한다.

㉢ 여교잡육종법의 경우 내병성 품종을 육성하거나 유전자의 연관관계를 규명하는데 흔히 사용되며 육종의 시간과 경비를 절약하는 장점이 있다.

㉣ 교배방향은 반복친을 자방친으로 사용하는 것이 교배의 성공 여부 확인이나 개화기 조절 및 교배종자 확보와 임성회복에 유리하다. 원연품종간 교배로 잡종의 불임성이 높은 경우 F_1 자방친으로 사용하는 편이 효율적이다.

㉤ 여교배육종을 위해서는 만족할 만한 반복친이 있어야 하고 이전형질의 특성이 변하지 말아야 하며 반복친의 특성을 충분히 회복해야 한다.

ⓗ 여교잡은 자식에 비해 분리되는 유전자형의 종류수가 적다.

ⓢ 여교잡은 호모의 비율이 동일하고 희망유전자의 출현비율이 높다.

ⓞ 여교잡은 불량유전자의 제거확률이 높다.

⑤ 파종계통육종법

㉠ 파생계통육종법은 F_2나 F_3에서 교배조합별로 계통선발을 하여 파생계통을 만들고 F_5정도까지 파생계통별로 집단선발을 하면서 불량계통을 도태하며 F_6에서 다시 계통선발을 하고 F_7에서 계통의 순도검정을 하며 이후 계통의 생산력 검정을 통해 신품종으로 육성한다.

㉡ 파생계통육종법은 분리 초기인 F_2나 F_3집단에 내병성, 조만성 등 생리적 형질과 질적형질에 대해서 선발하고 계통별 집단재배를 몇 세대 거친후 개체 선발하는 육종방법이다.

㉢ 파생계통육종법은 계통육종법과 집단육종법의 장점을 절충한 방법이다.

(4) 잡종강세육종법

① 잡종강세 표현

㉠ 잡종강세는 잡종 자손의 형질이 부모보다 우수하게 나타나는 현상이다. 잡종강세가 왕성하게 나타나는 1대잡종 자체를 품종으로 이용하는 것을 잡종강세육종법이라 한다.

㉡ 잡종강세 표현은 작물 및 형질에 따라 일정하지 않으나 일반적으로 생장 발육의 증대, 내용 성분 함량의 변화, 개화 및 성숙의 촉진, 불량한 환경에 대한 저항성 증진 등으로 나타난다.

㉢ 잡종강세는 주로 1대잡종(F_1)에서만 나타나고 자식을 하면 잡종강세의 정도가 갈수록 떨어지면서 근교약세가 나타난다.

㉣ 1대잡종(F_1)의 경우 단위 면적당 재배에 소요되는 종자량이 적은 것이 유리하고 한 번의 교잡으로 많은 종자를 생산하는 것이 좋다.

㉤ 잡종강세의 경우 단위면적당 요구되는 종자량은 적어야 하며 교잡 조작이 쉬워야 한다.

② 타가수정작물의 잡종강세육종

㉠ 타가수정작물은 생식체계상 잡종을 만들기 쉽고 유전적으로 헤테로 상태이므로 잡종강세가 크게 나타난다.

㉡ 타가수정작물의 잡종강세육종법은 품종간 교잡에 의한 육종법, 자식계통간 교잡에 의한 육종법이 있다.

㉢ 품종간 교잡법은 잡종종자를 생산하기 쉬우나 잡종강세 발현과 균일성이 낮아진다.

㉣ 잡종강세 발현과 균일성을 높이려면 자식계통간 교잡법이나 근친계통간 교잡법을 이용한다.

㉤ 품종간교잡종은 근친계통간 교잡법에 비해 수량성은 떨어진다.

㉥ 자식계통간 교잡에 의한 육종법에서 자식계통을 육종하고 그 계통의 조합능력을 검정하여 조합능력이 높은 우량 교배조합을 선정하는 과정으로 진행된다.

③ 잡종종자 생산을 위한 우량 조합

㉠ 단교잡

· 두 개 품종 또는 두 개 계통간의 교배로 A×B 이다.

· 관여하는 계통이 2개뿐이라 우량 조합의 선정이 용이하고 잡종강세 현상이 뚜렷하다.

· 각 형질이 균일하고 불량형질이 나타나는 일이 적다.

· 종자의 생산량이 적고 종자의 발아력이 약한 편이다.

ⓛ 복교잡

　　　　· 두 개의 단교배로 F_1 끼리 교배하며 [(A×B)×(C×D)] 이다.

　　　　· 단교잡법보다 품질의 균일성이 떨어지나 채종량이 많고 종자가 크다.

　　　　· 사료용 옥수수 등의 대규모 재배에 유리하다.

　　ⓒ 삼계교잡

　　　　· 단교배 F_1과 어떤 품종과 교배로 (A×B)×C 이다.

　　　　· 삼계교잡은 삼계교배, 3원 교잡이라고도 한다.

　　　　· 단교잡을 모본으로 자식계통을 부본으로 한다.

　　　　· 종자의 생산량이 많고 잡종강세 현상이 뚜렷하나 균일성은 낮다.

　　ⓔ 다계교잡

　　　　· 많은 계통 간 잡종을 만드는 것으로 A×B×C×D×E×F 이다.

　　　　· 복교잡보다 생산력은 낮으나 종자를 생산하기 편리하다.

　　ⓜ 합성품종

　　　　· 다계교잡의 후대를 그대로 품종으로 이용하는 것으로 A×B×C×...×N 이다.

　　　　· 조합능력이 우수한 많은 계통을 혼합하여 몇 해 동안 자유교잡시키거나 격리포장에서 자유교배 하여 다계교잡을 한 다음 집단선발법에 의해 몇 해 동안 채종을 계속한다.

　　　　· 단교잡종이나 복교잡종 보다 수량이 떨어지고 세대를 거듭할수록 생산력이 저하된다.

　　　　· 합성품종은 매년 잡종종자를 생산할 필요가 없고 채종방법이 간단하며 환경 적응성이 커서 환경변화에 대한 안전성이 높다.

　　　　· 주로 목초류에서 사용된다.

(5) 배수성육종법

　① 배수성육종법

　　ⓐ 배수성육종법은 염색체 수를 늘리거나 줄여 생겨나는 변이를 육종에 이용하는 방법이다.

　　ⓑ 이수성은 한 게놈을 구성하는 염색체에서 1개 혹은 여러 개의 염색체가 증감하는 현상을 말한다.

　　ⓒ 배수성은 같은 게놈이나 다른 게놈을 중복적으로 가지는 현상을 말하며 반수체는 n, 2배체는 2n, 3배체는 3n 이라 한다.

② 동질배수체

    ㉠ 동질배수체는 종내에서 게놈의 직접증가로 생긴 배수성이다.

    ㉡ 기본 게놈의 배수정도에 따라 동질 3배체, 동질 4배체 등의 이름으로 불리운다.

    ㉢ 동질배수체는 핵과 세포가 커지고, 영양기관의 발육이 왕성하여 거대화하고, 화서 및 종자가 대형화한다.

    ㉣ 동질배수체는 임성이 저하되고 착과성이 감퇴하며 발육이 지연 된다.

③ 동질배수체의 이용

    ㉠ 인위적으로 염색체를 배가시켜 동질배수체를 작성하려면 콜히친(colchicine)처리법을 이용해야 한다.

    ㉡ 동질배수체 육종에 있어 배수체가 되면 임성이 저하되는 단점이 있다.

    ㉢ 콜히친 처리방법은 침지법, 적하법, 분무법, 라노린법, 우무법이 있다.

    ㉣ 콜히친을 종자나 세포분열이 왕성한 식물체의 생장점 부위에 처리하면 분열상태의 세포의 방추사, 세포막의 형성을 저해하고 복제된 염색체가 양극으로 분리되는 것을 방해하는 작용을 한다.

    ㉤ 아세나프텐은 배수체 작성에 사용되는 콜히친의 분조구조를 기초로 발견되었으며 아세나프텐을 처리하여 배수체를 양성한다.

(6) 돌연변이육종법

① 돌연변이

    ㉠ 유전적 변이가 교잡에 의해 나타나는 경우 교잡변이라 하며 교잡이 아닌 다른 원인에 의한 경우 돌연변이라 한다.

    ㉡ 돌연변이는 변이의 대상이 되는 유전질에 따라 유전자돌연변이, 염색체돌연변이, 아조변이, 키메라 등으로 구분된다.

    ㉢ 아조변이는 체세포돌연변이의 일종인데 식물의 줄기와 가지의 생장점 세포가 돌연변이를 일으킨 것으로 과수류의 신품종 육성에 이용된다.

    ㉣ 돌연변이는 식물에 없던 형질이 유전자나 염색체 수의 변화에 의해 생겨난 것으로 자연적 돌연변이와 인위적 돌연변이가 있다.

    ㉤ 자연상태에서 자연적 돌연변이 발생은 작물의 종류에 따라 다르나 유전자당 10^{-6} ~ 10^{-5} 정도의 빈도로 나타난다.

    ㉥ 인위적 돌연변이는 방사선조사, 방사성 동위원소 처리, 화학약품 처리 등으로 유발이 가능하다.

    ㉦ 방사선을 이용한 돌연변이육종법에서는 γ선(감마선)이 가장 많이 이용된다.

ⓞ 방사선을 처리한 종자에서 돌연변이를 일으켜 발아한 식물체를 M_1 세대라 한다.

ⓩ 자식성 식물의 돌연변이육종은 M_1 세대에서 양성하고 M_2세대에서 선발하여 계통재배
한 다음 M_3세대에서 돌연변이 고정도를 조사하고 M_4 세대에서 생산력을 검정한다.

② 돌연변이육종법 특징

㉠ 새로운 유전자를 창성할 수 있다.

㉡ 단일유전자를 치환할 수 있다.

㉢ 헤테로(hetero)로 되어 있는 영양번식작물에서 유전적 변이를 작성할 수 있다.

㉣ 임성을 향상시킬 수 있다.

㉤ 교잡육종의 새로운 재료를 만들 수 있다.

㉥ 염색체를 절단하여 연관군 내 잘 분리되지 않는 유전자를 분리할 수 있다.

㉦ 방사선이나 화학약품의 처리에 의해 자기불화합성을 화합성으로 하고 임성을 향상시
켜 자식계나 근교계를 육성하여 잡종강세육종법에 적용할 수 있다.

(7) 저항성 육종

① 저항성

㉠ 내병성 품종의 저항성 메커니즘은 식물체가 형태적으로 병원균이 침투하지 못하도록
되어 있거나 병원균이 침입하더라도 식물체가 병원균의 생육에 필요한 영양분을 가지
고 있지 않거나 병원균이 침입하였을 때 식물체가 억제물질을 생산한다.

㉡ 내충성 품종의 저항성 메커니즘은 식물체가 가진 비선호성 때문에 해충의 먹이로
적합하지 못하거나 식물체에 항충성이 있어 해충의 생장을 저해하고 번식률을 감소시
키거나 식물체가 내성을 가져서 해충이 가해할 때 견디는 힘이 강하다.

㉢ 내충성 품종의 경우 육성 시간이 길고 새로운계통의 해충의 발생으로 품종개발의
효과가 없을수도 있다.

② 저항성 육종 문제점

㉠ 저항성 육종에 문제점은 숙주인 식물체와 기생체인 병해충은 별개의 생명체로 서로
대응하여 유전변이를 일으킨다.

㉡ 재배식물의 저항성 유전자가 달라지면 거기에 대응하여 병해충의 유전변이가 생겨난
다.

㉢ 저항성 육종에서 저항성과 생산성이 일치하지 않는다.

③ 환경 스트레스 저항성

㉠ 식물체에 불량환경 요인을 환경스트레스라 하고 식물체가 환경 스트레스에 견디는
힘을 스트레스 내성 또는 스트레스 저항성이라 한다.

ⓛ 식물체가 받는 환경 스트레스는 온도, 수분, 화학물질, 대기오염, 방사선 등 다양하며 식물은 각 스트레스에 대응하는 스트레스 저항성이 있다.

ⓒ 저온 스트레스에 대한 식물체의 저항성은 내동성 등이 있고 고온 스트레스에는 내서성이 있다.

④ 내성과 회피성

㉠ 식물의 환경 스트레스 저항성 메커니즘에 내성과 회피성이 있다.

ⓛ 내성은 식물체 환경 스트레스가 가해진 후 저항성을 나타나는 것이고 회피성은 스트레스 영향이 식물체 내에까지 미치기 전에 식물의 기능이 강화됨으로써 저항성을 나타내는 것이다. 즉 회피성은 스트레스 전 저항성, 내성은 스트레스 후 저항성이라 할수 있다.

ⓒ 좁은 의미의 스트레스 저항성은 내성을 의미한다.

ⓔ 내성을 가진 내동성 식물은 저온조건에 세포 내의 수분을 세포벽으로 삼투시켜 원형질의 동결을 막고 세포소기관의 파괴를 방지한다.

ⓜ 추위에 대한 예로 내동성은 내성, 내한성은 회피성이라 할 수 있다.

ⓗ 재배식물의 환경 스트레스 저항성은 관련형질이 많고 유전양식도 복잡하여 저항성 육종에 어려움이 많다.

ⓢ 자연상태의 환경 스트레스는 변화가 심하여 인위적으로 환경을 조절하여 스트레스 저항성을 검정해야 한다.

04 생식

1. 식물의 생식방법

(1) 유성생식

① 유성생식은 생식세포가 결합하여 새로운 개체를 형성한다.

② 대부분 고등식물의 생식방법으로 암, 수 양성의 배우자가 수정과정을 거쳐 새로운 개체를 형성하는 것으로 자가수정, 타가수정으로 구분한다.

③ 자가수분에 의한 수정을 자가수정, 타가수분에 의한 수정을 타가수정이라 한다.

④ 꽃이 피기 전의 봉오리 상태일 때 일어나는 자가수정을 폐화수정이라 한다.

⑤ 배와 배유의 형성이 한 배낭 내에서 동시에 이루어지는 수정을 중복수정이라 한다.

(2) 아포믹시스

① 아포믹시스(단위생식, apomixis)는 무수정생식이라 하며 정상적인 정핵과 난핵의 결합 없이 종자를 형성한다. 단위생식에 의해 발생한 식물이나 종자를 위잡종이라 한다.

② 단위생식의 종류에는 무배생식, 단성생식, 무핵란생식, 위수정, 무포자생식, 무정생식, 복상포자생식, 부정배형성 등이 있다.

무배생식	배우체의 난세포 이외의 세포가 단독으로 분열 및 발달하여 포자체를 만드는 현상을 말한다.
단성생식	수정되지 않은 난세포가 단독으로 배를 형성한다.
무핵란생식	핵을 잃은 난세포의 세포질 속으로 정핵이 들어가 단독으로 발육하면서 배를 형성한다.
위수정	종간 혹은 속간교배 후 수정이 정상적으로 이루어지지 않았으나 난세포의 발육으로 배가 형성된다.
무포자생식	포자체의 체세포의 발육에 의해 배우체가 생성된다.
무정생식	배우자의 융합 없이 배나 종자가 형성된다.
복상포자생식	배낭모세포의 수가 감수분열을 하지 못하고 체세포와 동일한 염색체 수를 가지게 된다.
부정배형성	배낭을 둘러싸고 있는 많은 체세포들에 여러 개의 배가 발생한다.

(3) 영양생식

① 식물체의 일부를 이용하여 번식하는 무성생식의 방법이다.

② 영양번식은 모체와 유전적으로 동일한 개체를 얻을 수 있다.

③ 초기생장이 좋으나 바이러스에 감염되면 치료가 어렵고 유성번식에 비해 증식률이 낮다.

④ 자연영양생식법은 고구마의 덩이뿌리와 같이 모체에서 자연적으로 분리 생성된 영양기관을 이용하여 번식한다.

⑤ 인공영양생식법은 인공적으로 영양체를 분리하여 번식시키는 방법으로 접목, 삽목, 분주, 취목 등의 방법이 있다.

2. 자가불화합성

(1) 자가불화합성

① 자가불화합성은 유전적으로 유사한 배우자 간의 수정을 억제하고 유전적으로 서로 다른 배우자간의 수정을 유도하여 후손의 유전적 변이를 크게 한다.

② 자가불화합성은 자연에서 식물의 타가수정율을 높여주는 역할을 한다.

③ 자가불화합성은 작물 중에서 두 생식기관이 기능적, 형태적으로 완전한 양성화, 자웅동주의 단성화에서 같은 꽃, 같은 개체에 있는 꽃이나 같은 계통이라도 수분에 의해 수정결실을 하지 못하는 자가불화합성을 나타내는 개량 정도가 비교적 높은 십자화과 채소나 목초 등에서 많이 나타난다.

(2) 자가불화합성 타파

① 교배양친을 순수하게 유지하기 위해 자식하려면 자가불화합성을 일시적으로 타파한다.

② 자가불화합성의 타파를 위해서 자가불화합성 물질이 생성되는 시기를 회피하거나 불화합 반응조직 제거, 불화합 유기물질 파괴, 불화합반응의 억제를 위한 뇌수분, 노화수분, 지연수분, 고온처리, 전기 자극, 이산화탄소 처리 등의 방법을 활용한다.

③ 자가불화합성의 정도는 온도와 습도 등의 환경 조건에 따라 변화된다.

④ 뇌수분은 억제물질이 생성되기 전인 개화 2~3일 전 꽃봉오리에 수분하는 것으로 자가수정률이 높아 자가불화합성 계통을 유지할 수 있다. 십자화과식물의 채종이 많이 이용된다.

(3) 자가불화합성 종류

① 배우체형 자가불화합성

  ㉠ 화분(n)과 체세포(2n)로 이루어진 암술의 암술머리나 암술대간에 상호작용에 의한 결과로 교배의 화합과 불화합이 화분 자체의 유전자형에 의해 결정된다.

  ㉡ 배우체형 자가불화합성은 자방친의 불화합유전자가 화분의 불화합유전자와 서로 같으면 불화합이 된다.

② 포자체형 자가불화합성

　㉠ 포자체형 자가불화합성은 동형화주형 자가불화합성과 이형화주형 자가불화합성으로 분류된다.

동형화주형	・수술과 암술의 높이가 같다. ・화분이 생산된 개체의 이배성인 체세포 유전자형에 의해 불화합성이 결정된다.
이형화주형	・수술과 암술의 높이가 다르다. ・이형화주형 자가불화합성은 이이형화주 현상과 삼이형화주 현상으로 분류된다.

　㉡ 포자체형 자가불화합성은 주두의 표면에서 발현이 된다.

③ 이이형화주 자가불화합성

　㉠ 하나의 번식기관 내에 장주화와 단주화 등 2종류 꽃이 존재한다.

　㉡ 대표적으로 개나리, 메밀, 프리뮬러 등이 해당된다.

　㉢ 자가수분으로 종자가 형성되지 않고 장주화는 단주화의 화분에 의해 생성된다.

　㉣ 단주화는 장주화의 화분에 의해서만 수정이 된다.

④ 삼이형화주 자가불화합성

　㉠ 하나의 번식기관 내에 장주화, 중주화, 단주화 등 3 종류 꽃이 존재한다.

　㉡ 각각의 꽃에서 자가불화합성이고 같은 높이의 수술과 암술 사이에서만 화합이 일어난다.

　㉢ 삼이형화주 현상은 유전자형(S, s, M, m S>M)은 다음과 같다.

(4) 자가불화합성 이용

① 잡종강세를 나타내는 작물의 1대잡종(F_1) 종자를 대량 생산할 수 있어 국내의 경우 무, 배추, 양배추 종자 생산에 이용된다.

② 자가불화합성인 계통은 계통 내의 결실이 불가능하여 자가불화합성인 2계통을 혼식하여 두 계통간의 1대잡종(F_1)을 채종할 수 있다.

③ 동일한 개체를 재배하면 종자가 형성되지 않는 품질 좋은 과실을 생산할 수 있어 파인애플 등 단위결과성이 높은 씨 없는 과실의 생산이 가능하다.

④ 동일 개체를 재배하면 수정이 이루어지지 않아 개화 기간을 연장할 수 있어 화훼류의 개화 연장에 이용한다.

05 유기원예

1. 원예토양관리

(1) 원예작물 토양관리 방법

① 경운

    ㉠ 수확이 끝난 작물이나 자재는 제거한다.

    ㉡ 토양 깊은 곳까지 충분한 열 전달을 위해 깊게 경운하여 공극율을 높인다.

② 유기물과 석회 시용

    작물마다 기준량에 맞추어 질소질비료를 충분히 공급하고 로타리하여 토양 중에 잘 혼합되도록 한다.

③ 작은 이랑 만들기

    ㉠ 지표면적을 넓혀 열전도율을 높이기 위해 작은 이랑을 만든다.

    ㉡ 이랑작성기가 부착된 기계는 동시작업이 가능하고 없는 경우 다목적 관리기를 이용한다.

④ 지표면 피복

    작은 이랑을 만든 뒤 표면을 비닐로 피복한다.

⑤ 일시 담수

    ㉠ 고랑 사이에 물을 대고 일시 담수 상태로 한다.

    ㉡ 공급된 물은 열 전달을 양호하게 하고 유기물의 급격한 분해를 촉진시켜 토양 중의 산소를 소비하여 혐기 상태를 만들어 병균을 질식하여 죽게 만든다.

⑥ 하우스 밀폐

    ㉠ 위의 작업이 완료되면 하우스 밀폐를 실시한다.

    ㉡ 하우스 밀폐를 통해 하우스 내 기온 및 지온에 영향을 주게 된다.

(2) 비옥도 향상 방법

① 녹비작물

    ㉠ 녹비는 토양의 비옥도를 증진시키는 작물로 조직이 연하고 질소성분이 많아 토양에서 쉽게 분해되고 유기질 비료의 효과가 있다.

    ㉡ 녹비를 통해 토양의 비옥도와 토양의 물리적 성질을 개선한다.

    ㉢ 녹비작물은 뿌리가 썩을 때 표토층, 심토층 등 대부분의 토양층에 유기물을 제공하고 통기성 개선에도 도움이 준다.

ㄹ 두과 녹비작물에는 자운영, 알팔파, 동부, 화이트클로버, 레드클로버 등이 있으며 두과가 아닌 녹비작물에는 유채, 귀리, 메밀, 수수, 티모시 등이 있다.

② 녹비작물 조건

ㄱ 생육이 왕성하고 재배가 쉬워야 한다.

ㄴ 심근성으로 하층의 양분을 작토층으로 끌어올릴 수 있어야 한다.

ㄷ 비료성분의 함유량이 높으며 유리질소의 고정력이 강해야한다.

ㄹ C/N율이 낮고 줄기, 잎이 유연하여 토양에서 분해가 빨라야 한다.

ㅁ 가축의 사료로 이용될 수 있어야 효율적이다.

ㅂ 논에서는 습기에 견디는 내습성이 강해야 한다.

(3) 녹비작물의 작부체계

① 일반사항

ㄱ 논에서 벼가 생육하지 않는 기간에 녹비작물을 재배한다면 화학비료를 대폭 절감할 수 있으며, 토양의 비옥도는 물론 토양의 물리성도 개선할 수 있다.

ㄴ 논에서 재배 가능한 녹비작물로는 보리, 호밀 등 맥류와 자운영, 헤어리베치 등의 콩과식물이 있다. 맥류를 녹비작물로 활용하면 벼와 같은 화본과작물이기 때문에 녹비로 토양에 넣었을 때 벼 재배에 좋지 않은 현상이 나타나므로 피하는 것이 좋다.

ㄷ 콩과 녹비작물인 자운영이나 헤어리버치를 재배하면 질소 생산량이 많아 화학비료 대체율이 높고, 녹비를 토양에 투입 시 분해속도가 빨라 벼 생육에 미치는 나쁜 영향을 최소화 할 수 있다.

② 자운영 재배

ㄱ 자운영은 중부 이남의 지역에서 월동이 가능하므로 이 지역의 논에서 답리작으로 많이 재배되는 녹비작물이다.

ㄴ 자운영 재배토양의 적정 산도는 다른 콩과식물과 마찬가지로 pH 5.2~6.2 정도이며, pH 5.0 미만의 산성토양에서는 근류균의 생장이 나빠 식물생육도 매우 불량하므로 토양산도를 조절해 주어야 한다.

ㄷ 자운영 종자는 경실종자로 발아율은 60% 정도로 낮은 편이라 종피파상법 등을 통해 발아율을 높일 수 있다. 균핵병 예방을 위해 소금물에 소독하여 파종하기도 한다.

ㄹ 8월 하순에서 9월 중순 사이에 벼가 있는 논에 10a당 3~4kg 의 종자를 종토접종하여 햇볕이 없는 날 뿌려주면 겨울을 넘기고 이듬해 4 ~ 5 월에 좋은 녹비가 된다.

ㅁ 자운영 재배의 효과

• 질소 및 유기질비료 절감 효과

- 토양 입단화로 토양의 물리, 화학성 개선
- 토양 침식 및 유실 방지
- 봄철 잡초 발생 억제
- 해충 천적의 서식처 제공
- 밀원식물이며 경관자원 가능
- 식용 및 약용

③ 헤어리베치 재배

　㉠ 헤어리베치는 콩과 녹비작물 중 토양개량 효과와 활용 편의성이 뛰어나다.

　㉡ 월동 후 이른 봄에 재생 속도가 빠르고 토양을 완전히 덮어 다른 잡초의 침입을 막는다.

　㉢ 다른 콩과작물보다 질소함량이 높고 탄질비가 10:1 정도로 낮아 매몰 시 한달 안에 대부분이 분해된다.

　㉣ 산성토양에서는 생육이 불량하다.

　㉤ 헤어리베치는 질소 생산능력이 뛰어나고 토양의 유기태 질소를 증가시켜 작물이 생육기간 동안 지속적으로 질소 공급의 효과가 있다.

　㉥ 윤작의 측면에서 논에서 벼, 밭에서는 옥수수와 조합하여 재배하는 것이 가능하고 시설하우스에서는 열매채소류와 짧은 윤작, 과수원에서는 초생재배, 경사진 고랭지에서는 피복작물 등으로 활용할 수 있다.

　㉦ 내한성이 강해 자운영이 월동하기 어려운 중북부지방에서 활용이 가능하다.

(4) 퇴비

① 퇴비 종류 및 특성

　㉠ 농산부산물

- 볏짚, 왕겨, 보릿짚 등은 비료 성분의 가치는 낮고 탄질비(C/N비, 탄질율)는 높은 편이다.
- 탄질비가 15 이하면 분해를 위한 질소가 충분하고 15~30 정도이면 보통 수준이다. 그런데 30 이상이면 질소가 부족하여 질소기아현상이 발생할 수 있다.
- 볏짚의 탄질비는 대략 60~70 정도로 퇴비화 과정을 거치지 않고 토양에 직접 시용하면 작물 정식 초기에 일시적 질소 기아가 나타날 수 있다.
- 볏짚은 토양의 물리성 개선 효과를 기대할 수 있으며 특히, 시설 재배지에서 염류 집적 피해를 경감시키는 데 활용성이 크다.
- 왕겨는 수분 흡수가 쉽지 않고, 미생물에 의해 분해되는 시간도 많이 소요되므로

마쇄 또는 팽연화 과정을 거쳐 사용한다.

ⓛ 임산부산물

- 임산 부산물의 가장 대표적인 것은 톱밥이다. 흡습성, 통기성이 좋아 부재료로 활용도가 높은 물질 중 하나이다.
- 톱밥은 탄질비가 500~1,000 으로 높아서 분해가 늦고 비료 성분도 매우 낮아 비료로써의 가치보다 가축 분뇨 등 수분을 많이 지닌 퇴비 원료의 수분 조절제 및 탄소 공급원으로의 역할이 크다.

ⓒ 가축분뇨

- 가축 분뇨는 옛날부터 퇴비 원료로 널리 활용되어 왔다.
- 농산 부산물 및 임산 부산물에 비해 비료 성분이 많고, 탄질비도 낮은 편이다.
- 가축의 종류, 가축의 연령, 가축의 사료 종류 등 여러 요인으로 인해 가축 분뇨의 비료 성분 차이가 있지만 대체로 계분 > 돈분 > 우분 순으로 양분 함량이 높은 편이다.

② 퇴비의 기능

ⓐ 퇴비는 지효성이며 작물에 양분을 공급한다.

ⓛ 토양의 이화학적 성질을 개선한다.

ⓒ 토양 중 생물의 활성 및 증진에 효과가 있다.

③ 퇴비화 인자

ⓐ 탄질비

- 유기물은 탄소, 수소, 산소, 질소 및 황과 같은 원소가 주된 성분이다.
- 탄소는 유기물 분해 과정에서 미생물의 에너지원으로 이용되며, 질소와 같은 양분은 미생물의 영양원으로 이용된다.
- 가축분을 주원료로 사용하여 퇴비를 만들 때 수분 조절과 탄질비 조절을 위한 목적으로 근래에는 보조 재료로 톱밥을 가장 많이 활용한다.

ⓛ 수분

- 퇴비의 수분 함량은 퇴적 초기에는 60~70% 정도가 적당하며, 이는 퇴비 재료 및 통기성에 따라 약간의 차이가 있다.
- 일반적으로 수분 함량이 40%보다 낮아지면 퇴비화 속도는 매우 늦어지며, 수분 함량이 70% 이상 높아지면 퇴비화 속도가 늦어짐과 동시에 혐기 상태가 되어 악취 발생의 원인이 된다.

    ⓒ 통기성

- 퇴비화는 호기성 미생물에 의해 유기물이 분해되는 과정으로 공기 즉, 산소 공급이 원활해야 한다.
- 공기 공급량이 지나치게 많을 경우는 퇴비 더미의 수분이 급격히 줄어 건조되므로 퇴비화가 더뎌지며 반면, 공기 공급량이 미약해지면 혐기 조건이 되어 악취 발생의 원인이 됨과 동시에 퇴비화도 매우 늦어진다.

    ⓔ 온도

- 퇴비 재료를 쌓은 후 시간 경과에 따라 미생물 활성이 촉진되면서 상승하며, 퇴비 더미의 온도 상승 정도는 퇴비화 방법과 퇴적 규모에 따라 달라진다.
- 유기물 분해에 적당한 온도는 45~65℃ 이며, 퇴비 더미가 65℃ 이상 고온이 되면 미생물 활성이 떨어지므로 통기량을 조절하여 온도를 떨어뜨려야 한다.

(5) 염류장해

① 시설의 토양 내 비료성분이 축적되어 염류장해를 일으키며 무기물이나 농약 등에 의해 오염이 나타나게 된다. 과잉시비는 염류집적의 직접적인 원인이 된다.

② 작물이 흡수하는 양보다 공급량이 많으면 염류가 토양에 쌓이면 이를 염류장해 혹은 염류집적이라 한다.

③ 염류장해에 대한 대책으로 담수처리, 제염작물 재배, 유기물의 시용, 심경 등이 있다.

2. 유기원예의 환경조건

(1) 광환경

① 광량

    ㉠ 골격재가 불투명체이기에 비율이 커지면 광선의 차단율이 커진다.

    ㉡ 유리온실은 골격재에 의한 차광률은 20%, 에어하우스는 0% 정도이다.

    ㉢ 무색투명한 유리나 플라스틱필름의 광흡수율은 1% 수준이나 열선흡수제나 착색제가 들어 있으면 광흡수율이 늘어난다. 입사각이 커질 경우 반사율이 증가하며 60°가 넘으면 반사 및 투과의 비율이 급격하게 변화한다.

② 광질

    ㉠ 판유리나 경질판등 재료에 따라 적외선과 자외선의 투과율은 다르지만 가시광선의 투과율은 비슷하다.

    ㉡ 자외선 투과율이 낮은 것으로 유리온실, 염화비닐하우스 등이 있으며 이러한 시설에서

는 작물의 도장이 쉽고 가지의 발육이 불량하며 착과와 착색이 나쁘다.

③ 광환경 개선

 ㉠ 철강 중 파이프형의 차광률이 가장 낮다.

 ㉡ 가시광선의 투과율은 아크릴판이 가장 높으며 유리, 플라스틱필름 순서이다.

 ㉢ 플라스틱필름 중 무적필름이 유적필름보다 가시광선 투과율이 높다.

 ㉣ 피복재를 주기적으로 세척하는 것이 좋다.

 ㉤ 시설은 동서동이 남북동보다 좋다.

(2) 수분 환경

① 토양수분

 ㉠ 자연강우에 의한 수분공급이 없고 증발산량이 많아 건조하기 쉽다.

 ㉡ 증발산에 의한 지하염류의 상승 및 축적으로 적어진 토양공극 때문에 급수를 하여도 토양에 물이 들어가지 못한다.

 ㉢ 지층에 단열층을 매설하는 경우 수분의 모세관현상이 없어 지하수분의 상승이동이 억제된다.

② 공중습도

 ㉠ 계획관수가 이루어지기에 토양수분이 노지보다 많다.

 ㉡ 공중습도는 노지에 비하여 항상 높은 편이다.

 ㉢ 습도가 높아 잎에서 증산작용이 억제되고 광합성이 저하된다.

(3) 공기 환경

① 이산화탄소

 ㉠ 밀폐된 상태에 환기가 부족하여 시설 내 이산화탄소의 농도가 대기보다 낮은 편이다.

 ㉡ 수경재배의 경우 유기물 분해가 없어 다른 시설보다 이산화탄소 농도가 더 낮다.

 ㉢ 야간에 식물체 호흡 및 토양미생물 분해활동으로 이산화탄소가 높지만 해가 뜨고 나서 광합성이 시작되면 서서히 낮아진다.

② 이산화탄소 시비

 ㉠ 효과는 대부분 작물에서 나타나지만 오이, 토마토, 가지, 고추, 딸기 등에서 수량 증대 효과가 많이 나타난다.

 ㉡ 국화와 같은 화훼작물에서는 수량증대와 함께 절화의 수명이 연장되는 효과도 나타난다.

3. 시설원예 시설설치

(1) 시설 종류

① 유리온실

ㄱ) 외지붕형온실

- 지붕이 한쪽에 있고 동서 방향으로 짓는다.

- 겨울에 채광량이 많고 북쪽 벽의 열손실이 적다.

ㄴ) 스리쿼터형온실

- 동서 방향으로 설치하여 남쪽 지붕의 길이가 전체 지붕 길이의 3/4 정도로 만든다.

- 남쪽 지붕의 면적은 3/4 정도로 채광이나 보온성이 뛰어난 장점이 있다.

ㄷ) 양지붕형온실

- 남북 방향으로 만들며 광선이 균일하게 입사하고 통풍이 잘된다.

ㄹ) 벤로형온실

- 양지붕형 온실을 연결한 것으로 연동형 온실의 단점을 보완한 온실이다.

- 온실의 서까래의 간격을 넓혀 시설비 및 골격율을 낮출 수 있다.

ㅁ) 둥근지붕형온실

- 곡면 지붕이 다른 온실에 비해 높다.

- 지붕이 높아 대형 관상식물 재배가 가능하다.

ㅂ) 연동형온실

- 양지붕형 온실을 여러 개 연결하여 내부 칸막이를 제거한 온실이다

- 토지이용률이 높고 건축비 및 난방비가 절감되며 재배관리의 능률화가 높은 장점이 있다

- 광분포가 불균일하고 환기가 불량한 단점이 있다.

② 플라스틱하우스

ㄱ) 지붕형하우스

- 외지붕, 양지붕, 스리쿼터형 지붕이 있다.

- 적설량이 많은 지역에 주로 활용된다.

ㄴ) 터널형하우스

- 보온성이 뛰어나고 강한 바람에 강하며 피복재의 수명이 긴 편이다.

- 고온장해 발생시 과습하기 쉽고 내설성에 약하다.

ㄷ) 아치형하우스

- 양쪽 측면이 수직이거나 경사진 형태로 지붕이 곡면으로 되어 있다.

- 실내작업은 터널형보다 용이하다.
- 지붕형에 비해 내풍성이 강하고 광선이 고르게 입사하기에 지붕형보다 많이 광선이 유입된다.

③ 기타 시설

   ㉠ 에어하우스
- 기초피복제로 씌운 2중 필름 사이로 가압된 공기를 공급해 공기앞으로 하우스 형태를 유지한다.
- 보온성이 높고 전체 에너지 소비량의 약 40% 정도를 절감할 수 있다.

   ㉡ 펠레트하우스
- 시설의 지붕과 벽에 일정 간격의 2중 구조를 만들어 밤에는 발포폴리스티렌칩으로 보온효과를 높이는 시설이다.

   ㉢ 수막하우스
- 커튼 위에 물을 뿌릴 수 있는 구조로 된 보온시설이다.
- 수막은 겨울철 난방뿐만 아니라 여름철 냉방도 가능하다.

4. 과수원예

(1) 품종의 특성

① 과수의 분류

   ㉠ 과수는 형태적 분류에 따라 인과류, 핵과류, 장과류, 준인과류, 각과류로 분류된다.

   ㉡ 꽃받침이 발달하는 인과류에는 사과, 배, 비파 등이 대표적이다.

   ㉢ 중과피가 발달하는 특징이 있는 핵과류는 복숭아, 매실, 살구, 자두 등이 있다.

   ㉣ 씨방이 발달한 준인과류는 감귤, 감 등이 있다.

   ㉤ 씨방의 외과피가 발달한 장과류는 포도, 무화과, 딸기 등이 있다.

   ㉥ 각과류는 씨의 자엽부분을 식용하는 밤, 호두 등이 대표적이다.

② 과수육종의 특징

   ㉠ 과수는 교배 후 얻은 종자를 파종하여 3~7년의 유년기가 있어야 개화 결실을 하기에 품종 육성에 오랜 시간이 필요하다.

   ㉡ 과수는 크게 자라기에 넓은 면적이 필요하다.

   ㉢ 과수육종에 노력 및 경비가 많이 든다.

   ㉣ 교배 범위가 한정적이다.

   ㉤ 영양번식을 통해 우량 개체가 선발되면 유지 및 증식이 가능하다.

② 과수의 품종

    ㉠ 사과의 품종은 조생종, 중생종, 만생종으로 분류된다.

조생종	산사, 서광, 쓰가루 등
중생종	홍로, 추광, 조나골드
만생종	후지, 화홍, 감홍

    ㉡ 사과는 냉량한 지역에서는 과육이 단단하게 되고 품질이 좋아지나, 생육기에 고온이 되면 과육이 연해지고 저장력이 떨어지며 착색 불량 수확전 낙과가 많으므로 품종 선택시 유의해야 한다. 단, 비교적 고온인 지역이라도 밤기온이 저하되면 착색이 우수하다.

    ㉢ 배는 중부지방은 조·중생종, 남부지방은 만생종이 유리하다.

조생종	행수, 신수 등
중생종	신고, 장십랑, 풍수, 황금배 등
만생종	만삼길, 금촌추, 추황배 등

    ㉣ 포도의 재배품종은 캠벨얼리, 거봉, 씨벨, 다노레드, 네오마스캇, 델라웨어, 새단 등이 있다.

(2) 토양관리

  ① 토양표면 관리

    ㉠ 청경법은 과수원 토양에 풀이 자라지 않게 김을 매주는 방법이다. 병해충의 잠복처를 제공하지 않는 장점이 있으나 토양침식과 토양의 온도변화가 심하다.

    ㉡ 초생법은 과수원의 토양을 풀이나 목초로 피복하는 방법으로 경사지 과수원에서 가장 많이 활용되는 방법이다.

    ㉢ 부초법은 과수원의 토양을 짚이나 다른 피복물로 덮어주는 방법이다. 토양의 침식방지, 토양수분의 보수력 증대, 토양 내 유기물 증가와 입단화 촉진 등의 효과가 있다.

  ② 토양의 보전

    ㉠ 유기물을 시용하면 토양의 물리적 성질을 개선할 수 있고 토양의 보수력 및 보비력을 좋게 하여 토양미생물의 증식을 돕는다.

    ㉡ 석회를 시용하면 산성토양을 개선한다.

    ㉢ 과수는 심근성으로 양분과 수분을 충분히 흡수해야 한다.

    ㉣ 지하수위가 높으면 산소의 공급이 부족하여 뿌리 발육에 장해를 일으킬 수 있다.

(3) 봉지

① 과수의 봉지씌우기는 병해충 방제, 착색의 증진, 열과 방지, 숙기 조절 등을 위하여 실시한다.

② 봉지를 씌우지 않을 경우 충분한 일사량으로 비타민 함량 증가, 당도증가 등의 효과가 있다.

③ 봉지는 보통 조기낙과와 열매솎기가 종료된 후 실시한다.

06 유기식량작물

1. 유기수도작 · 전작의 재배기술

(1) 종자준비와 종자처리

① 벼 품종 선택 유의사항

㉠ 유기농업이 가능하도록 병해충에 대한 저항성 품종이어야 한다.

㉡ 생리적 퇴화가 없고 건전한 품종이어야 한다.

㉢ 종자가 유전적으로 퇴화되지 않아야 한다.

㉣ 지역의 환경조건에 적응한 품종이어야 한다.

㉤ 장려품종 혹은 우량품종이 안전하다.

② 채종 및 선종

㉠ 채종

- 채종재배를 위해서 주요 작물별 적절한 집단 채종포를 선정한다. 종자의 생리적, 병리적, 유전적 퇴화 방지를 위해 지리적 격리지(섬, 산간지 등)의 인위적 격리가 요구된다.

- 채종재배에 공용할 종자는 원종포 등에서 생산 관리된 우량종자를 선택한다.

- 종자를 충실하게 하기 위해 영양생장을 억제할 필요가 있으며 질소 과용을 피하고 인산 및 칼륨을 충분히 공급한다.

- 작물의 특성은 특정 생육 시기 및 특정 환경에서 발현되기에 모본의 선택 및 이형주의 도태는 생육 초기에서 후기에 걸쳐 실시한다.

- 작물의 종자생산 관리체계 및 우량종자의 증식체계는 기본식물, 원원종, 원종, 채종포(보급종), 농가의 순이다.

- 채종재배는 결론적으로 품종의 순도와 활력을 위해 재배지 선정, 재배법, 비배관리, 종자의 선택과 처리, 수확 및 조제에 대한 전반적인 관리가 요구되며 그 중에서도 종자의 순도와 활력을 유지하는것이 가장 기본이 된다.

- 채종재배에서 종자를 증식하고자 할 때는 박파, 다비, 소비재배 등의 방법을 통해 증식률을 높일 수 있다.

㉡ 선종

- 크고 충실하여 발아, 생육이 좋은 종자를 가려내는 것을 선종이라 한다.

- 선종은 육안에 의한 방법, 용적에 의한 방법, 중량에 의한 방법, 비중에 의한 방법, 색택에 의한 방법 등으로 선별한다.

(2) 육묘

① 육묘
- ㉠ 육묘는 종자를 재배지에 뿌리지 않고 모를 일정기간 시설에서 생육시키는 것을 육묘라 하며 종자의 소비량을 줄일 수 있다.
- ㉡ 육묘를 통해 수확량을 늘리거나 품질 향상을 기대할 수 있으며 관리 및 보호도 용이하다.
- ㉢ 수확 및 출하시기 조절이 가능하며 토지의 이용률을 높일 수 있다.
- ㉣ 종자를 이용한 직파가 불리한 작물(딸기, 고구마 등)에 많이 이용된다.

② 육묘방식

온상육묘	저온기에 인공 가온과 태양열을 이용하는 묘상이다.
보온육묘 (냉상육묘)	인공 가온 없이 태양열만을 이용하는 묘상이다.
공정육묘	• 육묘의 생력화, 효율화를 목적으로 상토의 조제, 종자파종, 물주기에 관련된 작업을 자동화하여 균일한 묘상을 얻을 수 있다. • 공정육묘를 통해 묘의 대량생산이 가능하고 기계화에 의해 생산비가 절감된다.

(3) 수확

① 종자가 충분히 성숙된 단계에서 채종을 실시하는데 식물에 따라 채종적기에 차이가 있다.

② 곡물류의 채종적기는 황숙기이며 십자화과작물(채소류)는 갈숙기에 적기이다.

> • 곡물류 성숙과정 : 유숙기→호숙기→황숙기→완숙기→고숙기
> • 채소류 성숙과정 : 백숙기→녹숙기→갈숙기→고숙기

③ 종자를 적절한 시기보다 빨리 수확하면 정선과정에서 등숙정지립이 많고 저장 시 빨리 퇴화하게 된다. 또한 건조 과정을 거치는 동안 위축되는 종자가 많아진다.

④ 종자를 적기보다 늦게 수확하게 되면 탈곡제조 과정에서 손실이 발생한다.

⑤ 채종재배를 위한 종자의 수확적기
- ㉠ 성숙하여 최고의 건물중일 때
- ㉡ 안전한 저장이 가능한 수준으로 수분 함량이 낮을 때
- ㉢ 발아력이 생성되었을 때
- ㉣ 채종량과 품질을 동시에 고려한 시기

⑥ 수확 종자의 관리

  ㉠ 탈곡한 종자는 즉시 펴서 골고루 말리도록 한다.

  ㉡ 건조를 할 때는 맑은 날에 마른 바닥에 펴주고 자주 뒤섞어준다.

  ㉢ 수분 함량이 많은 종자는 온도를 낮추고 오랫동안 건조한다.

  ㉣ 직사광선이 과도할 경우 피하도록 하고 너무 온도가 높지 않도록 주의한다.

⑦ 채종과수 및 채종량

  ㉠ 1포기당 채종과수는 수박, 오이가 3~4과, 호박이 4~5과, 토마토가 3~4과 정도이다.

  ㉡ 작물별 10a 기준 채종량 기준은 다음과 같다.

작물명	채종량(kg/10a)	작물명	채종량(kg/10a)
벼	550	감자	1600~1700
보리	300	옥수수	130~200
콩	140	삼계교잡종	460

(4) 정선

① 종자의 크기가 크고 충실하며 발아 및 생육에 좋은 종자를 가려내는 과정으로 종자의 용적, 중량, 비중, 색 등을 통해 이물질, 피해립, 중량이 가볍고 작은 종자 등을 선별하도록 한다.

② 종자를 정선할 때는 보통 대략정선, 건조, 정밀정선, 비중정선, 소독, 포장의 순서로 실시한다.

대략정선	바람과 적정 체에 의한 선별로 종자에 포함한 줄기, 잎, 죽은 곤충, 모래 등 이물과 종자로서 활용가치가 없는 미숙립 등을 대략적으로 선별한다.
정밀정선	바람과 적정 체에 의한 선별로 정상종자보다 작거나 큰 종자, 피해립(파쇄립, 현미 등) 등을 정밀하게 선별한다.
비중정선	종자의 무게에 의한 선별로 갑판의 진동과 바람의 세기에 의해 정상종자보다 가볍거나 무거운 종자를 선별한다.

③ 종자 정선에서 표면조직에 의한 선발에는 알팔파, 새삼 등이 적합하고 완충력을 이용한 선발에는 티머시, 액체친화성을 이용한 선발에는 클로버가 있다.

(5) 수확 후 처리

① 벼의 수확 후 처리

　㉠ 건조

　　• 벼를 베었을 경우 벼알의 수분 함량은 대략 20% 이상이다.

　　• 수확한 벼는 15.5% 정도로 건조시키고 탈곡하면 탈곡능률이 좋아지고 도정률이 높아지고 변질되지 않는다.

　㉡ 탈곡

　　• 수분 함량이 15.5% 이하인 벼가 능률적이나 기상조건이 불량할 경우 탈곡 후 건조해야 한다.

　　• 보리의 경우 기계적 손상을 최소화 하기 위해 17~23% 정도로 건조하여 탈곡하도록 한다.

　㉢ 도정

　　• 수확한 조곡을 가공하여 식용 가능한 정곡으로 가공하는 것을 도정이라 한다.

　　• 조곡인 정조의 껍질을 벗겨서 현미로 만드는 것을 제현이라 한다.

　　• 도정은 과정은 벼를 정선, 제현, 현미분리, 현백, 쇄미분리 등의 과정을 거친다.

　　• 제현율은 품종, 숙도, 건조 등에 따라 다르며 중량은 약 75%, 용량 55% 정도이다.

② 원예작물의 수확 후 처리

　㉠ 후숙

　　• 미숙한 과실을 수확하고 일정 기간 보관하여 성숙시키는 것을 후숙이라 한다.

　　• 바나나, 키위, 감귤 등에 주로 적용한다.

　㉡ 예랭(예냉)

　　• 고온상태에 수확된 청과물을 수확 직후 적당한 품온까지 냉각하여 과실자체의 호흡량, 성분이나 물성의 변화를 억제하여 품질을 유지할 수 있는 냉각작업을 예랭(예냉)이라 한다.

　　• 예랭은 수확 직후 청과물의 품질 유지에 좋은 방법으로 호흡량을 줄이고 저장양분의 소모를 감소시킨다.

　㉢ 큐어링

　　• 큐어링은 고구마, 감자, 양파 등에 상처가 발생한 경우 상처를 아물게 하거나 코르크 층을 형성시켜 수분의 증발을 줄이고 미생물의 침입을 예방하는 방법이다.

　　• 고구마는 수확 후 1주일 이내 온도 30~33℃, 습도 85~90% 조건에서 4~5일 정도 큐어링 한 후 열을 방출시키고 저장하면 상처가 아물게 된다. 온도와 습도를 낮게 하면 치유시간이 오래 걸리고 중량이 감소하게 된다.

· 감자는 수확 후 온도 15~20°C, 습도 85~90% 조건에서 2주일 정도 큐어링 하도록 한다.

· 양파는 건조가 어느정도 된 경우 온도 30~35°C, 습도 70~80% 조건에서 5일 정도 처리한다.

ⓔ 예건

· 식물의 외층을 건조시켜 내부조직의 수분증산을 억제시키는 방법이다. 수확 직후 수분을 일정량 증산시켜 과습으로 인한 부패를 방지할 수 있다.

· 수분함량이 많고 증산속도가 빠른 양배추 등의 엽채류는 외엽 1층이 거의 마를 때까지 예건시키는 것이 저장에 유리하다.

2. 해충의 방제

(1) 법적 방제법

법적 방제법은 법령에 의해 실시되는 방제법으로 식물방역법에 의해 국제 혹은 국내간의 검역을 통해 발생을 줄이는 제도적 방법이다.

(2) 생태학적(경종적, 재배적) 방제법

① 윤작

ⓐ 윤작은 한 경작지에 여러 작물을 돌려가면서 짓는 방법으로 이 방법을 사용하면 같은 작물을 연작하여 발생하는 해충을 어느정도 완화할 수 있다.

ⓑ 윤작의 경우 이전 작물에 대한 해충이 다음 작물에 영향을 주는지에 대한 관계에 대해서도 충분히 파악하고 다음 작물을 선택해야 한다.

ⓒ 다른 작물을 재배하면서 지력유지 및 토양의 양분 균형을 유지하는데 도움이 되며 해충의 방제와 작물에서 배출되는 일종의 독소물질의 축적도 막을 수 있다.

ⓓ 다른 작물로 인해 뿌리의 분포나 잔사의 조직 등이 달라 토양의 투수성, 통기성 등이 달라 토양의 물리성이 개선되기도 한다.

② 경운

ⓐ 경운은 토양을 부드럽게 할 목적으로 흙을 파 뒤집는 작업이다.

ⓑ 이러한 토양 뒤집기 작업을 통해 해충의 증식을 막을 수 있고 토양 속의 작물의 잔해물을 제거하여 해충의 양분을 줄일 수 있다. 또한 잡초도 함께 제거되기에 관련 해충들도 방제가 가능하다.

③ 혼작
   ㉠ 혼작은 서로 다른 작물 혹은 식물을 심는 방법이다. 식물들은 저마다 자신을 지키기
      위한 저항성 물질을 가지고 있기에 혼작을 통해 서로간에 피해를 주는 해충을 방제할
      수 있다.
   ㉡ 한 예로 결명자의 뿌리에는 탄닌 성분이 다량 배출되어 선충의 접근을 막아주기도
      한다.
   ㉢ 그러나 상호간에 나쁜 작용을 하는 식물들도 있기에 이에 대한 충분한 준비와 지식이
      필요하다.
④ 저항성, 내충성 품종
   ㉠ 저항성, 내충성 품종의 경우 해충의 방제하는 방법 중 하나로서 저항성을 가지게
      되면 장기간에 걸쳐 방제가 가능한 장점을 가진다.
   ㉡ 생태계에 대한 피해가 없으나 이러한 저항성을 가지기 위한 시간과 노력이 많이
      필요하며 해충의 돌연변이 등에 대한 변수가 있어 해충의 변화를 따라가지 못하는
      경우도 있다.
⑤ 재배관리
   ㉠ 자체적으로 토양을 개선할 수 있는 시비, 객토 등의 작업을 한다.
   ㉡ 해충이 다량 발생하는 시기를 피하여 재배하기도 한다.
   ㉢ 재식 거리를 조절하여 해충의 피해를 완화할 수 있다.

(3) 기계적 방제법

① 포살법
   알이나 유충 등을 손이나 기구를 이용하여 직접 죽이는 방법으로 포살 역시 곤충의
   특징에 따라 처리 방법이 다르다.

직접 잡는 방법	손, 기구 등을 이용해 직접 잡는 것으로 주로 어스렝이나방, 집시나방, 미국흰불나방 등에 적용된다.
찌르는 방법	하늘소, 굴레나방등 목질부 내부를 가해하는 해충을 철사를 이용해 찔러 제거하는 방법이다.
터는 방법	잎벌레, 바구미류 등 강한 진동으로 나무에서 떨어뜨리는 방법이다.

② 유살법
   곤충을 유인하여 죽이는 방법으로 곤충의 특징에 따라 유인 방법을 선택한다.

식이유살	먹이를 이용하는 방법
번식처 유살	통나무와 같이 번식처를 이용하는 방법
잠복처 유살	월동장소 등의 잠복처를 이용하는 방법
등화 유살	빛을 이용하는 방법

(4) 물리적 방제법

① 해충이 살기 어려운 조건을 만들어주는 것으로 방사선, 고주파를 이용하는 방법과 환경조건을 달리하도록 온도 및 습도를 조절하는 방법이 있다.

② 방사선법은 해충을 불임화 시켜 산란을 방해하는 방법이다.

(5) 화학적 방제법

① 화학적 방제법은 화학물질이 함유된 약품을 이용하며 효과가 빠르고 사용이 용이하지만 해충뿐 아니라 다른 생물에도 피해를 주어 생태계에 영향을 준다. 또한 원하던 해충을 처리하여도 저항성 해충이나 2차 해충등이 출현하는 부작용이 있기도 하다.

② 화학적 방제법 약제로 주로 농약이 사용되며 살균제, 살충제, 제초제 등이 있다.

③ 살충제의 종류 및 특징

소화중독제	해충이 약제를 먹어 소화관에서 흡수되어 처리하며 주로 저작구형을 가진 해충에 적용하면 유리하다.
침투성살충제	식물에 약제를 투입시키며 흡즙성 해충 처리에 유리하며 다른 곤충이나 천적등에 피해가 적다.
훈증제	약제를 가스화 하여 처리하여 별도의 밀폐처리가 필요하다.
접촉제	해충에 직접 약제를 접촉시켜 처리한다.
불임제	해충의 생식능력에 방해를 주어 번식을 막는다.
보조제	해충 처리 효율을 높이는 보조물질로 용제, 유화제, 전착제, 증량제 등이 있다.

④ 살균제는 식물에 침입 전 예방을 위한 약품과 침입한 경우 등 용도에 따라 구분된다.

보호살균제	보르도액, 석회화합제
직접살균제	시스테인, 티포라탄
토양살균제	클로로피크린, 브로민화메틸
종자소독제	베노람수화제, 지오람수화제

(6) 생물학적 방제법

① 해충에 천적이 되는 생물을 이용하는 방법으로 생태계에도 영향이 적은 장점을 가지지만 대량으로 생산이 어려운 단점을 가지며 해충밀도에 의해 효율에 영향을 받는다.

장점	단점
• 생태계의 균형 유지 • 방제 효과의 반영구적 혹은 영구적 • 다른 식물 혹은 생태계에 대한 피해가 없음	• 대량 사육이 어려움 • 해충밀도가 높을 경우 효과가 낮음 • 시간 및 경비가 많이 요구됨

② 생물적 방제법을 사용하기 위해서는 아래와 같은 조건을 갖추는 것이 유리하다.

   ㉠ 성의비가 커야 한다.

   ㉡ 증식력이 좋아야 한다.

   ㉢ 다루기 용이하고 대량 생산이 가능해야 한다.

   ㉣ 준비하는 천적에 피해를 주는 생물이 없어야 한다.

③ 포식성 천적

   ㉠ 풀잠자리류 : 진딧물류, 깍지벌레류, 응애류 등을 잡아먹는다.

   ㉡ 딱정벌레류 : 무당벌레과는 진딧물류, 깍지벌레류 등을 잡아먹는다.

   ㉢ 노린재류 : 일부 침노린재과, 장님노린재과가 포식성이다.

(7) 종합적 관리

① 병해충종합관리는 Integrated Pest Management(IPM) 이라 하며 환경 친화적이고 지속가능한 방법으로 병해충을 관리하여 농약으로 인한 사회, 보건학적 위험을 줄이는 것을 목적으로 하는 방법이다.

② 병해충 종합관리는 생태학적인 시각에서 관리를 요구하며 병해충의 박멸이 아닌 농작물에 피해를 입히지 않는 수준의 유지를 목적으로 한다.

3. 식물병해의 방제

(1) 법적 방제

① 식물검역

   ㉠ 법적 방제법은 법령에 의해 실시되는 방제법으로 식물방역법에 의해 국제 혹은 국내간의 검역을 통해 발생을 줄이는 제도적 방법이다.

   ㉡ 식물검역은 식물에 피해를 주는 병해충이 국내에 전파되는 것을 방지하기 위해 수입되는 식물 및 식물성 산물에 병해충을 검사한다.

ⓒ 식물방역법, 시행령, 시행규칙 등은 수출입 식물 및 국내 식물에 대한 방역이나 식물에게 해를 끼치는 동식물을 없애는 일 따위에 관한 법률을 말한다.

② 병해충관리제도

ⓐ 규제병해충

국내 유입시 잠재적으로 큰 피해를 줄 우려가 있는 등 중요성이 있고 국내에 존재하지 않거나 국내의 일부 포함되어 있지만 발생예찰 사업, 기타 방제 등으로 조치를 취하고 있는 병해충으로 금지병해충, 관리병해충으로 구분하고 있다.

ⓑ 잠정규제병해충

수입식물검역에서 처음 발견되었거나 병해충위험분석을 실시중인 병해충으로 규제병해충에 준하여 잠정적으로 소독, 폐기 등의 조치를 취하는 병해충을 말한다.

ⓒ 비검역병해충

규제병해충 및 잠정규제병해충을 제외한 병해충으로 국내에 널리 분포하여 수입농산물에 부착되어 있을 경우 소독 등 검역적 조치를 취하지 않은 병해충을 말한다.

(2) 생물적 방제

① 생물적 방제

ⓐ 생물적 방제는 식물의 저항성을 유도하거나 미생물을 이용하는 방법으로 환경의 보존과 생태계 균형을 유지할 수 있다.

ⓑ 생물적 방제에는 교차보호, 길항미생물, 근권미생물 등을 이용하는 방법이 있다.

② 교차보호

ⓐ 교차보호는 어떤 바이러스에 감염된 식물이 통상 동종의 바이러스에 다시 감염되지 않는 현상을 말한다. 병원성이 약화된 식물바이러스가 침입한 기주에 병원성이 강한 식물바이러스에 의한 병의 확산이 억제되는 현상으로 바이러스의 간섭작용을 이용한다.

ⓑ 식물 약독바이러스 선발에는 자연계 분리 및 선발, 고온 및 저온처리, 화학약품 처리, 바이러스 핵산의 유전자 조적 등의 방법을 활용한다.

ⓒ 대표적으로 토마토 담배모자이크바이러스, 박과작물의 오이녹반모자이크바이러스 등이 있다.

③ 길항미생물

병원균의 생육을 억제하는 길항미생물을 이용하는 생물학적 방제는 용균작용, 항생작용, 기생작용, 경쟁작용, 유도저항성 작용 등의 방법을 적용한다.

④ 근권미생물

식물근권에 살아가는 미생물은 불용성 인산의 가용화, 질소 고정 등을 통해 식물의 생육을 촉진하고 항생물질, LPS, HCN, siderophore 등을 분비하여 병원균을 억제한다.

(3) 경종적 방제

① 윤작

㉠ 윤작은 동일 임지에서 작물을 연이어 재배하지 않고 다른 종류의 작물을 순차적으로 재배하는 것을 의미한다.

㉡ 땅속에서 오랜시간 생존이 가능하고 기주 범위가 넓은 병균들의 경우 이러한 윤작을 적용하는 것이 비실용적이다. 감자 더뎅이병균, 무·배추 무사마귀병균은 기주식물의 범위가 좁아 윤작을 위한 작물의 선택 범위가 넓다.

② 파종시기 조절

㉠ 파종시기에 파종을 하게 될 경우 병해에 걸리기 쉬운 경우가 있는데 이러할 때에는 시기를 늦추거나 당겨서 병해를 피하기도 한다.

㉡ 벼 파종이나 이앙시기가 늦어질 경우 도열병의 발생이 증가하게 되기에 이앙시기가 빨라지면 잎집무늬마름병이 증가하게 된다.

③ 포장위생

㉠ 병든 식물의 병든 부위를 제거하는 것으로 병원체의 생활사를 파악하여 제 1차 전염원을 제거 하는 방법이 있다.

㉡ 병원체를 전염시키는 중간기주를 제거하여 예방하는 방법이 있다.

④ 토양조건

㉠ 유주자균류인 모잘록병균, 균핵병균 등은 토양의 수분이 많을 경우 잘 발생된다.

㉡ 감자더뎅이병은 알칼리성 토양, 무·배추 무사마귀병은 산성토양에서 잘 발생하는데 이러한 토양의 조건을 개선하기 위해 유기물 및 석회를 사용한다.

⑤ 영양조건

㉠ 식물의 영양조건에 의해서 병원체의 침입에 영향을 주게 된다. 식물의 영양상태가 양호할 경우 저항력이 좋으나 영양상태가 좋지 않을 경우 저항력이 약화되기 쉽다

㉡ 영양성분 중에서 질소질 비료를 과용할 경우 도장의 우려가 있고 저항력이 약해지기 쉽다. 질소질 비료 과용의 경우 벼 도열병, 벼 잎집무늬마름병, 흰가루병 등이 발생하기도 한다.

(4) 저항성 품종 이용

① 저항성 품종은 특별한 경비를 소모하지 않고 환경적 문제를 일으키지 않는 이상적인 방제법이다.

② 육성된 품종의 저항성은 생리적 분화, 환경 및 기주와의 상호반응 등에 따라 저항성이 약해지고 감수성으로 변하기에 지속적인 연구가 요구된다.

(5) 화학적 방제

① 화학적 방제법은 살충제와 같은 화학물질을 함유한 약제를 이용하는 방법으로 효과가 빠르고 간편한 장점을 가진다.

② 다만 화학적 방제법은 화학물질로 인해 발생되는 부작용으로 인하여 생태계의 교란, 유용생물에 피해를 주기에 사용시 주의를 요구한다.

(6) 물리적 방제

① 종자 선택

㉠ 종자, 묘목, 괴경이나 알뿌리 등 잠복 가능성이 있기에 종자 및 모의를 선택할 때 주의를 요한다.

㉡ 종자는 비중선에 의해 병든 종자를 제거하고 종자에 섞여 있는 균핵도 제거할 수 있다.

② 종자 소독

㉠ 종자에 의해 전반 및 발생하는 식물병은 종자소독에 의해 방제가 가능하며 대표적으로 도열병, 모썩음병, 키다리병 등이 방제 가능하다.

㉡ 볍씨를 소독하는 방법은 병균에 따라 다른 경우도 있으나 한 가지 방법으로 두 가지 이상의 병균을 동시에 소독되는 경우도 있으며 미생물의 길항작용을 이용하여 논흙으로 종자소독이 가능하다.

③ 냉수온탕침법

㉠ 종자를 20℃ 이하의 냉수에 6~24시간 침지하고 50~55℃ 물에 이동시켜 담근다음 건져내는 방법으로 온도 및 시간을 주의해야 한다.

㉡ 냉수온탕침법으로 키다리병, 잎마름선충병 등의 방제가 가능하다.

④ 토양소독

㉠ 흙을 가열하는 방법으로 고온, 고압의 증기를 흙에 통과시켜 소독하는 방법이다.

㉡ 토양의 증기소독 및 열에 의한 가열소독 효과로 공해 및 약해가 없는 것이 장점이다.

㉢ 토양의 가열소독은 60℃ 조건에서 30분 정도 하는 것이 적당하다.

4. 잡초의 방제

(1) 예방적 방제법

① 예방적 방제법은 외부에서 농경지로 잡초가 유입되는 것을 예방하는 방제법이다.

② 예방적 방제법에는 잡초위생이라 하여 잡초가 발생되지 않도록 관리하는 것을 말한다. 잡초위생에는 재배관리 합리화, 작물종자 정선, 비산형 잡초종자 관리, 농기구 관리, 가축의 관리, 경작지 주변관리, 토양의 소독 및 관리, 완숙퇴비 사용 등이 있다.

재배관리 합리화	· 적정 시비를 통해 작물의 경합력을 증대시킨다.
작물종자 정선	· 잡초 종자의 정선 및 혼입을 막는다.
농기계 관리	· 농기구의 청결을 유지한다.
가축 및 주변 관리	· 가축의 털을 이용한 종자의 유입을 막는다. · 관배수로를 관리하여 수생잡초의 유입을 막는다.
상토 및 운반토양 소독	· 토양의 소독 및 종자의 혼입을 막는다.

(2) 생태학적(경종적) 방제법

① 잡초의 생육환경이 불리하도록 조성하여 작물이 경합에서 유리하도록 하여 잡초를 방제하는 방법이다.

② 경종적 방제법에는 경합특성을 이용하는 방법과 환경을 이용하는 환경제어법이 있다.

  ㉠ 경합특성 이용
  · 작물의 경합력 증진을 위한 방법 선택
  · 작부체계의 개선(윤작 등)
  · 재식밀도를 높여 초관형성을 촉진한다.
  · 경합력이 큰 작물을 선택한다.
  · 유묘의 생장력이 강하고 발아율이 좋은 작물을 선택한다.
  · 피복작물을 이용하여 토양침식 및 잡초 발생을 억제한다.
  · 병해충 등의 적기 방제를 통해 피해지의 잡초 발생을 예방한다.
  · 이식 및 이앙을 통해 작물 공간을 선점하여 잡초의 발생 공간을 최소화한다.

  ㉡ 환경제어법
  · 잡초의 경합력 약화를 위한 방법
  · 작물에 대한 선택적 시비를 실시한다.
  · 답전윤환재배를 통해 잡초의 발생을 억제한다.
  · 작물에 적합한 토양으로 조절한다.

(3) 생물적 방제법

① 곤충이나 미생물, 병원성을 이용하여 잡초의 세력을 경감시키는 방법이다.

② 생물적 방제법

　　㉠ 곰팡이, 박테리아, 바이러스 등의 병원미생물을 이용한 선택적 방제방법이 있다.

　　㉡ 오리나 닭 등의 가축을 이용한 방제법이 있다.

　　㉢ 우렁이, 달팽이 및 잉어, 붕어 등의 어패류를 이용한 방제법이 있다. 단, 붕어의 경우 발아한 연약한 식물을 먹이로 하기에 직파벼는 사용이 어렵고 이앙된 벼에는 피해를 주지 않는다. 이러한 특징 역시 고려하여 적절한 종류를 선택해야 한다.

　　㉣ 타감작용(allelopathy, 상호대립억제작용)이라 하여 근처 식물의 생육에 영향을 주는 방법을 이용한 방제법이다. 주로 인접 식물의 생육에 부정적인 영향을 끼쳐 생장을 저해시키거나 혹은 과도하게 촉진시키게 된다. 보리, 밀 등은 잡초의 생육을 억제시키는 작용을 한다.

　　㉤ 잡초식해곤충을 이용한 방법으로 특정 잡초를 가해하는 곤충을 이용한다. 돌소리쟁이 잡초에는 좀남색잎벌레, 선인장에는 좀벌레, 고추나물속에는 무구풍뎅이가 적합하다.

　　㉥ 쌀겨를 공급하면 미생물이 활성화되면서 유기산을 만들고 잡초 발생을 억제할 수 있다.

③ 생물적 방제를 위한 조건으로 잡초의 분포 및 종류에 대한 파악이 필요하면 가장 적합한 천적에 대한 선발 및 증식방법이 효율적이어야 한다.

④ 생물적 방제는 효과의 영구성이 있고 방제 비용이 적게 들며 친환경적이다. 그러나 적절한 천적을 찾기가 어려우며 잡초 발생지의 경우 여러 잡초가 동시다발적으로 발생하기에 모든 잡초방제를 하기에는 어려움이 있다.

⑤ 미생물을 통해 방제를 하기 위해서는 대상 잡초에만 피해를 주어야 하며 잡초의 적응지역 환경에 잘 적응하는 것이 좋다. 또한 인공적 배양이나 증식이 용이하고 생식력이 강해야 하며 비산 및 분산 능력이 뛰어나야 효과적이다.

(4) 기계적&물리적 방제법

① 기계의 힘을 이용하거나 사람이나 가축을 이용하며 기계적, 물리적인 힘을 가하여 잡초를 제거하는 방법으로 시간과 노력이 많이 들어가는 단점이 있지만 가장 확실하게 제거할 수 있다.

② 기계적, 물리적 방제법으로 인위적인 제초, 경운, 예취, 피복, 침수처리, 열처리 등의 방법이 있다.

인위적 제초	・잡초 발생시 농기구를 이용하여 제초한다.
경운	・토양을 갈아엎어 잡초 종자 및 뿌리를 제거한다.
피복	・토양위에 볏짚, 비닐 등의 재료로 덮어 잡초의 발생을 방제한다.
침수처리	・논에 일정 수심을 유지하여 잡초 발생을 막는다.
예취	・잡초를 베어 개화 및 결실을 방지한다.

(5) 화학적 방제법

① 농약 제초제를 살포하여 잡초를 방제하는 방법으로 최근 가장 널리 사용되는 방법이며 살초 효과가 매우 빠르게 나타난다.

② 잡초에만 약효가 나타나고 작물에는 피해가 없는 선택적 제초제를 사용해야 한다.

③ 제초제의 경우 잡초에 대한 적용범위가 넓어야 하고 제초 효과가 길수록 효과적이며 인축에 대한 독성이 없고 값이 저렴한 것이 좋다.

④ 제초제의 분류는 아래와 같다.

㉠ 생리작용에 따른 분류

선택성	・보호할 작물에 약해 없이 선택적으로 잡초를 방제하는 약품이다. ・2,4-D, MCP, MCPB, DCPA
비선택성	・식물의 종류에 상관 없이 모든 식물을 제거하는 약품이다. ・CAT, CMV, PCP, DNBP

㉡ 처리방법에 따른 분류

토양처리	잡초가 발생하기 전 살포하는 것으로 어린싹이나 뿌리를 통해 흡수된다.
경엽처리	잡초가 발생한 후 살포하는 것이다.
토양, 경엽 처리	잡초 발생의 진행을 억제하고 이미 발생한 잡초를 고사시킨다.

㉢ 화학구조에 따른 분류

유기제초제	・분자 내 하나 이상의 탄소를 함유한 제초제를 말한다. ・2,4-D, MCP, PCP, TCA, DNOC 등
무기제초제	・분자 내 탄소를 포함하지 않은 제초제를 말한다. ・염소산소다, 시안산소다, HCl, H_2SO_4 등

② 작용특성에 따른 분류

접촉형	· 식물에 직접 살포하여 접촉시 효과를 발휘하는 제초제를 말한다. · PCP, DNOC, DCPA, Difenoconazole 등
이행성	· 경엽, 뿌리 등 접촉부위에서 식물체 내의 작용점으로 이행되어 효과를 발휘하는 제초제를 말한다. · 2,4-D, 시마진, MCPA, bentazon, glyphosate 등

(6) 잡초종합관리(IWM)

① 잡초종합관리(IWM, Integrated Weed Management)는 여러 잡초 방제법 중에서 두 개 이상의 방법을 선택하여 사용하는 방법이다. 이 방법은 환경 및 인축에 영향을 주지 않고 지속적으로 사용 및 관리가 가능한 방법을 선택해야 한다.

② 두 가지 이상의 방제법을 혼용하여 사용하는데 있어 가능하면 환경에 피해를 주지 않으면서 방제효과를 높일 수 있는 방법을 찾는데 의의가 있다.

③ 잡초종합관리를 통해 잡초군락의 크기가 감소되고 작물의 생산력이 증대되며 재배환경이 개선되어 작물의 수량이 향상된다.

(7) 잡초의 분류

① 생활형에 따른 분류

1년생	· 1년을 기준으로 생활하는 잡초로 한해살이 잡초라고도 한다. · 돌피, 강피, 알방동사니, 바람하늘지기, 물달개비, 물옥잠, 마디꽃 등
월년생	· 1년 이상 2년 미만으로 생활하는 잡초이다. · 달맞이꽃, 나도냉이, 엉겅퀴, 냉이, 별꽃, 속속이풀 등이 있다.
다년생	· 2년 이상 생활하는 잡초를 다년생 잡초라 한다. · 나도겨풀, 너도방동사니, 쇠털골, 올방개, 가래, 올미, 쇠뜨기 등

② 논잡초

㉠ 1년생 논잡초로 피, 마디꽃, 물달개비 등이 있다.

㉡ 논에서 발생하는 다년생 잡초로는 너도방동사니, 올미, 가래, 나도겨풀, 매자기, 올챙이고랭이, 개구리밥, 미나리, 벗풀, 쇠털골, 알방동사니 등이 있다.

㉢ 논에서 점유율이 높은 우점잡초로는 피, 올방개, 물달개비, 올미, 너도방동사니, 올챙이고랭이 등이 있다.

③ 밭잡초

　㉠ 1년생 밭잡초로 바랭이, 쇠비름, 명아주, 닭의 장풀 등이 있고 다년생 잡초에는 엉겅퀴,
　　메꽃, 소리쟁이 등이 있다. 월년생 밭잡초에는 냉이, 별꽃, 망초 등이 있다.

　㉡ 발생밀도가 많은 잡초를 우점잡초라 하며 밭에서 주로 나타나는 우점잡초의 종류로는
　　둑새풀, 명아주, 바랭이, 쇠비름, 깨풀 등이 있다.

07 친환경 농업

1. 친환경농어업 육성 및 유기식품 등의 관리·지원에 관한 법률

(1) 목적

이 법은 농어업의 환경보전기능을 증대시키고 농어업으로 인한 환경오염을 줄이며, 친환경
농어업을 실천하는 농어업인을 육성하여 지속가능한 친환경농어업을 추구하고 이와 관련된
친환경농수산물과 유기식품 등을 관리하여 생산자와 소비자를 함께 보호하는 것을 목적으로
한다.

(2) 정의

이 법에서 사용하는 용어의 뜻은 다음과 같다.

1. "친환경농어업"이란 생물의 다양성을 증진하고, 토양에서의 생물적 순환과 활동을 촉진하
며, 농어업생태계를 건강하게 보전하기 위하여 합성농약, 화학비료, 항생제 및 항균제
등 화학자재를 사용하지 아니하거나 사용을 최소화한 건강한 환경에서 농산물·수산물·
축산물·임산물(이하 "농수산물"이라 한다)을 생산하는 산업을 말한다.

2. "친환경농수산물"이란 친환경농어업을 통하여 얻는 것으로 다음 각 목의 어느 하나에
해당하는 것을 말한다.
    가. 유기농수산물
    나. 무농약농산물
    다. 무항생제수산물 및 활성처리제 비사용 수산물(이하 "무항생제수산물등"이라 한다)

3. "유기"(Organic)란 생물의 다양성을 증진하고, 토양의 비옥도를 유지하여 환경을 건강하게
보전하기 위하여 허용물질을 최소한으로 사용하고, 제19조제2항의 인증기준에 따라 유기
식품 및 비식용유기가공품(이하 "유기식품등"이라 한다)을 생산, 제조·가공 또는 취급하
는 일련의 활동과 그 과정을 말한다.

4. "유기식품"이란 「농업·농촌 및 식품산업 기본법」 제3조제7호의 식품과 「수산식품산
업의 육성 및 지원에 관한 법률」 제2조제3호의 수산식품 중에서 유기적인 방법으로
생산된 유기농수산물과 유기가공식품(유기농수산물을 원료 또는 재료로 하여 제조·가공
·유통되는 식품 및 수산식품을 말한다. 이하 같다)을 말한다.

5. "비식용유기가공품"이란 사람이 직접 섭취하지 아니하는 방법으로 사용하거나 소비하기
위하여 유기농수산물을 원료 또는 재료로 사용하여 유기적인 방법으로 생산, 제조·가공
또는 취급되는 가공품을 말한다. 다만, 「식품위생법」 에 따른 기구, 용기·포장, 「약사

법」에 따른 의약외품 및 「화장품법」에 따른 화장품은 제외한다.

5의2. "무농약원료가공식품"이란 무농약농산물을 원료 또는 재료로 하거나 유기식품과 무농약농산물을 혼합하여 제조·가공·유통되는 식품을 말한다.

6. "유기농어업자재"란 유기농수산물을 생산, 제조·가공 또는 취급하는 과정에서 사용할 수 있는 허용물질을 원료 또는 재료로 하여 만든 제품을 말한다.

7. "허용물질"이란 유기식품등, 무농약농산물·무농약원료가공식품 및 무항생제수산물등 또는 유기농어업자재를 생산, 제조·가공 또는 취급하는 모든 과정에서 사용 가능한 것으로서 농림축산식품부령 또는 해양수산부령으로 정하는 물질을 말한다.

8. "취급"이란 농수산물, 식품, 비식용가공품 또는 농어업용자재를 저장, 포장[소분(小分) 및 재포장을 포함한다. 이하 같다], 운송, 수입 또는 판매하는 활동을 말한다.

9. "사업자"란 친환경농수산물, 유기식품등·무농약원료가공식품 또는 유기농어업자재를 생산, 제조·가공하거나 취급하는 것을 업(業)으로 하는 개인 또는 법인을 말한다.

(3) 유기식품등의 인증기준 – 유기축산물

가. 일반원칙 및 단체관리

1) 별표 4 제1호나목에 따른 경영 관련 자료를 기록·보관하고 국립농산물품질관리원장 또는 인증기관의 장이 열람을 요구하는 때에는 이에 응할 수 있어야 한다.

2) 초식가축은 목초지에 접근할 수 있어야 하고, 그 밖의 가축은 기후와 토양이 허용되는 한 노천구역에서 자유롭게 방사할 수 있도록 하여야 한다.

3) 가축 사육두수는 해당 농가에서의 유기사료 확보능력, 가축의 건강, 영양균형 및 환경영향 등을 고려하여 적절히 정하여야 한다.

4) 전통적인 사양체계의 농장구조가 초지에 접근이 용이하지 아니 할 경우에는 유기사료 제공으로 가축을 생산할 수 있다.

5) 가축의 생리적 요구에 필요한 적절한 사양관리체계로 스트레스를 최소화하면서 질병 예방과 건강유지를 위한 가축관리를 하여야 한다.

6) 가축 질병방지를 위한 적절한 조치를 취하였음에도 불구하고 질병이 발생한 경우에는 가축의 건강과 복지유지를 위하여 수의사의 처방 및 감독 하에 치료용 동물용의약품을 사용할 수 있다.

7) 국립농산물품질관리원장 또는 인증기관의 장이 심사를 위하여 축산물의 생산과정 등을 기록한 인증품 생산계획서와 필요한 관련 정보를 요구하는 때에는 이를 제공할 수 있어야 한다.

8) 생산자단체로 인증받으려는 경우에는 인증신청서를 제출하기 전에 다음 각 호의 요건

을 모두 이행하고 관련 증명자료를 보관하여야 한다.

가) 소속 농가에게 인증기준에 적합하게 작성된 생산지침서를 제공하여야 한다.

나) 소속 농가에게 최신의 인증기준과 인증농가가 준수하여야 하는 사항에 대해 교육하여야 한다.

다) 소속 농가의 인증품 생산과정이 인증기준에 적합한지에 대한 예비심사를 하고 심사한 결과를 기록하여야 한다.

라) 가)부터 다)까지의 업무를 수행하기 위해 국립농산물품질관리원장이 정하는 자격을 갖춘 생산관리자를 1명 이상 지정하여야 한다.

나. 사육장 및 사육조건

1) 사육장 및 사료작물 재배지는 주변으로부터의 오염우려가 없는 지역으로서 「토양환경보전법 시행규칙」 별표 3에 따른 1지역의 토양오염 우려기준을 초과하지 아니하여야 한다.

2) 축사 및 방목에 대한 세부요건은 다음과 같다.

가) 축사 조건

(1) 축사는 다음과 같이 가축의 생물적 및 행동적 욕구를 만족시킬 수 있어야 한다.

(가) 사료와 음수는 접근이 용이할 것

(나) 공기순환, 온도·습도, 먼지 및 가스농도가 가축건강에 유해하지 아니한 수준 이내로 유지되어야 하고, 건축물은 적절한 단열·환기시설을 갖출 것

(다) 충분한 자연환기와 햇빛이 제공될 수 있을 것

(2) 축사의 밀도조건은 다음 사항을 고려하여 국립농산물품질관리원장이 정하는 사육두수를 유지하여야 한다.

(가) 가축의 품종·계통 및 연령을 고려하여 편안함과 복지를 제공할 수 있을 것

(나) 축군의 크기와 성에 관한 가축의 행동적 욕구를 고려할 것

(다) 자연스럽게 일어서서 앉고 돌고 활개칠 수 있는 등 충분한 활동공간이 확보될 것

(3) 축사·농기계 및 기구 등은 청결하게 유지하고 소독함으로써 교차감염과 질병감염체의 증식을 억제하여야 한다.

(4) 축사의 바닥은 부드러우면서도 미끄럽지 아니하고, 청결 및 건조하여야 하며, 충분한 휴식공간을 확보하여야 하고, 휴식공간에서는 건조깔짚을 깔아 줄 것

(5) 번식돈은 임신 말기 또는 포유기간을 제외하고는 군사를 하여야 하고, 자돈

및 육성돈은 케이지에서 사육하지 아니할 것. 다만, 자돈 압사 방지를 위하여 포유기간에는 모돈과 조기 이유한 자돈의 생체중이 25킬로그램까지는 케이지에서 사육할 수 있다.

    (6) 가금류의 축사는 짚·톱밥·모래 또는 야초와 같은 깔짚으로 채워진 건축공간이 제공되어야 하고, 가금의 크기와 수에 적합한 홰의 크기 및 높은 수면공간을 확보하여야 하며, 산란계는 산란상자를 설치하여야 한다.

    (7) 산란계의 경우 국립농산물품질관리원장 또는 인증기관의 장이 부여한 시간의 범위에서 자연일조시간을 인공광으로 연장할 수 있다.

나) 방목조건

    (1) 포유동물의 경우에는 가축의 생리적조건·기후조건 및 지면조건이 허용하는 한 언제든지 방목지 또는 운동장에 접근할 수 있어야 한다. 다만, 수소의 방목지 접근, 암소의 겨울철 운동장 접근 및 비육 말기에는 예외로 할 수 있다.

    (2) 가금류의 경우에는 다음 조건을 준수하여야 한다.

        (가) 가금은 개방조건에서 사육되어야 하고, 기후조건이 허용하한 야외 방목장에 접근이 가능하여야 하며, 케이지에서 사육하지 아니할 것

        (나) 물오리류는 기후조건에 따라 가능한 시냇물·연못 또는 호수에 접근이 가능할 것

3) 유기가축과 비유기 가축의 병행사육은 다음 가)부터 다)까지의 조건을 모두 갖춘 경우에만 할 수 있다

가) 유기축산물 인증을 받을 농장의 가축은 일반가축(무항생제육 가축 포함)과 동일 축사 내에서 사육되지 아니하여야 한다.

나) 유기가축, 사료취급, 약품투여 등은 비유기가축과 구분하여 정확히 기록 관리하고 보관하여야 한다.

다) 인증가축은 비유기 가축사료, 금지물질 저장, 사료공급·혼합 및 취급 지역에서 안전하게 격리되어야 하며, 사육장 입구 등 잘 보이는 곳에 유기축산물 사육장임을 알리는 표지판을 설치하여야 한다.

다. 자급 사료 기반

1) 초식가축의 경우에는 국립농산물품질관리원장이 정하는 목초지 또는 사료작물 재배지 (답리작 사료작물 재배지를 포함한다. 이하 같다)를 확보하여야 한다.

2) 국립농산물품질관리원장 또는 인증기관의 장은 축종별 가축의 생리적 상태, 지역 기상조건의 특수성 및 토양의 상태 등을 고려하여 유기적으로 재배·생산된 조사료를 구입하여 급여하는 것을 인정할 수 있다.

3) 목초지 및 사료작물 재배지는 유기농산물의 재배・생산기준에 맞게 생산하여야 한다. 다만, 멸강충 등 긴급 병충해 방제를 위하여 일시적으로 유기합성농약을 사용할 수 있으며, 이 경우 국립농산물품질관리원장 또는 인증기관의 장의 사전승인 또는 사후보고 등의 조치를 취하여야 한다.

4) 가축분뇨 퇴・액비를 사용하는 경우에는 완전히 부숙시켜서 사용하여야 하며, 이의 과다한 사용, 유실 및 용탈 등으로 인하여 환경오염을 유발하지 아니하도록 하여야 한다.

5) 산림 등 자연상태에서 자생하는 사료작물은 유기농산물 허용물질 외의 물질이 3년 이상 사용되지 아니한 것이 확인되고, 비식용유기가공품(유기사료)의 기준을 충족할 경우 유기사료작물로 인정할 수 있다.

라. 가축의 선택, 번식 방법 및 입식

1) 가축은 유기축산 농가의 여건 및 다음 사항을 고려하여 사육하기 적합한 품종 및 혈통을 골라야 한다.

가) 산간지역・평야지역 및 해안지역 등 지역적인 조건에 적합할 것

나) 축종별로 주요 가축전염병에 감염되지 아니하여야 하고, 특정 품종 및 계통에서 발견되는 스트레스증후군 및 습관성 유산 등의 건강상 문제점이 없을 것

다) 품종별 특성을 유지하여야 하고, 내병성이 있을 것

2) 교배는 종축을 사용한 자연교배를 권장하되, 인공수정을 허용할 수 있다.

3) 수정란 이식기법이나 번식호르몬 처리, 유전공학을 이용한 번식기법은 허용되지 아니한다.

4) 다른 농장에서 가축을 입식하려는 경우 해당 가축은 이 호에 따른 유기축산의 기준에 맞게 사육된 가축이어야 한다. 다만, 이를 확보할 수 없는 때에는 다음의 어느 하나에 해당하는 경우에 한하여 국립농산물품질관리원장 또는 인증기관의 장의 승인을 받아 일반 가축을 입식할 수 있다.

가) 이유 직후 또는 부화 직후의 가축인 경우(원유 생산용・알 생산용 및 녹용 생산용 가축의 경우 육성축 및 성축 입식 가능)

나) 번식용 수컷이 필요한 경우

다) 가축전염병 발생에 따른 폐사로 새로운 가축을 입식하려는 경우

마. 전환기간

1) 일반농가가 유기축산으로 전환하거나 라목4) 단서에 따라 유기가축이 아닌 가축을 유기농장으로 입식하여 유기축산물을 생산·판매하려는 경우에는 아래의 전환기간 이상을 유기축산물 인증기준에 따라 사육하여야 한다.

축종	생산물	최소 사육기간
한우·육우	식육	입식 후 출하 시까지(최소 12개월 이상)
	송아지식육	6개월령 미만의 송아지 입식 후 6개월
젖소	시유	착유우는 90일, 미경산우는 6개월
산양	식육	입식 후 출하 시까지(최소 5개월)
	시유	착유양은 90일, 미경산양은 6개월
돼지	식육	입식 후 출하 시까지(최소 5개월 이상)
육계	식육	입식 후 출하 시까지(최소 3주 이상)
산란계	알	입식 후 3개월
오리	식육	입식 후 출하 시까지(최소6주이상)
	알	입식 후 3개월
메추리	알	입식 후 3개월
사슴	식육	입식 후 출하 시까지(최소 12개월)
	녹용	녹용 성장기간 4개월

2) 방목지·노천구역 및 운동장 등의 사육여건이 잘 갖추어지고 유기 사료의 급여가 100퍼센트 가능할 때 국립농산물품질관리원장 또는 인증기관의 장은 위 전환기간 10퍼센트 내에서 기간을 단축할 수 있다.

3) 1)에 전환기간이 설정되어 있지 아니한 축종은 해당 축종과 생육기간 및 사육방법이 비슷한 축종의 전환기간을 적용한다. 다만, 생육기간 및 사육방법이 비슷한 축종을 적용할 수 없을 경우 국립농산물품질관리원장이 별도 전환기간을 설정한다.

4) 동일 농장에서 가축·목초지 및 사료작물재배지가 동시에 전환 하는 경우에는 현재 사육되고 있는 가축에게 자체농장에서 생산된 사료를 급여하는 조건 하에서 목초지 및 사료작물 재배지의 전환기간은 1년으로 한다. 이 경우 목초지 및 사료작물 재배지에서 생산된 사료는 1)의 해당 전환기간 동안만 급여하여야 한다.

바. 사료 및 영양 관리

1) 유기축산물의 생산을 위한 가축에게는 100퍼센트 비식용유기가공품(유기사료)을 급여하여야 한다.

2) 유기축산물 생산과정 중 심각한 천재·지변, 극한 기후조건 등으로 인하여 1)에 따른 사료급여가 어려운 경우는 국립농산물품질관리원장 또는 인증기관의 장은 일정기간 동안 유기사료가 아닌 사료를 일정 비율로 급여하는 것을 허용할 수 있다.

3) 반추가축에게 사일리지(silage)만 급여해서는 안 된다. 비반추 가축에게도 가능한 조사료(粗飼料) 급여를 권장한다.

4) 유전자변형농산물 또는 유전자변형농산물로부터 유래한 것이 함유되지 아니하여야 한다. 다만, 국립농산물품질관리원장이 정한 범위에서 비의도적인 혼입은 인정될 수 있다.

5) 유기배합사료 제조용 단미사료 및 보조사료는 별표 1 제1호나목의 물질만을 사용할 수 있다.

6) 다음에 해당되는 물질을 사료에 첨가해서는 아니 된다.

가) 가축의 대사기능 촉진을 위한 합성화합물

나) 반추가축에게 포유동물에서 유래한 사료(우유 및 유제품을 제외)는 어떠한 경우에도 첨가해서는 아니 된다.

다) 합성질소 또는 비단백태질소화합물

라) 항생제·합성항균제·성장촉진제, 구충제, 항콕시듐제 및 호르몬제

마) 그 밖에 인위적인 합성 및 유전자조작에 의해 제조·변형된 물질

7) 「지하수의 수질보전 등에 관한 규칙」 제11조에 따른 생활용수 수질기준에 적합한 신선한 음수를 상시 급여할 수 있어야 한다.

사. 동물복지 및 질병 관리

1) 가축의 질병은 다음과 같은 조치를 통하여 예방하여야 하며, 질병이 없는데도 동물용의약품을 투여해는 아니 된다.

가) 가축의 품종과 계통의 적절한 선택

나) 질병발생 및 확산방지를 위한 사육장 위생관리

다) 비타민 및 무기물 급여를 통한 면역기능 증진

라) 지역적으로 발생되는 질병이나 기생충에 저항력이 있는 종 또는 품종의 선택

2) 가축의 기생충 감염 예방을 위하여 구충제 사용과 가축전염병이 발생하거나 퍼지는 것을 막기 위한 예방백신을 사용할 수 있다.

3) 법정전염병의 발생이 우려되거나 긴급한 방역조치가 필요한 경우 우선적으로 필요한 질병예방 조치를 취할 수 있다.

4) 1)부터 3)까지에 따른 예방관리에도 불구하고 질병이 발생한 경우 수의사의 처방에 따라 질병을 치료할 수 있다. 이 경우 동물용의약품을 사용한 가축은(구충제를 사용한 가축을 포함한다) 해당 약품 휴약기간의 2배가 지나야 유기축산물로 인정할 수 있다.

5) 약초 및 천연물질을 이용하여 치료를 할 수 있다.

6) 생산성 촉진을 위해서 성장촉진제 및 호르몬제를 사용해서는 아니된다. 다만, 호르몬 사용은 수의사의 처방에 따라 치료목적으로만 사용할 수 있다.

7) 가축에 있어 꼬리 부분에 접착밴드 붙이기, 꼬리 자르기, 이빨 자르기, 부리 자르기 및 뿔 자르기와 같은 행위는 일반적으로 해서는 아니 된다. 다만, 안전 또는 축산물 생산을 목적으로 하거나 가축의 건강과 복지개선을 위하여 필요한 경우로서 국립농산물품질관리원장 또는 인증기관의 장이 인정하는 경우는 이를 할 수 있다.

8) 생산물의 품질향상과 전통적인 생산방법의 유지를 위하여 물리적 거세를 할 수 있다.

9) 4) 또는 6)에 따른 수의사의 처방에 따라 동물용의약품을 사용하는 경우 「수의사법 시행규칙」 제11조에 따라 수의사가 발급하는 처방전 또는 이에 준하는 문서로서 국립농산물품질관리원장이 인정하여 고시하는 문서를 비치하여야 한다.

01 우량품종의 조건이 아닌 것은?

① 특수성　　　　　　　　　　② 구별성
③ 균일성　　　　　　　　　　④ 안정성

해설

우량품종의 조건에는 구별성, 균일성, 안정성이 있다.

02 교배를 하여 잡종을 만들고 그 분리세대인 F_2 이후부터 계속 개체선발을 하고 선발된 개체를 개체별 계통재배를 반복하여 우량한 계통을 선발, 고정하여 순계를 만들어 가는 방법은?

① 교잡육종법　　　　　　　　② 계통육종법
③ 집단선발법　　　　　　　　④ 순계분리법

해설

계통육종법은 교배를 하여 잡종을 만들고 그 분리세대인 F_2 이후부터 계속 개체선발을 하고 선발된 개체를 개체별 계통재배를 되풀이 하면 그들 계통을 서로 비교하여 우량한 계통을 선발, 고정하여 순계를 만들어 가는 방법으로 자가수정작물의 대표적인 육종방법이다.

03 단교잡에 대한 설명으로 옳지 않은 것은?

① 관여하는 계통이 2개뿐이다.　　② 잡종강세 현상이 뚜렷하다.
③ 종자의 생산량이 많다.　　　　④ 불량형질이 나타나는 일이 적다.

해설

단교잡은 종자의 생산량이 적고 종자의 발아력이 약한 편이다.

04 헤어리베치에 대한 설명으로 옳지 않은 것은?

① 월동 후 이른 봄에 재생 속도가 빠르다.
② 다른 콩과작물보다 질소함량이 낮다.
③ 산성토양에서는 생육이 불량하다.
④ 내한성이 강하다.

해설

헤어리베치는 콩과 녹비작물 중 토양개량 효과와 활용 편의성이 뛰어나며 다른 콩과작물보다 질소함량이 높다.

정답　01 ①　02 ②　03 ③　04 ②

05 과수육종의 특징으로 틀린 것은?

① 과수는 교배 후 얻은 종자를 파종하여 3~7년의 유년기가 요구된다.

② 과수는 크게 자라기에 넓은 면적이 필요하다.

③ 교배 범위가 넓다.

④ 영양번식을 통해 우량 개체가 선발되면 유지 및 증식이 가능하다.

> **해설**
>
> 과수육종의 교배 범위는 한정적이다.

06 십자화과작물의 채종적기는?

① 백숙기　　　　　　　　　　② 녹숙기

③ 갈숙기　　　　　　　　　　④ 고숙기

> **해설**
>
> 십자화과작물(채소류)는 갈숙기에 적기이다.

07 고구마에 상처가 발생한 경우 코르크층을 형성시켜 미생물의 침입을 예방하는 방법은?

① 큐어링　　　　　　　　　　② 예랭

③ 예건　　　　　　　　　　　④ 후숙

> **해설**
>
> 큐어링은 고구마, 감자, 양파 등에 상처가 발생한 경우 상처를 아물게 하거나 코르크층을 형성시켜 수분의
> 증발을 줄이고 미생물의 침입을 예방하는 방법이다.

08 해충의 방제법에서 생태학적 방제법에 해당하는 것은?

① 포살법　　　　　　　　　　② 등화유살

③ 윤작　　　　　　　　　　　④ 살균제 사용

> **해설**
>
> 윤작은 한 경작지에 여러 작물을 돌려가면서 짓는 방법으로 이 방법을 사용하면 같은 작물을 연작하여 발생하는
> 해충을 어느정도 완화할수 있는 생태학적 방제법이다.

09 계통분리법에 해당하지 않는 육종법은?

① 집단육종법　　　　　　　　② 가계선발법

③ 모계선발법　　　　　　　　④ 1수1렬법

> **해설**
>
> 집단육종법은 교잡육종법에 해당한다.

10 품종의 특성을 유지하는 방법이 아닌 것은?

① 주보존재배 ② 격리재배
③ 종자갱신 ④ 집단재배

해설

품종의 특성을 유지하기 위한 방법에는 개체집단선발법, 계통집단선발법, 주보존재배, 격리재배, 종자갱신 등의 방법이 있다.

11 염색체 수를 늘리거나 줄여 생겨나는 변이를 육종에 이용하는 방법은?

① 배수성육종법 ② 여교잡육종법
③ 도입육종법 ④ 분리육종법

해설

배수성육종법은 염색체 수를 늘리거나 줄여 생겨나는 변이를 육종에 이용하는 방법이다.

12 퇴비의 기능에 대한 내용으로 옳지 않은 것은?

① 속효성이다. ② 작물에 양분을 공급한다.
③ 토양 중 미생물 활동을 돕는다. ④ 토양의 이화학적 성질을 개선한다.

해설

퇴비는 지효성이며 작물에 양분을 공급한다.

13 해충의 생물학적 방제법에 대한 내용으로 옳지 않은 것은?

① 방제 효과의 반영구적 혹은 영구적
② 대량 사육이 쉬움
③ 다른 식물 혹은 생태계에 대한 피해가 없음
④ 생태계의 균형 유지

해설

해충의 생물학적 방제법은 보통 대량으로 생산이 어려운 단점을 가지고 있다.

14 다음 중 밭에서 발생하는 우점잡초는?

① 너도방동사니 ② 마디꽃
③ 쇠비름 ④ 올챙이고랭이

해설

밭에서 주로 나타나는 우점잡초의 종류로는 둑새풀, 명아주, 바랭이, 쇠비름, 깨풀 등이 있다.

15 여교잡을 나타내는 기호 표시로 옳은 것은?

① (A×B)×A
② (A×B)×C
③ (A×B)×(C×D)
④ (A×A)

> **해설**
> 여교잡육종법은 (A×B)×B, (A×B)×A, [(A×B)×B]×B 등의 형식이다.

16 육종 기술에 있어 적합하지 않은 것은?

① 탐구와 창성
② 방황변이의 수집
③ 변이의 선택과 고정
④ 신품종의 증식과 보급

> **해설**
> 육종기술은 변이의 탐구와 창성, 변이의 선택과 고정, 신품종의 증식과 보급의 3단계로 구성된다.

17 영양생식에 대한 내용으로 틀린 것은?

① 식물체의 일부를 이용한다.
② 모체와 유전적으로 동일한 개체를 얻을수 있다.
③ 취목은 자연영양생식법에 해당한다.
④ 접목은 영양번식에 해당한다.

> **해설**
> 취목의 경우 인공적으로 영양체를 분리하여 번식하는 인공영양생식법에 해당한다.

18 과수원의 토양표면 관리에서 토양을 짚이나 다른 피복물로 덮어주는 방법은?

① 청경법
② 경운법
③ 초생법
④ 부초법

> **해설**
> 부초법은 과수원의 토양을 짚이나 다른 피복물로 덮어주는 방법이다. 토양의 침식방지, 토양수분의 보수력 증대, 토양 내 유기물 증가와 입단화 촉진 등의 효과가 있다.

19 잡초의 예방적 방제법에 관련된 것은?

① 농기구의 청결
② 타감작용
③ 피복
④ 제초제

> **해설**
> 방적 방제법에는 잡초위생이라 하여 잡초가 발생되지 않도록 관리하는 것을 말한다. 잡초위생에는 재배관리 합리화, 작물종자 정선, 비산형 잡초종자 관리, 농기구 관리, 가축의 관리, 경작지 주변관리, 토양의 소독 및 관리, 완숙퇴비 사용 등이 있다.

20 친환경농수산물에 해당하지 않는 것은?

① 유기농수산물
② 무농약농산물
③ 무항생제수산물
④ 고품질천연농산물

해설

친환경농수산물에는 유기농수산물, 무농약농산물, 무항생제수산물 및 활성처리제 비사용 수산물에 해당된다.

21 내병성을 도입할 때 가장 효과적인 육종법은?

① 분리육종법
② 집단육종법
③ 여교잡육종법
④ 계통육종법

해설

여교잡육종법의 경우 내병성 품종을 육성하거나 유전자의 연관관계를 규명하는데 흔히 사용되며 육종의 시간과 경비를 절약하는 장점이 있다.

22 멘델의 유전법칙과 관련이 없는 것은?

① 대립의 법칙
② 지배의 법칙
③ 분리의 법칙
④ 독립의 법칙

해설

멘델의 3가지 유전법칙으로 지배의 법칙, 분리의 법칙, 독립의 법칙이 있다.

23 1대잡종 채종시 자가불화합성을 이용하는 대표적인 작물은?

① 고추
② 배추
③ 시금치
④ 상추

해설

자가불화합성을 이용하여 잡종강세를 나타내는 무, 배추 등의 1대 잡종 종자의 대량 생산이 가능하다.

24 농경지 토양에서 질소기아현상에 가장 큰 관여 요인은?

① 공극율
② Eh
③ 탄질비
④ pH

해설

탄질비가 15 이하이면 분해를 위한 질소가 충분하고 15~30 정도이면 보통 수준이다. 그런데 30 이상이면 질소가 부족하여 질소기아현상이 발생할 수 있다.

25 우량종자의 증식체계의 순서는?

① 기본식물 – 원원종 – 원종 - 보급종
② 기본식물 – 원종 – 원원종 - 보급종
③ 원원종 – 기본식물 – 원종 - 보급종
④ 원원종 – 원종 – 기본식물 - 보급종

해설

우량종자의 증식체계는 기본식물, 원원종, 원종, 채종포(보급종), 농가의 순이다.

26 고구마 상처 발생시 큐어링 온도 및 습도의 조건은?

① 온도 5~8℃, 습도 30~40%
② 온도 30~33℃, 습도 85~90%
③ 온도 40~43℃, 습도 90~95%
④ 온도 45~48℃, 습도 70~75%

해설

고구마는 수확 후 1주일 이내 온도 30~33℃, 습도 85~90% 조건에서 4~5일 정도 큐어링 한 후 열을 방출시키고 저장하면 상처가 아물게 된다.

27 멘델의 유전법칙 내용으로 옳지 않은 것은?

① 한 가지 유전형질은 하나의 유전적 단위에 의해 지배된다.
② 유전자는 계속해서 변화하며 다른 유전자의 영향을 받는다.
③ 배우자는 서로 자유롭게 결합한다.
④ 개체가 배우자를 만들 때 한 쌍의 유전자는 서로 독립적으로 분리된다.

해설

유전자는 변화하지 않으며 다른 유전자에 영향을 받지 않는다.

28 염색체의 배가 방법이 아닌 것은?

① 절단법
② 춘화처리법
③ 콜히친 처리법
④ 아세나프텐 처리법

해설

생육 초기에 일정기간 인위적 저온처리를 하는 것이 춘화처리법으로 저온처리를 통해 화성을 유도하는 방법이다.

29 녹비작물의 조건이 아닌 것은?

① 생육이 왕성하고 재배가 쉬워야 한다.
② 천근성으로 토양 상층의 양분을 이용한다.
③ 비료성분의 함유량이 높으며 유리질소의 고정력이 강해야한다.
④ 가축의 사료로 이용될 수 있어야 효율적이다.

해설

녹비작물은 심근성으로 하층의 양분을 작토층으로 끌어올릴 수 있어야 한다.

30 멘델의 유전법칙 중 다음 설명에 대한 내용에 관련된 법칙은?

◎ 다른 염색체상에 있는 두쌍이나 두쌍 이상의 대립유전자가 간섭받지 않고 후대로 전해진다.

① 독립의 법칙
② 분리의 법칙
③ 지배의 법칙
④ 우성의 법칙

해설

독립의 법칙은 멘델의 제3유전법칙으로 다른 염색체상에 있는 두쌍이나 두쌍 이상의 대립유전자가 간섭받지 않고 후대로 전해진다.

31 다음 중 인과류에 해당하는 것은?

① 자두
② 복숭아
③ 사과
④ 감

해설

꽃받침이 발달하는 인과류에는 사과, 배, 비파 등이 대표적이다.

32 선종의 방법과 거리가 먼 것은?

① 육안에 의한 방법
② 용적에 의한 방법
③ 산도반응에 의한 방법
④ 색택에 의한 방법

해설

선종은 육안에 의한 방법, 용적에 의한 방법, 중량에 의한 방법, 비중에 의한 방법, 색택에 의한 방법 등으로 선별한다.

33 잡초의 제초제 중 선택성 제초제가 아닌 것은?

① 2,4-D
② PCP
③ MCP
④ DCPA

해설

PCP 는 비선택성 제초제이다.

34 퇴비에 대한 설명으로 옳지 않은 것은?

① 볏짚은 비료 성분의 가치는 낮고 탄질비는 높은 편이다.
② 볏짚은 토양의 물리성 개선 효과를 기대할 수 있다.
③ 톱밥은 탄질비가 높아서 분해가 늦고 비료 성분도 매우 낮다.
④ 가축분뇨는 농산 부산물 및 임산 부산물에 비해 탄질비가 높다.

> **해설**
> 가축분뇨는 농산 부산물 및 임산 부산물에 비해 비료 성분이 많고, 탄질비도 낮은 편이다.

35 우리나라 벼의 종자 갱신 주기는?

① 1년 1기 ② 2년 1기
③ 3년 1기 ④ 4년 1기

> **해설**
> 국내의 벼, 보리, 콩 등의 종자갱신주기는 4년을 기준으로 한다.

36 이수성이 나타내는 게놈의 구성은?

① AaBb ② BBBB
③ 2n+1 ④ AABBCC

> **해설**
> 염색체 조성이 2n 인 개체에서 감수분열 과정에서 한 두 개의 상동염색체가 완전히 분리되지 않아 n+1 혹은 n-1 인 배우자가 형성된다. 이들 배우자가 정상적인 n 상태의 배우자와 수정되어 수정된 개체가 2n+1 이나 2n-1 인 염색체가 되는 경우를 이수성이라 한다.

37 다음 중 여교잡육종법에 의해 가장 효율적으로 개량 가능한 형질은?

① 내한성 ② 내병성
③ 내동성 ④ 내습성

> **해설**
> 여교잡육종법은 내병성 품종을 육성하는데 효과적이다.

38 곡물류의 채종적기는?

① 황숙기 ② 완숙기
③ 고숙기 ④ 유숙기

> **해설**
> 곡물류의 채종적기는 황숙기이다.

39 다음 중 1년생 잡초는?

① 나도겨풀
② 물달개비
③ 쇠털골
④ 올방개

> **해설**
> 물달개비, 돌피, 알방동사니 등은 1년생 잡초에 해당한다.

40 퇴비화의 관련 인자에 대한 내용으로 틀린 것은?

① 퇴비의 수분 함량은 퇴적 초기에는 60~70% 정도가 적당하다.
② 일반적으로 수분 함량이 40%보다 낮아지면 퇴비화 속도는 매우 늦어진다.
③ 퇴비 더미의 온도는 높을수록 유기물 분해가 활발해진다.
④ 퇴비화는 산소 공급이 원활해야 한다.

> **해설**
> 유기물 분해에 적당한 온도는 45~65℃ 이며, 퇴비 더미가 65℃ 이상 고온이 되면 미생물 활성이 떨어지므로 통기량을 조절하여 온도를 떨어뜨려야 한다.

41 도입육종법에 대한 설명으로 옳지 않은 것은?

① 외지에서 들여온 수종으로서 생산의 증진을 꾀하는 육종방법이다.
② 외국품종을 도입하기에 식물방역에 신경을 써야 한다.
③ 도입육종의 과정은 크게 검역, 평가, 증식의 과정을 거친다.
④ 비용이 많이 들고 시간이 많이 걸리지만 신품종을 얻을 수 있다.

> **해설**
> 도입육종법은 비용이 적게 들고 단시간에 신품종을 얻을 수 있다.

42 다음 중 교배 방법을 표현한 것이 틀린 것은?

① 단교잡 : A×B
② 복교잡 : [(A×B)×(C×D)]
③ 삼계교잡 : (A×B)×C
④ 여교잡 : A×B×C×D×E×F

> **해설**
> 여교잡육종법은 (A×B)×B, (A×B)×A, [(A×B)×B]×B 등의 형식이다.

43 다음 중 생물학적 방제법에 속하는 것은?

① 병원미생물 활용
② 방사선법
③ 살충제 활용
④ 저항성 품종활용

> **해설**
> 병원미생물, 천적 등을 활용하는 것은 생물학적 방제법에 해당한다.

44 두과 녹비 작물은?

① 유채   ② 자운영

③ 귀리   ④ 수수

해설

두과 녹비작물에는 자운영, 알팔파, 동부, 화이트클러버 등이 있다.

45 다음 중 논잡초는?

① 쇠비름   ② 별꽃

③ 망초   ④ 올미

해설

올미, 가래, 너도방동사니 등은 논잡초에 해당한다.

46 후숙에 대한 설명으로 옳은 것은?

① 미숙한 과실을 수확하고 일정 기간 보관하여 성숙시키는 것

② 고온상태에 수확된 청과물을 수확 직후 적당한 품온까지 냉각하는 것

③ 상처가 발생한 경우 상처를 아물게 하거나 코르크층을 형성시키는 것

④ 식물의 외층을 건조시켜 내부조직의 수분증산을 억제시키는 것

해설

미숙한 과실을 수확하고 일정 기간 보관하여 성숙시키는 것을 후숙이라 한다.

47 다음 중 장과류에 해당하는 것은?

① 살구   ② 감귤

③ 밤   ④ 포도

해설

씨방의 외과피가 발달한 장과류는 포도, 무화과, 딸기 등이 있다.

48 지방종을 대상으로 개체군을 분리하고 우량 형질을 가진 것을 골라 새로운 품종으로 고정하는 육종방법은?

① 집단육종법   ② 분리육종법

③ 순계분리법   ④ 교잡육종법

해설

분리육종법은 지방종, 재래종 혹은 재배품종을 대상으로 서로 다른 개체나 개체군을 분리하고 그로부터 우량 형질을 가진 것을 골라 새로운 품종으로 고정하는 육종방법이다.

49 자운영 재배의 효과가 아닌 것은?
① 질소 및 유기질비료 절감 효과
② 봄철 잡초 발생 억제
③ 토양 입단화로 토양의 물리성 개선
④ 토양 침식 가속

해설
자운영 재배를 통해 토양의 침식 및 유실을 방지한다.

50 일대잡종에서 가장 큰 잡종강세를 기대할 수 있는 일대잡종 종자의 생산방식은?
① 단교배
② 복교배
③ 합성품종
④ 삼원교배

해설
단교배는 관여하는 계통이 2개뿐이라 우량조합의 선정이 용이하고 잡종강세 현상이 뚜렷하다.

01 잡종강세는 잡종 자손의 형질이 부모보다 우수하게 나타나는 현상이다.

답 (　　)

02 일정 주기 내에 종자를 갱신하는데 감자는 4년 주기로 갱신한다.

답 (　　)

03 양배추는 잡종강세를 나타내는 작물의 1대잡종(F_1) 종자를 대량 생산할 수 있다.

답 (　　)

04 자운영은 논에서 재배가 불가능한 녹비작물이다.

답 (　　)

05 퇴비 중 왕겨는 수분 흡수가 뛰어나다.

답 (　　)

06 부초법은 토양의 침식 방지는 되지만 토양의 유기물 증가에는 효과가 없다.

답 (　　)

07 10a당 채종량 기준 감자, 벼, 보리 중 감자가 가장 많다.

답 (　　)

08 농기구 관리는 잡초의 예방적 방제법에 해당한다.

답 (　　)

09 물달개비는 밭잡초이다.

답 (　　)

10 육묘는 종자를 재배지에 뿌리지 않고 모를 일정기간 시설에서 생육시키는 것이다.

답 (　　)

11 톱밥은 탄질비가 10 이하로 분해가 빠르다.

답 (　　)

12 헤어리베치는 산성토양에서도 생육이 왕성하다.

답 (　　)

13 유기농업은 화학적 자재를 활용하지 않는 것이다.

답 (　　)

14 멘델의 유전법칙 중 지배의 법칙은 잡종 1세대(F_1)에서 우성형질만 나타나고 열성형질은 나타나지 않는다.

답 (　　)

15 잡종강세는 자식을 반복하면 잡종강세가 강하게 나타난다.

답 (   )

16 두과 녹비작물에는 메밀이 있다.

답 (   )

17 볏짚은 탄질비가 낮은 편이다.

답 (   )

18 과수의 봉지씌우기는 당도증가 효과가 있다.

답 (   )

19 고구마에 큐어링 작업의 온도 조건은 10~13℃ 이다.

답 (   )

20 식물의 타감작용을 이용하는 것은 잡초의 생물적 방제법에 해당한다.

답 (   )

21 우량품종의 조건에는 구별성, 균일성, 안정성, 변이성이 있다.

답 (   )

22 여교잡육종법은 양친의 제1대 잡종에 양친 중 한쪽의 유전자형을 가진 개체를 교잡하고 이것을 수세대 반복하여 우량개체를 선발하는 방법이다.

답 (   )

23 퇴비는 속효성이라 이화학적 성질이 개선된다.

답 (   )

24 생육이 좋은 종자를 가려내는 것을 선종이라 한다.

답 (   )

25 윤작은 병해충 방제에 도움이 된다.

답 (   )

26 지하수위가 높으면 산소의 공급이 충분하다.

답 (   )

27 수확된 청과물을 수확 직후 적당한 품온까지 냉각시키는 것을 예랭이라 한다.

답 (   )

28 방사선법은 해충의 불임화를 시키는 것으로 물리적 방제법에 해당한다.

답 (   )

29 2,4-D 약제는 비선택성 제초제에 해당한다.

답 (   )

30 작물의 저항성 품종 재배는 해충의 생태학적 방제법에 해당한다.

답 (   )

31 곡물류의 채종적기는 황숙기이다.

답 (   )

32 사과는 인과류에 속한다.

답 (   )

33 [(A×B)×(C×D)]의 교잡 형식은 단교잡이다.

답 (   )

34 종자갱신은 품종의 특성을 유지하기 위한 방법 중 하나이다.

답 (   )

35 (A×B)×B 의 형식의 교잡은 여교잡육종법이다.

답 (   )

36 탄질비가 20 이면 질소기아현상이 나타난다.

답 (   )

37 바랭이는 1년생 잡초이다.

답 (   )

38 과수에 봉지를 씌우면 숙기 조절에 도움이 된다.

답 (   )

39 예건은 식물의 외층을 건조시켜 내부조직의 수분증산을 억제시키는 방법이다.

답 (   )

40 해충의 생물적 방제법에서 천적을 이용하는 방법은 대량 사육이 용이하다.

답 (   )

41 작물의 종자생산 관리체계는 기본식물, 원원종, 원종, 채종포의 순서이다.

답 (   )

42 무당벌레는 포식성 천적에 해당한다.

답 (   )

43 십자화과작물는 갈숙기에 채종 적기이다.

답 (   )

44 청경법은 과수원의 토양을 풀이나 목초로 피복하는 방법이다.

답 (   )

45 녹비작물은 천근성이어야 한다.

답 (   )

46 영양번식은 다양한 유전적 개체를 얻을수 있다.

답 (   )

47 식물의 환경 스트레스 저항성 메커니즘에 내성과 회피성이 있다.

답 (   )

48 여교잡육종법은 육종에 있어 시간이 많이 걸리고 경비가 많이드는 단점이 있다.

답 (   )

49 찰스 다윈은 1881년에 지렁이에 관련된 지렁이의 부엽토 형성에 관한 책을 기술하였다.

답 (   )

50 개체집단선발법은 개체집단선발법으로 선발한 개체를 계통재배하여 그 계통을 서로 비교하여 순계만 선발한다.

답 (   )

01 잡종강세는 잡종 자손의 형질이 부모보다 우수하게 나타나는 현상이다.

답 ○

02 일정 주기 내에 종자를 갱신하는데 감자는 4년 주기로 갱신한다.

해설
감자, 옥수수 등은 매년 갱신한다.

답 ×

03 양배추는 잡종강세를 나타내는 작물의 1대잡종(F_1) 종자를 대량 생산할 수 있다.

답 ○

04 자운영은 논에서 재배가 불가능한 녹비작물이다.

해설
자운영, 헤어리베치는 논에서 재배가 가능한 콩과식물이다.

답 ×

05 퇴비 중 왕겨는 수분 흡수가 뛰어나다.

해설
왕겨는 수분 흡수가 쉽지 않고, 미생물에 의해 분해되는 시간도 많이 소요된다.

답 ×

06 부초법은 토양의 침식 방지는 되지만 토양의 유기물 증가에는 효과가 없다.

해설
부초법은 토양의 침식방지, 토양의 유기물증가 및 입단화 촉진 등의 효과가 있다.

답 ×

07 10a당 채종량 기준 감자, 벼, 보리 중 감자가 가장 많다.

답 ○

08 농기구 관리는 잡초의 예방적 방제법에 해당한다.

답 ○

09 물달개비는 밭잡초이다.

해설
물달개비는 논잡초이다.

답 ×

10 육묘는 종자를 재배지에 뿌리지 않고 모를 일정기간 시설에서 생육시키는 것이다.

답 ○

11 톱밥은 탄질비가 10 이하로 분해가 빠르다.

해설
톱밥은 탄질비가 500~1,000 으로 높아서 분해가 늦다.

답 ×

12 헤어리베치는 산성토양에서도 생육이 왕성하다.

> **해설**
> 헤어리베치는 산성토양에서는 생육이 불량하다.
>
> 답 ×

13 유기농업은 화학적 자재를 활용하지 않는 것이다.

> 답 ○

14 멘델의 유전법칙 중 지배의 법칙은 잡종 1세대(F_1)에서 우성형질만 나타나고 열성형질은 나타나지 않는다.

> 답 ○

15 잡종강세는 자식을 반복하면 잡종강세가 강하게 나타난다.

> **해설**
> 잡종강세는 주로 1대잡종(F_1)에서만 나타나고 자식을 하면 잡종강세의 정도가 갈수록 떨어지면서 근교약세가 나타난다.
>
> 답 ×

16 두과 녹비작물에에는 메밀이 있다.

> **해설**
> 메밀은 두과가 아닌 녹비작물이다.
>
> 답 ×

17 볏짚은 탄질비가 낮은 편이다.

> **해설**
> 볏짚, 왕겨, 보릿짚 등은 비료 성분의 가치는 낮고 탄질비(C/N비, 탄질율)는 높은 편이다.
>
> 답 ×

18 과수의 봉지씌우기기는 당도증가 효과가 있다.

> **해설**
> 봉지를 씌우지 않을 경우 충분한 일사량으로 당도가 증가하게 된다.
>
> 답 ×

19 고구마에 큐어링 작업의 온도 조건은 10~13℃ 이다.

> **해설**
> 고구마는 수확 후 1주일 이내 온도 30~33℃, 습도 85~90% 조건에서 4~5일 정도 큐어링 해준다.
>
> 답 ×

20 식물의 타감작용을 이용하는 것은 잡초의 생물적 방제법에 해당한다.

> 답 ○

21 우량품종의 조건에는 구별성, 균일성, 안정성, 변이성이 있다.

> **해설**
> 우량품종의 조건에는 구별성, 균일성, 안정성이 있다.
>
> 답 ×

22 여교잡육종법은 양친의 제1대 잡종에 양친 중 한쪽의 유전자형을 가진 개체를 교잡하고 이것을 수세대 반복하여 우량개체를 선발하는 방법이다.

> 답 ○

23 퇴비는 속효성이라 이화학적 성질이 개선된다.

해설
퇴비는 지효성이며 작물에 양분을 공급한다.

답 ×

24 생육이 좋은 종자를 가려내는 것을 선종이라 한다.

답 ○

25 윤작은 병해충 방제에 도움이 된다.

답 ○

26 지하수위가 높으면 산소의 공급이 충분하다.

해설
지하수위가 높으면 산소의 공급이 부족하여 뿌리 발육이 나쁘다.

답 ×

27 수확된 청과물을 수확 직후 적당한 품온까지 냉각시키는 것을 예랭이라 한다.

답 ○

28 방사선법은 해충의 불임화를 시키는 것으로 물리적 방제법에 해당한다.

답 ○

29 2,4-D 약제는 비선택성 제초제에 해당한다.

해설
2,4-D 약제는 선택성 제초제에 해당한다.

답 ×

30 작물의 저항성 품종 재배는 해충의 생태학적 방제법에 해당한다.

답 ○

31 곡물류의 채종적기는 황숙기이다.

답 ○

32 사과는 인과류에 속한다.

답 ○

33 [(A×B)×(C×D)]의 교잡 형식은 단교잡이다.

해설
복교잡은 두 개의 단교배로 F_1 끼리 교배하며 [(A×B)×(C×D)] 이다.

답 ×

34 종자갱신은 품종의 특성을 유지하기 위한 방법 중 하나이다.

답 ○

35 (A×B)×B 의 형식의 교잡은 여교잡육종법이다.

답 ○

36 탄질비가 20 이면 질소기아현상이 나타난다.

해설
탄질비가 30 이상이면 질소가 부족하여 질소기아현상이 발생할 수 있다.

답 ×

37 바랭이는 1년생 잡초이다.

답 ○

38 과수에 봉지를 씌우면 숙기 조절에 도움이 된다.

답 ○

39 예건은 식물의 외층을 건조시켜 내부조직의 수분증산을 억제시키는 방법이다.

답 ○

40 해충의 생물적 방제법에서 천적을 이용하는 방법은 대량 사육이 용이하다.

해설
해충의 천적은 대량 사육이 어렵다.

답 ✕

41 작물의 종자생산 관리체계는 기본식물, 원원종, 원종, 채종포의 순서이다.

답 ○

42 무당벌레는 포식성 천적에 해당한다.

답 ○

43 십자화과작물는 갈숙기에 채종 적기이다.

답 ○

44 청경법은 과수원의 토양을 풀이나 목초로 피복하는 방법이다.

해설
청경법은 과수원 토양에 풀이 자라지 않게 김을 매주는 방법이다.

답 ✕

45 녹비작물은 천근성이어야 한다.

해설
녹비작물은 심근성으로 하층의 양분을 작토층으로 끌어올릴 수 있어야 한다.

답 ✕

46 영양번식은 다양한 유전적 개체를 얻을 수 있다.

해설
영양번식은 모체와 유전적으로 동일한 개체를 얻을 수 있다.

답 ✕

47 식물의 환경 스트레스 저항성 메커니즘에 내성과 회피성이 있다.

답 ○

48 여교잡육종법은 육종에 있어 시간이 많이 걸리고 경비가 많이드는 단점이 있다.

해설
여교잡육종법은 육종의 시간과 경비를 절약하는 장점이 있다.

답 ✕

49 찰스 다윈은 1881년에 지렁이에 관련된 지렁이의 부엽토 형성에 관한 책을 기술하였다.

답 ○

50 개체집단선발법은 개체집단선발법으로 선발한 개체를 계통재배하여 그 계통을 서로 비교하여 순계만 선발한다.

해설

계통집단선발법은 개체집단선발법으로 선발한 개체를 계통재배하여 그 계통을 서로 비교하여 순계만 선발한다.

답 ×

부록 I

과년도 출제문제

ORGANIC AGRICULTURE

국가기술자격검정 필기시험

2013년 제1회 필기 기출문제			수험번호	성명
자격종목 유기농업기능사		시험시간 1시간	시험유형	

※ 답안카드 작성시 시험문제지 형별누락, 마킹착오로 인한 불이익은 전적으로 수험자의 귀책사유임을 알려드립니다.
** 본문제는 수검자의 생각에 의한 것으로 실제 문제와 약간 다를 수 있음.

01 작물의 광합성에 필요한 요소들 중 이산화탄소의 대기 중 함량은?

① 약 0.03% ② 약 0.3%
③ 약 3% ④ 약 30%

해설

대기의 조성은 질소 78%, 산소 21%, 이산화탄소 0.03% 및 기타로 구성되어 있다.

02 다음 중 장일성 식물이 아닌 것은?

① 시금치 ② 양파
③ 감자 ④ 콩

해설

콩은 단일식물에 해당한다.

03 다음 중 중금속의 유해작용을 경감시키는 것은?

① 붕소 ② 석회
③ 철 ④ 유황

해설

석회를 공급하면 토양 중금속의 유해 작용을 경감시킬 수 있다.

04 다음 중 종자의 발아억제물질은?

① 지베렐린 ② ABA(Abscissic acid)
③ 사이토카이닌 ④ 에틸렌

해설

아브시스산(ABA, Abscissic acid)은 종자의 발아를 억제하는 물질이다.

05 수해의 사전대책으로 옳지 않은 것은?

① 경사지와 경작지의 토양을 보호한다.
② 질소과용을 피한다.
③ 작물의 종류나 품종의 선택에 유의한다.
④ 경지정리를 가급적 피한다.

해설

수해의 사전대책 중 하나로 경지정리를 하여 배수가 잘되게 해야 한다.

06 다음 중 칼리비료에 대한 설명으로 바르지 못한 것은?

① 칼리비료는 거의가 수용성이며 비효가 빠르다.
② 황산칼륨과 염화칼륨이 주된 칼리질 비료이다.
③ 단백질과 결합된 칼리는 수용성이며 속효성이다.
④ 유기태칼리는 쌀겨, 녹비, 퇴비, 산야초 등에 많이 들어있다.

해설

단백질과 결합된 칼리는 물에 난용성이어서 지효성이다.

07 병충해 방제 방법 중 경종적 방제법으로 옳은 것은?

① 벼의 경우 보온 육묘한다.
② 풀잠자리를 사육하면 진딧물을 방제한다.
③ 이병된 개체는 소각한다.
④ 맥류 깜부기병을 방제하기 위해 냉수온탕 침법을 실시한다.

해설

보온 육묘와 같은 방법은 재배관리는 경종적 방제법(재배적 방제법)에 해당한다.

08 기지현상의 원인이라고 볼 수 없는 것은?

① C.E.C.의 증대   ② 토양 중 염류집적
③ 양분의 소모   ④ 토양선충의 피해

해설

CEC는 양이온 치환용량이라 하여 양이온치환용량이 크다는 것은 비옥한 토양을 의미하기에 기지현상의 원인으로 볼 수 없다.

09 식물의 미소식물군 중 독립영양생물에 속하는 것은?

① 녹조류   ② 곰팡이
③ 효모   ④ 방선균

해설

녹조류, 규조류 등은 독립영양생물에 속한다.

10 논토양의 토층분화와 탈질현상에 대한 설명 중 옳지 않은 것은?

① 논토양에서 산화층은 산화제2철이, 환원층은 산화제1철이 쌓인다.
② 암모니아태질소를 산화층에 주면 질화균에 의해서 질산이 된다.
③ 암모니아태질소를 환원층에 주면 절대적 호기균인 질화균의 작용을 받지 않는다.
④ 질산태질소를 논에 주면 암모니아태질소보다 비효가 높다.

해설

질산태질소는 일부는 작물에 흡수되고 일부는 용탈되거나 탈질균에 의해 가스로 휘산되기에 암모니아태질소의 비효가 높다.

11 벼 재배시 발생하는 추락현상에 대한 설명으로 옳은 것은?

① 개답의 역사가 짧고 유기물 함량이 낮은 미숙답에서 주로 발생한다.
② 모래함량이 많고 용탈이 심한 사질답에서 주로 발생한다.
③ 개답의 역사가 짧은 간척지로 염분농도가 높은 염해답에서 주로 발생한다.
④ 황화철이 부족하여 무기양분흡수가 저해되는 노후화답에서 주로 발생한다.

해설

추락현상은 황화수소에 의해 발생하는데, 철분이 충분할 경우 황화수소가 철과 반응하여 황화철로 침전되면서 추락현상이 감소하게 된다. 이러한 추락현상은 노후화 현상이 발생한 논토양인 노후답에서 주로 발생한다.

12 삼한시대에 재배된 오곡에 포함되지 않는 작물은?

① 수수
② 보리
③ 기장
④ 피

해설

삼한시대 5곡에는 보리, 피, 기장, 조, 참깨가 있다.

13 도복 방지대책과 가장 거리가 먼 것은?

① 키가 작고 대가 튼튼한 품종을 재배한다.
② 서로 지지가 되게 밀식한다.
③ 칼리질 비료를 사용한다.
④ 규산질 비료를 사용한다.

해설

도복 방지를 위해 밀식은 피하고 밀도 조절을 통해 통풍과 수광태세를 개선한다.

14 생육기간이 비슷한 작물들을 교호로 재배하는 방식으로 콩 2이랑에 옥수수 1이랑을 재배하는 작부체계는?

① 혼작
② 교호작
③ 간작
④ 주위작

해설

교호작은 생육기간이 비슷한 2가지 이상의 작물을 일정 이랑씩 번갈아 가면서 재배하는 방법이다.

15 작물수량을 최대로 올리기 위한 주요한 요인으로 나열된 것은?

① 품종, 비료, 재배기술
② 유전성, 환경조건, 재배기술
③ 품종, 기상조건, 종자
④ 유전성, 비료, 종자

해설

작물의 수량은 유전성, 환경조건, 재배기술에 영향을 받으며 이를 작물수량 삼각형으로 표현한다. 작물수량을 최대로 올리기 위해 유전성은 우수하고 최적의 환경조건을 가지며 적합한 재배기술을 적용해야 한다.

16 작물에 광합성과 수분상실의 제어 역할을 하고, 결핍되면 생장점이 말라죽고 줄기가 약해지며 조기낙엽 현상을 일으키는 필수원소는?

① K
② P
③ Mg
④ N

해설

칼륨은 탄수화물대사, 단백질대사, 효소 활성화 등의 촉매역할을 하는데 잎, 뿌리에 많이 있고 광합성에 영향을 준다. 결핍시 신장이 나쁘게 되고 줄기가 약해지며 늙은잎의 선단에서 황화하고 조기낙엽이 발생한다.

17 재배환경 중 온도에 대한 설명이 맞는 것은?

① 작물 생육이 가능한 범위의 온도를 유효온도라고 한다.
② 작물의 생육단계 중 생식생장기간 동안에 소요되는 총온도량을 적산온도라고 한다.
③ 온도가 1°C 상승하는데 따르는 이화학적 반응이나 생리작용의 증가배수를 온도계수라고 한다.
④ 일변화는 작물의 결실을 저해한다.

해설

작물의 생육 가능한 온도의 범위를 유효온도라 하며 그 중에서 작물의 생육이 가장 왕성한 온도를 최적온도라 한다.

18 토양의 양이온교환용량의 값이 크다는 의미는?

① 산도가 높음을 의미
② 토양의 공극량이 큼을 의미
③ 토양의 투수력이 큼을 의미
④ 비료성분을 지니는 힘이 큼을 의미

해설

양이온치환용량이 크다는 것은 비옥한 토양을 의미하기에 비료성분이 지니는 힘이 크다고 할 수 있다

19 작물의 재배적 특징으로 옳지 않은 것은?

① 토지를 이용함에 있어 수확체감의 법칙이 적용된다.
② 자연환경의 영향으로 생산물량 확보가 자유롭지 못하다.
③ 소비면에서 농산물은 공산물에 비하여 수요탄력성과 공급탄력성이 크다.
④ 노동의 수요가 연중 균일하지 못하다.

해설

농산물의 가격의 변화에 비해 수요탄력성과 공급탄력성이 크지 않은 비탄력적 성격을 지니고 있다

20 어떤 종자표본의 발아율이 80%이고 순도가 90%일 경우, 종자의 진가(용가)는?

① 90　　　　② 85
③ 80　　　　④ 72

해설

종자의 진가 $= \dfrac{80 \times 90}{100} = 72(\%)$

21 다음 중 토양산성화의 원인으로 작용하지 않는 것은?

① 인산이온의 불용화
② 유기물의 혐기성 분해 산물
③ 과도한 요소비료의 시용
④ 점토광물의 풍화에 따른 Al 이온의 가수분해

해설

인산이온의 불용화는 토양산성화로 인하여 나타나는 현상이지 토양산성화의 원인은 아니다.

22 토양 내 미생물의 바이오매스량(ha당 생체량)이 가장 큰 것은?

① 세균　　　　② 방선균
③ 사상균　　　　④ 조류

해설

토양 내 미생물 중 사상균의 바이오매스량(생물체량)이 가장 크다.

23 토양침식에 미치는 영향과 가장 거리가 먼 것은?

① 토양화학성　　② 기상조건
③ 지형조건　　　　④ 식물생육

해설

토양의 침식에 영향을 주는 요인에는 바람이나 강우와 같은 기상조건, 경사 및 토양조건에 따른 지형, 식물의 종류 및 밀도 등이 있다.

24 석회암지대의 천연동굴은 사람이 많이 드나들면 호흡 때문에 훼손이 심화될 수 있다. 천연동굴의 훼손과 가장 관계가 깊은 풍화작용은?

① 가수분해(hydrolysis)
② 산화작용(oxidation)
③ 탄산화작용(carbonation)
④ 수화작용(hydration)

> **해설**
>
> 탄산화작용(탄산작용)은 공기중의 이산화탄소가 물에 용해되어 탄산이 되고, 이때 발생하는 이온에 의해 화학적 풍화작용이 일어나는데 석회암지대의 천연동굴의 훼손에 가장 많이 관련된 현상이다.

25 우리나라 밭토양의 일반적인 특성이 아닌 것은?

① 곡간지 및 산록지와 같은 경사지에 많이 분포되어 있다.
② 토성별 분포를 보면 세립질 토양이 조립질 토양보다 많다.
③ 저위생산성인 토양이 많다.
④ 밭토양은 환원상태이므로 유기물의 분해가 논토양보다 빠르다.

> **해설**
>
> 밭토양은 산화상태이고 유기물의 분해가 논토양보다 빠르다.

26 유기물을 많이 시용한 토양의 보비력이 높은 이유는?

① 유기물이 공극을 막아 비료의 유실을 막아주기 때문에
② 유기물이 토양의 점토종류를 변화시키기 때문에
③ 유기물은 식물이 비료를 흡수하는 것을 막아주기 때문에
④ 유기물은 전기적으로 비료를 흡착하는 능력이 크기 때문에

> **해설**
>
> 토양에 양이온치환용량이 크다는 것은 비옥한 토양을 의미하는데 이는 유기물이 전기적으로 비료를 흡착하는 능력이 크기 때문이다.

27 입단구조의 생성에 대한 설명으로 가장 거리가 먼 것은?

① 양이온이 점토입자와 점토입자 사이에 흡착되어 입단을 형성한다.
② 유기물질의 수산기나 카르복실기가 점토광물과 결합하여 입단을 형성한다.
③ 식물뿌리가 완전히 분해되면서 생기는 탄산에 의하여 입단을 형성한다.
④ 폴리비닐, 크릴리움 등은 입자를 접착시켜 입단을 형성한다.

> **해설**
>
> 식물뿌리가 완전히 분해되면서 미생물의 분해작용으로 입단이 조성된다.

28 다음 중 논토양의 특성으로 옳지 않은 것은?

① 호기성 미생물의 활동이 증가된다.
② 담수하면 토양은 환원상태로 전환된다.
③ 담수 후 대부분의 논토양은 중성으로 변한다.
④ 토양용액의 비전도도는 처음에는 증가되다가 최고에 도달한 후 안정된 상태로 낮아진다.

해설

논토양은 담수상태에서 토양에 산소가 호기성미생물에 의해 소모되고, 대부분 소모되고 나면 호기성미생물의 활동이 정지하고 혐기성미생물의 활동이 활발해진다.

29 한랭습윤지역에 생성된 포드졸 토양의 설명으로 옳은 것은?

① 용탈층에는 규산이 남고, 집적층에는 Fe 및 Al이 집적된다.
② 용탈층에는 Fe 및 Al이 남고, 집적층에는 염기가 집적된다.
③ 용탈층에는 염기가 남고, 집적층에는 규산이 집적된다.
④ 용탈층에는 염기가 남고, 집적층에는 Fe 및 Al이 집적된다.

해설

토양표층의 철과 알루미늄 등이 용탈되어 하층토에 집적되는데 용탈층에는 규산이 남아 백색의 표토층이 되고, 집적층에는 철과 알루미늄에 의해 황갈색이 된다.

30 Munsell 표기법에 의한 토양색이 7.5R 7/2일 때 채도를 나타내는 기호로 옳은 것은?

① 7.5　　　　② R
③ 7　　　　④ 2

해설

보통 색상, 명도, 채도의 순서로 표기한다. 예를 들어 7.5R 7/2 로 표기한 토양은 색상은 7.5R, 명도는 7, 채도는 2를 의미한다.

31 토양이 산성화됨으로써 발생하는 현상이 아닌 것은?

① 미생물의 활성 감소
② 인산의 불용화
③ 알루미늄 등 유해금속이온 농도 증가
④ 탈질반응에 따른 질소 손실 증가

해설

토양이 산성되면 탈질균의 활성이 감소하면서 질소 손실이 상대적으로 줄어들게 된다.

32 토양의 평균적인 입자 밀도는?

① $0.7mg/m^3$　　　② $1.5mg/m^3$
③ $2.65mg/m^3$　　　④ $5.4mg/m^3$

해설

토양에서 입자밀도는 고상을 구성하는 자체밀도로서 $2.5 \sim 2.7g/cm^3$ 으로 평균 $2.65g/cm^3$ 이다.

33 다음 중 양이온치환용량이 가장 큰 것은?

① 부식(humus)
② 카올리나이트(kaolinite)
③ 몬모릴로나이트(montmorillonite)
④ 버미큘라이트(vermiculite)

해설

양이온치환용량(me/100g)은 부식이 100~300, 몬모릴로나이트와 버미큘라이트 80~150, 카올리나이트 3~15 정도로 부식이 가장 크다.

34 다음 중 토양과 비교적 오랫동안 잔류되는 농약은?

① 유기인계 살충제
② 지방족계 제초제
③ 유기염소계 살충제
④ 요소계 살충제

> **해설**
> 토양의 잔류 정도는 농약 자체의 특성에 따라 상이한데 유기염소계 농약의 경우 환경에 안정적이라 토양에 오래 잔류하는 편이며 아닐린유도체와 같이 토양입자에 강하게 흡착되는 경우도 오래 잔류한다.

35 토양의 3상에 속하지 않는 것은?

① 액상 ② 기상
③ 고상 ④ 주상

> **해설**
> 토상은 고상, 기상, 액상으로 구성되어 있다.

36 균근(mycorrhizae)의 특징에 대한 설명으로 옳지 않은 것은?

① 대부분 세균으로 식물뿌리와 공생
② 외생균근은 주로 수목과 공생
③ 내생균근은 주로 밭작물과 공생
④ 내외생균근은 균근안에 균사망 형성

> **해설**
> 균근은 식물의 뿌리가 토양 중 있는 곰팡이와 공생하는 형태를 말한다.

37 다음 중 습답의 특징이 아닌 것은?

① 환원상태 ② 토양 색깔의 회색화
③ 추락현상 ④ 중금속 다량용출

> **해설**
> 습답은 지하수위가 높고 건조하지 않은 곳으로 환원상태인 곳이며 그로 인하여 토양의 색은 회색화가 되어 있고 벼의 생육 후기 질소과다로 병해 및 도복이 유발되고 추락현상이 나타난다. 그러나 중금속이 다량 용출되지는 않는다.

38 입단구조의 발달과 유지를 위한 농경지 관리 대책으로 활용할 수 없는 것은?

① 석회물질의 사용 ② 유기물의 사용
③ 목초의 재배 ④ 토양 경운 강화

> **해설**
> 경운은 토양을 갈아 흙덩이를 부스러뜨리는 작업으로 적당한 경운은 작물 재배에 도움을 주나 과도한 경운을 할 경우 입단구조가 파괴된다.

39 토양 층위를 지표부터 지하 순으로 옳게 나열된 것은?

① R층 → A층 → B층 → C층 → O층
② O층 → A층 → B층 → C층 → R층
③ R층 → C층 → B층 → A층 → O층
④ O층 → C층 → B층 → A층 → R층

> **해설**
> 토양의 단면은 지표를 시작으로 O층, A층, B층, C층, R층으로 구분된다.

40 물에 의해 일어나는 기계적 풍화작용에 속하지 않는 것은?

① 침식작용 ② 운반작용
③ 퇴적작용 ④ 합성작용

> **해설**
> 합성작용은 화학적, 생물적 반응에 관련된다.

41 다음 작물 중 일반적으로 배토를 실시하지 않는 것은?

① 파 ② 토란
③ 감자 ④ 상추

> **해설**
> 배토는 맥류, 감자, 옥수수, 토란, 파 등의 작물에 주로 실시한다.

42 유기축산물인증기준에서 가축복지를 고려한 사육조건에 해당되지 않는 것은?

① 축사바닥은 딱딱하고 건조할 것
② 충분한 휴식공간을 확보할 것
③ 사료와 음수는 접근이 용이할 것
④ 축사는 청결하게 유지하고 소독할 것

> **해설**
> 축사바닥은 부드럽고 미끄럽지 않아야 한다.

43 유기농림산물의 인증기준에서 규정한 재배방법에 대한 설명으로 옳지 않은 것은?

① 화학비료의 사용은 금지한다.
② 유기합성농약의 사용은 금지한다.
③ 심근성 작물재배는 금지한다.
④ 두과작물의 재배는 허용한다.

> **해설**
> 두과작물, 녹비작물 또는 심근성작물을 이용하여 장기간의 적절한 윤작계획을 수립하고 이행하여야 한다.

44 다음 중 물리적 종자 소독방법이 아닌 것은?

① 냉수온탕침법 ② 건열처리
③ 온탕침법 ④ 분의소독법

> **해설**
> 분의소독법은 종자에 약제를 묻혀 살균 또는 살충하는 방법으로 화학적 방제법에 해당한다.

45 토양 속 지렁이의 역할이 아닌 것은?

① 유기물을 분해한다.
② 통기성을 좋게 한다.
③ 뿌리의 발육을 저해한다.
④ 토양을 부드럽게 한다.

> **해설**
> 지렁이는 흙과 유기물을 먹고 분해하면서 토양 성분의 개량에 도움을 준다. 또한 파놓은 구멍 속으로 공기와 물이 유입되어 산소와 수분공급에도 도움을 주면서 토양을 부드럽게 한다.

46 현재 사육되고 있는 가축이 자체농장에서 생산된 사료를 급여하는 조건에서 목초지 및 사료작물 재배지의 전환기간의 기준은?

① 1년 ② 2년
③ 3년 ④ 4년

> **해설**
> 동일 농장에서 가축, 목초지 및 사료작물재배지가 동시에 전환하는 경우에는 현재 사육되고 있는 가축에게 자체농장에서 생산된 사료를 급여하는 조건 하에서 목초지 및 사료작물 재배지의 전환기간은 1년으로 한다.

47 다음 중 시설원예용 피복재를 선택할 때 고려해야 할 순서로 바르게 나열된 것은?

① 피복재의 규격 → 온실의 종류와 모양 → 경제성 → 재배작물 → 피복재의 용도
② 온실의 종류와 모양 → 재배작물 → 피복재의 규격 → 피복재의 용도 → 경제성
③ 재배작물 → 온실의 종류와 모양 → 피복재의 용도 → 피복재의 규격 → 경제성
④ 경제성 → 재배작물 → 피복재의 용도 → 온실의 종류와 모양 → 피복재의 규격

> **해설**
> 시설원예용 피복재를 선택할 경우 먼저 재배작물을 파악하고 작물의 크기 및 규모에 따라 온실의 종류와 모양을 결정하게 된다. 다음으로 지온상승, 건조방지 등에 따라 피복재의 용도 및 규격을 결정하여 경제성을 고려하게 된다.

48 다음은 경작지의 작토층에 대하여 토양의 무게(질량)를 산출하고자 한다. 아래의 "표"를 참고하여 10a의 경작토양에서 10cm 깊이의 건조토양의 무게를 산출한 결과로 맞는 것은?

10cm 두께의 10a 부피	용적밀도
100m³	1.20g·cm⁻³

① 100,000kg   ② 120,000kg
③ 140,000kg   ④ 160,000kg

> **해설**
> 단위의 통일을 위해 $1m^3 = 1,000,000cm^3$을 적용하여 풀이를 하도록 한다.
> ・토양의 무게 = 밀도 × 부피
> ・$1.20g·cm^{-3} × 100 × 1,000,000cm^3$
> $= 120,000,000g = 120,000kg$

49 온실효과에 대한 설명으로 옳지 않은 것은?

① 시설농업으로 겨울철 채소를 생산하는 효과이다.
② 대기 중 탄산가스 농도가 높아져 대기의 온도가 높아지는 현상을 말한다.
③ 산업발달로 공장 및 자동차의 매연가스가 온실효과를 유발한다.
④ 온실효과가 지속된다면 생태계의 변화가 생긴다.

> **해설**
> 시설농업으로 겨울철 채소를 생산하는 것은 온실재배이다.

50 다음 중 괴경을 이용하여 번식하는 작물은?

① 고추   ② 감자
③ 고구마   ④ 마늘

> **해설**
> 영양기관 중 괴경(덩이줄기)로 번식하는 작물에는 감자, 토란 등이 있다.

51 친환경인증기관의 인증업무 중 축산물의 인증 종류는 몇 가지인가?(단, 인증대상 지역은 대한민국으로 제한한다.)

① 1가지   ② 2가지
③ 3가지   ④ 4가지

> **해설**
> 축산물의 인증은 유기축산물과 무항생제축산물로 2가지이다.

52 저투입 지속농업(LISA)을 통한 환경친화형 지속농업을 추진하는 국가는?

① 미국   ② 영국
③ 독일   ④ 스위스

> **해설**
> 미국에서는 농약 사용을 최소화하고 토양 및 양분 상태에 따라 적정시비를 실시하는 저투입 지속 가능한 농업을 추진하고 있다.

53 종자의 발아조건 3가지는?

① 온도, 수분, 산소 ② 수분, 비료, 빛
③ 토양, 온도, 빛   ④ 온도, 미생물, 수분

> **해설**
> 종자의 발아를 위한 내적조건 4가지에 수분, 온도, 산소, 광이 있다.

54 토양의 비옥도 유지 및 증진 방법으로 옳지 않은 것은?

① 토양 침식을 막아준다.
② 토양의 통기성, 투수성을 좋게 만든다.
③ 유기물을 공급하여 유용미생물의 활동을 활발하게 한다.
④ 단일 작목 작부 체계를 유지시킨다.

> **해설**
> 토양의 비옥도 유지 및 증진을 위해서는 단일 작물을 계속 심는 단작보다는 여러 작물을 조합하여 재배하는 윤작의 형태가 유리하다.

55 다음 중 품종의 형질과 특성에 대한 설명으로 맞는 것은?

① 품종의 형질이 다른 품종과 구별되는 특징을 특성이라고 표현한다.

② 작물의 형태적·생태적·생리적 요소는 특성으로 표현된다.

③ 작물 키의 장간·단간, 숙기의 조생·만생은 품종의 형질로 표현된다.

④ 작물의 생산성·품질·저항성·적응성 등은 품종의 특성으로 표현된다.

해설

어떤 품종을 다른 품종과 구별하는데 필요한 특징을 특성이라 하고 특성을 표현하기 위해 측정의 대상이 되는 것을 형질이라 한다.

56 볏짚, 보릿짚, 풀, 왕겨 등으로 토양 표면을 덮어주는 방법을 멀칭법이라고 하는데 멀칭의 이점이 아닌 것은?

① 토양 침식 방지   ② 뿌리의 과다 호흡

③ 지온 조절   ④ 토양 수분 조절

해설

멀칭의 효과로는 생육 촉진과 토양의 침식을 방지하고 수분조절, 온도조절, 잡초 방지, 유익 박테리아의 증식 등의 효과가 있다.

57 친환경농업이 태동하게 된 배경에 대한 설명으로 옳지 않은 것은?

① 미국과 유럽 등 농업선진국은 세계의 농업정책을 소비와 교역위주에서 증산 중심으로 전환하게 하는 견인 역할을 하고 있다.

② 국제적으로는 환경보전문제가 중요 쟁점으로 부각되고 있다.

③ 토양양분의 불균형문제가 발생하게 되었다.

④ 농업부분에 대한 국제적인 규제가 점차 강화되어가고 있는 추세이다.

해설

친환경농업은 합성 화학물질을 사용하지 않는 것으로 증산 중심의 정책과는 관련이 없다.

58 품종의 퇴화원인은 3가지로 분류할 때 해당하지 않는 것은?

① 유전적 퇴화   ② 생리적 퇴화

③ 병리적 퇴화   ④ 영양적 퇴화

해설

품종의 퇴화원인에는 유전적 퇴화, 생리적 퇴화, 병리적 퇴화가 있다.

59 세포에서 상동염색체가 존재하는 곳은?

① 핵   ② 리보솜

③ 골지체   ④ 미토콘드리아

해설

세포에서 핵 속에 염색체가 들어 있다.

60 토마토를 재배하는 온실에 탄산가스를 주입하는 목적은?

① 호흡을 억제하기 위하여

② 광합성을 촉진하기 위하여

③ 착색을 촉진하기 위하여

④ 수분을 도와주기 위하여

해설

시설재배에서 시설 내 이산화탄소 농도를 인위적으로 높여주는 것을 이산화탄소시비, 탄산시비, 탄산비료라고 한다. 산화탄소 농도가 높아지면 어느 한계까지 광합성의 속도가 증대하기에 토마토 재배시 온실에 탄산가스를 주입하면 광합성을 촉진할 수 있다.

2013년 제2회 필기 기출문제				수험번호	성명
자격종목 유기농업기능사		시험시간 1시간	시험유형		

※ 답안카드 작성시 시험문제지 형별누락, 마킹착오로 인한 불이익은 전적으로 수험자의 귀책사유임을 알려드립니다.

** 본문제는 수검자의 생각에 의한 것으로 실제 문제와 약간 다를 수 있음.

01 광(light)과 작물생리작용에 관한 설명으로 옳지 않은 것은?

① 광합성에 주로 이용되는 파장역은 300~400nm이다.

② 광합성 속도는 광의 세기 이외에 온도, CO_2, 풍속에도 영향을 받는다.

③ 광의 세기가 증가함에 따라 작물의 광합성 속도는 광포화점 까지 증가한다.

④ 녹색광(500~600nm)은 투과 또는 반사하여 이용률이 낮다.

해설

광합성에 효과적인 파장은 청색파장(450nm), 적색파장(650nm)이 가장 효과적이다.

02 토양에 흡수·고정되어 유효성이 적은 인산질 비료의 이용을 높이는 방법으로 거리가 먼 것은?

① 유기물사용으로 토양내 부식함량을 높인다.

② 토양과 인산질 비료와의 접촉면이 많아지게 한다.

③ 작물 뿌리가 많이 분포하는 곳에 사용한다.

④ 기온이 낮은 지역에서는 보통 사용량보다 2~3배 많이 사용한다.

해설

인산질 비료의 이용율을 높이기 위해 토양과의 접촉면이 적어지도록 한다.

03 수해에 관여하는 요인으로 옳지 않은 것은?

① 생육단계에 따라 분얼초기에는 침수에 약하고, 수잉기 ~ 출수기에 강하다

② 수온이 높으면 물속의 산소가 적어져 피해가 크다.

③ 질소비료를 많이 주면 호흡작용이 왕성하여 관수해가 커진다.

④ 4~5일의 관수는 피해를 크게 한다.

해설

벼는 분얼 초기 침수에 강해 피해가 적게 나타나지만 수잉기에서 출수개화기에는 침수에 약해지면서 침수피해가 크게 나타난다.

04 기상생태형과 작물의 재배적 특성에 대한 설명으로 틀린 것은?

① 파종과 모내기를 일찍하면 감온형은 조생종이 되고 감광형은 만생종이 된다.

② 감광형은 못자리기간 동안 영양이 결핍되고 고온기에 이르면 쉽게 생식생장기로 전환된다.

③ 만파만식할 때 출수기 지연은 기본영양생장형과 감온형이 크다.

④ 조기수확을 목적으로 조파조식을 할 때 감온형이 알맞다.

해설

못자리 기간이 길어져 못자리 때 영양이 결핍되고 고온기에 이르면 감온형은 쉽게 생식생장을 하지만 감광형이나 기본영양생장형은 생식생장의 경향을 보이지 않는다.

05 벼를 논에 재배할 경우 발생되는 주요 잡초가 아닌 것은?

① 방동사니, 강피   ② 망초, 쇠비름
③ 가래, 물피   ④ 물달개비, 개구리밥

해설

망초와 쇠비름은 밭잡초에 해당한다.

06 토양 pH의 중요성이라고 볼 수 없는 것은?

① 토양 pH는 무기성분의 용해도에 영향을 끼친다.
② 토양 pH가 강산성이 되면 Al과 Mn이 용출되어 이들 농도가 높아진다.
③ 토양 pH가 강알칼리성이 되면 작물생육에 불리하지 않다.
④ 토양 pH가 중성 부근에서 식물양분의 흡수가 용이하다.

해설

토양 pH가 강알칼리성이 되면 알칼리성에 잘 발생하는 식물병해에 피해를 받거나 특정 양분의 결핍이 나타나 작물 생육에 불리하다.

07 도복을 방지하기 위한 방법이 아닌 것은?

① 키가 작고 대가 실한 품종을 선택한다.
② 가리, 인산, 석회를 충분히 사용한다.
③ 벼에서 마지막 논김을 맬 때 배토를 한다.
④ 출수 직후에 규소를 엽면살포한다.

해설

질소질 비료의 과용을 삼가고 칼리질 및 규산질 비료를 사용하는데 규소나 칼륨 등의 비료는 평소 충분히 공급해야 한다.

08 다음 중 토양 염류집적이 문제가 되기 가장 쉬운 곳은?

① 벼 재배 논
② 고랭지채소 재배지
③ 시설채소 재배지
④ 일반 밭작물 재배지

해설

시설채소 재배지는 강우가 없고 재배횟수가 많아 다비조건으로 인하여 염류의 집적이 심하다.

09 식물 병 중 세균에 의해 발병하는 병이 아닌 것은?

① 벼흰잎마름병   ② 감자무름병
③ 콩불마름병   ④ 고구마무름병

해설

고구마무름병은 진균에 의해 발생하는 식물병이다.

10 농경의 발상지라고 볼 수 없는 곳은?

① 큰 강의 유역   ② 각 대륙의 내륙부
③ 산간부   ④ 해안지대

해설

농경의 발상지는 학자에 따라 다르게 추정하였는데 큰강의 유역은 De Candolle, 산간부는 Vavilov, 해안지대는 P. Dettweiler 이다.

11 토양의 물리적 성질에 대한 설명으로 옳지 않은 것은?

① 모래, 미사 및 점토의 비율로 토성을 구분한다.
② 토양 입자의 결합 및 배열 상태를 토양 구조라 한다.
③ 토양 입자들 사이의 모든 공극이 물로 채워진 상태의 수분 함량을 포장용수량이라 한다.
④ 토양은 공기가 잘 유통되어야 작물 생육에 이롭다.

해설
토양 입자들 사이의 모든 공극이 물로 채워진 상태의 수분 함량은 최대용수량이다.

12 작물 재배 시 배수의 효과가 아닌 것은?

① 습해와 수해를 방지한다.
② 잡초의 생육을 억제한다.
③ 토양의 성질을 개선하여 작물의 생육을 촉진한다.
④ 농작업을 용이하게 하고, 기계화를 촉진한다.

해설
배수가 원활하면 작물 뿐 아니라 잡초의 생육도 양호해진다.

13 냉해의 종류가 아닌 것은?

① 지연형 냉해　② 장해형 냉해
③ 한해형 냉해　④ 병해형 냉해

해설
냉해의 종류에는 지연형 냉해, 장해형 냉해, 병해형 냉해가 있다.

14 1843년 식물의 생육은 다른 양분이 아무리 충분해도 가장 소량으로 존재하는 양분에 의해서 지배된다는 설을 제창한 사람과 이에 관한 학설은?

① LIEBIG, 최소량의 법칙
② DARWIN, 순계설
③ MENDEL, 부식설
④ SALFELD, 최소량의 법칙

해설
독일의 화학자 리비히(1803~1873)가 1843년 발표한 '최소량의 법칙'은 식물의 생육은 다른 양분이 아무리 충분해도 가장 소량으로 존재하는 양분에 의하여 지배된다는 학설이다.

15 기원지로서 원산지를 파악하는데 근간이 되고 있는 학설은 유전자 중심설이다. Vavilov의 작물의 기원지로 해당하지 않는 곳은?

① 지중해 연안　② 인도·동남아시아
③ 남부 아프리카　④ 코카서스·중동

해설
바빌로프는 주요 작물의 재배기원 중심지를 8개 지역으로 나누고 있으며 중국지구, 힌두스탄지구(인도), 중앙아시아지구, 근동지구(소아시아, 이란), 지중해연안지구, 아비시니아지구, 중앙아메리카지구, 남아메리카지구가 있다.

16 수분함량이 충분한 토양의 경우, 일반적으로 식물의 뿌리가 수분을 흡수하는 토양깊이는?

① 표토 30cm이내　② 표토 40~50cm
③ 표토 60~70cm　④ 표토 80~90cm

해설
수분함량이 충분한 경우 토양깊이 30cm 이내에서 흡수를 하며 뿌리의 근모부가 가장 활발하게 흡수를 하게 된다.

17 작부체계의 이점이라고 볼 수 없는 것은?

① 병충해 및 잡초발생의 경감
② 농업노동의 효율적 분산 곤란
③ 지력의 유지증강
④ 경지 이용도의 제고

> **해설**
> 작물의 재배시기를 달리하여 농업노동의 효율적 분산이 가능하다.

18 멀칭의 효과에 대한 설명 중 옳지 않은 것은?

① 지온 조절　　② 토양, 비료 양분 유실
③ 토양건조 예방　④ 잡초발생 억제

> **해설**
> 멀칭의 효과로 수분조절, 온도조절, 잡초방지, 토양 및 비료의 유실 방지 등이 있다.

19 논에 요소비료를 15.0kg을 주었다. 이 논에 들어간 질소의 유효성분 함유량은 몇 kg인가?(단, 요소비료의 질소성분은 46%)

① 약 3.0kg　　② 약 6.9kg
③ 약 8.3kg　　④ 약 9.0kg

> **해설**
> 15kg × 0.46 = 6.9 kg

20 벼 모내기부터 낙수까지 m^2 당 엽면증산량이 480mm, 수면증발량이 400mm, 지하침투량이 500mm이고 유효우량이 375mm일 때, 10a에 필요한 용수량은 얼마인가?

① 약 500kL　　② 약 1000kL
③ 약 1500kL　④ 약 2000kL

> **해설**
> · 용수량 = (엽면증산량 + 수분증발량 + 지하침투량) − 유효우량
> · 480 + 400 + 500 − 375 = 1005

21 토양단면상에서 확연한 용탈층을 나타나게 하는 토양생성작용은?

① 회색화작용(gleyzation)
② 라토솔화작용(laterization)
③ 석회화작용(calcification)
④ 포드졸화작용(podzolization)

> **해설**
> 포드졸화작용으로 용탈층에는 규산이 남아 백색의 표토층이 나타난다.

22 토성 결정의 고려대상이 아닌 것은?

① 모래　　　② 미사
③ 유기물　　④ 점토

> **해설**
> 토성은 모래(미사, 조사), 점토 함량을 기준으로 분류하는데 주로 점토를 기준으로 분류하며 사토, 식토, 양토, 사양토, 식양토 등으로 분류된다.

23 담수된 논토양의 환원층에서 진행되는 화학반응으로 옳은 것은?

① $S \rightarrow H_2S$　　② $CH_4 \rightarrow CO_2$
③ $Fe^{2+} \rightarrow Fe^{3+}$　④ $NH_4 \rightarrow NO_3$

> **해설**
> 논토양에서는 혐기성 균으로 질산은 N_2, Fe^{3+}는 Fe^{2+}, SO_4^{2-}는 S 또는 H_2S 로 된다.

24 작물생육에 대한 토양미생물의 유익작용이 아닌 것은?

① 근류균에 의하여 유리질소를 고정한다.
② 유기물에 있는 질소를 암모니아로 분해한다.
③ 불용화된 무기성분을 가용화 한다.
④ 황산염의 환원으로 토양산도를 조절한다.

> **해설**
> 환원성 유해물질 생성의 경우 토양미생물의 유해작용에 해당한다.

25 다음 토양 중 일반적으로 용적밀도가 작고, 공극량이 큰 토성은?

① 사토　　② 사양토
③ 양토　　④ 식토

> **해설**
> 식토는 모래가 많은 토양에 비해 용적밀도가 낮고 공극이 증가한다.

26 토양의 풍식작용에서 토양입자의 이동과 관계가 없는 것은?

① 약동(saltation)
② 포행(soil creep)
③ 부유(suspension)
④ 산사태이동(sliding movement)

> **해설**
> 풍식의 기작으로 약동, 포행, 부유가 있다. 그런데 산사태는 강우에 영향을 많이 받는 수식에 해당한다.

27 다음이 설명하는 것은?

> 토양이 양이온을 흡착할 수 있는 능력을 가리키며, 이것의 크기는 풍건토양 1kg이 흡착할 수 있는 양이온의 총량(cmol$_c$)으로 나타낸다.

① 교환성 염기　　② 포장용수량
③ 양이온교환용량　④ 치환성양이온

> **해설**
> 토양이 양이온에 흡착할 수 있는 능력을 양이온 치환용량 혹은 양이온 교환용량이라 한다.

28 간척지 토양의 특성에 대한 설명으로 틀린 것은?

① Na^+에 의하여 토양분산이 잘 일어나서 토양공극이 막혀 수직배수가 어렵다.
② 토양이 대체로 EC가 높고 알칼리성에 가까운 토양반응을 나타낸다.
③ 석고($CaSO_4$)의 사용은 황산기(SO_4^{2-})가 있어 간척지에 사용하면 안 된다.
④ 토양유기물의 사용은 간척지 토양의 구조 발달을 촉진시켜 제염효과를 높여 준다.

> **해설**
> 간척지 토양의 개량을 위해 석고를 사용한다.

29 미생물의 수를 나타내는 단위는?

① cfu　　② ppm
③ mole　④ pH

> **해설**
> 미생물의 수를 나타내는 단위는 집락형성단위(Colony Forming unit, CFU)이다.

30 배수 불량으로 토양환원작용이 심한 토양에서 유기산과 황화수소의 발생 및 양분흡수 방해가 주요 원인이 되어 발생하는 벼의 영양장해 현상은?

① 노화현상　　② 적고현상
③ 누수현상　　④ 시들음현상

> **해설**
> 적고현상은 배수 불량으로 양분이 서서히 소모되고 엽록소에 있는 단백질까지 모두 기질로 이용되어 잎이 적갈색이 되면서 나타나는 영양장해 현상이다.

31 우리나라 논토양의 퇴적양식은 어떤 것이 많은가?

① 충적토 ② 붕적토
③ 잔적토 ④ 풍적토

해설

국내의 논토양은 하수에 의하여 모재가 운반되어 퇴적되면서 이루어진 충적토에 해당한다.

32 물에 의한 침식을 가장 잘 받는 토양은?

① 토양입단이 잘 형성되어 있는 토양
② 유기물 함량이 많은 토양
③ 팽창성 점토광물이 많은 토양
④ 투수력이 큰 토양

해설

팽창성 점토광물은 물을 받아 층간이 넓어지는 성질이 있는 광물로 이러한 팽창성 점토광물이 많을 경우 부피변화가 일어나고 층간이 넓어지면서 물에 의한 침식을 더 잘 받게 된다.

33 경사지 밭토양의 유거수 속도조절을 위한 경작법으로 적합하지 않은 것은?

① 등고선재배법
② 간작재배법
③ 등고선대상재배법
④ 승수로설치재배법

해설

유거의 속도조절 및 경작법으로 초생대와 부초, 등고선재배, 등고선대상재배, 계단재배, 승수로 설치재배 등이 있다.

34 illite는 2 : 1 격자광물이나 비팽창형 광물이다. 이는 결정단위 사이에 어떤 원소가 음전하의 부족한 양을 채우기 위하여 고정되어 있는데 그 원소는?

① Si ② Mg
③ Al ④ K

해설

일라이트(illite)는 점토광물 중 칼륨의 함유량이 가장 많으며 규산 4면체 중의 몇 개의 규소가 Al^{3+}에 의해 동형 치환된 결과 생긴 양전하의 부족량 만큼이 K^+에 의해 충족되어 있다.

35 우리나라의 주요광물인 화강암의 생성위치와 규산함량이 바르게 짝지어진 것은?

① 생성위치 – 심성암, 규산함량 – 66% 이상
② 생성위치 – 심성암, 규산함량 – 55% 이하
③ 생성위치 – 반심성암, 규산함량 – 66% 이상
④ 생성위치 – 반심성암, 규산함량 – 55% 이하

해설

화강암은 심성암 중 가장 분포가 넓은데 규산의 함량이 66% 이상이다.

36 다음 중 미나마타병을 일으키는 중금속은?

① Hg ② Cd
③ Ni ④ Zn

해설

수은(Hg)중독에 의해 미나마타병이 발생한다.

37 토양의 입단형성에 도움이 되지 않는 것은?

① Ca 이온 ② Na 이온
③ 유기물의 작용 ④ 토양개량제의 이용

해설

나트륨이온이 과다할 경우 입단구조에 반발력에 발생하여 입단구조가 파괴되기도 한다.

38 토양의 물리적 성질이 아닌 것은?

① 토성　　　　② 토양온도
③ 토양색　　　④ 토양반응

해설

토양반응은 토양의 화학적 성질에 해당한다.

39 토양단면을 통한 수분이동에 대한 설명으로 틀린 것은?

① 수분이동은 토양을 구성하는 점토의 영향을 받는다.
② 각 층위의 토성과 구조에 따라 수분의 이동 양상은 다르다.
③ 토성이 같을 경우 입단화의 정도에 따라 수분이동 양상은 다르다.
④ 수분이 토양에 침투할 때 토양입자가 미세할수록 침투율은 증가한다.

해설

토양입자가 미세할수록 침투율은 감소한다.

40 토양온도에 미치는 요인이 아닌 것은?

① 토양의 비열　　② 토양의 열전도율
③ 토양피복　　　④ 토양공기

해설

토양에서 온도는 미생물 활동, 종자 발아, 식물 생장, 토양 화학반응, 토양 수분 이동, 토양의 비열 및 열전도율 등이 영향을 준다.

41 종자용 벼를 탈곡기로 탈곡할 때 가장 적합한 분당 회전속도는?

① 50회　　　　② 200회
③ 400회　　　④ 800회

해설

벼의 1분당 회전속도는 500회 정도로 가장 근접된 답안은 400회이다.

42 작물의 육종목표 중 환경친화형과 관련되는 것은?

① 수량성　　　　② 기계화 적성
③ 품질 적성　　　④ 병해충 저항성

해설

환경친화형은 이름그대로 친환경에 관련된 사항으로 병해충의 저항성은 농약에 관련된다. 농약의 경우 친환경 농약 등 환경에 영향을 미치지 않는 것을 목표로 한다.

43 시설토양을 관리하는데 이용되는 텐시오미터의 중요한 용도는?

① 토양수분장력측정
② 토양염류농도측정
③ 토양입경분포조사
④ 토양용액산도측정

해설

텐시오미터는 토양이 보유한 실제 수분의 양에 따라 식물의 뿌리가 당기는 힘을 측정하는 원리로 토양의 수분장력을 측정한다.

44 과수재배에 적합한 토양의 물리적 조건은?

① 토심이 낮아야 한다.
② 지하수위가 높아야 한다.
③ 점토함량이 높아야 한다.
④ 삼상분포가 알맞아야 한다.

해설

과수재배의 적합한 토양은 고상, 액상, 기상의 삼상분포가 알맞아야 한다.

45 유기축산에서 올바른 동물관리 방법과 거리가 먼 것은?

① 항생제에 의존한 치료
② 적절한 사육 밀도
③ 양질의 유기사료 급여
④ 스트레스 최소화

해설

유기축산의 경우 적절한 품종의 선택, 위생관리, 양질의 유기사료 급여를 통한 면역기능 증진 등을 통해 예방을 하며 질병이 없는 경우 동물용 의약품을 투여해서는 아니된다. 그래서 항생제에 의존한 치료는 유기축산과 관련이 적다.

46 소의 사료는 기본적으로 어떤 것을 급여하는 것을 원칙으로 하나?

① 곡류
② 박류
③ 강피류
④ 조사료

해설

반추가축에게 사일리지만 급여해서는 아니 되며 생초나 건초 등 조사료도 급여하여야 한다. 또한 비반추 가축에게도 가능한 조사료 급여를 권장한다.

47 비닐하우스에 이용되는 무적필름의 주요 특징은?

① 값이 싸다.
② 먼지가 붙지 않는다.
③ 물방울이 맺히지 않는다.
④ 내구연한이 길다.

해설

무적필름은 내부 표면에 물방울이 맺히지 않도록 처리한 필름이다.

48 유기농업의 목표가 아닌 것은?

① 토양의 비옥도를 유지한다.
② 자연계를 지배하려 하지 않고 협력한다.
③ 안전하고 영양가 높은 식품을 생산한다.
④ 인공적 합성화합물을 투여하여 증산한다.

해설

유기농업의 목표 중 인공적 합성화합물과 같이 기본목적에 반하는 자재와 농업을 배제하는 것에 있다.

49 일반적으로 발효퇴비를 만드는 과정에서 탄질비(C/N율)로 가장 적합한 것은?

① 1 이하
② 5~10
③ 20~35
④ 50 이상

해설

탄질비가 15 이하면 분해를 위한 질소가 충분하고 15~30 정도이면 보통 수준이다.

50 토양에서 작물이 흡수하는 필수성분의 형태가 옳게 짝지어진 것은?

① 질소 – NO_3^-, NH_4^+
② 인산 – HPO_3^+, PO_4^-
③ 칼리 – K_2O^+
④ 칼슘 – CaO_2^+

해설

토양에서 작물이 흡수하는 경우 질소는 NO_3^-, NH_4^+ 인산은 $H_2PO_4^-$, HPO_4^{2-}, 칼륨은 K^+, 칼슘은 Ca^{2+} 이다.

51 유기축산물 생산을 위한 유기사료의 분류 시 조사료에 속하지 않는 것은?

① 건초
② 생초
③ 볏짚
④ 대두박

해설

대두박은 농후사료에 속한다. 건초, 생초, 볏짚, 산야초 등은 조섬유 함량이 10% 이상인 조사료에 속한다.

52 친환경농업의 필요성이 대두된 원인으로 거리가 먼 것은?

① 농업부문에 대한 국제적 규제 심화
② 안전농산물을 선호하는 추세의 증가
③ 관행농업 활동으로 인한 환경오염 우려
④ 지속적인 인구증가에 따른 증산 위주의 생산 필요

해설

친환경농업은 대량생산 및 화학비료, 농약에 대한 의존으로 토양오염 및 환경오염이 대두되면서 이를 개선하는데 목적을 둔다. 즉 증산 위주의 생산을 피하기 위함이다

53 토마토의 배꼽썩음병의 발생원인은?

① 칼슘결핍　　　② 붕소결핍
③ 수정불량　　　④ 망간과잉

해설

칼슘의 결핍시 토마토 배꼽썩음병이 발생하기도 한다.

54 유기농산물을 생산하는데 있어 올바른 잡초 제어법에 해당하지 않는 것은?

① 멀칭을 한다.
② 손으로 잡초를 뽑는다.
③ 화학 제초제를 사용한다.
④ 적절한 윤작을 통하여 잡초 생장을 억제한다.

해설

유기농산물 생산에 있어 잡초 방제를 위해 화학 제초제는 사용하지 않아야 한다.

55 다음 과실비대에 영향을 끼치는 요인 중 온도와 관련한 설명으로 올바른 것은?

① 기온은 개화 후 일정기간동안은 과실의 초기생장속도에 크게 영향이 미치지 않지만 성숙기에는 크게 영향을 끼친다.
② 생장적온에 달할 때 까지 온도가 높아짐에 따라 과실의 생장속도도 점차 빨라지나 생장적온을 넘은 이후부터는 과실의 생장속도는 더욱 빨라지는 경향이 있다.
③ 사과의 경우, 세포분열이 왕성한 주간에 가온을 하면 세포수가 증가하게 된다.
④ 야간에 가온을 하면 과실의 세포비대가 오히려 저하되는 경향을 나타낸다.

해설

사과와 같은 과일은 주간에 가온을 하면 세포수가 증가하고 야간에 가온하면 세포의 크기가 커져 과실이 비대해진다.

56 일대잡종(F_1) 품종이 갖고 있는 유전적 특성은?

① 잡종강세　　　② 근교약세
③ 원연교잡　　　④ 자식열세

해설

잡종강세는 주로 1대잡종(F_1)에서만 나타나고 자식을 하면 잡종강세의 정도가 갈수록 떨어지면서 근교약세가 나타난다.

57 토양을 가열소독할 때 적당한 온도와 가열시간은?

① 60℃, 30분　　　② 60℃, 60분
③ 100℃, 30분　　　④ 100℃, 60분

해설

토양의 가열소독은 60℃ 조건에서 30분 정도 하는 것이 적당하다.

58 유기재배용 종자 선정 시 사용이 절대 금지된 것은?

① 내병성이 강한 품종
② 유전자변형 품종
③ 유기재배된 종자
④ 일반종자

해설

유기재배용 종자 선정시 유전공학, 유전자변형 물질로 생산된 종자는 사용이 금지되어 있다.

59 병해충 관리를 위해 사용이 가능한 유기농 자재 중 식물에서 얻은 것은?

① 목초액　　　② 보르도액
③ 규조토　　　④ 유황

해설

목초액은 목재를 건류하여 만들어지는 맑은 건류액 성분으로 식물에서 얻는다.

60 농업의 환경보전기능을 증대시키고, 농업으로 인한 환경오염을 줄이며, 친환경농업을 실천하는 농업인을 육성하여 지속가능하고 환경 친화적인 농업을 추구함을 목적으로 하는 법은?

① 친환경농업육성법
② 환경정책기본법
③ 토양환경보전법
④ 농수산물 품질관리법

해설

친환경농업육성법은 1997년에 제정되었으며 농업의 환경보전 기능을 증대시키고 농업으로 인한 환경오염을 줄이며 친환경농업을 실천하는 농업인을 육성함으로써 지속가능하고 환경친화적인 농업을 추구함을 목적으로 한다.

2014년 제1회 필기 기출문제			수험번호	성명
자격종목 유기농업기능사		시험시간 1시간	시험유형	

※ 답안카드 작성시 시험문제지 형별누락, 마킹착오로 인한 불이익은 전적으로 수험자의 귀책사유임을 알려드립니다.
** 본문제는 수검자의 생각에 의한 것으로 실제 문제와 약간 다를 수 있음.

01 기지현상의 대책으로 옳지 않은 것은?

① 토양소독을 한다.
② 연작한다.
③ 담수한다.
④ 새 흙으로 객토한다.

> **해설**
> 연작을 할 경우 작물이 선호하는 양분의 선택적 이용으로 토양에 특정 양분이 부족하게 되어 기지현상이 더 발생하게 된다.

02 Vavilov는 식물의 지리적 기원을 탐구하는데 큰 업적을 남긴 사람이다. 그에 대한 설명으로 틀린 것은?

① 농경의 최초 발상지는 기후가 온화한 산간부 중 관개수를 쉽게 얻을 수 있는 곳으로 추정하였다.
② 1883년에 '재배식물의 기원'을 저술하였다.
③ 지리적 미분법을 적용하여 유전적 변이가 가장 많은 지역을 그 작물의 기원중심지라고 하였다.
④ Vavilov의 연구 결과는 식물종의 유전자중심설로 정리되었다.

> **해설**
> De Candolle 의 저서로 1883년 '재배식물의 기원'이 있다.

03 춘화처리에 대한 설명으로 틀린 것은?

① 춘화처리 하는 동안 및 처리 후에도 산소와 수분공급이 있어야 춘화처리효과가 유지된다.
② 춘파성이 높은 품종보다 추파성이 높은 품종의 식물이 춘화요구도가 적다.
③ 국화과 식물에서는 저온처리 대신 지베렐린을 처리하면 춘화처리와 같은 효과를 얻을 수 있다.
④ 춘화처리의 효과를 얻기 위한 저온처리 온도는 작물에 따라 다르나 일반적으로 0 ~ 10℃가 유효하다.

> **해설**
> 춘화처리를 통해 추파성에서 춘파성으로 전환하는 것으로 추파성의 춘화요구도가 더 높다고 할 수 있다.

04 작물에 발생되는 병의 방제방법에 대한 설명으로 옳은 것은?

① 병원체의 종류에 따라 방제방법이 다르다.
② 곰팡이에 의한 병은 화학적 방제가 곤란하다.
③ 바이러스에 의한 병은 화학적 방제가 비교적 쉽다.
④ 식물병은 생물학적 방법으로는 방제가 곤란하다.

> **해설**
> 병원체의 종류에 따라 그 특성이 다르기에 활용하는 방제방법도 달라진다.

05 유축(有畜)농업 또는 혼동(混同)농업과 비슷한 뜻으로 식량과 사료를 서로 균형 있게 생산하는 농업을 가리키는 것은?

① 포경(圃耕) ② 곡경(穀耕)
③ 원경(園耕) ④ 소경(疎耕)

> **해설**
> 포경은 식량과 사료를 서로 균형 있게 생산하는 농업이다.

06 생물학적 방제법에 속하는 것은?

① 윤작 ② 병원미생물의 사용
③ 온도 처리 ④ 소토 및 유살 처리

> **해설**
> 생물학적 방제법은 생물이나 병원미생물 등을 활용하는 친환경적인 방제법이다.

07 양분의 흡수 및 체내이동과 가장 관련이 깊은 환경요인은?

① 빛 ② 수분
③ 공기 ④ 토양

> **해설**
> 양분의 흡수 및 양분의 체내이동을 위해서는 수분이 필요하다.

08 벼에서 관수해(冠水害)에 가장 민감한 시기는?

① 유수형성기 ② 수잉기
③ 유효분얼기 ④ 이앙기

> **해설**
> 벼는 분얼 초기 침수에 강해 피해가 적게 나타나지만 수잉기에서 출수개화기에는 침수에 약해지면서 침수피해가 크게 나타난다.

09 빛이 있으면 싹이 잘 트지만 빛이 없는 조건에서는 싹이 트지 않는 종자는?

① 토마토 ② 가지
③ 담배 ④ 호박

> **해설**
> 담배는 호광성종자로 광을 주어야 발아한다.

10 일반적인 육묘재배의 목적으로 거리가 먼 것은?

① 조기수확 ② 집약관리
③ 추대촉진 ④ 종자절약

> **해설**
> 추대를 방지하기 위해 육묘재배를 실시한다.

11 습해의 방지 대책으로 가장 거리가 먼 것은?

① 배수
② 객토
③ 미숙유기물의 시용
④ 과산화석회의 시용

> **해설**
> 습해의 피해를 줄이기 위해 배수 철저, 토양의 개량, 병충해 방제, 내습성 작물의 선택 등이 있으며 이랑을 높게 하여 재배하도록 한다. 미숙유기물의 시용은 금하는 것이 좋다.

12 바람에 의한 피해(풍해)의 종류 중 생리적 장해의 양상이 아닌 것은?

① 기계적 상해 시 호흡이 증대하여 체내 양분의 소모가 증대하고, 상처가 건조하면 광산화반응에 의하여 고사한다.
② 벼의 경우 수분과 수정이 저하되어 불임립이 발생한다.
③ 풍속이 강하고 공기가 건조하면 증산량이 커져서 식물체가 건조하며 벼의 경우 백수현상이 나타난다.
④ 냉풍은 작물의 체온을 저하시키고 심하면 냉해를 유발한다.

> **해설**
> 백수현상은 벼의 출수 직후 건조한 강풍이 불면서 탈수가 빨라 백수가 되는 것을 말한다. 불임립 발생은 풍해의 물리적 장해에 해당한다.

13 맥류나 벼를 재배할 때 성숙기의 강우에 의해 발생하는 수발아현상을 막기 위한 대책이 아닌 것은?

① 벼의 경우 유효분얼초기에 3~5cm 깊이로 물을 깊게 대어주고 생장조절제인 세리타드 입제를 살포한다.

② 밀보다는 성숙기가 빠른 보리를 재배한다.

③ 조숙종이 만숙종보다 수발아 위험이 적고 휴면기간이 길어 수발아에 대한 위험이 낮다.

④ 도복이 되지 않도록 재배관리를 잘 한다.

> **해설**
> 도복이 우려될 경우 추수전 40일쯤 세리타드 입제를 살포하면 도복이 경감된다.

14 다음 작물에서 요수량이 가장 적은 작물은?

① 수수 　　② 메밀
③ 밀 　　④ 보리

> **해설**
> 요수량이 적은 식물로 수수, 기장, 옥수수 등이 있다.

15 농작물에 영향을 끼칠 우려가 있는 유해가스가 아닌 것은?

① 아황산가스 　　② 불화수소
③ 이산화질소 　　④ 이산화탄소

> **해설**
> 이산화탄소는 광합성에 필요하며 시설 재배에서는 이산화탄소를 공급하는 탄산시비가 있다.

16 경운에 대한 설명으로 틀린 것은?

① 경토를 부드럽게 하고 토양의 물리적 성질을 개선하며 잡초를 없애주는 역할을 한다.

② 유기물의 분해를 촉진하고 토양통기를 조장한다.

③ 해충을 경감시킨다.

④ 천경(9~12cm)은 식질토양, 벼의 조식재배 시 유리하다.

> **해설**
> 경운은 토양을 갈아 흙덩이를 부스러뜨리는 작업으로 토양의 투수성, 통기성이 좋아져 이후 종자의 발달, 뿌리의 발달에 도움이 된다. 또한 통기성이 좋아야 토양에 살고 있는 미생물의 활동이 활발해져 유기물 분해 촉진 및 순환에 도움을 준다. 또한 흙을 반전시켜 잡초의 발생이 줄어들고 해충이 박멸하는데 도움이 된다.

17 도복의 양상과 피해에 대한 설명으로 틀린 것은

① 질소 다비에 의한 증수재배의 경우 발생하기 쉽다.

② 좌절도복이 만곡도복보다 피해가 크다.

③ 양분의 이동을 저해 시킨다.

④ 수량은 떨어지지만 품질에는 영향을 미치지 않는다.

> **해설**
> 작물이 도복하면 광합성이 저하되고 수량이 떨어지며 병해충의 감염 위험성이 높아 품질에 영향을 미치게 된다.

18 고립상태의 광합성 특성으로 틀린 것은?

① 생육적온까지 온도가 상승할 때 광합성속도는 증가되고 광포화점은 낮아진다.

② 이산화탄소 농도가 상승하여 이산화탄소 포화점까지 광포화점이 높아진다.

③ 온도, CO_2등이 제한요인이 아닐 때 C_4식물은 C_3식물보다 광합성률이 2배에 달한다.

④ 냉량한 지대보다는 온난한 지대에서 더욱 강한 일사가 요구된다.

잎에서 온도와 광포화점의 관계를 보면 높은 온도보다 낮은 온도에서 더 높은 광포화점이 요구되는데 이는 온난한 지대보다는 냉량한 지대에서 더욱 강한 일사가 요구되는 것을 의미한다.

19 휴한지에 재배하면 지력의 유지·증진에 가장 효과가 있는 작물은?

① 클로버　　　　② 밀

③ 보리　　　　　④ 고구마

클로버나 콩과 작물을 재배하면 질소고정을 통해 지력 증진 효과가 나타난다.

20 밭 관개 시 재배상의 유의점으로 틀린 것은?

① 관개를 하면 비료의 이용효과를 높일 수 있어 다비재배가 유리하다.

② 가능한 한 수익성이 높은 작물은 밀식할 수 있다.

③ 식질토양에서는 휴립재배보다 평휴재배를 실시한다.

④ 다비재배에 따라 내도복성 품종을 재배한다.

식질토양에서 휴립, 중경 등으로 관개수의 침투를 도모하고 비닐멀칭을 통해 지면증발을 억제하도록 한다.

21 토양미생물 중 황세균의 최적 pH는?

① 2.0 ~ 4.0　　　② 4.0 ~ 6.0

③ 6.8 ~ 7.3　　　④ 7.0 ~ 8.0

토양세균은 pH 6~8 정도에서 생육이 양호한데 황세균과 같이 pH 2~4 에 최적화되어 있는 세균도 있다.

22 토양의 입자밀도가 2.65인 토양에 퇴비를 주어 용적밀도를 1.325에서 1.06으로 낮추었다. 다음 중 바르게 설명한 것은?

① 토양의 공극이 25%에서 30%로 증가하였다.

② 토양의 공극이 50%에서 60%로 증가하였다.

③ 토양의 고상이 25%에서 30%로 증가하였다.

④ 토양의 고상이 50%에서 60%로 증가하였다.

토양의 공극율은 1-(가비중/진비중) 으로 구할 수 있으며 용적밀도가 1.325에서 1.06 으로 낮아졌기에 이를 공극율 공식에 대입하여 구하면 공극율은 50%에서 60%로 증가하였다.

23 작물의 생육에 가장 적합하다고 생각되는 토양구조는?

① 판상구조　　　② 입상구조

③ 주상구조　　　④ 괴상구조

입상구조는 유기물이 많아 입단이 구상으로 나타나는 구조로 작물이 생육하기 가장 적합하다.

24 점토광물에 대한 설명으로 옳은 것은?

① 석고, 탄산염, 석영 등 점토 크기 분획의 광물들도 점토광물이다.

② 토양에서 점토광물은 입경이 0.002mm 이하인 입자이므로 표면적이 매우 적다.

③ 결정질 점토광물은 규산 4면체판과 알루미나 8면체판의 겹쳐있는 구조를 가지고 있다.

④ 규산판과 알루미나판이 하나씩 겹쳐져 있으면 2 : 1형 점토광물이라고 한다.

> **해설**
> 결정질 점토광물은 규산4면체와 알루미나8면체가 결합하여 결정단위를 이루고 있는 교질입자이다.

25 우리나라 시설재배지 토양에서 흔히 발생되는 문제점이 아닌 것은?

① 연작으로 인한 특정 병해의 발생이 많다.

② EC가 높고 염류집적 현상이 많이 발생한다.

③ 토양의 환원이 심하여 황화수소의 피해가 많다.

④ 특정 양분의 집적 또는 부족으로 영양생리 장해가 많이 발생한다.

> **해설**
> 토양의 환원이 심해 황화수소가 피해가 많이 발생하는 곳은 노후답에서 주로 나타나는 피해현상이다.

26 논토양의 일반적 특성은?

① 유기물의 분해가 밭토양보다 빨라서 부식함량이 적다.

② 담수하면 산화층과 환원층으로 구분된다.

③ 담수하면 토양의 pH가 산성토양은 낮아지고 알칼리성 토양은 높아진다.

④ 유기물의 존재는 담수토양의 산화환원전위를 높이는 결과가 된다.

> **해설**
> 논토양은 담수상태로 인하여 적갈색의 산화층과 청회색의 환원층이 있다.

27 우리나라의 전 국토의 2/3가 화강암 또는 화강편마암으로 구성되어 있다. 이러한 종류의 암석은 토양생성과정 인자 중 어느 것에 해당하는가?

① 기후   ② 지형

③ 풍화기간   ④ 모재

> **해설**
> 모재는 점토광물의 종류를 결정지어 주는 1차적 요인이 되며 우리나라 국토의 2/3 정도는 화강암과 화강편마암으로 되어 있다.

28 염기포화도에 대한 설명으로 틀린 것은?

① pH와 비례적인 상관관계가 있다.

② 염기포화도가 증가하면 완충력도 증가하는 경향이다.

③ (교환성염기의 총량/양이온교환용량)×100 이다.

④ 우리나라 논토양의 염기포화도는 대략 80% 내외이다.

> **해설**
> 우리나라 논토양의 염기포화도는 약 50% 정도이다.

29 식물이 자라기에 가장 알맞은 수분상태는?

① 위조점에 있을 때

② 포장용수량에 이르렀을 때

③ 중력수가 있을 때

④ 최대용수량에 이르렀을 때

> **해설**
> 식물이 사용가능한 수분은 포장용수량에서 영구위조점 사이이므로 보기 중 포장용수량에 이르렀을 때 가장 알맞은 수분상태가 되겠다.

정답   24 ③   25 ③   26 ②   27 ④   28 ④   29 ②

30 토양에서 탈질작용이 느려지는 조건은?

① pH 5 이하의 산성토양

② 유기물 함량이 많은 토양

③ 투수가 불량한 토양

④ 산소가 부족한 토양

> **해설**
> 토양이 산성화되면 탈질균의 활성이 감소하면서
> 탈질작용이 느려지게 된다.

31 다음 영농활동 중 토양미생물의 밀도와 활력에 가장 긍정적인 효과를 가져다 줄 수 있는 것은?

① 유기물 시용   ② 상하경 재배

③ 농약살포   ④ 무비료재배

> **해설**
> 토양미생물은 유기물에서 대부분 에너지를 얻기
> 에 유기물의 사용이 가장 긍정적인 효과를 얻을
> 수 있다.

32 운적토는 풍화물이 중력, 풍력, 수력, 빙하력 등에 의하여 다른 곳으로 운반되어 퇴적하여 생성된 토양이다. 다음 중 운적토양이 아닌 것은?

① 붕적토   ② 선상퇴토

③ 이탄토   ④ 수적토

> **해설**
> 풍화작용을 받은 토양이 다른 곳으로 이동하여
> 쌓인 흙으로 이동된 종류에 따라 붕적토, 수적토,
> 빙하토, 풍적토, 선상퇴토 등이 있다.

33 용적비중(가비중) 1.3인 토양의 10a당 작토(깊이 10cm)의 무게는?

① 약 13톤   ② 약 130톤

③ 약 1,300톤   ④ 약 13,000톤

> **해설**
> 용적비중을 구하기 위해 토양의 무게와 부피를
> 적용하는데 이때 용적비중은 1.3, 부피는 100m³
> 이므로 무게는 130톤이 되겠다.

34 토양의 입단구조 형성 및 유지에 유리하게 작용하는 것은?

① 옥수수를 계속 재배 한다.

② 논에 물을 대어 써레질을 한다.

③ 퇴비를 사용하여 유기물 함량을 높인다.

④ 경운을 자주 한다.

> **해설**
> 토양의 입단구조 형성 및 유지를 위해 점토, 유기
> 물 등을 첨가하거나 콩과식물을 재배하는 방법이
> 있다.

35 식물과 공생관계를 가지는 것은?

① 사상균   ② 효모

③ 선충   ④ 균근균

> **해설**
> 균근균은 식물의 뿌리가 토양 중 있는 곰팡이와
> 공생하는 형태를 말한다. 식물 뿌리와 상리공생
> 하면서 기주 식물의 수분이나 질소와 황과 같은
> 무기염 등의 양분의 흡수에 도움을 주기도 하며
> 수목의 생장에 도움을 주기도 한다.

36 토양 공극에 대한 설명으로 틀린 것은?

① 공극은 공기의 유통과 토양 수분의 저장 및 이동통로가 된다.

② 입단 내에 존재하는 토성공극은 양분의 저장에 이용된다.

③ 퇴비의 시용은 토양의 공극량을 증대시킨다.

④ 큰 공극과 작은 공극이 함께 발달되어야 한다.

> **해설**
> 토양의 공극은 토양수분 및 공기, 토양미생물이
> 있는 공간이다.

37 토양의 무기성분 중 가장 많은 성분은?

① 산화철(Fe_2O_3) ② 규산(SiO_2)

③ 석회(CaO) ④ 고토(MgO)

해설

토양에 규산은 약 60% 정도를 차지하고 있는 주요 무기 성분 중 하나이다.

38 물에 의한 토양의 침식과정이 아닌 것은?

① 우격침식 ② 면상침식

③ 선상침식 ④ 협곡침식

해설

빗물에 의한 타격으로 나타나는 우격침식, 물에 의해 토양 표면이 침식되는 면상침식, 빗물들이 지표를 깎아 움푹 패인 골을 형성하는 협곡침식 등이 물에 의한 침식과정에 해당한다.

39 토성분석 시 사용되는 토양의 입자 크기는 얼마 이하를 말하는가?

① 2.5mm ② 2.0mm

③ 1.0mm ④ 0.5mm

해설

토양의 분석 및 토양의 분류 기준이 되는 크기는 2mm 이하를 한다.

40 지렁이가 가장 잘 생육할 수 있는 토양환경은?

① 배수가 어려운 과습토양

② pH 3 이하의 산성토양

③ 통기성이 양호한 유기물 토양

④ 토양온도가 18~25℃인 토양

해설

지렁이의 활동에 영향을 주는 요인으로 먹이의 종류, 유기물, 습도, 온도, pH, 탄산가스 양 등이 있는데 그 중 통기성이 양호한 유기물 토양의 경우 지렁이가 살기 적합하다.

41 토양입자의 입단화(粒團化)를 촉진시키는 것은?

① Na^+ ② Ca^{2+}

③ K^+ ④ NH_4^+

해설

토양의 입단화를 촉진하는데는 칼슘(Ca^{2+})과 같은 양이온이 도움이 된다.

42 정부에서 친환경농업원년을 선포한 년도는?

① 1991년도 ② 1994년도

③ 1997년도 ④ 1998년도

해설

정부는 1998년 친환경육성원년 선포식으로 유기농업이 본격적으로 시작하였고 2001년 친환경농산물 인증 제도가 시행되면서 친환경 농업이 제도화되었다.

43 유기농업에서는 화학비료를 대신하여 유기물을 사용하는데, 유기물의 사용 효과가 아닌 것은?

① 토양완충능 증대

② 미생물의 번식조장

③ 보수 및 보비력 증대

④ 지온 감소 및 염류 집적

해설

유기물을 사용하면 지온을 상승시켜주며 토양환경 개선 및 토양의 완충능력이 강화되면서 염류농도 장해를 경감시킬 수 있다.

44 품종의 특성유지방법이 아닌 것은?

① 영양번식에 의한 보존재배

② 격리재배

③ 원원종재배

④ 집단재배

해설

집단재배를 하면 자연 교잡이 증가하여 품종의 특성 유지가 어렵다.

45 우량종자의 증식체계로 옳은 것은?

① 기본식물 → 원원종 → 원종 → 보급종

② 기본식물 → 원종 → 원원종 → 보급종

③ 원원종 → 원종 → 기본식물 → 보급종

④ 원원종 → 원종 → 보급종 → 기본식물

해설

작물의 종자생산 관리체계는 기본식물, 원원종, 원종, 채종포(보급종), 농가의 순이다.

46 유기축산물 인증기준에 따른 유기사료급여에 대한 설명으로 틀린 것은?

① 천재·지변의 경우 유기사료가 아닌 사료를 일정기간 동안 일정비율로 급여하는 것을 허용할 수 있다.

② 사료를 급여할 때 유전자변형농산물이 함유되지 않아야 한다.

③ 유기배합사료 제조용 단미사료용 곡물류는 유기농산물 인증을 받은 것에 한한다.

④ 반추가축에게는 사일리지만 급여한다.

해설

반추가축에게는 사일리지 외의 사료를 급여하는 것도 허용하고 있다.

47 노포크(Norfork)식 윤작법에 해당되는 것은?

① 알팔파 – 클로버 – 밀 – 보리

② 밀 – 순무 – 보리 – 클로버

③ 밀 – 휴한 – 순무

④ 밀 – 보리 – 휴한

해설

노포크식은 화본과의 식용작물과 두과인 클로버, 근채류인 순무를 순차적으로 윤작하는 방법으로 <밀-순무-보리-클로버> 등의 4년주기의 윤작방식이다.

48 과수원에 부는 적당한 바람과 생육과의 관계에 대한 설명으로 틀린 것은?

① 양분흡수를 촉진한다.

② 동해발생을 촉진한다.

③ 광합성을 촉진한다.

④ 증산작용을 촉진한다.

해설

적당한 바람은 연풍으로 증산 및 양분흡수를 촉진하고, 병해 경감, 광합성 촉진, 수정 및 결실 촉진 등의 효과가 나타난다.

49 퇴비의 부숙도 검사방법이 아닌 것은?

① 관능적 방법   ② 탄질비 판정법

③ 물리적 방법   ④ 종자발아법

해설

퇴비의 부숙도 검사 방법은 10가지가 넘는 다양한 방법들이 있으며 종자발아법, 분해열측정법, 물질분석, 관능적 방법, 탄질비 판정, 산소 소모율 측정, 이산화탄소발생률 측정 등이 있다.

50 유기재배 시 작물의 병해충 제어법으로 가장 적합하지 않은 것은?

① 화학적 토양 소독법

② 토양 소토법

③ 생물적 방제법

④ 경종적 재배법

해설

화학적 토양 소독은 화학적 방제법으로 유기재배 관련 방제법으로 적합하지 않다.

51 과수의 전정방법(剪定方法)에 대한 설명으로 옳은 것은?

① 단초전정은 주로 포도나무에서 이루어지는데 결과모지를 전정할 때 남기는 마디 수는 대개 4~6개이다.

② 갱신전정은 정부우세현상으로 결과모지가 원줄기로부터 멀어져 착과되는 과실의 품질이 불량할 때 이용하는 전정방법이다.

③ 세부전정은 생장이 느리고 연약한 가지·품질이 불량한 과실을 착생시키는 가지를 제거하는 방법이다.

④ 큰 가지전정은 생장이 느리고 외부에 가지가 과다하게 밀생하며 가지가 오래되어 생산이 감소할 때 제거하는 방법이다.

> **해설**
> 오래된 측지는 꽃눈이 불량하고 과실의 발육과 품질이 나빠지기 때문에 일정수의 새로운 가지로 갱신전정을 통해 갱신을 해주어야 한다.

52 답전윤환 체계로 논을 밭으로 이용할 때 유기물이 분해되어 무기태질소가 증가하는 현상은?

① 산화작용
② 환원작용
③ 건토효과
④ 윤작효과

> **해설**
> 토양 중 유기태 양분의 무기화 촉진을 위해 논토양을 상온에 대기조건에서 풍건처리한 후 담수 보온 처리를 하면 다량의 무기태 양분이 생성되는데 이를 건토효과라 한다.

53 다음 중 C/N율이 가장 높은 것은?

① 톱밥
② 옥수수 대와 잎
③ 클로버 잔유물
④ 박테리아, 방사상균 등 미생물

> **해설**
> 톱밥은 탄질비(C/N율)가 500~1000 정도로 매우 높다.

54 유기식품 등의 인증기준 등에서 유기농산물 재배 시 기록·보관해야하는 경영 관련 자료로 틀린 것은?

① 농산물 재배포장에 투입된 토양개량용 자재, 작물생육용자재, 병해충관리용 자재 등 농자재 사용 내용을 기록한 자료

② 유기합성 농약 및 화학비료의 구매·사용·보관에 관한 사항을 기록한 자료

③ 유전자변형종자의 구입·보관·사용을 기록한 자료

④ 농산물의 생산량 및 출하처별 판매량을 기록한 자료

> **해설**
> 농산물 및 임산물 관련 경영 관련 자료에 기재할 사항은 다음과 같다.
> 1) 재배포장의 재배 사항을 기록한 자료 : 품목명, 파종·식재일, 수확일
> 2) 농산물·임산물 재배포장에 투입된 토양개량용 자재, 작물생육용 자재, 병해충관리용 자재 등 농자재 사용 내용을 기록한 자료 : 자재명, 일자별 사용량, 사용목적, 사용가능한 자재임을 증명하는 서류
> 3) 농산물·임산물의 생산량 및 출하처별 판매량을 기록한 자료 : 품목명, 생산량, 출하처별 판매량
> 4) 유기합성 농약 및 화학비료의 구매·사용·보관에 관한 사항을 기록한 자료 : 자재명, 일자별 구매량, 사용처별 사용량·보관량, 구매 영수증
> 5) 1)부터 4)까지의 자료의 기록기간은 최근 2년간으로 하되(무농약농산물은 최근 1년간으로 한다) 재배품목과 재배포장의 특성 등을 감안하여 국립농산물품질관리원장이 정하는 바에 따라 3개월 이상 3년 이하의 범위에서 그 기간을 단축하거나 연장할 수 있다.

55 윤작의 효과로 거리가 먼 것은?

① 자연재해나 시장변동의 위험을 분산시킨다.

② 지력을 유지하고 증진시킨다.

③ 토지 이용률을 높인다.

④ 풍수해를 예방한다.

해설

윤작은 한 농경지에 동일 작물을 재배하는 연작과는 반대로 다른 종류의 작물을 순차적으로 재배하는 방식이다. 윤작은 토양의 양분 유지와 병해충의 전염 방지에도 도움이 된다.

56 품종육성의 효과로 기대하기 어려운 것은?

① 품질개선   ② 지력증진

③ 재배지역의 확대 ④ 수량증가

해설

품종육성은 나라 경제 발전에 기여하고 농작물 재배의 지리적 한계 및 계절적 한계를 극복할 수 있다. 농산물의 품질을 개선하고 작황의 안정성 증대, 농업경영의 합리화를 기대할 수 있다.

57 유기재배 과수의 토양표면 관리법으로 가장 거리가 먼 것은?

① 청경법   ② 초생법

③ 부초법   ④ 플라스틱 멀칭법

해설

토양표면 관리법으로 청경법, 초생법, 부초법 등이 있다.

58 유기축산물 생산을 위한 사육장 조건으로 틀린 것은?

① 축사·농기계 및 기구 등은 청결하게 유지한다.

② 충분한 환기와 채광이 되는 케이지에서 사육한다.

③ 사료와 음수는 접근이 용이해야 한다.

④ 축사 바닥은 부드러우면서도 미끄럽지 않아야 한다.

해설

번식돈은 임신 말기 또는 포유기간을 제외하고는 군사를 하여야 하고, 자돈 및 육성돈은 케이지에서 사육하지 아니할 것. 다만, 자돈 압사 방지를 위하여 포유기간에는 모돈과 조기 이유한 자돈의 생체중이 25킬로그램까지는 케이지에서 사육할 수 있다.

59 예방관리에도 불구하고 가축의 질병이 발생한 경우 수의사의 처방하에 질병을 치료할 수 있다. 이 경우 동물용의약품을 사용한 가축은 해당약품 휴약기간의 최소 몇 배가 지나야만 유기축산물로 인정할 수 있는가?

① 2배   ② 3배

③ 4배   ④ 5배

해설

예방관리에도 불구하고 질병이 발생한 경우 수의사의 처방에 따라 질병을 치료할 수 있다. 이 경우 동물용의약품을 사용한 가축은(구충제를 사용한 가축을 포함한다) 해당 약품 휴약기간의 2배가 지나야 유기축산물로 인정할 수 있다.

60 한 포장에서 연작을 하지 않고 몇 가지 작물을 특정한 순서로 규칙적으로 반복하여 재배하는 것은?

① 돌려짓기　　② 답전윤환

③ 간작　　　　④ 교호작

해설 ··

윤작(돌려짓기)은 한 농경지에 동일 작물을 재배하는 연작과는 반대로 다른 종류의 작물을 순차적으로 재배하는 방식이다.

2014년 제2회 필기 기출문제		수험번호	성명
자격종목 유기농업기능사	시험시간 1시간	시험유형	

※ 답안카드 작성시 시험문제지 형별누락, 마킹착오로 인한 불이익은 전적으로 수험자의 귀책사유임을 알려드립니다.
** 본문제는 수검자의 생각에 의한 것으로 실제 문제와 약간 다를 수 있음.

01 대기 중의 약한 바람이 작물생육에 피해를 주는 사항과 가장 거리가 먼 것은?

① 광합성을 억제한다.
② 잡초씨나 병균을 전파시킨다.
③ 건조할 때 더욱 건조를 조장한다.
④ 냉풍은 냉해를 유발할 수 있다.

해설

약한 바람은 연풍과 같은 효과를 주기에 광합성을 촉진시킨다.

02 유효질소 10kg이 필요한 경우에 요소로 질소질 비료를 사용한다면 필요한 요소량은? (단, 요소비료의 흡수율은 83%, 요소의 질소함유량은 46%로 가정한다.)

① 약 13.1kg
② 약 26.2kg
③ 약 34.2kg
④ 약 48.5kg

해설

최종적으로 필요한 유효질소 10kg 에 대한 공급비료량에 흡수율 및 함량을 고려하여 계산을 하게 된다.

· 10kg = 비료량 × 0.83 × 0.46
· 비료량 = 26.191… kg
· 비료량 = 약 26.2 kg

03 잡초의 방제는 예방과 제거로 구분할 수 있는데, 예방의 방법으로 가장 거리가 먼 것은?

① 답전윤환 실시
② 제초제의 사용
③ 방목 실시
④ 플라스틱 필름으로 포장 피복

해설

제초제는 화학적 방제법으로 잡초를 제거하는데 효과적이다.

04 녹식물체버널리제이션(green plant vernalization) 처리효과가 가장 큰 식물은?

① 추파맥류
② 완두
③ 양배추
④ 봄올무

해설

녹식물춘화형으로 양파, 파, 양배추, 사탕무 등이 있다.

05 질소 비료의 흡수형태에 대한 설명으로 옳은 것은?

① 식물이 주로 흡수하는 질소의 형태는 논토양에서는 NH_4^+, 밭토양에서는 NO_3^-이온의 형태이다.
② 식물이 흡수하는 인산의 형태는 PO_4^-와 PO_3^- 형태이다.
③ 암모니아태질소는 양이온이기 때문에 토양에 흡착되지 않아 쉽게 용탈이 된다.
④ 질산태질소는 음이온으로 토양에 잘 흡착이 되어 용탈이 되지 않는다.

해설

질소는 단백질 및 아미노산 등의 유기화합물을 구성하는 필수 원소로 주로 식물에 흡수 시 질산태(NO_3^-), 암모니아태(NH_4^+)로 흡수된다. 이때 논토양은 암모니아태(NH_4^+), 밭토양은 질산태(NO_3^-) 형태이다.

06 대체로 저온에 강한 작물로만 나열된 것은?

① 보리, 밀
② 고구마, 감자
③ 배, 담배
④ 고추, 포도

해설

저온에 강한 보리와 밀은 동작물로 분류된다.

07 수해(水害)의 요인과 작용에 대한 설명으로 틀린 것은?

① 벼에 있어 수잉기 ~ 출수 개화기에 특히 피해가 크다.

② 수온이 높을수록 호흡기질의 소모가 많아 피해가 크다.

③ 흙탕물과 고인물이 흐르는 물보다 산소가 적고 온도가 높아 피해가 크다.

④ 벼, 수수, 기장, 옥수수 등 화본과 작물이 침수에 가장 약하다.

> **해설**
>
> 수해는 수온이 높을수록 질소질비료를 과용할수록 피해가 심해지며 피해를 줄이기 위해 침수에 강한 작물을 심기도 한다. 피, 수수, 옥수수 등은 침수에 강한 편이다.

08 다음 중 가장 집약적으로 곡류 이외에 채소, 과수 등의 재배에 이용되는 형식은?

① 원경(園耕) ② 포경(圃耕)

③ 곡경(穀耕) ④ 소경(疎耕)

> **해설**
>
> 원경은 작은 면적의 농지에 자본과 인력을 집약적으로 투입하여 단위 면적당 수확량을 많게 하는 농업 형태로 곡류 이외에 채소, 과수 등의 재배에 이용된다.

09 계란 노른자와 식용유를 섞어 병충해를 방제하였다. 계란노른자의 역할로 옳은 것은?

① 살충제 ② 살균제

③ 유화제 ④ pH조절제

> **해설**
>
> 계란노른자는 저밀도지방단백질과 고밀도지방단백질이 있어 유화제로서 역할을 하여 잘 섞이도록 도와준다.

10 작물의 분류방법 중 식용작물, 공예작물, 약용작물, 기호작물, 사료작물 등으로 분류하는 것은?

① 식물학적 분류

② 생태적 분류

③ 용도에 따른 분류

④ 작부방식에 따른 분류

> **해설**
>
> 식용, 공예, 사료 작물 등 용도에 따른 분류에 해당한다.

11 광합성 작용에 가장 효과적인 광은?

① 백색광 ② 황색광

③ 적색광 ④ 녹색광

> **해설**
>
> 광합성에 가장 효과적인 광은 청색광(450nm), 적색광(650nm)이다.

12 10a의 밭에 종자를 파종하고자 한다. 일반적으로 파종량(L)이 가장 많은 작물은?

① 오이 ② 팥

③ 맥류 ④ 당근

> **해설**
>
> 파종량은 10a 당 기준 맥류 10~20L, 팥 5~7L, 당근 800ml, 오이 200~300ml 정도로 맥류가 가장 많다.

13 벼 등 화곡류가 등숙기에 비, 바람에 의해서 쓰러지는 것을 도복이라고 한다. 도복에 대한 설명으로 틀린 것은?

① 키가 작은 품종일수록 도복이 심하다.

② 밀식, 질소다용, 규산부족 등은 도복을 유발한다.

③ 벼 재배시 벼멸구, 문고병이 많이 발생되면 도복이 심하다.

④ 벼는 마지막 논김을 맬 때 배토를 하면 도복이 경감된다.

> **해설**
>
> 키가 작은 품종은 도복 발생율이 적다.

14 농경의 발상지와 거리가 먼 것은?

① 큰 강의 유역　② 산간부
③ 내륙지대　　④ 해안지대

해설

농경의 발상지는 학자에 따라 다르게 추정하였는데 큰강의 유역은 De Candolle, 산간부는 Vavilov, 해안지대는 P. Dettweiler 이다.

15 작물의 파종과 관련된 설명으로 옳은 것은?

① 선종이란 파종 전 우량한 종자를 가려내는 것을 말한다.
② 추파맥류의 경우 추파성정도가 낮은 품종은 조파(일찍 파종)를 한다.
③ 감온성이 높고 감광성이 둔한 하두형 콩은 늦은 봄에 파종을 한다.
④ 파종량이 많을 경우 잡초발생이 많아지고, 토양수분과 비료 이용도가 낮아져 성숙이 늦어진다.

해설

크고 충실하여 발아, 생육이 좋은 종자를 가려내는 것을 선종이라 한다.

16 작물이 주로 이용하는 토양수분의 형태는?

① 흡습수　　② 모관수
③ 중력수　　④ 결합수

해설

결합수와 흡습수는 식물이 사용할 수 없는 수분이고 주로 모관수가 작물에 이용된다.

17 수광태세가 가장 불량한 벼의 초형은?

① 키가 너무 크거나 작지 않다.
② 상위엽이 늘어져 있다.
③ 분얼이 조금 개산형이다.
④ 각 잎이 공간적으로 되도록 균일하게 분포한다.

해설

수광태세가 양호한 벼의 초형 중 잎이 과히 얇지 않고 약간 좁으며 상위엽이 직립한다.

18 작물의 건물 1g을 생산하는 데 소비된 수분량은?

① 요수량　　② 증산능률
③ 수분소비량　④ 건물축적량

해설

요수량의 정의는 건물 1g 을 생산하는데 소요되는 수분량으로 요수량은 가뭄에 대한 저항성의 척도가 되기도 한다.

19 저장 중 종자의 발아력이 감소되는 원인이 아닌 것은?

① 종자소독　　② 효소의 활력 저하
③ 저장양분 감소　④ 원형질 단백질 응고

해설

종자의 소독은 종자에 식물병을 방제하는데 도움을 주며 발아력 감소에는 관련이 없다.

20 공기가 과습한 상태일 때 작물에 나타나는 증상이 아닌 것은?

① 증산이 적어진다.
② 병균의 발생빈도가 낮아진다.
③ 식물체의 조직이 약해진다.
④ 도복이 많아진다.

해설

대기가 과습한 상태일 경우 병균의 발생빈도가 높아진다.

21 논 토양과 밭 토양에 대한 설명으로 틀린 것은?

① 밭 토양은 불포화 수분상태로 논에 비해 공기가 잘 소통된다.
② 특이산성 논 토양은 물에 잠긴 기간이 길수록 토양 pH가 올라간다.
③ 물에 잠긴 논 토양은 산화층과 환원층으로 토층이 분화한다.
④ 밭 토양에서 철은 환원되기 쉬우므로 토양은 회색을 띤다.

> **해설**
> 밭토양은 주로 황갈색이나 적갈색을 띠며 산화물(NO₃, SO₄)이 존재한다.

22 유기물이 다음 중 가장 많이 퇴적되어 생성된 토양은?

① 이탄토 ② 붕적토
③ 선상퇴토 ④ 하성충적토

> **해설**
> 환원상태에 유기물이 오랜시간 쌓이면서 분해되지 않고 퇴적되면서 이탄이 만들어지고 이러한 토양을 이탄토라 한다.

23 토양의 포장용수량에 대한 설명으로 옳은 것은?

① 모관수만이 남아 있을 때의 수분함량을 말하며 수분장력은 대략 15기압으로서 밭작물이 자라기에 적합한 상태를 말한다.
② 모관수만이 남아 있을 때의 수분함량을 말하며 수분장력은 대략 31기압으로서 밭작물이 자라기에 적합한 상태를 말한다.
③ 토양이 물로 포화되었을 때의 수분 함량이며 수분장력은 대략 1/3기압으로서 벼가 자라기에 적합한 수분 상태를 말한다.
④ 물로 포화된 토양에서 중력수가 제거되었을 때의 수분함량을 말하며, 이때의 수분장력은 대략 1/3기압으로서 밭작물이 자라기에 적합한 상태를 말한다.

> **해설**
> 포장용수량은 최대용수량에 중력수가 제거 되고 모세관의 수분 함량 기준으로 pF 1.7~2.7 정도이다.

24 토양미생물인 사상균에 대한 설명으로 틀린 것은?

① 균사로 번식하며 유기물 분해로 양분을 획득한다.
② 호기성이며 통기가 잘되지 않으면 번식이 억제된다.
③ 다른 미생물에 비해 산성토양에서 잘 적응하지 못한다.
④ 토양 입단 발달에 기여한다.

> **해설**
> 균류는 광범위한 pH 조건에서도 잘 생육하며 산성토양에도 적응력이 좋다.

25 규산의 함량에 따른 산성암이 아닌 것은?

① 현무암 ② 화강암
③ 유문암 ④ 석영반암

> **해설**
> 현무암은 염기성암에 해당한다.

26 일시적 전하(잠시적 전하)의 설명으로 옳은 것은?

① 동형치환으로 생긴 전하
② 광물결정 변두리에 존재하는 전하
③ 부식의 전하
④ 수산기(OH^-)증가로 생긴 전하

해설

일시적 전하는 가변전하라하여 pH 가 낮은 조건에서 양전하가 발생하고 pH 가 높은 조건에서 음전하가 생성된다. 이러한 일시적 전하는 토양용액에 H^+ 이온이나 OH^- 이온을 증가시킬수 있는 물질이 있을 경우 점토광물의 하전량이 변화하게 된다.

27 부식의 음전하 생성 원인이 되는 주요한 작용기는?

① R–COOH
② Si–(OH)₄
③ Al(OH)₃
④ Fe(OH)₂

해설

유기성분이 분해되면 외부의 수산기(–OH), 카르복실기(–COOH) 등에서 H^+ 의 해리가 일어나 음전하가 생성되게 된다.

28 질소와 인산에 의한 토양의 오염원으로 가장 거리가 먼 것은?

① 광산폐수
② 공장폐수
③ 축산폐수
④ 가정하수

해설

토양의 오염원에는 가축사육장, 폐기물매립지, 공장 등 다양하다.

29 밭의 CEC(양이온교환용량)를 높이려고 한다. 다음 중 CEC를 가장 크게 증가시키는 물질은?

① 부식(토양유기물)의 시용
② 카올리나이트(Kaolinite)의 시용
③ 몬모리오나이트(Montmorillonite)의 시용
④ 식양토의 객토

해설

양이온치환용량은 부식이 100~300 me/100g, 몬모릴로나이트 80~150 me/100g 등으로 부식의 시용이 가장 크게 증가시킬 수 있다.

30 토양에 집적되어 solonetz화 토양의 염류 집적을 나타내는 것은?

① Ca
② Mg
③ K
④ Na

해설

solonetz화 토양은 나트륨(Na)이 첨가되면 나타나며 차후 유기물이 분해되어 흑색을 띠게 된다.

31 토양의 색에 대한 설명으로 틀린 것은?

① 토색을 보면 토양의 풍화과정이나 성질을 파악하는데 큰 도움이 된다.
② 착색재료로는 주로 산화철은 적색, 부식은 흑색/갈색을 나타낸다.
③ 신선한 유기물은 녹색, 적철광은 적색, 황철광은 황색을 나타낸다.
④ 토색 표시법은 Munsell의 토색첩을 기준으로 하며, 3속성을 나타내고 있다.

해설

신선한 유기물도 부식화가 진행되면 흑색이나 어두운 회색을 띠게 된다.

32 습답(고논)의 일반적인 특성에 대한 설명으로 틀린 것은?

① 배수시설이 필요하다.
② 양분부족으로 추락현상이 발생되기 쉽다.
③ 물이 많아 벼 재배에 유리하다.
④ 환원성 유해물질이 생성되기 쉽다.

해설

습답은 산소가 부족해 유해물질이 발생하면서 벼 재배에 불리하다.

33 물에 의한 토양침식의 방지책으로 가장 적당하지 않은 것은?

① 초생대 대상재배법
② 토양개량제 사용
③ 지표면의 피복
④ 상하경재배

해설

상하경재배는 아래, 위로 줄을 만들어 심는 것으로 토양침식을 가속화한다.

34 토양온도에 대한 설명으로 틀린 것은?

① 토양온도는 토양생성작용, 토양미생물의 활동, 식물생육에 중요한 요소이다.
② 토양온도는 토양유기물의 분해속도와 양에 미치는 영향이 매우 커서 열대토양의 유기물 함량이 높은 이유가 된다.
③ 토양비열은 토양 1g을 1℃ 올리는데 소요되는 열량으로, 물이 1이고 무기성분은 더 낮다.
④ 토양의 열원은 주로 태양광선이며 습윤열, 유기물 분해열 등이다.

해설

토양의 온도가 높아지면 유기물의 분해속도가 빨라져 토양의 유기물 함량은 줄어드는 경향을 보인다.

35 토양 유기물의 특징에 대한 설명으로 틀린 것은?

① 토양유기물은 미생물의 작용을 통하여 직접 또는 간접적으로 토양입단 형성에 기여한다.
② 토양유기물은 포장 용수량 수분 함량이 낮아, 사질토에서 유효수분의 공급력을 적게 한다.
③ 토양유기물은 질소 고정과 질소 순환에 기여하는 미생물의 활동을 위한 탄소원이다.
④ 토양유기물은 완충능력이 크고, 전체 양이온 교환용량의 30~70%를 기여한다.

해설

토양유기물은 입단의 형성, 보수 및 보비력의 증대 효과가 있어 사질토에서 유효수분의 공급에 도움을 준다.

36 용적밀도가 다음 중 가장 큰 토성은?

① 사양토
② 양토
③ 식양토
④ 식토

해설

용적밀도가 높을수록 공극율은 낮아진다. 보기 중 공극량은 사양토가 가장 낮으며 그만큼 용적밀도가 크다.

37 밭 토양에 비하여 논 토양의 철(Fe)과 망간(Mn) 성분이 유실되어 부족하기 쉬운데 그 이유로 가장 적합한 것은?

① 철(Fe)과 망간(Mn) 성분이 논 토양에 더 적게 함유되어 있기 때문이다.

② 논 토양은 벼 재배기간 중 담수상태로 유지되기 때문이다.

③ 철(Fe)과 망간(Mn) 성분은 벼에 의해 흡수 이용되기 때문이다.

④ 철(Fe)과 망간(Mn) 성분은 미량요소이기 때문이다.

> **해설**
>
> 논토양은 재배기간 중 담수상태가 유지되면 환원상태가 되면서 철(Fe)과 망간(Mn) 성분이 환원되어 가용성이 높아지면서 유실되기가 쉽다.

38 개간지토양의 일반적인 특징으로 옳은 것은?

① pH가 높아서 미량원소가 결핍될 수도 있다.

② 유효인산의 농도가 낮은 척박한 토양이다.

③ 작토는 환원상태이지만 심토는 산화상태이다.

④ 황산염이 집적되어 pH가 매우 낮은 토양이다.

> **해설**
>
> 개간지는 비료성분이 적어 토양의 비옥도가 낮다.

39 토양의 질소 순환작용에서 작용과 반대작용으로 바르게 짝지어져 있는 것은?

① 질산환원작용 – 질소고정작용

② 질산화작용 – 질산환원작용

③ 암모늄화작용 – 질산환원작용

④ 질소고정작용 – 유기화작용

> **해설**
>
> 질산화작용은 암모니아가 질산으로 산화되는 과정이고 질산환원작용은 질산이 다시 원래대로 환원되는 작용이다.

40 모래, 미사, 점토의 상대적 함량비로 분류하며, 흙의 촉감을 나타내는 용어는?

① 토색　　　　② 토양 온도

③ 토성　　　　④ 토양 공기

> **해설**
>
> 토성은 모래(미사, 조사), 점토 함량을 기준으로 분류된다.

41 벼에 규소(Si)가 부족했을 때 나타나는 주요 현상은?

① 황백화, 괴사, 조기낙엽 등의 증세가 나타난다.

② 줄기, 잎이 연약하여 병원균에 대한 저항력이 감소한다.

③ 수정과 결실이 나빠진다.

④ 뿌리나 분얼의 생장점이 붉게 변하여 죽게 된다.

> **해설**
>
> 규소는 화곡류의 저항성을 높이는데 도움을 주는데 부족할 경우 줄기 및 잎이 연약해지고 병원균에 대한 저항력이 감소하게 된다.

42 유기농후사료 중심의 유기축산의 문제점으로 거리가 먼 것은?

① 국내에서 생산이 어려워 대부분 수입에 의존

② 고비용 유기농후사료 구입에 의한 생산비용 증대

③ 열등한 축산물 품질 초래

④ 물질순환의 문제 야기

> **해설**
>
> 농후사료는 고품질의 축산물 생산에 도움을 준다.

43 과수의 심경시기로 가장 알맞은 것은?

① 휴면기　　　② 개화기
③ 결실기　　　④ 생육절정기

> **해설**
> 과수의 생육 피해를 최소화하기 위해 휴면기에 심경을 실시한다.

44 종자갱신을 하여야 할 이유로 부적당한 것은?

① 자연교잡
② 돌연변이
③ 재배 중 다른 계통의 혼입
④ 토양의 산성화

> **해설**
> 종자갱신은 품종의 특성 유지에 적합한 방법으로 토양의 산성화와는 관련이 없다.

45 자식성 작물의 육종방법과 거리가 먼 것은?

① 순계선발　　　② 교잡육종
③ 여교잡육종　　④ 집단합성

> **해설**
> 순계선발, 계통육종, 교잡육종, 여교잡육종 등은 자식성 작물 육종방법에 해당한다.

46 과실에 봉지씌우기를 하는 목적과 가장 거리가 먼 것은?

① 당도 증가
② 과실의 외관 보호
③ 농약오염 방지
④ 병해충으로부터 과실보호

> **해설**
> 과실에 봉지를 씌우지 않아야 당도가 증가한다.

47 복숭아의 줄기와 가지를 주로 가해하는 해충은?

① 유리나방　　　② 굴나방
③ 명나방　　　　④ 심식나방

> **해설**
> 복숭아를 가해하는 복숭아유리나방은 유충이 줄기나 가지의 목질부를 가해하고 외부에 배설물을 배출하는 특징이 있다.

48 TDN은 무엇을 기준으로 한 영양소 표시법인가?

① 영양소 관리　　② 영양소 소화율
③ 영양소 희귀성　④ 영양소 독성물질

> **해설**
> TDN은 소화가 가능한 양분의 총량을 표시하는 방법이다.

49 유기복합비료의 중량이 25kg이고, 성분함량이 N–P–K(22–22–11)일 때, 비료의 질소 함양은?

① 3.5kg　　　② 5.5kg
③ 8.5kg　　　④ 11.5kg

> **해설**
> 전체 복합 비료에서 질소의 함량은 총중량에 질소의 백분율을 적용한다.
>
> $25kg \times \dfrac{22}{100} = 5.5\,kg$

50 친환경농업이 출현하게 된 배경으로 틀린 것은?

① 세계의 농업정책이 증산위주에서 소비자와 교역중심으로 전환되어가고 있는 추세이다.

② 국제적으로 공업부분은 규제를 강화하고 있는 반면 농업부분은 규제를 다소 완화하고 있는 추세이다.

③ 대부분의 국가가 친환경농업법의 정착을 유도하고 있는 추세이다.

④ 농약을 과다하게 사용함에 따라 천적이 감소되어가는 추세이다.

해설

국제적으로 공업부분은 규제를 완화하고 있는 반면 농업부분은 규제를 강화하고 있는 추세이다.

51 벼의 유묘로부터 생장단계의 진행순서가 바르게 나열된 것은?

① 유묘기 → 활착기 → 이앙기 → 유효분얼기

② 유묘기 → 이앙기 → 활착기 → 유효분얼기

③ 유묘기 → 활착기 → 유효분얼기 → 이앙기

④ 유묘기 → 유효분얼기 → 이앙기 → 활착기

해설

벼는 유묘기를 거쳐 본답으로 옮겨심는 이앙기 과정을 거쳐 본답에서 뿌리를 내리는 활착기 과정으로 진행된다. 다음으로 분얼기과정에서 유효분얼기에 이삭이 달리는 분얼이 나오는 시기를 거치게 된다.

52 친환경농산물에 해당되지 않는 것은?

① 천연우수농산물   ② 무농약농산물

③ 무항생제축산물   ④ 유기농산물

해설

친환경농산물은 친환경농업을 통해 얻은 것으로 유기농산물, 유기축산물 및 유기임산물, 무농약농산물, 무항생제축산물이 있다.

53 유기축산물의 경우 사료 중 NPN을 사용할 수 없게 되었다. NPN은 무엇을 말하는가?

① 에너지 사료   ② 비단백태질소화합물

③ 골분   ④ 탈지분유

해설

NPN은 비단백태 질소화합물로 유기축산물 사료로 첨가해서는 아니 된다. 과도하게 섭취시 암모니아가 생성되어 암모니아 중독이 발생할 수 있다.

54 벼 재배 시 도복현상이 발생 했는데 다음 중에서 일어날 수 있는 현상은?

① 벼가 튼튼하게 자란다.

② 병해충 발생이 없어진다.

③ 병해충이 발생하며, 쓰러질 염려가 있다.

④ 품질이 우수해 진다.

해설

도복이 심하면 줄기나 뿌리에 상처가 발생되어 병해충에 감염위험성이 높아진다.

55 토양의 지력을 증진시키는 방법이 아닌 것은?

① 초생재배법으로 지력을 증진시킨다.

② 완숙퇴비를 사용한다.

③ 토양 미생물을 증진시킨다.

④ 생 톱밥을 넣어 지력을 증진시킨다.

해설

생톱밥은 탄질비가 높아 분해가 늦어 지력 증진 효과가 적다.

56 하나 또는 몇 개의 병원균과 해충에 대하여 대항할 수 있는 기주의 능력을 무엇이라 하는가?

① 민감성　　② 저항성
③ 병회피　　④ 감수성

해설
병원균이나 해충에 대항하는 혹은 식물이 병에 감염을 억제하는 것을 저항성이라 한다.

57 자연생태계와 비교했을 때 농업생태계의 특징이 아닌 것은?

① 종의 다양성이 낮다.
② 안정성이 높다.
③ 지속기간이 짧다.
④ 인간 의존적이다.

해설
농업생태계의 작물은 기형으로 발달되어 자연생태계와 비교하면 생존 경쟁력 및 안정성이 낮다.

58 다음 중 포식성 천적에 해당하는 것은?

① 기생벌　　② 세균
③ 무당벌레　④ 선충

해설
무당벌레과는 진딧물류, 깍지벌레류 등을 잡아먹는 포식성 천적에 해당한다.

59 시설 내의 약광 조건에서 작물을 재배하는 방법으로 옳은 것은?

① 재식 간격을 좁히는 것이 매우 유리하다.
② 엽채류를 재배하는 것이 아주 불리하다.
③ 덩굴성 작물은 직립재배보다는 포복재배하는 것이 유리하다.
④ 온도를 높게 관리하고 내음성 작물보다는 내양성 작물을 선택하는 것이 유리하다.

해설
시설 내 약광의 조건에서는 수박이나 호박과 같은 포복성 작물들은 엽면적지수가 증가하도록 포복재배하는 것이 유리하다.

60 유기농업의 목표로 보기 어려운 것은?

① 환경보전과 생태계 보호
② 농업생태계의 건강 증진
③ 화학비료·농약의 최소사용
④ 생물학적 순환의 원활화

해설
유기농업은 화학비료와 유기합성농약을 전혀 사용하지 아니하여야 한다.

※ 답안카드 작성시 시험문제지 형별누락, 마킹착오로 인한 불이익은 전적으로 수험자의 귀책사유임을 알려드립니다.
** 본문제는 수검자의 생각에 의한 것으로 실제 문제와 약간 다를 수 있음.

01 작물생육과 온도에 대한 설명으로 틀린 것은?

① 최적온도는 작물 생육이 가장 왕성한 온도이다.
② 적산온도는 적기적작의 지표가 되어 농업상 매우 유효한 자료이다.
③ 유효온도의 범위는 20~30°C이다.
④ 저온저항성의 형성과정을 하드닝(hardening)이라 한다.

해설

작물의 생육 가능한 온도의 범위를 유효온도라 하며 작물별로 그 범위가 다르다.

02 기지현상을 경감하거나 방지하는 방법으로 옳은 것은?

① 연작　　　　② 담수
③ 다비　　　　④ 무경운

해설

양분이 부족하여 발생하는 피해현상인 기지의 경우 담수를 통해 양분을 공급하여 경감시킬 수 있다.

03 화성 유도의 주요 요인과 가장 거리가 먼 것은?

① 토양양분　　② 식물호르몬
③ 광　　　　　④ 영양상태

해설

화성 유도에 주요 요인에는 식물호르몬, 온도, 광, 식물 영양상태 등이다.

04 작물의 습해 대책으로 틀린 것은?

① 습답에서는 휴립재배한다.
② 객토나 심경을 한다.
③ 생 볏짚을 시용한다.
④ 내습성 작물을 재배한다.

해설

습해 대책으로 생 볏짚과 같은 미숙유기물 공급은 피해야 한다.

05 배수가 잘 안 되는 습한 토양에 가장 적합한 작물은?

① 당근　　　　② 양파
③ 토마토　　　④ 미나리

해설

배수가 잘 안되는 습한 토양에서는 내습성 작물이 적합한데 미나리, 벼, 옥수수 등이 내습성이 높다.

06 토양공기 조성을 개선하는 방법으로 거리가 먼 것은?

① 심경　　　　② 입단조성
③ 객토　　　　④ 빈번한 경운

해설

빈번한 경운은 토양을 입단구조를 파괴하기에 토양공기 조성을 개선하기 어렵다.

07 야간조파에 가장 효과적인 광의 파장의 범위로 적합한 것은?

① 300~380nm　② 400~480nm
③ 500~580nm　④ 600~680nm

> **해설**
> 야간조파에 가장 효과적인 파장은 600 ~ 680nm의 적색광이다.

08 벼에 있어 차광 시 단위면적당 이삭수가 가장 크게 감소되는 시기는?

① 분얼기　② 유수분화기
③ 출수기　④ 유숙기

> **해설**
> 벼의 이삭이 발생하는 유수분화기에 차광을 하면 단위면적당 이삭수가 크게 감소하게 된다.

09 작물 충해를 줄이는 방법으로 가장 거리가 먼 것은?

① 무당벌레와 같은 천적이 많게 해준다.
② 해충 유인등만 설치하고 포획하지 않는다.
③ 황색 끈끈이를 설치한다.
④ 혼식재배를 한다.

> **해설**
> 해충을 줄이기 위해 유인등으로 곤충을 유인하여 죽이는 유살법을 활용한다.

10 2012년 기준 우리나라 식량자급률(사료용 포함, %)로 가장 적합한 것은?

① 11.6%　② 23.6%
③ 33.5%　④ 44.5%

> **해설**
> 한국농촌경제연구원 조사결과 2012년 기준 곡물자급률은 23.6% 로 나타났다.

11 공기 중 이산화탄소의 농도에 관여하는 요인이 아닌 것은?

① 계절　② 암거(暗渠)
③ 바람　④ 식생(植生)

> **해설**
> 공기 중 이산화탄소 농도에 관여하는 요인에는 계절, 지면과의 거리, 식생, 바람, 미숙유기물 시용에 있다.

12 식물의 분화과정을 순서대로 옳게 나열한 것은?

① 유전적 변이 – 도태와 적응 – 순화 – 격리
② 도태와 적응 – 유전적 변이 – 순화 – 격리
③ 순화 – 격리 – 유전적 변이 – 도태와 적응
④ 적응 – 순화 – 유전적 변이 – 도태와 격리

> **해설**
> 작물의 분화 과정은 변이, 도태와 적응, 순화 등의 과정을 거치고 유전적 교섭이 발생하지 않게 격리를 하도록 한다.

13 이론적인 단위면적당 시비량을 계산하기 위해 필요한 요소가 아닌 것은?

① 비료요소 흡수량　② 목표수량
③ 천연공급량　④ 비료요소 흡수율

> **해설**
> $$시비량 = \frac{비료요소흡수량 - 천연공급량}{비료요소의 흡수율}$$

14 일반적으로 작물 생육에 가장 알맞은 토양의 최적함수량은 최대용수량의 약 몇 %인가?

① 40~50%　② 50~60%
③ 70~80%　④ 80~90%

> **해설**
> 보통 작물의 토양 최적함수량은 최대용수량의 60~80% 정도이다.

15 작물의 병 발생 원인으로 가장 거리가 먼 것은?

① 잦은 강우 　② 비가림 재배
③ 연작 재배 　④ 밀식 재배

해설

비가림 재배는 병해충 방제에서 물리적 방제법에 속한다.

16 추락현상이 나타나는 논이 아닌 것은?

① 노후화답
② 누수답
③ 유기물이 많은 저습답
④ 건답

해설

노후화답, 누수답, 저습답 등은 병해 및 도복 등이 유발되고 추락현상이 유발되지만 건답의 경우 추락현상이 발생하지 않는다.

17 비료의 3요소로 옳게 나열된 것은?

① 질소(N), 인(P), 칼슘(Ca)
② 질소(N), 인(P), 칼륨(K)
③ 질소(N), 칼륨(K), 칼슘(Ca)
④ 인(P), 칼륨(K), 칼슘(Ca)

해설

비료의 3요소에 질소, 인산, 칼륨이 있다.

18 친환경적 잡초방제 방법으로 거리가 먼 것은?

① 이랑피복
② 윤작
③ 벼 재배 시 우렁이 이용
④ G.M.O 종자 이용

해설

GMO(유전자변형) 종자의 이용은 친환경적 잡초 방제 방법의 범주에 포함되지 않는다.

19 분류상 구황작물이 아닌 것은?

① 조 　② 고구마
③ 벼 　④ 기장

해설

구황작물에는 메밀, 고구마, 조, 피, 기장 등이 있다.

20 기온의 일변화가 작물의 생육에 미치는 영향으로 틀린 것은?

① 기온의 일변화가 어느 정도 클 때 동화물질의 축적이 많아진다.
② 밤의 기온이 어느 정도 높아서 변온이 작을 때 대체로 생장이 빠르다.
③ 고구마는 항온보다 변온에서 괴근의 발달이 현저히 촉진되고, 감자도 밤의 기온이 저하되는 변온이 괴경의 발달에 이롭다.
④ 화훼 등 일반 작물은 기온의 일변화가 작아 밤의 기온이 비교적 높은 것이 개화를 촉진시키고, 화기도 커진다.

해설

일반적으로 작물은 변온이 커서 밤의 기온이 비교적 낮은 것이 동화물질의 전류와 축적이 활발하여 개화가 촉진되고 화기도 커진다.

21 화성암은 규산함량에 따라 산성암, 중성암, 염기성암으로 분류된다. 염기성암에 속하지 않는 암석은?

① 반려암 　② 화강암
③ 휘록암 　④ 현무암

해설

염기성암에는 반려암, 휘록암, 현무암이 있으며 화강암은 산성암에 속한다.

22 토양 풍식에 대한 설명으로 옳은 것은?

① 바람의 세기가 같으면 온대습윤지방에서의 풍식은 건조 또는 반건조지방보다 심하다.

② 우리나라에서는 풍식작용이 거의 일어나지 않는다.

③ 피해가 가장 심한 풍식은 토양입자가 도약(跳躍), 운반(運搬)되는 것이다.

④ 매년 5월 초순에 만주와 몽고에서 우리나라로 날아오는 모래먼지는 풍식의 모형이 아니다.

해설

풍식은 바람에 의한 토양침식으로 피해가 가장 심한 풍식은 토양입자가 도약, 운반되는 것이다.

23 토양에 시용한 유기물의 역할로 틀린 것은?

① 양이온교환용량(CEC)을 증가시킨다.

② 수분보유량을 증가시킨다.

③ 유기산이 발생하여 토양입단을 파괴한다.

④ 분해되어 작물에 질소를 공급한다.

해설

유기물의 시용은 토양의 입단에 도움을 준다.

24 토양 소동물 중 작물생육에 적합한 토양조건의 지표로 볼 수 있는 것은?

① 선충　　　　② 지렁이

③ 개미　　　　④ 지네

해설

지렁이는 토양의 구조를 개선하고 작물의 생산성을 향상시키는 등 다양한 이점이 있으며 이러한 지렁이의 생육은 작물생육에 토양조건을 파악하는 주요한 지표가 된다.

25 일반적으로 작물을 재배하기에 적합한 토양의 연결로 틀린 것은?

① 논벼 – 식토　　② 밭벼 – 식양토

③ 복숭아 – 식토　④ 콩 – 식양토

해설

복숭아는 배수가 양호한 사양토가 적합하다.

26 우리나라에 분포되어 있지 않은 토양목은?

① 인셉티솔(Inceptisol)

② 엔티솔(Entisol)

③ 젤리솔(Gelisol)

④ 몰리솔(Mollisol)

해설

전세계 토양은 12개의 목으로 나누어지며 국내의 경우 알피솔, 안디솔, 엔티솔, 히스토솔, 인셉티솔, 몰리솔, 울티솔 등 7개 목이 있다.

27 토양의 구조 중 입단의 세로축보다 가로축의 길이가 길고, 딱딱하여 토양의 투수성과 통기성을 나쁘게 하는 것은?

① 주상구조　　　② 괴상구조

③ 구상구조　　　④ 판상구조

해설

판상구조는 접시와 같은 모양이거나 수평배열의 토괴로 구성된 구조로 토양생성과정 중에 발달하는 편이다. 토양의 투수성과 통기성이 불량하여 수분의 하향이동이 어렵고 뿌리가 밑으로 자랄 수 없다.

28 염해지토양의 경우 바닷물의 영향을 받아 염류함량이 많으며, 이에 벼의 생육도 불량하다. 일반적인 염해지 토양의 전기전도도(dS/m)는?

① 2~4　　　　　② 5~10

③ 10~20　　　　④ 30~40

해설

염해지토양은 일반적으로 무기염류의 함량이 몇 배는 많고 전기전도도도 약 20배 정도로 높은 30~40 dS/m 이다.

29 토양의 형태론적 분류에서 석회가 세탈되고, Al과 Fe가 하층에 집적된 토양에 해당되는 토양목은?

① Uitisol
② Aridisol
③ Andisol
④ Alfisol

> **해설**
> 알피솔(alfisols)은 석회가 세탈되고 Al, Fe 가 하층도에 집적되는 습윤지방의 토양으로 국내의 토양의 2.9% 가 해당된다.

30 단위 무게당 비표면적이 가장 큰 토양입자는?

① 조사
② 중간사
③ 극세사
④ 미사

> **해설**
> 입경이 작을수록 단위 무게당 비표면적이 크게 되는데 미사의 입경이 0.002 ~ 0.02mm 정도로 작다.

31 논토양과 밭토양에 대한 설명으로 틀린 것은?

① 습답에서는 특수성분결핍토양이 존재할 수 있다.
② 새로 개간한 밭토양은 인산흡수계수의 5%, 논토양은 인산흡수계수의 2% 사용으로 기경지와 유사한 작물수량을 얻을 수 있다.
③ 밭 토양에서는 유기물 함량이 지나치게 높으면 작물생육에 해를 끼칠 수 있어 임계유기물함량 이상 유기물을 시용해서는 안 된다.
④ 우리나라 밭 토양은 여름철 고온다우의 영향을 받아 염기의 용탈이 많아서 pH가 평균 5.7의 산성토양이다.

> **해설**
> 유기물 함량이 과다하면 혐기 조건에서 유해성분의 생성으로 작물에 해를 주게 된다. 이때 해가 없는 유기물 함량의 최대치를 임계유기물 함량이라 하는데 논토양은 2.5% 기준이 있으나 밭토양은 없다.

32 토양 미생물에 대한 설명으로 옳은 것은?

① 토양 미생물은 세균, 사상균, 방선균, 조류 등이 있다.
② 세균은 토양 미생물 중에서 수(서식수/m²)가 가장 적다.
③ 방선균은 다세포로 되어 있고 균사를 갖고 있다.
④ 사상균은 산성에 약하여 pH가 5 이하가 되면 활동이 중지된다.

> **해설**
> 세균은 토양 미생물의 수가 가장 많으며 방선균은 단세포이다. 사상균은 광범위한 토양조건에서 잘 생육하며 pH 5 이하에서도 활동 한다.

33 토성에 대한 설명으로 틀린 것은?

① 토양의 산성 정도를 나타내는 지표이다.
② 토양의 보수성이나 통기성을 결정하는 특성이다.
③ 토양의 비표면적과 보비력을 결정하는 특성이다.
④ 작물의 병해 발생에 영향을 미친다.

> **해설**
> 토성은 모래(미사, 조사), 점토 함량을 기준으로 분류하며 토양의 산성 정도를 나타내는 지표는 pH 로 표기한다.

34 작물의 생육에 대한 산성토양의 해(害)작용이 아닌 것은?

① H^+에 의하여 수분 흡수력이 저하된다.
② 중금속의 유효도가 증가되어 식물에 광독작용이 나타난다.
③ Al이온의 유효도가 증가되고 인산이 해리되어 인산 유효도가 증가된다.
④ 유용미생물이 감소하고 토양생물의 활성이 감퇴된다.

> **해설**
> 인산은 산성 조건에서 용해도가 줄어 결핍되게 된다.

35 토양의 pH가 낮을수록 유효도가 증가되는 성분은?

① 인산　　　　　② 망간
③ 몰리브덴　　　④ 붕소

> **해설**
> 알루미늄(Al), 구리(Cu), 철(Fe), 망간(Mn), 아연(Zn)은 산성토양에서 유효도가 증가하는 성분이다.

36 토양생성작용에 대한 설명으로 틀린 것은?

① 습윤한 지역에서는 지하수위가 낮으면 유기물 분해가 잘 된다.
② 고온다습한 지역은 철 또는 알루미늄 집적 토양생성이 잘 된다.
③ 습윤하고 배수가 양호한 지역은 규반비가 낮은 토양생성이 잘 된다.
④ 건조한 지역에서는 지하수위가 높을수록 산성토양생성이 잘 된다.

> **해설**
> 건조지역에서 지하수위가 높으면 염류로 인하여 염기토양생성이 잘 된다.

37 토성을 결정할 때 자갈과 모래로 구분되는 분류 기준(지름)은?

① 5mm　　　　　② 2mm
③ 1mm　　　　　④ 0.5mm

> **해설**
> 토양입자의 입경이 2mm 이상이면 자갈이다.

38 대기의 공기 조성에 비하여 토양공기에 특히 많은 성분은?

① 이산화탄소(CO_2)　② 산소(O_2)
③ 질소(N_2)　　　　④ 아르곤(Ar)

> **해설**
> 대기 중 이산화탄소는 0.03% 이지만 토양공기에서는 0.1~10% 정도로 많아지는데 이는 토양미생물의 호흡이 원인이 된다.

39 토양 미생물 중 뿌리의 유효면적을 증가시킴으로서 수분과 양분 특히 인산의 흡수이용 증대에 관여하는 것은?

① 근류균　　　　② 균근균
③ 황세균　　　　④ 남조류

> **해설**
> 균근은 식물의 뿌리가 토양 중 있는 곰팡이와 공생하는 형태로 수분과 양분의 흡수에 관여한다.

40 토양미생물의 활동에 영향을 미치는 조건으로 영향이 가장 적은 것은?

① 영양분　　　　② 토양온도
③ 토양 pH　　　④ 점토함량

> **해설**
> 토양미생물 활동에 영향을 주는 요인으로 양분, 수분, 온도, pH, 토양의 깊이 등이 있다.

41 유기배합사료 제조용 물질중 보조사료로서 생균제에 해당되지 않는 것은?

① 바실러스코아그란스(*B. coagulans*)
② 아시도필루스(*L. acidophilus*)
③ 키시라나아제(β–4–xylanase)
④ 비피도박테리움슈도롱검(*B. pseudolongum*)

> **해설**
> 키시라나아제는 효소제에 해당한다.

42 포도재배 시 화진현상(꽃떨이현상) 예방방법으로 거리가 먼 것은?

① 붕소를 시비한다.
② 질소질을 많이 준다.
③ 칼슘을 충분하게 준다.
④ 개화 5~7일전에 생장점을 적심한다.

> **해설**
> 질소질 비료를 과다하고 공급하면 화진현상이 촉진된다.

43 지력에 따라 차이가 있으나 일반적으로 녹비 작물 네마장황(클로타라리아)의 10a당 적정 파종량은?

① 10~100g   ② 1~2kg

③ 6~8kg   ④ 10~20kg

> **해설**
> 클로타라리아의 10a당 파종량은 6~8kg 이다. 그 외에 헤어리베치 8~10kg, 호밀과 청보리는 15~20kg 정도를 기준으로 한다.

44 유기농업의 원예작물이 주로 이용하는 토양 수분의 형태는?

① 모세관수   ② 결합수

③ 중력수   ④ 흡습수

> **해설**
> 작물이 이용하는 유효수분은 모세관이다

45 유기배합사료 제조용 자재 중 보조사료가 아닌 것은?

① 활성탄   ② 올리고당

③ 요소   ④ 비타민A

> **해설**
> 요소는 비단질질소화합물로 유기배합사료에 활용하지 않는다.

46 교배 방법의 표현으로 틀린 것은?

① 단교배 : A × B

② 여교배 : (A × B) × A

③ 삼원교배 : (A × B) × C

④ 복교배 : A × B × C × D

> **해설**
> 복교배는 두 개의 단교배로 F_1 끼리 교배하며 [(A×B)×(C×D)] 이다.

47 관행축산과 비교하여 유기축산에서 더 중요시 하는 축사의 조건은?

① 온습도 유지   ② 적당한 환기

③ 적절한 단열   ④ 충분한 공간

> **해설**
> 유기축산에서 자연스럽게 일어서서 앉고 돌고 활개 칠 수 있는 등 충분한 활동공간이 확보되어야 한다.

48 유기농업 벼농사에서 이용할 수 있는 종자처리 방법이 아닌 것은?

① 온수에 종자를 침지하는 온탕소독

② 마늘가루 같은 식물체 종자 코팅

③ 길항작용 곰팡이 분의처리

④ 종자소독약에 종자 침지

> **해설**
> 유기농업에서 종자처리는 천연 혹은 물리적 방법을 허용하고 있으며 종자소독약과 같은 화학적 방법은 제외된다.

49 생물적 방제와 가장 거리가 먼 것은?

① 자가 액비 제조 이용

② 천적 곤충의 이용

③ 천적 미생물의 이용

④ 식물의 타감작용 이용

> **해설**
> 액비는 액체 상태의 비료로 생물적 방제법과는 거리가 멀다.

50 딸기의 우량 품종 특성을 유지하기 위한 가장 좋은 방법은?

① 자연적으로 교잡된 종자를 사용한다.

② 재배했던 식물의 종자를 사용한다.

③ 영양번식으로 증식한다.

④ 저온으로 저장된 종자는 퇴화되어 사용하지 않는다.

해설

영양번식은 모체와 유전적으로 동일한 개체를 얻을 수 있다.

51 녹비작물의 효과에 해당되지 않는 것은?

① 토양유기물 함량 증가

② 작물 내병성 증가

③ 무기성분의 유효도 증가

④ 토양미생물 활동 증가

해설

녹비를 통해 토양의 비옥도와 토양의 물리적 성질을 개선하면 무기성분의 유효도가 증가하고 토양의 미생물 활동도 증가하게 된다.

52 유기식품에 해당하지 않는 것은?

① 유기가공식품   ② 유기임산물

③ 유기농자재   ④ 유기축산물

해설

"유기식품"이란 유기적인 방법으로 생산된 유기농수산물과 유기가공식품(유기농수산물을 원료 또는 재료로 하여 제조·가공·유통되는 식품을 말한다)을 말한다.

53 농업이 환경에 미치는 긍정적 영향으로 거리가 먼 것은?

① 비료 및 농약 남용

② 국토 보전

③ 보건 휴양

④ 물환경 보전

해설

비료 및 농약의 남용은 농업이 환경에 미치는 부정적 영향에 해당한다.

54 화학합성 비료의 장·단점에 대한 설명으로 틀린 것은?

① 근류균과 균근균을 증가시킨다.

② 질소비료의 과용은 식물조직의 연질화로 병해충에 예민해진다.

③ 질소고정 뿌리혹박테리아의 성장을 위축시킨다.

④ 토양내 미생물상을 고갈시킨다.

해설

화학합성 비료의 사용은 근류균과 균근균을 감소시킨다.

55 우량 과수 묘목의 구비조건이 아닌 것은?

① 품종의 정확성   ② 대목의 확실성

③ 근군의 양호성   ④ 묘목의 도장성

해설

묘목의 도장성은 묘목이 쓰러지는 것으로 우량 묘목의 경우 도장성이 없어야 한다.

56 유기농업의 기여 항목으로 가장 거리가 먼 것은?

① 국민보건의 증진 ② 생산 증진

③ 경쟁력 강화   ④ 환경 보전

해설

유기농업은 화학비료 및 농약에 의한 농업보다 생산력이 낮다.

정답 50 ③ 51 ② 52 ③ 53 ① 54 ① 55 ④ 56 ②

57 저항성 품종의 장점이 아닌 것은?

① 농약의존도를 낮춘다.

② 저항성이 영원히 지속된다.

③ 작물의 생산성을 향상시킨다.

④ 환경 및 생태계에 도움이 된다.

해설

환경적 변이, 돌연변이 등에 의해 저항성은 영원하게 지속하지는 못한다.

58 시설재배 토양의 문제점이 아닌 것은?

① 염류농도가 높다.

② 토양 pH는 밭토양보다 낮다.

③ 미량원소가 결핍되기 쉽다.

④ 연작장해가 많이 발생한다.

해설

시설재배 토양은 염류의 과잉집적으로 밭토양보다 토양의 pH 가 높다.

59 친환경 농업형태와 가장 거리가 먼 것은?

① 지속적 농업   ② 고투입농업

③ 대체농업   ④ 자연농법

해설

고투입농업은 높은 노동 생산성 및 토지생산성을 추구하는 농업의 형태로 비료와 살충제를 활용하기에 친환경 농업형태와는 관련이 없다.

60 국가별 전체 경지면적 대비 유기농경지 비중이 다음 중 가장 높은 국가는?

① 쿠바   ② 스위스

③ 오스트리아   ④ 포클랜드제도

해설

2010년 기준 국가별 경지면적 대비 유기농경지 비중은 포클랜드제도가 35.9% 정도로 가장 높다. 다음으로 오스트리아 19.7%, 스위스 11.4% 정도이다.

2015년 제1회 필기 기출문제		수험번호	성명
자격종목 유기농업기능사	시험시간 1시간	시험유형	

※ 답안카드 작성시 시험문제지 형별누락, 마킹착오로 인한 불이익은 전적으로 수험자의 귀책사유임을 알려드립니다.
** 본문제는 수검자의 생각에 의한 것으로 실제 문제와 약간 다를 수 있음.

01 풍건상태일 때 토양의 pF 값은?

① 약 4
② 약 5
③ 약 6
④ 약 7

해설

토양이 영구위조점을 지나 풍건상태가 되면 pF 는 6 이다.

02 빛과 작물의 생리작용에 대한 설명으로 틀린 것은?

① 광이 조사되면 온도가 상승하여 증산이 조장된다.
② 광합성에 의하여 호흡기질이 생성된다.
③ 식물의 한쪽에 광을 조사하면 반대쪽의 옥신 농도가 낮아진다.
④ 녹색식물은 광을 받으면 엽록소 생성이 촉진된다.

해설

굴광현상은 식물의 한쪽에 광을 조사하면 조사된 쪽에 옥신농도가 낮아지고 반대쪽의 옥신농도가 높아진다.

03 다음의 여러 가지 파종방법 중에서 노동력이 가장 적게 소요되는 것은?

① 적파
② 점뿌림
③ 골뿌림
④ 흩어뿌림

해설

흩어뿌림은 산파라 하여 포장 전면에 종자를 흩어 뿌리는 방법으로 다른 파종방법들에 피해 노동력이 적게 소요된다.

04 다음 중 종자의 수명이 가장 짧은 것은?

① 나팔꽃
② 백일홍
③ 데이지
④ 베고니아

해설

베고니아는 단명종자(1~2년)에 해당한다.

05 참외밭의 둘레에 옥수수를 심는 경우의 작부 체계는?

① 간작
② 혼작
③ 교호작
④ 주위작

해설

주위작은 포장의 주위에 다른 작물을 재배하는 방식이다. 참외밭 둘레에 다른 작물인 옥수수를 심는 경우 주위작이라 한다.

06 작물의 유전적인 유연관계의 구명 방법으로 가장 거리가 먼 것은?

① 교잡에 의한 방법
② 염색체에 의한 방법
③ 면역학적 방법
④ 생물학적 방법

해설

유연관계를 파악하는 방법에는 교잡에 의한 방법, 염색체에 의한 방법, 면역학적 방법 등이 있다.

07 작물의 생육과 관련된 3대 주요온도가 아닌 것은?

① 최저온도　　② 평균온도
③ 최적온도　　④ 최고온도

해설

작물의 주요 3대 온도로 최저온도, 최고온도, 최적온도가 있다. 작물의 생육이 가능한 가장 낮은 온도를 최저온도, 작물의 생육이 가능한 가장 높은 온도를 최고 온도라 하며 작물의 생육이 가장 왕성한 온도를 최적온도라 한다.

08 고립 상태에서 온도와 CO_2 농도가 제한조건이 아닐 때 광포화점이 가장 높은 작물은?

① 옥수수　　② 콩
③ 벼　　　　④ 감자

해설

옥수수는 C4 식물로 광포화점이 높으며 콩, 벼, 감자는 C3 식물로 상대적으로 광포화점이 낮다.

09 우리나라의 농업이 국내외 농업환경 변화에 부응하여 지속적으로 발전하기 위해 해결해야 하는 당면과제로 적합하지 않은 것은?

① 생산성 향상과 품질 고급화
② 종류 및 작형의 단순화와 저장성 향상
③ 유통구조 개선과 국제 경쟁력 강화
④ 저투입·지속적 농업의 실천과 농산물 수출 강화

해설

종류 및 작형의 다양화가 필요하다.

10 생력재배의 효과로 볼 수 없는 것은?

① 노동투하시간의 절감
② 단위수량의 증대
③ 작부체계의 개선
④ 농구비 절감

해설

생력재배에서 기계화를 통한 재배체계를 확립하기에 농구비는 증가한다.

11 철, 망간, 칼륨, 칼슘 등이 작토층에서 용탈되어 결핍된 논토양은?

① 습답　　　② 노후답
③ 중점토답　④ 염류집적답

해설

노후답은 노후화 현상이 발생한 논토양으로 철분, 망간, 칼슘, 마그네슘 등의 주요 양분이 용탈하여 영양장애 등을 유발하는 것을 말한다.

12 다음 작물의 춘화처리 온도와 처리기간이 옳은 것은?

① 추파맥류 : 최아종자를 7±3℃에서 30~60일
② 배추 : 최아종자를 3±1℃에서 20일
③ 콩 : 최아종자를 33±2℃에서 20~30일
④ 시금치 : 최아종자를 1±1℃에서 32일

해설

춘화처리라고도 하는 버널리제이션은 식물에 인위적인 저온 처리를 통해 화성을 유도하는 것을 의미하며 작물에 따라 온도 및 기간이 달라진다. 시금치는 최아종자를 1±1에 32일 이다.

13 다음 설명하는 생장조절제는?

> · 화본과 작물 재배 시 쌍떡잎 초본 잡초에 제초효과가 있다.
> · 저농도에서는 세포의 신장을 촉진하나 고농도에서는 생장이 억제된다.

① Gibberellin　　② Auxin
③ Cytokinin　　　④ ABA

해설

옥신은 식물의 생장조절물질로 발근을 촉진하고 낙과를 조절하는 등 다양한 효과가 있는데 보통 저농도에서 생장이 촉진되고 고농도에서 생장이 억제되어 제초효과도 나타난다.

14 종자의 퇴화원인 중 품종의 균일성과 순도에 가장 크게 영향을 미치는 것은?

① 생리적 퇴화　　② 유전적 퇴화
③ 병리적 퇴화　　④ 재배적 퇴화

해설

세대가 경과함에 따라 유전적으로 변이가 발생하거나 순수하지 못해 유전적으로 퇴화하는 경우를 유전적 퇴화라고 하는데 돌연변이, 근교약세 등 품종의 균일성과 순도에 가장 큰 영향을 미치게 된다.

15 다음 중 작물의 동사점이 가장 낮은 작물은?

① 복숭아　　　　② 겨울철 평지
③ 감귤　　　　　④ 겨울철 시금치

해설

작물의 동사점은 겨울철 시금치가 –17℃로 보기 중 가장 낮다.

16 식물의 일장감응에 따른 분류(9형) 중 옳은 것은?

① II식물 : 고추, 메밀, 토마토
② LL식물 : 앵초, 시네라리아, 딸기
③ SS식물 : 시금치, 봄보리
④ SL식물 : 코스모스, 나팔꽃, 콩(만생종)

해설

II식물은 분화전 중일성, 분화후 중일성으로 고추, 벼, 메밀, 토마토 등이 있다.

17 화곡류를 미곡, 맥류, 잡곡으로 구분할 때 다음 중 맥류에 속하는 것은?

① 조　　　　　　② 귀리
③ 기장　　　　　④ 메밀

해설

작물의 분류에서 맥류에는 보리, 호밀, 밀, 귀리 등이 있다.

18 벼에서 피해가 가장 심한 냉해의 형태로 옳은 것은?

① 지연형 냉해　　② 장해형 냉해
③ 혼합형 냉해　　④ 병해형 냉해

해설

냉해의 종류에는 지연형 냉해, 장해형 냉해, 병해형 냉해가 있으며 이러한 냉해는 복합적으로 나타날 경우 혼합형 냉해라고 한다. 복합적으로 나타날 경우 피해정도가 더욱 커진다.

19 작물의 요수량을 나타낸 것은?

① 건물 1g을 생산하는데 소비된 수분량(kg)
② 생체 1g을 생산하는데 소비된 수분량(kg)
③ 건물 1g을 생산하는데 소비된 수분량(g)
④ 생체 1g을 생산하는데 소비된 수분량(g)

해설

요수량의 정의는 건물 1g 을 생산하는데 소요되는 수분량

20 비료사용량이 한계 이상으로 많아지면 작물의 수량이 감소되는 현상을 설명한 법칙은?

① 최소 수량의 법칙
② 수량점감의 법칙
③ 다수확의 법칙
④ 최대 수량의 법칙

해설

수량점감의 법칙은 비료 사용량이 증가함에 따라 생산량이 증가하기는 하지만 증가의 정도가 작고 결국 생산량이 감소한다.

21 신토양분류법의 분류체계에서 가장 하위 단위는 어느 것인가?

① 목　　　　　　② 속
③ 통　　　　　　④ 상

해설

신토양분류법에서 분류단위는 목, 아목, 대군, 아군, 속, 통이다.

22 논토양에서 탈질현상이 나타나는 층은?

① 산화층   ② 환원층

③ A층   ④ B층

해설

논토양은 환원물(N_2, H_2S)이 존재하며 탈질 작용이 일어나는데 주로 환원층에서 발생한다.

23 다음 중 토양유실량이 가장 큰 작물은?

① 옥수수   ② 참깨

③ 콩   ④ 고구마

해설

토양유실도는 토양의 피복이 좋은 작물은 적고 피복정도가 적은 작물일수록 유실량이 크다. 상대적으로 토양유실량은 피복도가 낮은 배추, 옥수수 등이 컸으며 피복도가 높은 땅콩, 율무 등은 낮은 것으로 나타났다.

24 하천이나 호소의 부영양화로 조류가 많이 발생되는 현상과 관련이 깊은 토양 오염 물질은?

① 비소   ② 수은

③ 인산   ④ 세슘

해설

질소, 인산, 칼륨 등 비료가 하천으로 다량 유입되면 부영양화로 조류가 발생하기도 한다.

25 우리나라 밭토양에 가장 많이 분포되어 있는 토성은?

① 식질   ② 식양질

③ 사양질   ④ 사질

해설

우리나라 밭토양은 식질이나 식양질과 같은 세립질토양이 다량 분포하고 있으며 그 중에서 식양질이 가장 많이 분포하고 있다.

26 사질의 논토양을 객토할 경우 가장 알맞은 객토 재료는?

① 점토 함량이 많은 토양

② 부식 함량이 많은 토양

③ 규산 함량이 많은 토양

④ 산화철 함량이 많은 토양

해설

사질의 논토양에는 점토 함량이 많은 토양을 객토하여 양토로 만드는 것이 좋다.

27 토양미생물의 수를 나타내는 단위는?

① ppm   ② cfu

③ mole   ④ pH

해설

미생물의 수를 나타내는 단위는 집락형성단위(Colony Forming unit, CFU)이다.

28 빗방울의 타격에 의한 침식형태는?

① 입단파괴침식   ② 우곡침식

③ 평면침식   ④ 계곡침식

해설

입단파괴 침식은 빗방울에 의하여 지표가 타격을 받아 입단이 파괴되는 침식이다.

29 토양 중의 입자밀도가 동일할 때 공극율이 가장 큰 용적밀도는?

① $1.15 g/cm^3$ ② $1.25 g/cm^3$

③ $1.35 g/cm^3$ ④ $1.45 g/cm^3$

해설

공극율은 용적밀도(가비중)이 작을수록 커진다.

30 2 : 1형 격자광물을 가장 잘 설명한 것은?

① 규산판 1개와 알루미나판 1개로 형성
② 규산판 2개와 알루미나판 1개로 형성
③ 규산판 1개와 알루미나판 2개로 형성
④ 규산판 2개와 알루미나판 2개로 형성

해설

2:1 격자형은 2개의 규산판 사이에 알루미나판 1개가 삽입된 모양이다.

31 논 작토층이 환원되어 하층부에 적갈색의 집적층이 생기는 현상을 가진 논을 칭하는 용어는?

① 글레이화   ② 라테라이트화
③ 특이산성화   ④ 포드졸화

해설

논토양에서 작토층이 환원되어 토양에 황 성분이 많아 강산성을 띠는 특이산성토가 있다.

32 화성암으로 옳은 것은?

① 사암   ② 안산암
③ 혈암   ④ 석회암

해설

화성암의 종류로 화강암, 섬록암, 현무암, 안산암 등이 있다.

33 Hydrometer법에 따라 토성을 조사한 결과 모래 34%, 미사 35%였다. 조사한 이 토양의 토성이 식양토일 때 점토함량은 얼마인가?

① 21%   ② 31%
③ 35%   ④ 38%

해설

모래, 미사, 점토의 함량의 합이 100% 이다. 모래 34%, 미사 35% 이므로 점토의 함량은 31%가 된다.

34 산성토양의 개량 및 재배대책 방법이 아닌 것은?

① 석회 시용   ② 유기물 시용
③ 내산성 작물재배   ④ 적황색토 객토

해설

산성토양은 석회물질이나 유기물을 공급하여 개선할수 있으며 석회를 공급하면 토양 pH를 높여 중금속의 유해작용을 경감시킬수도 있다. 산성토양에 저항성이 강한 작물인 벼, 옥수수 등을 재배할 수도 있다. 적황색토는 노후화답의 객토에 활용된다.

35 다음 중 USDA 법에 의한 점토의 입자크기는?

① 2mm 이상   ② 0.2mm 이하
③ 0.02mm 이하   ④ 0.002mm 이하

해설

토양입자의 입경에 따라 점토는 0.002 mm 이하를 기준으로 한다.

36 식물이 다량으로 요구하는 필수 영양소가 아닌 것은?

① Fe   ② K
③ Mg   ④ S

해설

철(Fe)는 미량원소에 해당한다.

37 우리나라 토양에 가장 많이 분포한다고 알려진 점토광물은?

① 카올리나이트   ② 일라이트
③ 버미큘라이트   ④ 몬모릴로나이트

해설

적색 또는 회색 포드졸(podzol) 토양의 주요 점토광물이며 우리나라의 토양은 카올리나이트(kaolinite) 점토가 대부분이다.

38 용탈층에서 이화학적으로 용탈·분리되어 내려오는 여러 가지 물질이 침전·집적되는 토양 층위는?

① 유기물층　　　② 모재층
③ 집적층　　　　④ 암반

해설

집적층은 용탈층에서 용탈된 물질이 침전 및 집적되어 있는 토양층이다.

39 토양을 담수하면 환원되어 독성이 높아지는 중금속은?

① As　　　　　② Cd
③ Pb　　　　　④ Ni

해설

비소는 직물이나 피혁공장의 폐기수에 함유되어 있어 토양을 오염시키기도 하는데 논이나 밭에 피해를 많이 주며 특히 논에 더 큰 피해를 준다. 논은 담수상태라 환원되면서 독성이 높아지게 된다.

40 논토양의 환원층에서 진행되는 화학반응으로 옳은 것은?

① $Mn^{4+} \rightarrow Mn^{2+}$　② $H_2S \rightarrow SO_4^{2-}$
③ $Fe^{2+} \rightarrow Fe^{3+}$　　④ $NH_4^+ \rightarrow NO^3$

해설

논토양의 환원층에서는 질산→N_2, Fe^{3+}→Fe^{2+}, SO_4^{2-}→ S 또는 H_2S, Mn^{4+}→Mn^{2+} 등과 같은 환원반응이 발생하는데 환원반응은 산소가 탈락하거나 전자를 얻는 것을 말한다.

41 유기농업에서 병해충 방제와 잡초 방제 수단으로 이용되는 방법이 아닌 것은?

① 저항성 품종　　② 윤작 체계
③ 제초제 사용　　④ 기계적 방제

해설

유기농업에서는 제초제 및 화학물질을 사용할 수 없다.

42 배추과의 신품종 종자를 채종하기 위한 수확 적기로 옳은 것은?

① 갈숙기　　　　② 황숙기
③ 녹숙기　　　　④ 고숙기

해설

배추와 같은 십자화과작물의 수확적기는 갈숙기이다.

43 엽록소를 형성하고 잎의 색이 녹색을 띠는데 필요하며, 단백질 합성을 위한 아미노산의 구성 성분은?

① 질소　　　　　② 인산
③ 칼륨　　　　　④ 규산

해설

질소는 단백질, 아미노산 등 유기화합물을 구성하는 필수 원소이며 식물의 잎에 가장 많이 분포하고 있다. 잎의 녹색을 띠는데 필요하며 과잉할 경우 잎이 짙은 녹색을 띠기도 한다.

44 쌀겨를 이용한 논잡초 방제에 대한 설명으로 틀린 것은?

① 이슬이 말랐을 때 쌀겨를 사용한다.
② 살포면적이 넓으면 쌀겨를 펠렛으로 만들어 사용한다.
③ 쌀겨를 뿌리면 논 주변에 악취가 발생한다.
④ 쌀겨는 잡초종자의 발아를 완전 억제한다.

해설

쌀겨를 공급하면 미생물이 활성화되면서 유기산을 만들고 잡초 발생을 억제할 수 있지만 완전 억제는 어렵다.

45 내설(비닐하우스 등)의 환기효과라고 볼 수 없는 것은?

① 실내온도를 낮추어 준다.
② 공중습도를 높여준다.
③ 탄산가스를 공급한다.
④ 유해가스를 배출한다.

해설

시설은 보통 공중습도가 높아 환기를 하면 공중습도는 낮아지게 된다.

46 세계에서 유기농업이 가장 발달한 유럽 유기 농업의 특징에 대한 설명으로 틀린 것은?

① 농지면적당 가축사육규모의 자유
② 가급적 유기질 비료의 지급
③ 외국으로부터의 사료의존 지양
④ 환경보전적인 기능 수행

해설

가축 사육두수는 해당 농가에서의 유기사료 확보 능력, 가축의 건강, 영양균형 및 환경영향 등을 고려하여 적절히 정하여야 한다.

47 다음 중 IFOAM 이란?

① 국제유기농업운동연맹
② 무역의 기술적 장애에 관한 협정
③ 위생식품검역 적용에 관한 협정
④ 국제유기식품규정

해설

IFOAM 은 국제유기농업운동연맹으로 유기농업 시스템을 전 세계에 적용시킬 목적으로 1972년 창립된 국제조직이다.

48 다음 유기농업이 추구하는 내용에 관한 설명으로 가장 옳은 것은?

① 환경생태계 교란의 최적화
② 합성화학물질 사용의 최소화
③ 토양활성화와 토양단립구조의 최적화
④ 생물학적 생산성의 최적화

해설

유기농업은 합성비료와 합성농약의 사용을 피하기 위하여 외부 투입물의 사용을 최소화한다. 생물학적 다양성을 증진시키고 토양의 생물학적 활성을 촉진하는 등 생물학적 생산성에 최적화를 추구한다.

49 과수재배에서 바람의 장점이 아닌 것은?

① 상엽을 흔들어 하엽도 햇볕을 쬐게 한다.
② 이산화탄소의 공급을 원활하게 하여 광합성을 왕성하게 한다.
③ 증산작용을 촉진시켜 양분과 수분의 흡수 상승을 돕는다.
④ 고온 다습한 시기에 병충해의 발생이 많아지게 한다.

해설

고온 다습한 시기에 바람이 불면 병해충의 발생이 줄어들게 된다.

50 토양 피복(mulching)의 목적이 아닌 것은?

① 토양내 수분 유지
② 병해충 발생 방지
③ 미생물 활동 촉진
④ 온도 유지

해설

멀칭의 효과로는 생육 촉진과 토양의 침식 및 비료유실을 방지하고 수분조절, 온도조절, 잡초 방지, 유익 박테리아의 증식 등의 효과가 있다.

51 일반적인 퇴비의 기능으로 가장 거리가 먼 것은?

① 작물에 영양분 공급
② 작물생장 토양의 이화학성 개선
③ 토양 중 생물의 활성 유지 및 증진
④ 속성재배 효과 및 살충 효과

해설

퇴비는 지효성으로 석성 재배 효과는 없으며 양분을 공급하는 효과는 있으나 살충 효과는 없다.

52 집약축산에 의한 농업환경오염으로 가장 거리가 먼 것은?

① 메탄가스 발생 오염
② 토양 생태계 오염
③ 수중 생태계 오염
④ 이산화탄소 발생 오염

해설

집약축산은 축산물에 의해 발생하는 다량의 메탄가스가 문제가 되지만 이산화탄소는 광합성에 활용하는 성분으로 농업환경오염과는 거리가 멀다.

53 소의 제1종가축전염병으로 법정전염병은?

① 전염성 위장염
② 추백리
③ 광견병
④ 구제역

해설

소의 제1종가축전염병에는 우폐역, 럼프스킨병, 구제역, 가성우역 등이 있다. 보기의 전염성 위장염, 광견병, 추백리는 제2종 가축전염병에 해당한다.

54 유기축산에 대한 설명으로 틀린 것은?

① 양질의 유기사료 공급
② 가축의 생리적 욕구 존중
③ 유전공학을 이용한 번식기법 사용
④ 환경과 가축간의 조화로운 관계 발전

해설

유기축산에서 수정란 이식기법이나 번식호르몬 처리, 유전공학을 이용한 번식기법은 허용되지 아니한다.

55 유기농업에서 예방적 잡초제어방법이 아닌 것은?

① 윤작
② 동물방목
③ 완숙퇴비 사용
④ 두과작물 재배

해설

예방적 잡초제어는 잡초의 발생을 막거나 줄이는 것인데 동물을 방목하여도 이미 충분히 성장한 잡초를 섭취하기에 잡초를 방제하기 어렵다.

56 여교배육종에 대한 기호 표시로서 옳은 것은?

① (A×A)×C
② ((A×B)×B)×B
③ (A×B)×C
④ (A×B)×(C×D)

해설

여교잡육종법은 (A×B)×B, (A×B)×A, [(A×B)×B]×B 등의 형식이다.

57 지력이 감퇴하는 원인이 아닌 것은?

① 토양의 산성화
② 토양의 영양 불균형화
③ 특수비료의 과다사용
④ 부식의 시용

해설

부식은 토양의 유기물 부분으로 지력이 증가하게 된다.

58 다음의 조건에 맞는 육종법은?

> · 현재 재배되고 있는 품종이 가지고 있는 소수 형질을 개량할 때 쓰인다.
> · 우수한 특성이 있으나 내병성 등의 한두 가지 결점이 있을 때 육종하는 방법이다.
> · 비교적 짧은 세대에 걸쳐 육종개량이 가능하다.

① 계통분리육종법 ② 순계분리육종법
③ 여교배(잡)육종법 ④ 도입육종법

해설

여교잡육종법은 양친의 제1대 잡종에 양친 중 한 쪽의 유전자형을 가진 개체를 교잡하고 이것을 수세대 반복하여 우량개체를 선발하는 방법이다. 여교잡육종법의 경우 내병성 품종을 육성하거나 유전자의 연관관계를 규명하는데 흔히 사용되며 육종의 시간과 경비를 절약하는 장점이 있다.

59 밭토양의 시비효과 및 비옥도 증진을 위한 두과녹비작물로 가장 적당한 것은?

① 헤어리베치   ② 밭벼
③ 옥수수   ④ 수단그라스

해설

헤어리베치는 두과녹비작물로 토양의 비옥도 및 토양의 물리성을 개선할 수 있다.

60 윤작의 효과가 아닌 것은?

① 지력의 유지·증강
② 토양구조 개선
③ 병해충 경감
④ 잡초의 번성

해설

윤작의 효과로 지력 유지, 토양보호, 병충해 경감, 노동의 합리적 분배, 경영의 안정화 등이 있다.

2015년 제2회 필기 기출문제		수험번호	성명
자격종목 유기농업기능사	시험시간 1시간	시험유형	

※ 답안카드 작성시 시험문제지 형별누락, 마킹착오로 인한 불이익은 전적으로 수험자의 귀책사유임을 알려드립니다.
** 본문제는 수검자의 생각에 의한 것으로 실제 문제와 약간 다를 수 있음.

01 작물의 일반분류에서 섬유작물(fiber crops)에 속하지 않는 것은?

① 목화, 삼
② 고리버들, 제충국
③ 모시풀, 아마
④ 케나프, 닥나무

해설

제충국은 약료작물에 해당한다.

02 지온상승효과가 가장 우수한 멀칭필름(피복비닐)의 색은?

① 투명　　　　② 녹색
③ 흑색　　　　④ 적색

해설

투명플라스틱 필름의 경우 지온의 상승, 토양의 건조 방지, 비료의 유실 방지 등의 효과가 있으며 햇빛이 잘 투과하기에 지온상승효과가 우수하다.

03 작물의 특징에 대한 설명으로 틀린 것은?

① 이용성과 경제성이 높다.
② 일종의 기형식물을 이용하는 것이다.
③ 야생식물보다 생존력이 강하고 수량성이 높다.
④ 인간과 작물은 생존에 있어 공생관계를 이룬다.

해설

기형으로 발달된 작물은 야생식물보다 생존 경쟁력이 약하다.

04 수분이 포화된 상태의 토양에서 증발을 방지하면서 중력수를 완전히 배제하고 남은 수분 상태를 말하며, 작물이 생육하는데 가장 알맞은 수분 조건은?

① 포화용수량　　② 흡습용수량
③ 최대용수량　　④ 포장용수량

해설

최대용수량에 중력수가 제거 되고 모세관의 수분 함량 기준이 되는 것을 포장용수량이라 한다.

05 접목재배의 특징이 아닌 것은?

① 수세회복
② 병해충 저항성 증대
③ 환경 적응성 약화
④ 종자번식이 어려운 작물 번식수단

해설

접목의 경우 환경에 대한 적응성, 병해충에 대한 저항력이 증가한다.

06 작물의 흡수와 관련된 설명 중 옳은 것은?

① 식물체의 줄기를 자른 곳에서 물이 배출되는 일비현상은 뿌리세포의 근압에 의한 능동적 흡수에 의해 일어난다.

② 능동적 흡수는 뿌리를 통해 흡수되는 물이 주로 세포벽을 통하여 집단류에 의해 뿌리 내부로 이동하는 것을 말한다.

③ 뿌리를 통한 물의 흡수경로에서 심플라스트 경로는 식물의 죽어있는 세포벽과 세포 간극을 통하여 수분이 이동되는 경로이다.

④ 잎의 가장자리에 있는 수공에서 물이 나오는 일액현상은 근압에 의하여 일어나는 수동적 흡수이다.

> **해설**
> 뿌리의 수분 흡수는 세포의 삼투압이 토양의 삼투압보다 높아 물이 흡수되는 것이다. 이러한 뿌리의 흡수력에 의한 것을 능동적 흡수라고 한다. 일비현상은 이러한 능동적 흡수에 의한 현상 중 하나이며 줄기를 자른 곳에서 물이 배출된다.

07 남부지방에서 가을에서 겨울 동안 들깨 재배시설에 야간 조명을 실시하는 이유는?

① 꽃을 피워 종자를 생산하기 위하여

② 관광객에게 볼거리를 제공하기 위하여

③ 개화를 억제하여 잎을 계속 따기 위하여

④ 광합성 시간을 늘려 종자 수량을 높이기 위하여

> **해설**
> 들깨는 단일식물로 장일조건에서 개화가 억제된다. 재배시설에서 들깨의 잎을 계속 따기 위해 야간 조명을 실시하여 장일조건으로 개화가 억제된다.

08 경운의 필요성에 대한 설명으로 틀린 것은?

① 잡초 발생 억제

② 해충 발생 증가

③ 토양의 물리성 개선

④ 비료, 농약의 시용효과 증대

> **해설**
> 경운을 통해 잡초의 발생이 줄어들고 해충이 박멸하는데 도움이 된다.

09 풍해의 생리적 기구가 아닌 것은?

① 기공폐쇄　　② 호흡 증가

③ 광합성 저하　　④ 독성물질의 생성

> **해설**
> 풍해의 생리적 장해로 풍속이 강해지면 기공이 닫혀 이산화탄소 흡수가 감소되어 광합성이 감퇴한다. 그리고 상처가 발생하면 호흡이 증대되어 채내 양분의 소모가 증가한다.

10 관개방법을 지표관개, 살수관개, 지하관개로 구분할 때 지표관개 방법에 해당하지 않는 것은?

① 일류관개　　② 보더관개

③ 수반법　　④ 스프링클러관개

> **해설**
> 스프링클러법은 다공관관개법, 물방울관개법와 함께 살수관개에 해당한다.

11 작물의 장해형 냉해에 관한 설명으로 가장 옳은 것은?

① 냉온으로 인하여 생육이 지연되어 후기등숙이 불량해진다.

② 생육초기부터 출수기에 걸쳐 냉온으로 인하여 생육이 부진하고 지연된다.

③ 냉온하에서 작물의 증산작용이나 광합성이 부진하여 특정병해의 발생이 조장된다.

④ 유수형성기부터 개화기까지, 특히 생식세포의 감수분열기의 냉온으로 인하여 정상적인 생식기관이 형성되지 못한다.

해설

장해형 냉해는 유수형성기에서 개화기까지 화분이나 배낭의 생식기관이 정상적으로 형성되지 못하거나 수정장해가 유발되는 등의 현상이 발생한다.

12 작물의 재배기술 중 제초에 대한 설명으로 틀린 것은?

① 제초제는 생리작용에 따라 선택성과 비선택성으로 분류한다.

② 2,4-D(이사디)는 대표적인 비선택성 제초제이다.

③ 제초제는 작용성에 따라 접촉성과 이행성으로 분류한다.

④ 제초제는 잡초의 생리기능을 교란시켜 세포원형질을 파괴 또는 분리시켜 고사하게 한다.

해설

2,4-D는 선택성 제초제이다.

13 광합성에 조사광량이 높아도 광합성속도가 증대하지 않게 된 것을 뜻하는 것은?

① 광포화   ② 보상점

③ 진정광합성   ④ 외견상광합성

해설

광포화점은 광도가 높아짐에 따라 광합성이 증가하다가 어느 한계점에 이후 더 이상 광합성이 증대되지 않는 점을 말하며 이러한 상태를 광포화라 한다.

14 대기의 조성과 작물의 생육에 대한 설명으로 옳은 것은?

① 대기 중 질소의 함량비는 약 79%이다.

② 대기 중 산소의 함량비는 약 46%이다.

③ 콩과작물의 근류균은 혐기성세균 이다.

④ 대기의 산소농도가 낮아지면 C3 작물의 광호흡이 커진다.

해설

대기의 조성은 질소 78%, 산소 21%, 이산화탄소 0.03% 및 기타로 구성되어 있다.

15 발아억제물질에 해당하지 않는 것은?

① 암모니아   ② 질산염

③ 시안화수소   ④ ABA

해설

발아 억제 물질은 종자의 과피의 껍질에 존재하며 암모니아(NH_3), 시안화수소(HCN), 쿠마린, 페놀산, 아브시스산(ABA, abscisic acid) 등이 있다.

16 작물을 재배할 때 도복의 피해 양상이 아닌 것은?

① 수량감소   ② 품질저하

③ 수발아 방지   ④ 수확작업 곤란

해설

도복이 발생할 경우 수발아가 증가할 수 있다.

17 대기 중의 이산화탄소와 작물의 생리작용에 대한 설명으로 틀린 것은?

① 이산화탄소의 농도와 온도가 높아질수록 동화량은 증가한다.
② 광합성 속도에는 이산화탄소 농도뿐만 아니라 광의 강도도 관계한다.
③ 광합성은 온도, 광도, 이산화탄소의 농도가 증가함에 따라 계속 증대한다.
④ 광합성에 의한 유기물의 생성속도와 호흡에 의한 유기물의 소모속도가 같아지는 이산화탄소 농도를 이산화탄소 보상점이라고 한다.

해설

광합성은 광도, 온도, 이산화탄소가 증가함에 따라 증가하다가 어느 한계선이 되면 더 이상 증가하지 못한다.

18 적응된 유전형들이 안정상태를 유지하려면 적응형 상호간에 유전적 교섭이 생기지 말아야 하는데, 다음 중 생리적 격리의 설명으로 옳은 것은?

① 지리적으로 멀리 떨어져 있어 유전적 교섭이 방지되는 것
② 개화기의 차이, 교잡불임 등의 원인에 의하여 유전적 교섭이 방지되는 것
③ 돌연변이에 의해서 생리적으로 격리되는 것
④ 생리적 특성이 강하여 유전적 교섭이 방지되는 것

해설

격절에는 지리적 격절, 생리적 격절, 인위적 격절이 있으며 여기서 생리적 격절은 개화기의 차이, 교잡불능 등으로 유전적 교섭이 방지되는 것을 말한다.

19 작물의 생육에 있어 광합성에 영향을 주는 적색광의 파장은?

① 300mm ② 450mm
③ 550mm ④ 670mm

해설

적색광 파장영역은 600~700nm이다.

20 대기의 질소를 고정시켜 지력을 증진시키는 작물은?

① 화곡류 ② 두류
③ 근채류 ④ 과채류

해설

콩과식물은 뿌리혹박테리아가 뿌리에 공생하면서 질소를 고정하여 토양의 지력을 증진시킨다.

21 일반적인 논토양에서 25℃에서의 전기전도도는 얼마인가?

① 1~2[dS/m] ② 2~4[dS/m]
③ 5~7[dS/m] ④ 8~9[dS/m]

해설

논토양의 전기전도도는 2~4[dS/m] 정도로 염분에 매우 예민한 작물은 생육이 불량한 상태이다.

22 적색 또는 회색 포드졸 토양의 주요 점토광물이며, 우리나라 토양의 점토광물 중 대부분을 차지하는 것은?

① 카올리나이트 ② 일라이트
③ 몬모릴로나이트 ④ 버미큘라이트

해설

적색 또는 회색 포드졸(podzol) 토양의 주요 점토광물이며 우리나라의 토양은 카올리나이트(kaolinite) 점토가 대부분이다.

23 우리나라 토양이 대체로 산성인 이유로 틀린 것은?

① 화강암 모재　② 여름의 많은 강우
③ 산성비　④ 석회 시용

해설

산성토양을 석회를 공급하여 개선할 수 있다.

24 토양의 생성과 발달에 관여하는 5가지 요인에 해당하지 않는 것은?

① 모재　② 식생
③ 압력　④ 지형

해설

모재, 기후, 식생, 지형, 시간을 토양 생성과 발달의 5대 요인이라 한다.

25 유효수분이 보유되어 있는 것으로서 보수역할을 주로 담당하는 공극은?

① 대공극　② 기상공극
③ 모관공극　④ 배수공극

해설

모관공극은 토양에 작은 입자 사이에 존재하는 공극으로 유효수분이 보유되어 있는 공극이다.

26 다음을 설명하는 모암은?

> • 어두운 색을 띠며 세립질의 염기성암
>   으로 산화철이 많이 포함되어 있다.
> • 풍화되어 토양으로 전환도면 황적색
>   의 중점식토로 되고 장석은 석질로
>   변환된다.

① 화강암　② 석회암
③ 현무암　④ 석영조면암

해설

현무암은 규산함량이 52% 미만은 염기성암으로 산화철이 다량 포함되어 있다.

27 pH 2~4의 낮은 조건에서도 잘 생육하는 세균의 종류는?

① 황세균　② 질산균
③ 아질산균　④ 탈질균

해설

황세균은 황이나 무기황화물을 산화하여 에너지를 얻는 세균으로 산성조건인 pH 2~4 조건에서도 잘 생육한다.

28 토양생성 요인 중 지형, 모재 및 시간 등의 영향이 뚜렷하게 나타나는 토양은?

① 성대성토양　② 간대성토양
③ 무대성토양　④ 열대성토양

해설

간대성 토양은 토양생성 중 모재, 지형, 배수 등 지역적 조건의 영향을 많이 받아 생성된 토양이다.

29 토양학에서 토성의 의미로 가장 적합한 것은?

① 토양의 성질
② 토양의 화학적 성질
③ 입경구분에 의한 토양의 분류
④ 토양반응

해설

토성은 모래(미사, 조사), 점토 함량을 기준으로 분류하는데 이는 입경구분에 의한 토양의 분류가 되겠다.

30 에너지를 얻는 수단에 따른 분류에서 타급영양(유기영양) 세균이 아닌 것은?

① 암모니아화성균　② 섬유소분해균
③ 근류균　④ 질산화성균

해설

질산화성균은 자급영양세균에 해당한다.

31 토양의 수분을 분류할 때 토양 수분 함량이 가장 적은 상태는?

① 결합수(combined water)
② 흡습수(hygroscopic water)
③ 모세관수(capillary water)
④ 중력수(gravitational water)

> **해설**
>
> 결합수는 토양 입자와 화학적으로 결합되어 있는 수분으로 pF 7 이상의 강하게 흡착되어 있는데 토양 수분 함량 중 가장 적은 상태이다.

32 양이온치환용량(CEC)이 10cmol(+)/kg인 어떤 토양의 치환성염기의 합계가 6.5cmol(+)/kg라고 할 때, 이 토양의 염기포화도는?

① 13%
② 26%
③ 65%
④ 85%

> **해설**
>
> $$염기포화도 = \frac{치환성\ 염기량}{양이온치환용량} \times 100$$
> $$= \frac{6.5}{10} \times 100 = 65\%$$

33 이타이이타이(Itai-Itai)병과 연관이 있는 중금속은?

① 피씨비(PCB)
② 카드뮴(Cd)
③ 크롬(Cr)
④ 셀레늄(Se)

> **해설**
>
> 카드뮴은 이타이이타이병을 발생시키는데 등뼈, 손발, 관절이 아프고 뼈가 잘 부러지는 증상이 나타난다.

34 토양 구조의 발달에 불리하게 작용하는 요인은?

① 석회물질의 사용
② 퇴비의 사용
③ 토양의 피복 관리
④ 빈번한 경운

> **해설**
>
> 빈번한 경운을 하면 입단구조가 파괴되면서 토양 구조 발달에 불리하게 된다.

35 다음 음이온 중 치환순서가 가장 빠른 이온은?

① PO_4^{3-}
② SO_4^{2-}
③ Cl^-
④ NO_3^-

> **해설**
>
> 음이온이 토양교질물에 의해 흡착되는 순서는 $SiO_4^{2-} > PO_4^{3-} > SO_4^{2-} > NO_3^- > Cl^-$ 다.
> 따라서 보기 중 음이온 치환순서가 가장 빠른 것은 PO_4^{3-}가 되겠다.

36 다음 중 단위 무게 당 가장 많은 양의 음전하를 함유한 광물은?

① kaolinite
② montmorillonite
③ illite
④ chlorite

> **해설**
>
> 광물의 양이온치환용량은 몬모릴로나이트 80~150, 일라이트 25~40, 클로라이트 10~40, 카올리나이트 3~15 정도로 보기 중 몬모릴로나이트가 가장 많은 양의 음전하를 함유하고 있다.

37 시설재배지 토양관리의 문제점이 아닌 것은?

① 염류집적이 잘 일어난다.

② 연작장해가 발생되기 쉽다.

③ 양분용탈이 잘 일어난다.

④ 양분 불균형이 발생되기 쉽다.

해설

시설재배지는 강우가 없어 일반 토양보다 상대적으로 양분의 용탈이 잘 일어나지 않는다.

38 우리나라 밭토양이 가장 많이 분포되어 있는 지형은?

① 곡간지　　② 산악지

③ 구릉지　　④ 평탄지

해설

우리나라 밭토양의 입지적 특성은 주로 곡간지, 구릉지 등의 경사지가 많이 분포되어 있는데 특히 곡간지가 대부분을 차지하고 있다.

39 미생물은 활성이 가장 최적인 온도에 따라서 구분할 수 있다. 미생물의 생육적온이 $15°C$ 부근인 미생물은 어떤 분류에 포함되는가?

① 저온성 미생물　② 중온성 미생물

③ 고온성 미생물　④ 혐기성 미생물

해설

저온성 미생물은 $15°C$ 이하의 온도에서 생장하는 미생물로 생존이 가능한 최고온도는 $20°C$ 정도이다.

40 토양 내 유기물의 분해와 관련이 있는 효소는?

① 탈수소효소

② 인산가수분해효소

③ 단백질가수분해효소

④ 요소분해효소

해설

탈수소효소는 토양 내 유기물분해에 관여하며 유기물 분해의 지표로도 사용된다.

41 다음 중 연작의 피해가 가장 큰 작물은?

① 수수　　② 고구마

③ 양파　　④ 사탕무

해설

수수, 양파, 고구마는 연작의 피해가 거의 없는 작물에 해당하며 사탕무는 연작의 피해가 많기에 5~7년의 휴작이 요구된다.

42 다음 중 산성토양에서 잘 자라는 과수는?

① 무화과나무　　② 포도나무

③ 감나무　　④ 밤나무

해설

산성토양에 잘 자라는 과수에는 밤나무, 복숭아나무 등이 있다.

43 유기한우 생산을 위해서는 사료 공급 요인들이 충족 되어야 한다. 유기한우 생산 충족 사항은?

① 전체 사료의 100%를 유기사료로 급여한다.

② GMO 곡물사료를 공급한다.

③ 가축 질병예방을 위하여 항생제를 주기적으로 사용한다.

④ 활동이 제한되는 공장식 밀식 사육을 실시한다.

해설

유기축산물의 생산을 위한 가축에게는 100% 비식용유기가공품을 급여하여야 하며 유기사료 여부를 확인해야 한다.

44 우리나라 반추가축의 유기사료 수급에 관한 문제로 부적당한 것은?

① 목초의 생산기반을 확장해야 한다.

② 유기목초 종자 및 생산기술을 수립해야 한다.

③ 초지 접근성 및 유기방목 기술을 수립해야 한다.

④ 조사료 보다는 농후사료의 자급기반을 확충해야 한다.

해설

조사료는 다량소비되고 수입비용이 많이 들어 농후사료보다 조사료의 자급기반 확충이 중요하다.

45 호광성 종자는?

① 토마토　　② 가지

③ 상추　　④ 호박

해설

호광성 종자에는 담배, 상추, 우엉, 뽕나무, 베고니아, 샐러리 등이 있다.

46 벼의 종자 증식 체계로 옳은 것은?

① 원원종 – 원종 – 기본식물 – 보급종

② 원종 – 원원종 – 기본식물 – 보급종

③ 원원종 – 원종 – 보급종 – 기본식물

④ 기본식물 – 원원종 – 원종 – 보급종

해설

종자생산 관리체계는 기본식물, 원원종, 원종, 채종포(보급종), 농가의 순이다.

47 유기농업에서 토양비옥도를 유지, 증대시키는 방법이 아닌 것은?

① 작물 윤작 및 간작

② 녹비 및 피복작물 재배

③ 가축의 순환적 방목

④ 경운작업의 최대화

해설

경운은 토양을 부드럽게 할 목적으로 흙을 파 뒤집는 작업인데 과도하게 할 경우 토양의 입단구조를 파괴하면서 토양의 비옥도가 낮아질 수 있다.

48 유기농업에서 벼의 병해충 방제법 중 경종적 방제법이 아닌 것은?

① 답전윤환　　② 저항성 품종 이용

③ 적절한 윤작　　④ 천적 이용

해설

천적을 이용하는 것은 생물학적 방제법이다.

49 볍씨의 종자선별 방법 중 까락이 없는 둥근메벼를 염수선할 때 가장 적당한 비중은?

① 1.03　　② 1.08

③ 1.10　　④ 1.13

해설

볍씨의 선종에 사용되는 비중기준으로 까락이 없는 메벼 1.13, 까락이 있는 메벼 1.1, 찰벼와 밭벼는 1.08, 쌀보리와 호밀은 1.22 이다.

50 과수육종이 다른 작물에 비해 불리한 점이 아닌 것은?

① 과수는 품종육성기간이 길다.

② 과수는 넓은 재배면적이 필요하다.

③ 과수는 타가수정을 한다.

④ 과수는 영양번식을 한다.

해설

과수는 우량개체가 선발되면 영양번식을 통해 개체의 유지 및 증식이 가능하다. 또한 영양번식을 통해 초기생장이 빠르고 개화 및 결실이 빨라져 유리하다.

51 입으로 전염되며 패혈증, 설사(백리변), 독혈증의 증상을 보이는 돼지의 질병은?

① 대장균증　　② 장독혈증
③ 살모넬라증　④ 콜레라

해설

대장균증은 불량한 사육환경으로 발생되는 세균성 설사병으로 어린돼지가 많이 발생한다.

52 다음 중 토양에 다량 사용했을 때, 질소기아 현상을 가장 심하게 나타낼 수 있는 유기물은?

① 알팔파　　② 녹비
③ 보릿짚　　④ 감자

해설

보릿짚은 비료 성분의 가치가 낮고 토양에 직접 시용하면 작물 초기에 일시적 질소 기아 현상이 나타날 수 있다.

53 다음 중 농약살포의 문제점이 아닌 것은?

① 생태계가 파괴된다.
② 익충을 보호한다.
③ 식품이 오염된다.
④ 병해충의 저항성이 증대된다.

해설

익충은 인간에게 이로움을 주는 곤충으로 농약살포시 익충이 보호되는 것은 문제점이 되지 않는다.

54 유기과수원의 토양관리 중 유기물 사용의 효과가 아닌 것은?

① 토양을 홑알구조로 한다.
② 토양의 보수력을 증가한다.
③ 토양의 물리성을 개선한다.
④ 토양미생물이나 작물의 생육에 필요한 영양분을 공급한다.

해설

토양에 유기물 사용시 유기물의 분해로 입단화가 진행되어 입단구조(떼알구조)가 발달한다.

55 다음 중 식물의 기원지로 옳게 짝지어지지 않은 것은?

① 사탕수수 – 인도　② 매화 – 일본
③ 가지 – 인도　　　④ 자운영 – 중국

해설

매화의 기원지는 중국이다.

56 농림축산식품부 소관 친환경농어업 육성 및 유기식품 등의 관리 지원에 관한 법률 시행규칙에서 정한 친환경농산물 종류로 틀린 것은?

① 유기농산물　　② 안전농산물
③ 무농약농산물　④ 무항생제축산물

해설

친환경농산물은 친환경농업을 통해 얻은 것으로 유기농산물, 유기축산물 및 유기임산물, 무농약농산물, 무항생제축산물이 있다.

57 사과를 유기농법으로 재배하는데 어린잎 가장자리가 위쪽으로 뒤틀리고 새가지 선단에서 막 전개되는 잎은 황화되며, 심한 경우에는 새가지 정단부위가 말라죽어가고 있다. 무엇이 부족한가?

① 질소　　　　② 인산
③ 칼리　　　　④ 칼슘

해설

칼슘은 정단 분열조직 발달, 단백질의 합성, 뿌리 및 지상부의 신장에 관여하는데 결핍될 경우 사과나무에서는 어린잎의 경우 잎 가장자리가 위쪽으로 뒤틀리고, 새가지 선단에서 강하게 자라면서 전개되는 잎은 황화되며 생장이 정지된다.

58 경사지에 비해 평지 과수원이 갖는 장점이라고 볼 수 없는 것은?

① 토양이 깊고 비옥하다.
② 보습력이 높다.
③ 기계화가 용이하다.
④ 배수가 용이하다.

해설

동일 조건에서는 경사지가 평지보다는 배수가 더 용이하다.

59 신품종 종자의 우수성이 저하되는 품종퇴화의 원인이 아닌 것은?

① 인공적　　　② 유전적
③ 생리적　　　④ 병리적

해설

종자 퇴화의 원인에는 유전적퇴화, 생리적퇴화, 병리적퇴화가 있다.

60 유기농업에서 소각(burning)을 권장하지 않는 이유로 틀린 것은?

① 소각함으로써 익충과 토양생물체에 피해를 준다.
② 많은 양의 탄소, 질소 그리고 황이 가스형태로 손실된다.
③ 소각 후에 잡초나 병충해가 더 많이 나타난다.
④ 재가 함유하고 있는 양분은 빗물에 쉽게 씻겨 유실된다.

해설

소각 후 잡초나 병충해가 줄어들지만 소각으로 인하여 익충과 토양생물체 피해 등 다른 피해가 더 크기 때문에 권장하지 않는다.

2015년 제4회 필기 기출문제		수험번호	성명
자격종목 **유기농업기능사**		시험시간 **1시간**	시험유형	

※ 답안카드 작성시 시험문제지 형별누락, 마킹착오로 인한 불이익은 전적으로 수험자의 귀책사유임을 알려드립니다.
** 본문제는 수검자의 생각에 의한 것으로 실제 문제와 약간 다를 수 있음.

01 생력기계화재배를 통해 단위면적당 수량을 늘릴 수 있는데 그 주된 이유가 아닌 것은?

① 지력의 증진　② 노동력 증가
③ 적기 · 적작업　④ 재배방식의 개선

해설
생력재배를 통해 농업에 필요한 노동력 절감 및 경영에 효율이 개선된다.

02 고온으로 발생된 해(害)작용이 아닌 것은?

① 위조의 억제　② 황백화 현상
③ 당분 감소　④ 암모니아 축적

해설
고온으로 위조현상이 증가한다.

03 엽면시비가 효과적인 경우가 아닌 것은?

① 작물의 필요량이 적은 무기양분을 사용할 경우
② 토양 조건이 나빠 무기양분의 흡수가 어려운 경우
③ 시비를 원하지 않는 작물과 같이 재배할 경우
④ 부족한 무기성분을 서서히 회복시킬 경우

해설
엽면시비는 뿌리의 흡수가 어려워 빠른 영양분 회복이 필요할 경우 효과적이기에 서서히 회복시킬 경우는 효과적이지 못하다.

04 토양구조의 입단화와 가장 관련이 깊은 것은?

① 세균(bacteria)
② 방선균(Actinomycetes)
③ 선충류(Nematoda)
④ 균근균(Mycorrhizae)의 균사

해설
균근은 식물의 뿌리가 토양 중 있는 곰팡이와 공생하는 형태로 토양의 입단화와 가장 관련이 깊다.

05 종자춘화형 식물이 아닌 것은?

① 추파맥류　② 완두
③ 양배추　④ 봄올무

해설
양배추는 녹식물춘화형이다.

06 작물의 분화 및 발달과 관련된 용어의 설명으로 틀린 것은?

① 작물이 원래의 것과 다른 여러 갈래로 갈라지는 현상을 작물의 분화라고 한다.
② 작물의 환경이나 생존경쟁에서 견디지 못해 죽게 되는 것을 순화라고 한다.
③ 작물이 점차 높은 단계로 발달해 가는 현상을 작물의 진화라고 한다.
④ 작물이 환경에 잘 견디어 내는 것을 적응이라 한다.

해설
작물의 환경이나 생존경쟁에서 견디지 못해 죽게 되는 것을 도태라고 한다. 순화는 환경에 적응하여 특성이 변화되는 것을 말한다.

07 개방된 토수로에 투수하여 이것이 침투해서 모관상승을 통하여 근권에 공급되게 하는 방법은?

① 암거법　　　　② 압입법
③ 수반법　　　　④ 개거법

해설

개거법은 개방된 토수로에 투수하여 이것이 침투해 모관상승을 통해 근권에 공급되게 하는 방법이다. 지하수위가 낮지 않은 사질토 지대에 이용된다.

08 윤작방식은 지방 실정에 따라서 다양하게 발달되지만, 대체로 다음과 같은 원리가 포함되는데 옳지 않은 것은?

① 주작물이 특수하더라도 식량과 사료의 생산이 병행되는 것이 좋다.
② 지력유지를 위하여 콩과작물이나 다비작물을 포함한다.
③ 토양보호를 위해서 피복작물을 심지 않는다.
④ 토지이용도를 높이기 위하여 여름작물과 겨울작물을 결합한다.

해설

윤작의 기본원리에는 토양의 보호를 위해 피복작물이 포함된다.

09 작물의 분화과정이 옳은 것은?

① 유전적 변이 → 고립 → 도태와 적용
② 유전적 변이 → 도태와 적응 → 고립
③ 도태와 적응 → 고립 → 유전적 변이
④ 도태와 적응 → 유전적 변이 → 고립

해설

분화는 첫 과정은 유전적 변이의 발생이다. 다음으로 도태와 적응, 순화의 과정을 거쳐 마지막으로 격절(고립)을 하도록 한다.

10 토양의 양이온치환용량 증대효과에 대한 설명 중 틀린 것은?

① NH_4^+, K^+, Ca^{2+} 등의 비료성분의 흡착, 보유하는 힘이 커진다.
② 비료를 많이 주어도 일시적 과잉흡수가 억제된다.
③ 토양의 완충능력이 커진다.
④ 비료성분의 용탈을 조장한다.

해설

양이온치환용량이 증대하면 비옥한 토양을 의미하는데 이는 비료성분의 용탈이 적다는 것이다.

11 인산질 비료에 대하여 설명한 것이다. 틀린 것은?

① 유기질 인산비료에는 동물 뼈, 물고기 뼈 등이 있다.
② 용성인비는 수용성 인산을 함유하며, 작물에 속히 흡수된다.
③ 무기질 인산비료의 중요한 원료는 인광석이다.
④ 과인산석회는 대부분이 수용성이고 속효성이다.

해설

용성인비는 구용성인산으로 분류되는데 구용성인산은 물에 녹지 않아 작물에 속히 흡수되지 않는다.

12 일정한 한계일장이 없고, 대단히 넓은 범위의 일장조건에서 개화하는 식물은?

① 중성식물　　　　② 장일식물
③ 단일식물　　　　④ 정일성식물

해설

일장에 관계 없이 화아하는 식물을 중성식물이라 하며 토마토, 고추 등이 있다.

13 지리적 미분법을 적용하여 작물의 기원을 탐색한 학자는?

① Vavilov　　② De Candolle
③ Ookuma　　④ Hellriegel

> **해설**
> 바빌로프(Vavilov)는 지역별로 종 분포도를 만들고 종내의 유전적 변이를 조사하여 기원 중심지를 결정하는 지리적 미분법을 적용하였다.

14 다음 중 벼를 재배할 때 풍해에 의해 발생하는 백수현상을 유발하는 풍속, 공기습도의 범위에 대한 설명으로 가장 옳은 것은?

① 백수현상은 풍속이 크고 공기습도가 높을 때 심하다.
② 백수현상은 풍속이 적고 공기습도가 높을 때 심하다.
③ 백수현상은 공기습도 60%, 풍속 10m/sec의 조건에서 발생한다.
④ 백수현상은 공기습도 80%, 풍속 20m/sec의 조건에서 발생한다.

> **해설**
> 백수현상은 벼의 출수 직후 건조한 강풍이 불면서 탈수가 빨라 백수가 되는 것을 말한다. 이러한 백수현상은 공기습도 60%, 풍속 10m/sec 의 조건에서 주로 발생한다.

15 작물에 유익한 토양미생물의 활동이 아닌 것은?

① 유기물의 분해　　② 유리질소의 고정
③ 길항작용　　　　④ 탈질작용

> **해설**
> 탈질작용은 토양미생물의 유해작용에 해당한다.

16 다음은 작물의 내동성에 관여하는 요인이다. 내용이 틀린 것은?

① 원형질의 수분투과성 : 원형질의 수분투과성이 크면 세포내 결빙을 적게 하여 내동성을 증대시킨다.
② 지방함량 : 지방과 수분이 공존할 때 빙점강하도가 작아지므로 지유함량이 높은 것이 내동성이 강하다.
③ 전분함량 : 전분함량이 많으면 내동성은 저하된다.
④ 세포의 수분함량 : 자유수가 많아지면 세포의 결빙을 조장하여 내동성이 저하된다.

> **해설**
> 지방과 수분이 공존할 때 빙점강하도가 커지므로 지유함량이 높은 것이 내동성이 강하다.

17 다음은 멀칭의 이용성이다. 내용이 틀린 것은?

① 동해 : 맥류 등 월동작물을 퇴비 등으로 덮어주면 동해가 경감된다.
② 한해 : 멀칭을 하면 토양수분의 증발이 억제되어 가뭄의 피해가 경감된다.
③ 생육 : 보온효과가 크기 때문에 보통재배의 경우 보다 생육이 늦어져 만식재배에 널리 이용된다.
④ 토양 : 수식 등의 토양 침식이 경감되거나 방지된다.

> **해설**
> 보온효과가 크기 때문에 보통재배의 경우보다 생육이 빨라져 조식재배에 널리 이용된다.

18 작물의 동상해에 대한 응급대책으로 틀린 것은?

① 저녁에 충분히 관개한다.
② 중유, 나뭇가지 등에 석유를 부은 것 등을 연소시킨다.
③ 이랑을 낮추어 뿌림골을 얕게 한다.
④ 거적으로 잘 덮어준다.

> **해설**
> 동상해의 일반대책 중 하나로 이랑을 세워 뿌림골을 깊게 하는 방법이 있는데 이랑 및 뿌림골 관련 대책은 응급대책은 아니다.

19 다음 중 작물 혼파의 이점으로 가장 적절하지 않은 것은?

① 산초량이 억제된다.
② 가축의 영양상 유리하다.
③ 비료성분을 효율적으로 이용할 수 있다.
④ 지상·지하를 입체적으로 이용할 수 있다.

> **해설**
> 혼파를 통해 산초량은 평준화된다.

20 대기 습도가 높으면 나타나는 현상으로 틀린 것은?

① 증산의 증가
② 병원균번식 조장
③ 도복의 발생
④ 탈곡·건조작업 불편

> **해설**
> 대기 습도가 높아지면 증산의 속도는 늦어진다.

21 단위면적당 생물체량이 가장 많은 토양미생물로 맞는 것은?

① 사상균   ② 방선균
③ 세균   ④ 조류

> **해설**
> 토양 내 미생물 중 사상균의 바이오매스량(생물체량)이 가장 크다.

22 호기적 조건에서 단독으로 질소고정작용을 하는 토양미생물 속(屬)은?

① 아조토박터(*Azotovacter*)
② 클로스트리디움(*Clostridium*)
③ 리조비움(*Rhizobium*)
④ 프랑키아(*Frankia*)

> **해설**
> 아조토박터(*Azotovacter*)는 토양 미생물로 호기성 세균이며 단독으로 유리질소를 고정하는 세균이다.

23 토양이 자연의 힘으로 다른 곳으로 이동하여 생성된 토양 중 중력의 힘에 의해 이동하여 생긴 토양은?

① 정적토   ② 붕적토
③ 빙하토   ④ 풍적토

> **해설**
> 붕적토는 토양 모재가 중력에 의해 경사지에서 미끄러져 퇴적된 것이다.

24 식물체에 흡수되는 무기물의 형태로 틀린 것은?

① NO_3^- ② $H_2PO_4^-$
③ B   ④ Cl^-

> **해설**
> 붕소는 $H_2BO_3^-$ 형태로 식물체에 흡수된다.

25 토양입자의 크기가 갖는 의의로 틀린 것은?

① 토양의 모래·미사, 점토함량을 알면 토양의 물리적 성질에 대한 많은 정보를 알 수 있다.

② 모래함량이 많은 토양은 배수성과 투수성이 크지만 양분을 보유하는 힘이 약하다.

③ 미사가 많은 토양은 배수성과 양분보유능이 매우 크다.

④ 점토가 많은 토양은 양분과 수분을 보유하는 힘은 강하지만 배수성은 매우 나빠진다.

해설

미사가 많은 토양은 배수성은 양호하나 양분의 보유능은 상대적으로 낮다.

26 토양단면도에서 O층에 해당되는 것은?

① 모재층　　　② 집적층

③ 용탈층　　　④ 유기물층

해설

토양단면에서 O층은 유기물층이라 한다.

27 질화작용이 일어나는 장소와 과정이 옳은 것은?

① 환원층, $NH_4^+ \rightarrow NO_3^- \rightarrow NO_2^-$

② 환원층, $NH_4^+ \rightarrow NO_2^- \rightarrow NO_3^-$

③ 산화층, $NO_3^- \rightarrow NO_2^- \rightarrow NH_4^+$

④ 산화층, $NH_4^+ \rightarrow NO_2^- \rightarrow NO_3^-$

해설

논토양의 산화층에서는 질산화성작용(질화작용)이 이루어지는데 암모니아가 질산으로 산화되는 과정이다. 암모니아태질소(NH_4^+)가 질산균에 의해 2번의 반응을 거쳐 질산태질소(NO_3^-)가 된다.

28 식물영양소를 토양용액으로부터 식물의 뿌리표면으로 공급하는 대표적인 기작으로 옳지 않은 것은?

① 흡습계수　　　② 뿌리차단

③ 집단류　　　④ 확산

해설

마른 토양의 수분함량을 흡습계수라 하며 식물의 수분흡수와는 관련이 없다.

29 큰 토양입자가 토양 표면을 구르거나 미끄러지며 이동하는 것은?

① 부유　　　② 약동

③ 포행　　　④ 비산

해설

풍식의 기장 중 하나인 포행은 큰 입자가 토양 표면을 구르거나 미끄러지며 이동하는 것으로 이동하는 입자의 크기는 약 1mm 이상이며 전체 토양 이동량의 5~25%를 차지한다.

30 토양의 용적밀도를 측정하는 가장 큰 이유는?

① 토양의 산성 정도를 알기 위해

② 토양의 구조발달 정도를 알기 위해

③ 토양의 양이온 교환용량 정도를 알기 위해

④ 토양의 산화환원 정도를 알기 위해

해설

용적밀도는 자연상태의 토양밀도로 무기질, 유기질, 공기, 수분이 혼합된 밀도이다. 이러한 용적밀도 측정을 통해 토양의 구조발달 정도를 파악한다.

31 밭토양과 비교하여 신개간지 토양의 특성으로 틀린 것은?

① 산성이 강하다.

② 석회 함량이 높다.

③ 유기물 함량이 낮다.

④ 유효인산 함량이 낮다.

해설

개간한 토양은 보통 산성을 띠기에 석회 함량이 낮다. 이를 개선하기 위해 석회 물질을 활용한다.

32 토양을 분석한 결과 양이온교환용량은 10cmol$_c$/kg이었고, Ca 4.0cmol$_c$/kg, Mg 1.5cmol$_c$/kg, K 0.5cmol$_c$/kg 및 Al 1.0 cmol$_c$/kg이었다면 이 토양의 염기포화도(Base saturation)는?

① 40% ② 50%

③ 60% ④ 70%

해설

염기포화도는 양이온 중 수소와 알루미늄 이온을 제외한 치환성염기의 함유비율이다.

$$염기포화도 = \frac{치환성\ 염기량}{양이온치환용량} \times 100$$

$$= \frac{4.0 + 1.5 + 0.5}{10} \times 100 = 60(\%)$$

33 토양공극에 대한 설명으로 옳은 것은?

① 토양무게는 공극량이 적을수록 가볍다.

② 다양한 용기에 채워진 젖은 토양무게를 알면 공극량을 계산할 수가 있다.

③ 물과 공기의 유통은 공극의 양보다 공극의 크기에 따라 주로 지배된다.

④ 모래질 토양은 공극량이 많고 공극의 크기가 작아서 공기의 유통과 물의 이동이 빠르다.

해설

대공극이 많아지면 공기와 물의 유동이 많아지는데 이는 공극의 양보다는 크기에 주로 영향을 받기 때문이다.

34 논토양에서 물로 담수될 때 철의 변환에 따른 설명으로 옳은 것은?

① Fe^{3+}에서 Fe^{2+}로 되면서 해리도가 증가한다.

② Fe^{2+}에서 Fe^{3+}로 되면서 해리도가 증가한다.

③ Fe^{3+}에서 Fe^{2+}로 되면서 해리도가 감소한다.

④ Fe^{2+}에서 Fe^{3+}로 되면서 해리도가 감소한다.

해설

논토양에서 혐기성균이 Fe^{3+}는 Fe^{2+}으로 변환시켜 해리도가 증가한다.

35 ( ) 안에 알맞은 내용은?

> 집단류란 물의( )으로 ( )과(와) 대비되는 개념이다.

① 포화현상, 비산

② 대류현상, 확산

③ 기화현상, 수증기

④ 불포화현상, 비산

해설

집단류는 수분포텐셜의 차이로 물 분자가 집단으로 이동하는 것인데 이는 대류현상으로 분자가 전반적으로 골고루 퍼져가는 확산과는 대비되는 개념이다.

36 토양 구조에 대한 설명으로 옳은 것은?

① 판상구조는 배수와 통기성이 양호하며 뿌리의 발달이 원활한 심층토에서 주로 발달한다.

② 주상 구조는 모재의 특성을 그대로 간직하고 있는 것이 특징이며, 물이나 빙하의 아래에 위치하기도 한다.

③ 괴상 구조는 건조 또는 반건조지역의 심층토에 주로 지표면과 수직인 형태로 발달한다.

④ 구상 구조는 주로 유기물이 많은 표층토에서 발달한다.

> **해설**
> 구상구조는 입상구조라 하며 주로 유기물이 많은 표층토에서 발달하고 입단이 구상을 나타낸다.

37 다음 중 토양유실예측공식에 포함되지 않는 것은?

① 토양관리인자　② 강우인자
③ 평지인자　④ 작부인자

> **해설**
> 토양유실예측 공식은 < 유실량 = 강우×토양침식성×경사도×작부×보전관리 > 이다.

38 이 성분을 많이 흡수한 벼는 도복과 도열병에 강해지고 증수의 효과가 있다. 이 원소는?

① Ca　② Si
③ Mg　④ Mn

> **해설**
> 규산(Si)은 화곡류의 저항성을 높이는데 도움을 주는데 벼에 있어 도열병에 대한 저항성을 키워주고 잎을 곧게 지지하도록 도와준다.

39 Kaolinite에 대한 설명으로 틀린 것은?

① 동형치환이 거의 일어나지 않는다.

② 다른 층상의 규산염광물들에 비하여 상당히 적은 음전하를 가진다.

③ 1 : 1층들 사이의 표면이 노출되지 않기 때문에 작은 비표면적을 가진다.

④ 우리나라 토양에서는 나타나지 않는 점토광물이다.

> **해설**
> 우리나라의 토양은 kaolinite 점토가 대부분이다.

40 대표적인 혼층형 광물로서 2 : 1 : 1 의 비팽창형 광물은?

① chlorite　② vermiculite
③ illite　④ montmorillonite

> **해설**
> chlorite 는 혼합형광물로 2:1:1 형의 비팽창형 광물이다.

41 친환경농축산물의 분류에 속하는 것은?

① 천연농산물　② 무공해농산물
③ 바이오농산물　④ 무농약농산물

> **해설**
> 친환경농산물은 친환경농업을 통해 얻은 것으로 유기농산물, 유기축산물 및 유기임산물, 무농약농산물, 무항생제축산물이 있다.

42 퇴비제조 과정에서 재료가 거무스름하고 불쾌한 냄새가 나는 이유에 해당되는 것은?

① 퇴비더미 구조와 통기가 거의 희박하기 때문이다.

② C/N율이 높기 때문이다.

③ 퇴비재료가 건조하기 때문이다.

④ 퇴비재료가 잘 섞였기 때문이다.

> **해설**
> 퇴비더미의 색이 어둡고 냄새가 나는 경우 통기가 희박하여 산소의 공급이 원활하지 않기 때문이다.

43 초생재배의 장점이 아닌 것은?

① 토양의 단립화 ② 토양침식 방지
③ 제초노력 경감 ④ 지력증진

해설

초생재배를 하면 토양의 지력이 증진하면서 입단화가 이루어진다.

44 무경운의 장점으로 옳지 않은 것은?

① 토양구조 개선
② 토양유기물 유지
③ 토양생명체 활동에 도움
④ 토양침식 증가

해설

무경운의 장점 중 하나로 토양의 침식은 감소 및 방지된다.

45 시설의 일반적인 피복방법이 아닌 것은?

① 외면피복 ② 커튼피복
③ 원피복 ④ 다중피복

해설

시설의 피복에는 다중피복(이중피복), 외면피복, 커튼피복 등이 있다.

46 유기축산물에서 축사조건에 해당 되지 않는 것은?

① 공기순화, 온·습도, 먼지 및 가스농도가 가축건강에 유해하지 아니한 수준 이내로 유지 되어야 할 것
② 충분한 자연환기와 햇빛이 제공될 수 있을 것
③ 건축물은 적절한 단열·환기 시설을 갖출 것
④ 사료와 음수는 거리를 둘 것

해설

사료와 음수는 접근이 용이해야 한다.

47 다음은 토양의 유기물 함량을 증가시키는 방법이다. 내용이 틀린 것은?

① 퇴비사용 : 대단히 효과적인 유기물 함량 유지 증진방법이다.
② 윤작체계 : 토양유기물을 공급할 수 있는 작물을 재배해야 한다.
③ 식물 잔재 잔류 : 재배포장에 남겨두어 유기물 자원으로 이용한다.
④ 유기축분의 사용 : 질소함량이 낮아 분해속도를 촉진시킨다.

해설

유기축분은 질소함량이 높아 분해속도를 촉진시킨다.

48 다음은 유기농업의 병해충 제어법 중 경종적 방제법이다. 내용이 틀린 것은?

① 품종의 선택 : 병충해 저항성이 높은 품종을 선택하여 재배하는 것이 중요하다.
② 윤작 : 해충의 밀도를 크게 낮추어 토양전염병을 경감시킬 수 있다.
③ 시비법 개선 : 최적시비는 작물체의 건강성을 향상시켜 병충해에 대한 저항성을 높인다.
④ 생육기의 조절 : 밀의 수확기를 늦추면 녹병의 피해가 적어진다.

해설

밀의 수확기를 늦추면 녹병의 피해가 늘어난다.

49 유기사료를 가장 바르게 설명한 것은?

① 비식용유기가공품 인증기준에 맞게 재배
· 생산된 사료를 말한다.
② 배합사료를 구성하는 사료로 사료의 맛을
좋게 하는 첨가사료이다.
③ 혼합사료를 만드는 보조사료이다.
④ 혼합사료의 혼합이 잘 되게 하는 첨가제이
다.

해설
유기사료는 비식용유기가공품 인증기준에 맞게
재배, 생산된 사료이다.

50 유기배합사료 제조용 물질 중 단미사료의 곡물부산물(강피류)에 포함되지 않는 것은?

① 쌀겨   ② 옥수수피
③ 타피오카   ④ 곡쇄류

해설
타피오카는 단미사료에서 근괴류에 해당한다.

51 농업환경의 오염 경로로 틀린 것은?

① 화학비료 과다사용
② 합성농약 과다사용
③ 집약적인 축산
④ 퇴비사용

해설
퇴비는 토양에 양분을 보급해주기에 오염 경로는
아니다.

52 다음 중 배 품종명은?

① 후지   ② 신고
③ 홍옥   ④ 델리셔스

해설
보기의 후지, 홍옥, 델리셔스는 사과의 품종명이
다.

53 유기농업 벼농사에서 이삭의 등숙립(쯽熟粒)이 몇 % 이상일 때 벼를 수확해야 하는가?

① 100%   ② 90%
③ 80%   ④ 70%

해설
벼 이삭의 등숙립이 90% 이상 일 때 수확하는게
좋다.

54 유기농업의 목표가 아닌 것은?

① 농가단위에서 유래되는 유기성 재생자원
의 최대한 이용
② 인간과 자원에 적절한 보상을 제공하기 위
한 인공조절
③ 적정 수준의 작물과 인간영양
④ 적장 수준의 축산 수량과 인간영양

해설
유기농업의 목표에서 적절한 보상 제공 및 인공조
절은 포함되지 않는다.

55 다음 중 붕소의 일반적인 결핍증이 아닌 것은?

① 사탕무의 속썩음병
② 셀러리의 줄기쪼김병
③ 사과의 적진병
④ 담배의 끝마름병

해설
사과의 적진병은 망간의 과잉으로 나타나는 증상
중 하나이다.

56 인과류에 속하는 과수는?

① 비파   ② 살구
③ 호두   ④ 귤

해설
인과류에는 사과, 배, 비파 등이 있다.

57 퇴비화 과정에서 숙성단계의 특징이 아닌 것은?

① 퇴비더미는 무기물과 부식산, 항생물질로 구성된다.
② 붉은두엄벌레와 그 밖의 토양생물이 퇴비더미 내에서 서식하기 시작한다.
③ 장기간 보관하게 되면 비료로써의 가치는 떨어지지만, 토양개량제로써의 능력은 향상된다.
④ 발열과정에서보다 많은 양의 수분을 요구한다.

해설
퇴비화 과정을 보면 초기에 50~60% 정도이며 후반부로 갈수록 요구되는 수분이 점점 줄어든다. 그래서 숙성단계에서는 발열과정보다 적은 양의 수분이 요구된다.

58 다음 중 적산온도가 가장 높은 작물은?

① 벼   ② 담배
③ 메밀   ④ 조

해설
작물별로 적산온도의 경우 감자는 1300~3000℃, 추파맥류는 1700~2300℃, 완두는 2100~2800℃, 콩은 2500~3000℃, 담배는 3200~3600℃ 벼는 3500~4500℃ 정도로 벼가 가장 높다.

59 벼 생육의 최적 온도는?

① 25~28℃   ② 30~32℃
③ 35~38℃   ④ 40℃ 이상

해설
벼의 생육 최적온도는 30~32℃ 이다.

60 작물이나 과수의 순지르기 효과가 아닌 것은?

① 생장을 억제시킨다.
② 곁가지의 발생을 많게 한다.
③ 개화나 착과수를 적게 한다.
④ 목화나 두류에서도 효과가 있다.

해설
순지르기(적심)은 성장과 결실을 조절하기 위해 식물의 눈이나 생장점을 따내는 작업인데 이를 통해 개화나 착과수를 많게 한다.

※ 답안카드 작성시 시험문제지 형별누락, 마킹착오로 인한 불이익은 전적으로 수험자의 귀책사유임을 알려드립니다.
** 본문제는 수검자의 생각에 의한 것으로 실제 문제와 약간 다를 수 있음.

01 비료를 만들어진 원료에 따라 분류한 것이다. 다음 중 틀린 것은?

① 식물성 비료 : 퇴비, 구비
② 무기질 비료 : 요소, 염화칼륨
③ 동물성 비료 : 어분, 골분
④ 인산질 비료 : 유안, 초안

해설
유안과 초안은 질소질 비료에 해당한다.

02 토양의 노후답의 특징이 아닌 것은?

① 작토 환원층에서 칼슘이 많을 때에는 벼뿌리가 적갈색인 산화칼슘의 두꺼운 피막을 형성한다.
② Fe, Mn, K, Ca, Mg, Si, P 등이 작토에서 용탈되어 결핍된 논토양이다.
③ 담수 하의 작토의 환원층에서 철분, 망간이 환원되어 녹기 쉬운 형태로 된다.
④ 담수 하의 작토의 환원층에서 황산염이 환원되어 황화수소가 생성된다.

해설
노후답은 노후화 현상이 발생한 논토양으로 철분, 망간, 칼슘, 마그네슘 등의 주요 양분이 용탈하였기 때문에 칼슘이 많지 않다.

03 진딧물 피해를 입고 있는 고추밭에 꽃등에를 이용해서 방제하는 방법은?

① 경종적 방제법
② 물리적 방제법
③ 화학적 방제법
④ 생물학적 방제법

해설
천적을 이용하는 것은 생물학적 방제법이다.

04 재배식물의 기원을 식물종의 유전자중심설로 구명한 학자는?

① De Candolle
② Liebig
③ Mendel
④ Vavilov

해설
바빌로프(Vavilov)는 작물의 원산지에 관련하여 유전자중심지설(gene center theory)을 제기하였다.

05 오존(O_3) 발생의 가장 큰 원인이 되는 물질은?

① CO_2
② HF
③ NO_2
④ SO_2

해설
오존은 NO_2가 자외선 하에서 광산화되어 생성된다.

06 작물의 내습성에 관여하는 요인에 대한 설명으로 틀린 것은?

① 근계가 얕게 발달하거나, 습해를 받았을 때 부정근의 발생력이 큰 것은 내습성이 약하다.
② 뿌리조직이 목화한 것은 환원성 유해물질의 침입을 막아서 내습성을 강하게 한다.
③ 벼는 밭작물인 보리에 비해 잎, 줄기, 뿌리에 통기계가 발달하여 담수조건에서도 뿌리로의 산소공급능력이 뛰어나다.
④ 뿌리가 황화수소, 아산화철 등에 대하여 저항성이 큰 것은 내습성이 강하다.

해설
내습성이 큰 작물의 특징으로 근계가 얕게 발달하거나, 습해를 받을 경우 부정근의 발생력이 크다.

07 다음 중 작물의 기원지가 중국인 것은?

① 쑥갓 　　　　② 호박

③ 가지 　　　　④ 순무

> **해설**
> 작물의 기원지가 중국인 것으로 상추, 오이, 쑥갓 등이 있다.

08 식물의 화성유도에 있어서 주요 요인이 아닌 것은?

① 식물호르몬 　　② 영양상태

③ 수분 　　　　④ 광

> **해설**
> 식물의 화성유도에 영향을 주는 주요 인자로 식물호르몬, 양분, 광, 온도 등이 있다.

09 작물생육 필수원소에 해당하는 것은?

① Al 　　　　② Zn

③ Na 　　　　④ Co

> **해설**
> 작물생육에 필수원소로 다량원소에는 탄소, 수소, 산소, 질소, 칼륨, 칼슘, 마그네슘, 인, 황이 있으며 미량원소에는 염소, 철, 망간, 붕소, 아연, 구리, 몰리브덴이 있다.

10 다음 중 도복방지에 효과적인 원소는?

① 질소 　　　　② 마그네슘

③ 인 　　　　④ 아연

> **해설**
> 보기 중에서는 인(P)이 작물의 뿌리 신장을 촉진하고 줄기를 강하게 하면도 도복이 방지된다.

11 토양의 3상과 거리가 먼 것은?

① 토양입자 　　② 물

③ 공기 　　　　④ 미생물

> **해설**
> 토양의 3상은 고상, 기상, 액상을 의미하며 고상은 토양입자, 기상은 토양공기, 액상은 토양수분을 의미한다.

12 작물의 내동성에 대한 생리적인 요인으로 옳은 것은?

① 원형질의 수분투과성이 큰 것이 내동성을 감소시킨다.

② 원형질의 친수성 콜로이드가 많으면 내동성이 감소한다.

③ 전분함량이 많으면 내동성이 증대한다.

④ 원형질단백질에 –SH기가 많은 것은 –SS기가 많은 것보다 내동성이 높다.

> **해설**
> 원형단백질이 많을수록 내동성은 증가하며 단백질 중에 –SS 기 보다 –SH 기가 많은 것이 내동성 증가에 유리하다.

13 재배환경에 따른 이산화탄소의 농도 분포에 관한 설명으로 틀린 것은?

① 식생이 무성한 곳의 이산화탄소 농도는 여름보다 겨울이 높다.

② 식생이 무성하면 지표면이 상층면보다 낮다.

③ 미숙 유기물사용으로 탄소농도는 증가한다.

④ 식생이 무성한 지표에서 떨어진 공기층은 이산화탄소 농도가 낮아진다.

> **해설**
> 식생이 무성하면 뿌리의 호흡이 왕성하고 바람을 막아 지면에 가까운 공기층의 이산화탄소 농도를 높게 하나 지표에서 떨어진 공기층은 잎의 왕성한 광합성 때문에 이산화탄소 농도가 낮아진다.

14 토양 중 유기물 사용 시 질소기아현상이 가장 많이 나타날 수 있는 조건은?

① 탄질률 1~5 　　② 탄질률 5~10

③ 탄질률 10~20 　　④ 탄질률 30이상

> **해설**
> C/N 율이 30 이상이면 질소가 부족하여 질소기아현상이 발생할 수 있다.

15 도복의 유발요인으로 거리가 먼 것은?

① 밀식 ② 품종
③ 병충해 ④ 배수

해설

도복의 유발요인에는 바람 등 기상적 요인, 질소 성분의 과잉 흡수, 과도한 밀식, 근계발달 불량, 도복에 취약한 품종 등이 있다.

16 다음 중 밭에서 한해를 줄일 수 있는 재배적 방법으로 틀린 것은?

① 뿌림골을 높게 한다.
② 재식밀도를 성기게 한다.
③ 질소를 적게 준다.
④ 내건성 품종을 재배한다.

해설

한해를 방지하기 위한 대책 중 뿌림골은 낮게 해주는 것이 좋다.

17 대기의 주요 성분 중 농도가 5~10% 이하 또는 90% 이상이면 호흡에 지장을 초래하는 성분은?

① N_2 ② O_2
③ CO ④ CO_2

해설

작물 재배상 산소농도가 5~10% 이하 또는 90% 이상이면 호흡에 지장을 초래한다.

18 토양의 유효수분 범위로 옳은 것은?

① 포장용수량 ~ 초기위조점
② 포장용수량 ~ 영구위조점
③ 최대용수량 ~ 초기위조점
④ 최대용수량 ~ 영구위조점

해설

유효수분은 포장용수량~영구위조점까지 pF 2.7 ~ 4.2 정도이다.

19 작물의 생존연한에 따른 분류로 틀린 것은?

① 1년생작물 ② 2년생작물
③ 월년생작물 ④ 3년생작물

해설

작물의 생태적 분류 중 생존연한은 1년생, 2년생, 다년생으로 분류된다.

20 배수의 효과로 틀린 것은?

① 습해와 수해를 방지한다.
② 토양의 성질을 개선하여 작물의 생육을 촉진한다.
③ 경지 이용도를 낮게 한다.
④ 농작업을 용이하게 하고, 기계화를 촉진한다.

해설

원활한 배수를 통해 습해 및 수해를 막을 수 있고 다모작을 가능하게 하여 경지의 이용도를 높인다.

21 토양침식에 가장 큰 영향을 끼치는 인자는?

① 강우 ② 온도
③ 눈 ④ 바람

해설

토양의 침식에 영향을 주는 요인에는 바람이나 강우와 같은 기상조건, 경사 및 토양조건에 따른 지형, 식물의 종류 및 밀도 등이 있는데 여기서 가장 큰 영향을 주는 요인에는 강우가 되겠다.

22 개간지 미숙 밭토양의 개량 방법과 가장 거리가 먼 것은?

① 유기물 증시 ② 석회 증시
③ 인산 증시 ④ 철, 아연 증시

해설

개간지 토양의 개선을 위해 작토층 증대, 석회물질 및 인산질 비료 사용 등이 필요하다.

23 다음 중 다면체를 이루고 그 각도는 비교적 둥글며, 밭 토양과 산림의 하층토에 많이 분포하는 토양구조는?

① 입상　　　　② 괴상
③ 과립상　　　④ 판상

해설

괴상은 입단의 모양은 불규칙하나 대개 6면체로 되어 있고 토양의 심토층(하층토)에 주로 발달한다.

24 토양 내 세균에 대한 설명으로 틀린 것은?

① 생명체로서 가장 원시적인 형태이다.
② 단순한 대사작용에 관여하고 있다.
③ 물질순환작용에서 핵심적인 역할을 한다.
④ 식물에 병을 일으키기도 한다.

해설

토양의 세균은 유익작용과 유해작용 등 다양한 작용에 관여를 한다.

25 토양미생물 중 자급영양세균에 해당되지 않는 세균은?

① 질산화성균　　② 황세균
③ 철세균　　　　④ 암모니아화성균

해설

암모니아화성균은 타급영양세균에 해당한다.

26 우리나라 밭 토양의 특성으로 틀린 것은?

① 곡간지나 산록지와 같은 경사지에 많이 분포되어 있다.
② 세립질과 역질토양이 많다.
③ 저위 생산성인 토양이 많다.
④ 토양화학성이 양호하다.

해설

국내의 밭토양은 토양화학성이 불량하다.

27 다른 생물과 공생하여 공중질소를 고정하는 토양세균은?

① 아조토박터(*Azotobacter*)속
② 클로스트리디움(*Clostridium*)속
③ 리조비움(*Rhizobium*)속
④ 바실러스(*Bacillus*)속

해설

리조비움(*Rhizobium*)은 콩과 식물 등에서 근류를 형성하는데 다른 생물과 공생하여 질소를 고정한다.

28 다음 중 공극량이 가장 적은 토양은?

① 용적밀도가 높은 토양
② 수분이 많은 토양
③ 공기가 많은 토양
④ 경도가 낮은 토양

해설

용적밀도(가비중)가 크면 클수록 공극율은 작아지게 된다.

29 15° 이상인 경사지의 토양보전 방법으로 옳은 것은?

① 등고선 재배　　② 계단식 개간
③ 초생대 설치　　④ 승수로 설치

해설

경사가 15° 이상인 경사지에서는 계단식 개간을 통해 토양 유실을 방지한다.

30 (   ) 안에 알맞은 내용은?

> 풍화물이 중력으로 말미암아 경사지에
> 서 미끄러 내려져 된 것이 (   )이다.

① 잔적토   ② 수적토
③ 붕적토   ④ 선상퇴토

해설

붕적토는 토양 모재가 중력에 의해 경사지에서 미끄러져 퇴적된 것이다.

31 토양단면의 골격을 이루는 기본토층 중 무기물 층은?

① O층   ② E층
③ C층   ④ A층

해설

토양단면에서 A층은 용탈층이라 하여 부식된 유기물 및 광물질이 있는 층이다.

32 화강암의 화학적 조성을 분석하였다. 가장 많은 무기성분은?

① 산화철   ② 반토
③ 규산   ④ 석회

해설

화강암에는 규산이 66% 이상 함유되어 있다

33 밭토양의 유형별 분류에 속하지 않는 것은?

① 고원밭   ② 미숙밭
③ 특이중성밭   ④ 화산회밭

해설

밭토양의 유형으로 보통밭, 사질밭, 미숙밭, 중점밭, 고원밭, 화산회밭이 있다.

34 시설재배 토양의 연작장해에 대한 피해 내용이 아닌 것은?

① 토양 이화학성의 악화
② 답전윤환
③ 선충피해
④ 토양 전염성병균

해설

답전윤환은 논상태와 밭상태로 몇 해씩 돌려가면서 벼와 작물을 재배하는 방식을 말한다.

35 토양을 구성하는 주요 점토광물은 결정격자형에 따라 그 형태가 다르다. 다음 중 1 : 1형(비팽창형)에 속하는 점토 광물은?

① illite   ② montmorillonite
③ kaolinite   ④ vermiculite

해설

카올나이트(kaolinite)는 1 : 1 격자형 점토광물이며 그 조직이 단단하여 비팽창형이다.

36 인산의 고정에 해당되지 않은 것은?

① Fe–P 인산염으로 침전에 의한 고정
② 중성토양에 의한 고정
③ 점토광물에 의한 고정
④ 교질상 Al에 의한 고정

해설

중성토양에서는 흡착광물 표면의 양전하가 감소하여 인산의 흡착이 감소한다.

37 물감의 색소, 직물이나 피혁 공장의 폐기수 등에 함유되어 있는 토양오염 물질로 밭상태에서 보다는 논상태에서 해작용이 큰 물질은?

① 비소　　　　② 시안
③ 페놀　　　　④ 아연

> **해설**
> 비소는 직물이나 피혁공장의 폐기수에 함유되어 있어 토양을 오염시키기도 하는데 논이나 밭에 피해를 많이 주며 특히 논에 더 큰 피해를 준다. 논은 담수상태라 환원되면서 독성이 높아지게 된다.

38 식물영양성분인 철(Fe)의 유효도에 대한 설명으로 옳은 것은?

① 중성에서 가장 높다.
② 염기성일수록 높다.
③ pH와는 무관하다.
④ 산성에서 높다.

> **해설**
> 철, 아연, 구리 등은 산성토양의 조건에서 유효도가 높다.

39 다음 산화환원전위의 설명 중 옳은 것은?

① 산화반응은 전자를 얻는 반응이다.
② 산화반응과 환원반응은 동시에 일어난다.
③ 산화환원전위의 기준 반응은 수소와 산소가 물이 되는 반응이다.
④ 산화환원반응의 단위는 dS m^{-1}이다.

> **해설**
> 화학 반응 시 어떤 물질이 전자를 잃어 산화하면 다른 물질은 전자를 얻는 동시성을 가진다. 이때 이러한 물질들이 산화 및 환원 하려는 세기를 산화환원전위라 한다.

40 다음 중 점토가 가장 많이 들어 있는 토양은?

① 식양토　　　　② 식토
③ 양토　　　　④ 사양토

> **해설**
> 식토는 점토 함량 50% 이상으로 가장 많이 차지하고 있다.

41 볍씨 소독으로 방제하기 곤란한 병은?

① 잎집무늬마름병　② 깨씨무늬병
③ 키다리병　　　　④ 도열병

> **해설**
> 잎집무늬마름병은 균핵이 땅위에서 월동하기에 종자 소독으로 방제가 어렵다.

42 다음 중 유기농업이 소비자의 관심을 끄는 주된 이유는?

① 모양이 좋기 때문에
② 안전한 농산물이기 때문에
③ 가격이 저렴하기 때문에
④ 사시사철 이용할 수 있기 때문에

> **해설**
> 유기농업이 소비자 관심을 끄는 것은 안전하고 친환경적인 농산물이기 때문이다.

43 유기농산물의 토양개량과 작물생육을 위하여 사용이 가능한 물질이 아닌 것은?

① 지렁이 또는 곤충으로부터 온 부식토
② 사람의 배설물
③ 화학공장 부산물로 만든 비료
④ 석회석 등 자연에서 유래한 탄산칼슘

> **해설**
> 화학공장 부산물의 경우 토양개량 및 작물생육에 사용할 수 있는 자재 범위에 포함되지 않는다.

44 다음 중 농장동물의 생명유지와 생산활동에 영향을 미치는 생활환경 요인으로 가장 거리가 먼 것은?

① 온도, 습도 등 열환경 인자
② 품종, 혈통 등 유전정보
③ 빛, 소리 등 물리적 환경 인자
④ 공기, 산소 등 화학적 환경 인자

해설
품종, 혈통 등은 생활환경 요인이 아닌 유전적 요인에 해당한다.

45 유기 벼 종자의 발아에 필수 조건이 아닌 것은?

① 산소   ② 온도
③ 광선   ④ 수분

해설
화곡류의 대부분, 콩과작물의 대부분은 광무관계 종자로 벼 종자의 발아에 광선은 필수조건이 아니다.

46 우리나라가 지정한 제1종 가축전염병이 아닌 것은?

① 구제역
② 돼지열병
③ 브루셀라병
④ 고병원성조류인플루엔자

해설
브루셀라병은 2종 법정전염병으로 분류되어 있다.

47 녹비작물이 갖추어야 할 조건으로 틀린 것은?

① 생육이 왕성하고 재배가 쉬워야 한다.
② 천근성으로 상층의 양분을 이용할 수 있어야 한다.
③ 비료성분의 함유량이 높으며, 유리질소고정력이 강해야 한다.
④ 줄기, 잎이 유연하여 토양 중에서 분해가 빠른 것이어야 한다.

해설
심근성으로 하층의 양분을 작토층으로 끌어올릴 수 있어야 한다.

48 [보기]는 유기축산과 관련된 기술이다. 이 중 맞는 것은 모두 몇 개항인가?

[보기]
(1) 가축복지를 고려해야 한다.
(2) 가능하면 자연교배를 한다.
(3) 내병성 가축을 사육한다.
(4) 약초를 이용하여 치료를 할 수 있다.

① 한 개   ② 두 개
③ 세 개   ④ 네 개

해설
유기축산은 자유로운 방사, 스트레스 관리, 질병 및 치료관리, 건강과 복지관리 등을 하여야 한다.

49 다음 중 전환기간을 거쳐 유기가축으로 생산하고자 하는데 전환기간으로 옳지 않은 것은?

① 육우 송아지식육의 경우 6개월령 미만의 송아지 입식 후 6개월

② 젖소 시유의 경우 착육우는 90일

③ 식육 오리의 경우 입식 후 출하 시까지(최소 6주)

④ 돼지 식육의 경우 입식 후 출사 시까지(최소 3개월)

해설

돼지식육의 경우 입식 후 출하시까지 최소 5개월을 기준으로 한다.

50 유기농업에서의 병해충 방제를 위한 방법으로써 가장 거리가 먼 것은?

① 저항성품종 이용

② 화학합성농약 이용

③ 천적 이용

④ 담뱃잎 추출액 사용

해설

유기농업에서 병해충 방제시 화학합성농약의 사용을 하지 않는다.

51 다음 중 경사지의 토양 유실을 줄이기 위한 재배방법 중 가장 적당하지 않은 것은?

① 등고선 재배   ② 초생대 재배

③ 부초 재배   ④ 경운 재배

해설

경운을 실시 할 경우 토양 유실이 늘어날 수 있다.

52 친환경농수산물로 인증된 종류와 명칭에 포함되지 않는 것은?

① 유기농수산물

② 무농약농산물

③ 무항생제축산물

④ 고품질천연농산물

해설

친환경농산물은 친환경농업을 통해 얻은 것으로 유기농산물, 유기축산물 및 유기임산물, 무농약농산물, 무항생제축산물이 있다.

53 유기배합사료 제조용 보조사료 중 완충제에 속하지 않는 것은?

① 벤토나이트

② 산화마그네슘

③ 중조

④ 산화마그네슘혼합물

해설

배합사료의 완충제로 중조, 산화마그네슘 및 산화마그네슘혼합물이 있다.

54 병해충 관리를 위하여 사용할 수 있는 물질이 아닌 것은?

① 데리스   ② 중조

③ 제충국   ④ 젤라틴

해설

중조는 배합사료의 완충제이다.

55 다음 중 (가), (나), (다), (라)의 알맞은 내용은?

> - 조생종은 생육기간이 (가).
> - 만생종은 생육기간이 (나).
> - 조생종은 감광성에 비하여 감온성이 상대적으로 (다).
> - 만생종은 감온성보다 감광성이 (라).

① (가) 길다, (나) 짧다, (다) 작다, (라) 작다
② (가) 길다, (나) 길다, (다) 크다, (라) 작다
③ (가) 짧다, (나) 길다, (다) 크다, (라) 크다
④ (가) 짧다, (나) 길다, (다) 작다, (라) 작다

해설
조생종은 일찍 성숙하여 수확시기가 빠른 품종으로 생육기간이 짧다. 만생종은 늦게 성숙하고 수확시기가 늦은 품종으로 생육기간이 길다. 조생종은 감온형 작물로 감광성에 비해 감온성이 상대적으로 크다. 만생종은 감광형 작물로 감온성보다 감광성이 크다.

56 다음 중 여러 개의 품종이나 계통을 교배하는 방법은?

① 다계교배 　　　② 순계선발
③ 돌연변이 　　　④ 배수성육종

해설
다계교배(다계교잡)은 많은 계통 간 잡종을 만드는 것으로 A×B×C×D×E×F 로 표현할 수 있다.

57 벼가 영년 연작이 가능한 이유로 가장 옳은 것은?

① 생육기간이 짧기 때문에
② 담수조건에서 재배하기 때문에
③ 연작에 견디는 품종적 특성 때문에
④ 다양한 종류의 비료를 사용하기 때문에

해설
벼가 영년 연작이 가능한 것은 담수조건에서 재배하면서 충분한 수분공급, 비료 성분의 공급, 온도조절, 병해충 경감 등의 다양한 효과가 있기 때문이다.

58 지붕형 온실과 아치형 온실을 비교 설명한 것 중 틀린 것은?

① 적설시 지붕형이 아치형보다 유리하다.
② 광선의 유입은 지붕형이 아치형보다 많다.
③ 재료비는 지붕형이 아치형보다 많이 소요된다.
④ 천창의 환기능력은 지붕형이 아치형보다 높다.

해설
광선의 유입은 아치형이 지붕형보다 많다.

59 화본과 목초의 첫 번째 예취 적기는?

① 분얼기 이전 　　② 분얼기~수잉기
③ 수잉기~출수기 　④ 출수기 이후

해설
첫 번째 화본과 목초의 예취 적기는 이삭이 패기 직전부터 꽃피는 시기 직전까지이다. 목초의 예취 횟수는 평균적으로 연간 3~5회 정도로 한다.

60 우량 품종의 구비조건이 아닌 것은?

① 조산성 　　　　② 균일성
③ 우수성 　　　　④ 영속성

해설
우량 품종의 구비조건으로 신규성, 구별성, 균일성, 우수성, 영속성이 있다.

2016년 제2회 필기 기출문제			수험번호	성명
자격종목 **유기농업기능사**		시험시간 **1시간**	시험유형	

※ 답안카드 작성시 시험문제지 형별누락, 마킹착오로 인한 불이익은 전적으로 수험자의 귀책사유임을 알려드립니다.
** 본문제는 수검자의 생각에 의한 것으로 실제 문제와 약간 다를 수 있음.

01 <다음>에서 설명한 것은?

> **<다음>**
> · 단백질, 아미노산, 효소 등의 구성성분으로, 엽록소의 형성에 관여한다.
> · 체내 이동성이 낮다.
> · 결핍증세는 새 조직에서 먼저 나타난다.

① Fe
② Mg
③ Mn
④ S

해설

황은 단백질, 아미노산, 비타민의 구성성분으로 식물의 생리작용에 관여한다. 칼슘, 붕소 등과 같이 식물 체내 이동성이 낮아 결핍증세가 새 조직에서 먼저 나타나는데 엽록소의 형성이 억제된다.

02 다음 중 카드뮴 중금속에 내성이 가장 작은 것은?

① 콩
② 밭벼
③ 옥수수
④ 밀

해설

카드뮴에 대한 내성은 콩, 참깨 등이 작은 것으로 나타났다.

03 다음 중 유료작물이면서 섬유작물인 것은?

① 아마
② 감자
③ 호프
④ 녹두

해설

아마는 방직용으로 활용되는 섬유작물이며 기름을 채취하는 유료작물로도 활용된다.

04 산성토양에 가장 약한 작물은?

① 땅콩
② 알파파
③ 봄무
④ 수박

해설

산성토양에 약한 작물로 콩, 파, 가지, 알파파, 시금치 등이 있다.

05 다음 중 (가), (나), (다)에 알맞은 내용은?

> · 옥수수, 수수 등을 재배하면 잡초가 크게 경감되는데 이를 (가)이라고 한다.
> · 작부체계에서 휴한하는 대신 클로버와 같은 콩과식물을 재배하면 지력이 좋아지는 데, 이를 (나)이라고 한다.
> · 조, 피, 기장 등은 기후가 불순한 흉년에도 비교적 안전한 수확을 얻을 수 있는데, 이를 (다)이라고 한다.

① (가) 중경작물, (나) 휴한작물, (다) 구황작물
② (가) 대파작물, (나) 중경작물, (다) 휴한작물
③ (가) 휴한작물, (나) 대파작물, (다) 중경작물
④ (가) 중경작물, (나) 구황작물, (다) 휴한작물

해설

옥수수나 수수와 같이 중경을 해주는 작물을 중경작물이라 하고 잡초가 많이 경감된다. 휴한작물은 휴한하는 대신 작물을 심어 지력을 좋게해주는 것으로 클로버 및 콩과작물이 여기에 해당한다. 구황작물은 불리한 환경(흉년)에 수확량이 상당한 작물로 조, 피, 감자, 옥수수 등이 있다.

정답 01 ④ 02 ① 03 ① 04 ② 05 ①

06 냉해에 대한 설명으로 틀린 것은?

① 물질의 동화와 전류가 저해된다.

② 암모니아의 축적이 적어진다.

③ 질소, 인산, 칼리, 규산, 마그네슘 등의 양분 흡수가 저해된다.

④ 원형질유동이 감퇴·정지하여 모든 대사기능이 저해된다.

해설

냉온 발생시 수분과 양분의 흡수 기능이 감퇴되어 식물의 동화작용과 생육에 저해되고 유해한 암모니아성 물질이 축적된다.

07 다음 중 인과류인 것은?

① 자두　　　　② 양앵두

③ 무화과　　　④ 비파

해설

인과류에는 사과, 배, 비파 등이 있다.

08 다음 중 하고현상의 대책으로 틀린 것은?

① 관개

② 혼파

③ 약한 정도의 방목

④ 북방형 목초의 봄철 생산량 증대

해설

하고현상의 대책으로 스프링플러시 억제, 관개, 우량초종 선택, 혼파, 약한 정도의 방목 및 채초 등이 있다.

09 다음 중 최저온도가 1~2℃인 작물은?

① 벼　　　　　② 완두

③ 담배　　　　④ 오이

해설

완두의 최저온도는 1~2℃, 최적온도 30℃, 최고온도 35℃ 이다.

10 다음 중 토성을 구분하는 기준은?

① 모래와 물의 함량비율

② 부식의 함량비율

③ 모래, 부식, 점토, 석회의 함량비율

④ 모래, 미사, 점토의 함량비율

해설

토성은 모래(미사, 조사), 점토 함량을 기준으로 분류한다.

11 다음 비료 중 화학적, 생리적 반응이 모두 염기성인 것은?

① 유안　　　　② 황산가리

③ 과인산석회　④ 용성인비

해설

용성인비는 인산질비료로 화학적 반응에 따라 염기성 비료로 분류되며 생리적 반응에서도 생리적 염기성비료로 분류된다.

12 다음 중 요수량이 가장 작은 것은?

① 호박　　　　② 완두

③ 클로버　　　④ 수수

해설

요수량이 적은 식물로 수수, 기장, 옥수수 등이 있다.

13 광합성의 반응식으로 옳은 것은?

① $3CO_2 + 12H_2O \rightarrow C_6H_{12}O_6 + 6H_2O + 6CO_2$

② $6CO_2 + 12H_2O \rightarrow C_6H_{12}O_6 + 6H_2O + 6H_2S$

③ $6CO_2 + 12H_2O \rightarrow C_6H_{12}O_6 + 6H_2O + 6O_2$

④ $3CO_2 + 12H_2O \rightarrow C_6H_{12}O_6 + 6H_2O + 6H_2S$

해설

식물이 빛에너지를 이용하여 엽록체에서 CO_2와 물로부터 유기물을 합성하는 동화작용으로 반응식은 < $6CO_2 + 12H_2O \rightarrow C_6H_{12}O_6$(포도당) + $6H_2O + 6O_2$ >이다.

14 내건성에 강한 작물에 대한 특성으로 틀린 것은?

① 왜소하고 잎이 작다.

② 다육화의 경향이 있다.

③ 원형질막의 글리세린 투과성이 작다.

④ 탈수될 때 원형질의 응집이 덜하다.

해설

내건성 작물은 원형질막의 수분 및 글리세린의 투과성이 좋다.

15 다음 중 점토광물에 결합되어 있어 분리시킬 수 없는 수분은?

① 중력수　　　② 모관수

③ 흡습수　　　④ 결합수

해설

결합수는 토양이나 생체 속 등에서 강하게 결합되어서 쉽게 제거할 수 없는 물을 말한다.

16 다음 중 파종된 종자의 약 40%가 발아한 날을 무엇이라 하는가?

① 발아기　　　② 발아시

③ 발아전　　　④ 발아세

해설

발아기는 종자가 50%가 발아한 날을 말한다.

17 다음 중 이산화탄소의 일반적인 대기 조성의 함량은?

① 약 3.5ppm　　　② 약 35ppm

③ 약 350ppm　　　④ 약 3500ppm

해설

이산화탄소는 대기 조성에 약 0.03% 이므로 가장 근접된 함량은 약 350ppm 이다.

18 다음 중 여름에 온도가 높아져 논토양에 산소가 부족하여 SO_4가 황화수소로 환원되어 무기양분의 흡수장애가 일어나는데, 가장 크게 억제되는 순서부터 옳게 나열한 것은?

① 인 > 규소 > 망간 > 마그네슘

② 인 > 망간 > 규소 > 마그네슘

③ 마그네슘 > 망간 > 규소 > 인

④ 마그네슘 > 규소 > 망간 > 인

해설

논토양은 담수상태로 산소가 부족하여 SO_4가 황화수소로 환원되어 다른 무기양분들의 흡수장애를 일으키는데 K, P, Si, NH_4, Ca, Mg 순서로 방해를 받게 된다.

19 다음 중 작물의 기원지가 중국에 해당하는 것은?

① 수박　　　② 호박

③ 가지　　　④ 미나리

해설

작물의 기원지가 중국인 것으로 조, 메밀, 미나리 등이 있다.

20 C3식물과 C4식물의 차이에 대한 설명으로 틀린 것은?

① CO_2 보상점은 C3식물이 더 높다.

② 광합성산물 전류속도는 C4식물이 더 높다.

③ C3식물은 엽육세포가 발달되어 있다.

④ C3식물의 내건성이 상대적으로 더 높다.

해설

C4 식물의 내건성이 C3식물보다 강하다.

21 논토양이 환원상태로 되는 이유로 거리가 먼 것은?

① 물에 잠겨 있어 산소의 공급이 원활하지 않기 때문이다.
② 철·망간 등의 양분이 용탈되기 때문이다.
③ 미생물의 호흡 등으로 산소가 소모되고 산소공급이 잘 이루어지지 않기 때문이다.
④ 유기물의 분해과정에서 산소 소모가 많기 때문이다.

해설
산소를 잃거나 수소를 얻거나 전자를 얻으면 환원상태가 된다. 철이나 망간 등의 양분이 용탈된다고 하여 환원상태가 되는 것은 아니다.

22 다음 중 토양에 서식하며 토양으로부터 양분과 에너지원을 얻으며 특히 배설물이 토양입단 증가에 영향을 주는 것은?

① 사상균   ② 지렁이
③ 박테리아   ④ 방사상균

해설
지렁이는 토양의 유기물을 먹이로 하여 농작물에 유용한 분변토를 생산하는데 흙을 부드럽게 하고 작물의 뿌리를 건강하게 하는데 도움을 준다.

23 치환성염기(교환성 염기)로 볼 수 없는 것은?

① K^+ ② Ca^{++}
③ Mg^{++} ④ H^+

해설
토양 입자에 흡착되어 있는 양이온이 치환되는 경우 치환성양이온이라 하며 종류로 Ca^{2+}, Mg^{2+}, K^+, Na^+ 등이 있다.

24 산성토양을 개량하기 위한 물질과 가장 거리가 먼 것은?

① H_2CO_3 ② $MgCO_3$
③ CaO ④ MgO

해설
토양 중 탄산의 수소이온이 산성의 원인이 된다.

25 지렁이에 대한 설명으로 옳은 것은?

① spodosol토양에 개체수가 많다.
② 상대적으로 여름에 활동이 왕성하다.
③ 과습한 지역은 지렁이 개체수를 증가시킨다.
④ 거의 분해되지 않은 유기물의 시용은 개체수를 증가시킨다.

해설
지렁이는 토양에 유기물을 분해해서 토양을 비옥하게 만들어주는 생물인데 거의 분해되지 않은 유기물을 시용할 경우 지렁이의 개체수를 증가시킬수 있다

26 <다음>에서 설명하는 것은?

<다음>
• 배수와 통기성이 양호하며 뿌리의 발달이 원활한 심토층에서 주로 발달한다.
• 입단의 모양은 불규칙하지만 대개 6면체로 되어 있으며, 입단 간 거리가 5~50mm로 떨어져 있다.

① 원주상 구조   ② 판상 구조
③ 각주상 구조   ④ 괴상구조

해설
토양의 괴상구조는 배수와 통기성이 양호하고 뿌리의 발달이 원활한 심토층에 주로 발달된다. 입단의 모양은 불규칙하나 대개 6면체로 되어 있으며 덩어리의 외면 특성에 따라 각이 있으면 각괴라고 하며 각이 없으면 아각괴라 한다.

27 암모니아산화균에 해당하는 것은?

① Nitrosomonas ② Micromonospora

③ Nocardia ④ Streptomyces

해설

암모니아산화균에는 Nitrosomonas, Nitrosococcus, Nitrosospira 가 있다.

28 토양이 알칼리성을 나타낼 때 용해도가 높아져 작물의 과잉 흡수를 나타낼 수 있는 성분은?

① Mo ② Cu

③ Zn ④ H

해설

알칼리성 토양에 용해도가 높아 작물의 과잉 흡수가 일어날 수 있는 성분으로 붕소(B), 칼슘(Ca), 마그네슘(Mg), 인산(P), 몰리브덴(Mo) 등이 있다.

29 토양의 산화환원 전위 값으로 알 수 있는 것은?

① 토양의 공기유통과 배수상태

② 토양산성 개량에 필요한 석회소요량

③ 토양의 완충능

④ 토양의 양이온 흡착력

해설

토양의 산화환원전위 값을 통해 토양의 공기유통 및 배수상태를 알 수 있다.

30 토양 생물에 대한 설명으로 틀린 것은?

① 사상균은 1ha 당 생물체량이 1,000 ~ 15,000kg에 달한다.

② 원핵생물인 세균은 생명체로서 가장 원시적인 형태이다.

③ 조류는 유기물의 분해자로서 가장 중요하다.

④ 선충, 곰팡이 등이 있다.

해설

조류는 유기물의 생성, 공중질소의 고정, 산소의 공급등의 역할을 한다.

31 토양 미생물의 활동 조건에 대한 설명으로 틀린 것은?

① 방선균은 건조한 환경에서 포자를 만들어 잠복한다.

② 세균은 산성에 강하고, 곰팡이는 산성에서 약해진다.

③ 미생물 활동에 알맞은 pH는 대체로 7부근이다.

④ 대부분의 방선균은 호기성균이다.

해설

세균은 중성에서 생육이 양호하며 곰팡이는 광범위한 pH 조건에서도 잘 생육하며 산성토양에도 적응력이 좋다.

32 토양의 입경조성에 따른 토양의 분류를 뜻하는 것은?

① 토양의 화학성 ② 토성

③ 토양통 ④ 토양의 반응

해설

토성은 모래(미사, 조사), 점토 함량을 기준으로 분류한다.

33 다음 중 흐르는 물에 의하여 이동되어 퇴적된 모재는?

① 잔적모재 ② 붕적모재

③ 풍적모재 ④ 충적모재

해설

수적토(하성충적토)는 하수에 의해 퇴적된 것이다.

34 토양 pH가 4~7일 때 가장 많은 인산 형태는?

① PO_4^{3-} ② HPO_4^{2-}

③ $H_2PO_4^-$ ④ H_3PO_4

해설

인산의 유효도는 중성일 때 증가하며 문제의 조건은 pH 4~7 이므로 식물에서 주로 흡수하는 $H_2PO_4^-$, HPO_4^{2+} 형태 중 $H_2PO_4^-$ 의 인산형태가 가장 많이 존재한다.

35 다음 중 점토에 대한 설명으로 틀린 것은?

① 점토는 2차 광물이다.
② 교질의 특성과 함께 표면전하를 가진다.
③ 화학적 특성을 결정하는데 있어서 중요하다.
④ 점토의 광물조성은 단순하다.

해설

점토는 미사, 모래와 다르게 많은 비표면적과 표면전하를 가지고 있으며 그 광물조성 및 형태가 다양하다.

36 토양수분 위조점에서 기압(bar)은 약 얼마인가?

① −5
② −15
③ −31
④ −35

해설

위조점은 pF 4.2 로 기압으로는 약 −15기압이다.

37 토양에 첨가한 유기물 성분 중에서 미생물에 의해 가장 느리게 분해되는 것은?

① 당류
② 단백질
③ 헤미셀룰로스
④ 리그닌

해설

리그닌의 함량에 따라 유기물의 분해속도에 많은 영향을 주는데 실제 나무조직에서 리그닌함량이 많을수록 분해되는데 많은 시간이 소요된다.

38 토양의 기지 정도에 따라 연작의 해가 적은 작물은?

① 토란
② 참외
③ 고구마
④ 강낭콩

해설

벼, 맥류, 조, 수수, 옥수수, 담배, 무, 당근, 양파, 호박, 순무, 아스파라거스, 딸기, 미나리, 양배추, 고구마 등은 연작의 피해가 적은 작물에 해당한다.

39 토양의 입단화에 좋지 않은 영향을 미치는 것은?

① 유기물 시용
② 석회 시용
③ 칠레초석 시용
④ krillium 시용

해설

토양에 입단에는 점토, 유기물, 석회, 토양개량제(krillium, PVC)를 공급해주면 입단화에 도움이 된다. 칠레초석은 질산나트륨($NaNO_3$)은 나트륨 이온에 의해 오히려 입단화가 방해받거나 파괴된다.

40 토양이 산성화될 때 발생되는 생물학적 영향으로 틀린 것은?

① 알루미늄 독성으로 인해 식물의 뿌리 신장을 저해한다.
② 철의 과잉흡수로 벼의 잎에 갈색의 반점이 생긴다.
③ 망간독성으로 인해 식물 잎의 만곡현상을 야기한다.
④ 칼륨의 과잉흡수로 인해 줄기가 연약해 진다.

해설

칼륨은 뿌리와 줄기를 강하게 해주며 병해충에 대한 저항력을 증가시킨다.

41 굴광현상에 가장 유효한 광은?

① 적색광
② 자외선
③ 청색광
④ 자색광

해설

굴광현상은 400~500nm, 특히 440~480nm 청색광이 가장 유효하다.

42 월년생 작물로만 이루어진 것은?

① 호프, 벼

② 아스파라거스, 대두

③ 가을밀, 가을보리

④ 호프, 옥수수

해설

월년생 작물에는 보리, 밀, 대파, 무, 사탕무 등이 있다.

43 지하에 토관, 목관, 콘크리트관 등을 배치하여 통수하고, 간극으로부터 스며 오르게 하는 방법은?

① 개거법

② 암거법

③ 압입법

④ 살수관개법

해설

암거법은 지하에 토관, 목관, 콘크리트관, 플라스틱관 등을 배치하여 통수하고 간극으로부터 스며 오르게 하는 방법이다.

44 경사지에서 수식성 작물을 재배할 때 등고선으로 일정한 간격을 두고 적당한 폭의 목초대를 두어 토양침식을 크게 덜 수 있는 방법은?

① 조림재배

② 초생재배

③ 단구식재배

④ 대상재배

해설

대상재배는 경사지에 수식성 작물을 재배할 경우 등고선을 일정 간격으로 적당한 폭의 목초대를 두어 토양침식을 경감시킨다.

45 한 종류의 작물이 생육하고 있는 이랑 사이나 포기 사이에 한정된 기간 동안 다른 작물을 파종하거나 심어서 재배하는 것은?

① 교호작

② 간작

③ 난혼작

④ 주위작

해설

간작은 한 가지 작물이 생육하고 있는 조간에 다른 작물을 재배하는 방법으로 먼저 재배하고 있는 작물에 피해가 없는 다른 작물을 이후 재배하여 토지의 이용율을 높이고자 함에 있다.

46 식물체의 유체가 토양 속에 들어가면 미생물 분해가 일어나는데, 가장 먼저 일어나는 순서로 옳은 것은?

① 헤미셀룰로오스 > 당류 > 리그닌 > 셀룰로오스

② 리그닌 > 당류 > 헤미셀룰로오스 > 셀룰로오스

③ 당류 > 헤미셀룰로오스 > 셀룰로오스 > 리그닌

④ 셀룰로오스 > 당류 > 헤미셀룰로오스 > 리그닌

해설

식물체가 토양에서 분해시 당류가 가장 분해가 쉽고 먼저 일어난다. 리그닌은 지용성 페놀고분자로 분해가 가장 늦게 일어난다. 헤미셀룰로오스는 6탄당과 5탄당으로 이루어진 분기상 고분자로 쇄상고분자인 셀룰로오스보다 전반적으로 분해가 용이하다.

47 광에너지를 효율적으로 이용할 수 있는 이상적인 옥수수 초형에 해당하지 않는 것은?

① 상위엽은 직립한다.
② 상위엽에서 밑으로 내려오면서 약간씩 경사를 더하여 하위엽에서 수평이 된다.
③ 숫이삭이 작고 잎혀가 없다.
④ 암이삭은 두 개인 것보다 한 개인 것이 밀식에 적응한다.

해설
옥수수 초형은 암이삭이 1개인 것보다 2개인 것이 더욱 밀식에 적응한다.

48 연작장해에 대한 설명으로 틀린 것은?

① 특정 작물이 선호하는 양분의 수탈이 이루어진다.
② 작물의 생장이 지연된다.
③ 수도작은 연작장해가 크게 일어난다.
④ 수확량이 감소한다.

해설
담수상태인 수도작은 연작장해가 적다.

49 과수의 내습성이 가장 큰 순서부터 옳게 나열된 것은?

① 감 > 포도 > 무화과 > 올리브
② 포도 > 무화과 > 감 > 올리브
③ 올리브 > 포도 > 감 > 무화과
④ 무화과 > 포도 > 감 > 올리브

해설
과수의 내습성은 올리브가 크며 다음으로 포도, 밀감, 감·배, 밤·복숭아·무화과 순서를 보이며 무화과나 복숭아는 작은 편이다.

50 식물체의 조직 내에 결빙이 생기지 않는 범위의 저온에서 작물이 받게 되는 피해는?

① 동해   ② 냉해
③ 습해   ④ 수해

해설
여름작물이 생육상 고온이 필요한 여름철에 냉온에 의해 발생되는 피해현상을 냉해라 한다.

51 1년생 또는 다년생의 목초를 인위적으로 재배하거나, 자연적으로 성장한 잡초를 그대로 이용하는 방법은?

① 청경법   ② 멀칭법
③ 초생법   ④ 절충법

해설
초생법은 과수원의 토양을 풀이나 목초로 피복하는 방법으로 경사지 과수원에서 가장 많이 활용되는 방법이다.

52 다음 중 광의 파장이 400nm인 광은?

① 적색광   ② 청색광
③ 자색광   ④ 근적외광

해설
광 파장 영역 중 가시광선 영역을 400~700nm이며, 여기서 짧은 파장에 해당하는 400nm 는 자색광(보라)을 띤다.

53 작물이 생육하는데 알맞은 토양은?

① 질소, 인산 등 비료성분이 많은 염류집적토양
② 단립구조가 많은 토양
③ 수분을 많이 함유한 식토
④ 유기물이 적당하고 작토층이 깊은 토양

해설
작물이 생육하기에는 비료성분은 충분하고 염류의 집적은 적으며 입단구조가 많고 사양토나 식양토에 적당하다. 배수는 양호하고 작토층은 깊은 곳이 좋다.

54 다음 중 요수량이 가장 큰 식물은?

① 기장　　　　② 알팔파

③ 보리　　　　④ 옥수수

해설

요수량이 큰 식물로 명아주, 알팔파, 클로버, 완두 등이 있다.

55 작물의 필수원소는 아니나 셀러리, 사탕무 등에 시용효과가 있는 것은?

① 나트륨　　　② 질소

③ 황　　　　　④ 구리

해설

질소와 황은 다량원소, 구리는 미량원소에 속하는 작물에 필요한 필수 원소들이다. 나트륨은 작물의 필수 원소는 아니지만 셀러리, 사탕무, 순무, 목화 등에 시용효과가 있는 것으로 나타났다.

56 다음 중 1년 휴작을 요하는 작물로만 이루어진 것은?

① 가지, 고추　　② 완두, 토마토

③ 수박, 사탕무　④ 시금치, 생강

해설

쪽파, 콩, 파, 생강, 시금치은 1년 휴작이 요구되는 작물이다.

57 연풍의 특성에 해당하지 않는 것은?

① 작물 주위의 습기를 배제하여 증산작용을 조장함으로써 양분흡수를 증대시킨다.

② 잎을 동요시켜 그늘진 잎의 일사를 조장함으로써 광합성을 증대시킨다.

③ 건조할 때에는 건조상태를 억제한다.

④ 잡초의 씨나 병균을 전파한다.

해설

연풍은 건조할 경우 건조를 더욱 조장한다.

58 다음 중 환경보전 및 지속가능한 생태농업을 추구하는 농업형태는?

① 관행농업　　　② 상업농업

③ 전업농업　　　④ 유기농업

해설

유기농업은 환경보전 및 지속가능한 생태농업을 추구하여 생산자와 소비자를 함께 보호하는 것을 목적으로 한다.

59 이랑을 세우고 이랑 위에 파종하는 방식은?

① 휴립휴파법　　② 휴립구파법

③ 평휴법　　　　④ 성휴법

해설

휴립휴파법은 이랑을 세우고 이랑에 파종하는 방법이다.

60 좁은 범위의 일장에서만 화성이 유도·촉진되며 2개의 한계일장이 있는 것은?

① 장일식물　　　② 단일식물

③ 정일식물　　　④ 중성식물

해설

정일식물은 단일, 장일에서 개화하지 않고 특정한 일장에서만 개화하는 식물로 정일성식물이라고도 한다.

2016년 제4회 필기 기출문제			수험번호	성명
자격종목 유기농업기능사		시험시간 1시간	시험유형	

※ 답안카드 작성시 시험문제지 형별누락, 마킹착오로 인한 불이익은 전적으로 수험자의 귀책사유임을 알려드립니다.

** 본문제는 수검자의 생각에 의한 것으로 실제 문제와 약간 다를 수 있음.

---

01 잎의 가장자리에 있는 수공에서 물이 나오는 현상은?

① 일액현상　　② 일비현상
③ 증산작용　　④ Apoplast

해설

일액현상은 잎의 가장자리에 있는 수공에서 물이 나오는 현상이다.

02 작물이 받는 냉해의 종류가 아닌 것은?

① 생태형 냉해　　② 지연형 냉해
③ 병해형 냉해　　④ 장해형 냉해

해설

냉해의 종류에는 지연형 냉해, 장해형 냉해, 병해형 냉해가 있으며 이러한 냉해는 복합적으로 나타날 경우 혼합형 냉해라고 한다.

03 장일식물로만 바르게 나열된 것은?

① 도꼬마리, 국화　② 들깨, 콩
③ 시금치, 담배　　④ 양파, 상추

해설

보리, 시금치, 양파, 당근, 양배추, 아마, 감자, 상추 등이 장일식물에 해당한다.

04 수해에 대한 설명으로 틀린 것은?

① 수해를 예방하기 위해 볏과 목초, 피, 수수 등 침수에 강한 작물을 선택한다.
② 수온이 높으면 호흡기질 의 소모가 빨라 피해가 크다.
③ 벼의 침수피해는 수잉기보다 분얼 초기에 심하다.
④ 질소질 비료를 많이 주면 관수해가 커진다.

해설

벼의 침수피해는 수잉기에서 출수개화기에는 침수에 약해지면서 침수피해가 크게 나타난다.

05 토양입단 형성에 알맞은 방법이 아닌 것은?

① 유기물 사용　　② 석회 사용
③ 토양의 피복　　④ 질산나트륨 사용

해설

질산나트륨($NaNO_3$)은 나트륨이온에 의해 오히려 입단화가 방해받거나 파괴된다.

06 포장동화능력을 지배하는 요인으로만 옳게 나열한 것은?

① 엽면적, 광포화점, 광보상점
② 총엽면적, 수광능률, 평균동화능력
③ 광량, 광의 강도, 엽면적
④ 착색도, 광량, 엽면적

해설

포장동화능력은 포장군락의 단위면적당 광합성의 능력을 말하며 <포장동화능력=총엽면적×수광능률·평균동화능력> 으로 구할 수 있다.

---

07 지력을 향상시키는 방법이 아닌 것은?

① 토심을 깊게 한다.
② 단립구조를 만든다.
③ 토양 pH는 중성으로 만든다.
④ 토성은 사양토 ~ 식양토로 만든다.

해설

지력을 향상시키기 위해서는 입단구조를 만드는 게 좋다.

08 광합성에 가장 유효한 반응은?

① 녹색광　　　② 황색광
③ 자색광　　　④ 적색광

해설

광합성에 가장 효과적인 광은 청색광(450nm), 적색광(650nm)이다.

09 작물의 적산온도에 대한 설명으로 틀린 것은?

① 작물의 생육시기와 생육기간에 따라 차이가 있다.
② 작물의 생육이 가능한 범위의 온도를 나타낸다.
③ 작물이 일생을 마치는데 소요되는 총온량을 표시한다.
④ 작물의 발아로부터 성숙에 이르기까지의 0℃ 이상의 일평균기온을 합산한 온도이다.

해설

작물의 생육 가능한 온도의 범위를 유효온도라고 한다.

10 식물의 굴광현상에 가장 유효한 광은?

① 자색광　　　② 청색광
③ 적색광　　　④ 적외선

해설

굴광현상은 400~500nm, 특히 440~480nm 청색광이 가장 유효하다.

11 작물의 요수량에 관한 설명으로 틀린 것은?

① 작물의 건물 1g을 생산하는데 소비된 수분량이다.
② 증산계수 또는 증산능률이라고도 한다.
③ 요수량이 작은 작물이 가뭄에 강하다.
④ 작물별로 수분의 절대소비량을 표기하는 것은 아니다.

해설

증산능률은 증산의 효율 정도로 증산계수 및 요수량의 반대개념이다.

12 작물수량을 증가시키는 3대 조건이 아닌 것은?

① 유전성이 좋은 품종 선택
② 알맞은 재배환경
③ 적합한 재배기술
④ 상품성이 우수한 작물 선택

해설

작물의 수량은 유전성, 환경조건, 재배기술을 3변으로 표현하는 작물수량 삼각형으로 표현한다. 작물수량 삼각형은 유전성은 우수하고 최적의 환경조건을 가지며 적합한 재배기술을 적용해야 한다.

13 뿌리에서 가장 왕성하게 수분흡수가 일어나는 부위는?

① 근모부　　　② 뿌리골무
③ 생장점　　　④ 신장부

해설

수분의 흡수를 담당하는 뿌리는 뿌리골무, 생장점, 신장부, 근모부로 분류되며 근모부에서 수분의 흡수가 가장 활발하게 이루어진다.

14 탄산시비의 목적으로 가장 적합한 것은?

① 호흡작용의 증대 ② 증산작용의 증대
③ 광합성의 증대 ④ 비료흡수의 촉진

해설

시설재배에서 시설 내 이산화탄소 농도를 인위적으로 높여주는 것을 탄산시비라 하는데 이를 통해 광합성을 증대한다.

15 식물의 필수 양분 중 미량원소가 아닌 것은?

① Fe ② B
③ N ④ Cl

해설

질소(N)는 다량원소에 해당한다.

16 토양 속에서 작물뿌리가 수분을 흡수하는 기구를 나타낸 관계식으로 옳은 것은? (a : 세포의 삼투압, m : 세포의 팽압(막압), t : 토양의 수분보유력, a′ : 토양용액의 삼투압)

① (a−m)−(t+a′) ② (a−m)+(t+a′)
③ (a+m)−(t+a′) ④ (a+m)+(t+a′)

해설

토양에서 작물뿌리의 흡수는 DPD와 SMS의 사이에 의해 이루어지며 아래 공식으로 표현한다. DPD는 세포로 수분이 들어오려는 삼투압과 못들어오게 하는 벽압의 차이이고 SMS 는 토양의 수분보유력과 삼투압을 합친 것을 말한다.

DPS − SMS = (a−m)−(t+a^0)

여기서, a : 세포 삼투포텐셜
m : 세포의 팽압
t : 토양 부분보류력
a^0 : 토양용액 삼투포텐셜

17 고추와 토마토의 일장 감응형은?

① 장일성 ② 중일성
③ 단일성 ④ 정일성

해설

고추, 토마토는 중성식물로 일장 감응형은 중일성이다.

18 식물이 주로 이용하는 토양수분의 형태는?

① 결합수 ② 흡습수
③ 지하수 ④ 모관수

해설

모관수는 식물이 이용하는 유효수분이다.

19 식물의 분류 중 ( ) 안에 들어 갈 용어는?

| 문 → ( ) → 목 → 과 → 속 |

① 종 ② 강
③ 계통 ④ 아목

해설

식물의 분류는 계, 문, 강, 목, 과, 속, 종의 단계로 분류된다.

20 작물의 분화과정을 옳게 나열한 것은?

① 변이발생 → 순화 → 격리 → 도태
② 변이발생 → 격리 → 적응 → 도태
③ 변이발생 → 도태 → 격리 → 적응
④ 변이발생 → 도태 → 순화 → 격리

해설

작물의 분화 과정은 변이, 도태와 적응, 순화 등의 과정을 거치고 유전적 교섭이 발생하지 않게 격리를 하도록 한다.

21 다음 중 토양의 양분 보유력을 가장 증대시킬 수 있는 영농방법은?

① 부식질 유기물의 시용
② 질소비료의 시용
③ 모래의 객토
④ 경운의 실시

해설

부식질 유기물은 양이온 치환용량이 커서 양분의 보유력을 증대시킬 수 있다.

22 화성암을 구성하는 주요 광물이 아닌 것은?

① 방해석 　　　② 각섬석
③ 석영 　　　　④ 운모

해설

방해석은 석회암의 주성분인데 이 석회암은 퇴적암이다.

23 지하수위가 높은 저습지나 배수 불량지에서 환원 상태가 발달하면서 청회색을 띠는 토층이 발달하는 토양 생성 작용은?

① podzolization 　② salinization
③ alkalization 　　④ gleyzation

해설

글라이화작용(gleyzation)은 배수불량지나 저습지에서 산소공급이 부족한 환원상태에서 발생한다. 표층은 담청색, 녹청색, 청회색 등을 띤다.

24 토양 속 $NH_4^+ \rightarrow NO_2^- \rightarrow NO_3^-$는 무슨 작용인가?

① 암모니아화작용 　② 질산화작용
③ 탈질작용 　　　　④ 유기화작용

해설

논토양의 산화층에서는 질산화성작용이 이루어지는데 암모니아가 질산으로 산화되는 과정이다. 암모니아태질소(NH_4^+)가 질산균에 의해 2번의 반응을 거쳐 질산태질소(NO_3^-)가 된다.

25 논토양과 밭토양의 차이점으로 틀린 것은?

① 논토양은 무기양분의 천연공급량이 많다.
② 논토양은 유기물 분해가 빨라 부식함량이 적다.
③ 밭토양은 통기상태가 양호하며 산화상태이다.
④ 밭토양은 산성화가 심하여 인산유효도가 낮다.

해설

논토양은 담수상태이기에 밭토양에 비해 유기물의 분해가 느리다.

26 저위생산지 개량방법으로 옳은 것은?

① 습답은 점토가 많은 산적토를 객토한다.
② 누수답은 암거배수 등으로 배수개선을 한다.
③ 노후화답을 개량하기 위해 석고를 사용한다.
④ 미숙답은 심경하고 다량의 볏짚을 사용한다.

해설

토층단면이 단단한 미숙답은 심경하고 다량의 볏짚을 사용하여 개량할 수 있다.

27 토양유기물의 탄질률에 다른 질소의 행동으로 틀린 것은?

① 탄질률이 높은 유기물을 주면 질소의 공급효과가 높다.
② 사용하는 유기물의 탄질률이 높으면 질소가 일시적으로 결핍된다.
③ 콩과식물을 재배하면 질소의 공급에 유리하다.
④ 토양 유기물의 분해는 탄질률에 따라 크게 달라진다.

해설

탄질률(C/N율)이 높은 유기물은 질소의 함량이 상대적으로 낮아 질소의 공급효과가 낮다.

28 토양의 환원상태를 촉진하지 않는 것은?

① 미숙퇴비 살포
② 투수성 불량
③ 토양의 수분 건조
④ 미생물 활동 증가

> **해설**
>
> 토양에 수분이 건조하면 산소의 공급이 원활하기에 산화상태가 된다.

29 토양단면에서 용탈 흔적이 가장 명료한 토층은?

① O층　　　　② E층
③ A층　　　　④ C층

> **해설**
>
> 용탈이 가장 심하게 나타나 용탈흔적이 명료한 토층은 E층(A2층)이다.

30 토양 중 인산에 대한 설명으로 옳은 것은?

① 토양 pH가 5~6의 범위에서는 $H_2PO_4^-$의 형태로 존재한다.
② 토양의 pH가 중성보다 낮아질수록 용해도가 증가한다.
③ 토양 pH가 8이상의 범위에서는 H_3PO_4의 형태로 존재한다.
④ CEC가 클수록 흡착되는 양이 많아진다.

> **해설**
>
> 인산은 산도에 영향을 받아 pH 5~6에서는 $H_2PO_4^-$ 형태로 존재한다.

31 토양오염에 대한 설명으로 틀린 것은?

① 질소와 인산비료의 과다사용은 토양오염을 유발할 수 있다.
② 농경지 농약의 살포는 토양오염을 유발할 수 있다.
③ 일반적으로 중금속의 흡착은 pH가 높을수록 적어진다.
④ 방사성 물질은 비점오염원이다.

> **해설**
>
> 토양오염의 원인이 되는 중금속은 pH가 낮을수록 용출이 되면서 토양에서의 양이 줄어들게 된다. 반대로 pH가 높은 토양은 중금속 흡착으로 중금속의 양이 많아지게 된다.

32 토양오염원을 분류할 때 비점오염원에 해당하는 것은?

① 산성비　　　　② 대단위 가축사육장
③ 유독물저장시설　④ 폐기물매립지

> **해설**
>
> 광범위한 배출경로를 갖는 오염원을 비점오염원이라 하고 특정 지점에서 발생하는 것을 점오염원이라 한다. 가축사육장, 유독물저장시설, 폐기물매립지는 점오염원에 해당하며 산성비는 비점오염원에 해당한다.

33 시설재배 토양에서 염류농도를 감소시키는 방법으로 틀린 것은?

① 담수에 의한 제염
② 제염작물 재배
③ 객토 및 암거배수에 의한 토양개량
④ 돈분퇴비의 사용

> **해설**
>
> 돈분퇴비는 염류를 증가시킨다.

34 토양미생물에 대한 설명으로 틀린 것은?

① 균근류는 통기성과 투수성을 증가시킨다.

② 화학종속영양세균의 주 에너지원은 빛이다.

③ 토양 유기물을 분해시켜 부식으로 만든다.

④ 조류는 광합성을 하고 산소를 방출한다.

> **해설**
> 화학종속영양세균은 유기물의 분해로부터 에너지를 얻는다.

35 수평배열의 토괴로 구성된 구조이며, 투수성에 가장 불리한 토양구조는?

① 판상 ② 입상

③ 주상 ④ 괴상

> **해설**
> 판상구조는 접시와 같은 모양이거나 수평배열의 토괴로 구성된 구조로 용적밀도가 크고 공극률이 낮으며 대공극이 없어 투수성이 낮다.

36 토양오염 우려기준 물질에 포함되지 않는 것은?

① Cd ② Al

③ Hg ④ As

> **해설**
> 토양오염에 영향을 주는 무기원소로 비소(As), 카드뮴(Cd), 코발트(Co), 크롬(Cr), 구리(Cu), 수은(Hg), 납(Pb) 등이 있다.

37 다음 중 공생질소고정균은?

① Azotobacter ② Rhizobium

③ Beijerincria ④ Derxia

> **해설**
> 단독생활 질소고정균으로 호기성 고정균에는 Azotobacter, 혐기성 고정균에는 Clostridium 이 있고 다른 생물과 공생하여 공중질소를 고정하는 것으로 Rhizobium 이 있다.

38 피복작물에 의한 토양보전 효과로 볼 수 있는 것은?

① 토양의 유실 증가

② 토양 투수력 감소

③ 빗방울의 토양 타격강도 증가

④ 유거수량의 감소

> **해설**
> 피복작물이 증가하면 지표에 직접적으로 흐르는 물의 양인 유거수량이 감소하면서 침식이 줄어든다.

39 물에 의한 침식을 가장 받기 쉬운 토성은?

① 식토 ② 양토

③ 사토 ④ 사양토

> **해설**
> 식토는 진흙의 함량이 50% 이상으로 물에 의한 침식을 받기 쉽다.

40 토양 침식에 영향을 주는 요인에 대한 설명으로 틀린 것은?

① 내수성이 입단이 적고 투수성이 나쁜 토양이 침식되기 쉽다.

② 경사도가 크고 경사길이가 길수록 침식이 많이 일어난다.

③ 강우량이 강우 강도 보다 토양 침식에 대한 영향이 크다.

④ 작물의 종류, 경운 시기와 방법에 따라 침식량이 다르다.

> **해설**
> 강우강도가 강우량보다 토양침식에 더 큰 영향을 준다.

41 유기농업 생산체계의 목표가 아닌 것은?

① 작물 및 축산물 생산성 최대화를 추구한다.
② 토양미생물의 활동을 촉진하는 농업을 추구한다.
③ 생물의 다양성을 증진하는데 목표를 둔다.
④ 자원이나 물질의 재활용을 극대화한다.

해설

유기농업의 생산체계에서 작물 및 축산물의 과잉 생산을 해결하기 위함을 목표로 하기에 생산성 최대화 추구는 맞지 않다.

42 다음 중 자가불화합성을 이용하는 것으로만 나열된 것은?

① 당근, 상추　　② 고추, 쑥갓
③ 양파, 옥수수　　④ 무, 양배추

해설

자가불화합성의 이용에서 잡종강세를 나타내는 작물의 1대잡종(F_1) 종자를 대량 생산할 수 있어 국내의 경우 무, 배추, 양배추 종자 생산에 이용된다.

43 유기농업에서 이용할 수 있는 식물 추출 자재가 아닌 것은?

① 님제제　　② 제충국
③ 바이오밥　　④ 카보후란

해설

카보후란은 화학적 방제법에 활용하는 살충제이다.

44 다음 중 포식성 곤충에 해당하는 것은?

① 팔라시스이리응애
② 침파리
③ 고치벌
④ 꼬마벌

해설

포식성 천적의 예로 무당벌레, 풀잠자리, 칠레이리응애, 팔라시스이리응애 등이 있다.

45 유기축산물의 축사 및 방목에 대한 요건으로 틀린 것은?

① 축사·농기계 및 기구 등은 청결하게 유지하고 소독함으로써 교차감염과 질병감염체의 증식을 억제하여야 한다.
② 축사의 바닥은 부드러우면서도 미끄럽지 아니하고, 청결 및 건조하여야 하며, 충분한 휴식공간을 확보하여야 하고, 휴식공간에서는 건조깔짚을 깔아 주어야한다.
③ 가금류의 축사는 짚·톱밥·모래 또는 야초와 같은 깔짚으로 채워진 건축공간이 제공되어야 하며, 산란계는 산란상자를 설치하여야 한다.
④ 번식돈은 임신 말기 또는 포유기간을 제외하고는 군사를 하여야 하고, 자돈 및 육성돈은 케이지에서 사육하지 아니할 것. 다만, 자돈 압사 방지를 위하여 포유기간에는 모돈과 조기 융한 자돈의 생체중이 50킬로그램까지는 케이지에서 사육할 수 있다.

해설

번식돈은 임신 말기 또는 포유기간을 제외하고는 군사를 하여야 하고, 자돈 및 육성돈은 케이지에서 사육하지 아니할 것. 다만, 자돈 압사 방지를 위하여 포유기간에는 모돈과 조기 이유한 자돈의 생체중이 25킬로그램까지는 케이지에서 사육할 수 있다.

46 다음 중 시설의 토양관리에서 객토를 실시하는 이유로 거리가 먼 것은?

① 미량원소의 공급
② 토양침식 효과
③ 염류집적의 제거
④ 토양물리성 개선

해설

객토는 지력의 증진을 위해 다른 곳의 흙을 가져오는 것으로 결과적으로 토양의 물리성이 개선되면서 토양 침식이 줄어들게 된다.

47 고구마 수확물의 상처에 유상조직인 코르크층을 발달시켜 병균의 침입을 방지하는 조치는?

① 예냉
② 큐어링
③ CA
④ 프라이밍

해설

큐어링은 고구마, 감자, 양파 등에 상처가 발생한 경우 상처를 아물게 하거나 코르크층을 형성시켜 수분의 증발을 줄이고 미생물의 침입을 예방하는 방법이다.

48 (A×B)×C와 같이 F1과 제3품종을 교배하는 것은?

① 다계교배
② 복교배
③ 3원교배
④ 단교배

해설

3원교배(삼계교잡)은 단교배 F_1과 어떤 품종과 교배로 (A×B)×C 이다.

49 산도(pH)가 중성인 토양은?

① pH 3~4
② pH 4~5
③ pH 6~7
④ pH 9~10

해설

중성은 pH 7을 기준으로 하며 그 범위는 pH 6~8로 한다.

50 다음 중 병해충 방제를 위한 경종적 방제법에 해당하지 않는 것은?

① 과실에 봉지를 씌워서 차단
② 토지의 선정
③ 품종의 선택
④ 생육시기의 조절

해설

과실에 봉지를 씌워서 차단하는 것은 기계적 방제법에 해당한다.

51 인공교배하여 F1을 만들고 F2부터 매 세대 개체선발과 계통재배 및 계통선발을 반복하면서 우량한 유전자형의 순계를 육성하는 육종방법은?

① 파생계통육종
② 계통육종
③ 여교배육종
④ 집단육종

해설

계통육종법은 교배를 하여 잡종을 만들고 그 분리 세대인 F_2 이후부터 계속 개체선발을 하고 선발된 개체를 개체별 계통재배를 되풀이 하면 그들 계통을 서로 비교하여 우량한 계통을 선발, 고정하여 순계를 만들어 가는 방법으로 자가수정작물의 대표적인 육종방법이다.

52 일반농가가 유기축산으로 전환할 때 전환기간으로 틀린 것은?

① 식육 생산용 한우는 입식 후 3개월 이상
② 시유 생산용 젖소는 90일 이상
③ 식육 생산용 돼지는 최소 5개월 이상
④ 알 생산용 산란계는 입식 후 3개월 이상

> **해설**
>
> 전환기간 기준 식육 생산용 한우는 입식 후 출하시 까지(최소 12개월 이상) 이다.

53 시설 내의 환경특이성에 관한 설명으로 틀린 것은?

① 토양의 건조해지기 쉽다.
② 공중습도가 높다.
③ 탄산가스가 높다.
④ 광분포가 불균일하다.

> **해설**
>
> 시설 내 이산화탄소 농도는 대기보다 낮다.

54 한 포장 내에서 위치에 따라 종자, 비료, 농약 등을 달리함으로써 환경문제를 최소화하면서 생산성을 최대로 하려는 농업은?

① 자연농업   ② 생태농업
③ 정밀농업   ④ 유기농업

> **해설**
>
> 정밀농업은 농작물 재배에 영향을 미치는 요인에 관한 정보를 수집하고, 이를 분석하여 불필요한 농자재 및 작업을 최소화함으로써 농산물 생산 관리의 효율을 최적화하는 시스템이다. 정밀농업 기술은 식량생산 한계나 환경보존의 문제를 동시에 해결할 수 있는 대안으로 부상하고 있다.

55 다음 중 작물의 요수량이 가장 큰 것은?

① 옥수수   ② 클로버
③ 보리   ④ 기장

> **해설**
>
> 요수량이 큰 식물로 알팔파, 클로버, 완두, 명아주 등이 있다.

56 유기사료에 첨가해도 되는 것은?

① 가축의 대사기능 촉진을 위한 합성화합물
② 비단백질소화합물
③ 성장촉진제
④ 순도 99% 이상인 골분

> **해설**
>
> 유기사료에서 골분·어골회 및 패분은 순도 99퍼센트 이상인 것인 것은 첨가해도 된다.

57 경축순환농업으로 사육하지 않은 농장에서 유래한 퇴비를 유기농업에 사용할 수 있는 충족 조건은?

① 퇴비화 과정에서 퇴비더미가 35~50℃를 유지하면서 10일간이상 경과되어야 한다.
② 퇴비화 과정에서 퇴비더미가 55~75℃를 유지하면서 15일간이상 경과되어야 한다.
③ 퇴비화 과정에서 퇴비더미가 80~95℃를 유지하면서 10일간이상 경과되어야 한다.
④ 퇴비화 과정에서 퇴비더미가 80~95℃를 유지하면서 15일간이상 경과되어야 한다.

> **해설**
>
> 퇴비화 과정에서 퇴비더미가 55~75℃를 유지하면서 15일이상 되어야 하고 이 기간동안 5회 이상 뒤집어야 한다.

58 병해충종합관리의 기본 개념을 실현하기 위한 기본원칙으로 틀린 것은?

① 한 가지 방법으로 모든 것을 해결하려는 생각은 버린다.

② 병해충 발생이 경제적으로 피해가 되는 밀도에서만 방제한다.

③ 병해충의 개체군을 박멸해야 한다.

④ 농업생태계에서 병해충군의 자연조절기능을 적극적으로 활용한다.

> **해설**
>
> 병해충 종합관리는 생태학적인 시각에서 관리를 요구하며 병해충의 박멸이 아닌 농작물에 피해를 입히지 않는 수준의 유지를 목적으로 한다.

59 유기농에서 예방적 잡초제어의 방법으로 적절하지 못한 것은?

① 초생재배　　　② 윤작

③ 파종밀도 조절　④ 무경운

> **해설**
>
> 예방적 잡초 방제법으로 경운을 통해 잡초 발생을 예방한다.

60 유기축산물의 유기배합사료 중 식물성 단백질류에 해당하는 것으로만 나열된 것은?

① 옥수수, 보리　　② 밀, 수수

③ 호밀, 귀리　　　④ 들깻묵, 아마박

> **해설**
>
> 옥수수, 보리, 밀, 수수, 호밀, 귀리 등은 유기배합사료 중 식물성 탄수화물류에 해당한다. 식물성 단백질류에는 야자박, 아마박, 면실박, 임자박(들깻묵) 등이 있다.

부록 II

CBT 모의고사

CBT 제1회 필기 모의고사 문제			수험번호	성명
자격종목 **유기농업기능사**		시험시간 **1시간**	시험유형	

※ 답안카드 작성시 시험문제지 형별누락, 마킹착오로 인한 불이익은 전적으로 수험자의 귀책사유임을 알려드립니다.

** 본문제는 수검자의 생각에 의한 것으로 실제 문제와 약간 다를 수 있음.

01 작물에 유해한 성분이 아닌 것은?

① 수은 ② 납

③ 황 ④ 카드뮴

해설

황은 작물의 필수 원소 중 하나이다.

02 작물의 요수량에 대한 설명 중 옳은 것은?

① 작물의 건물 1g을 생산하는 데 소비되는 수분의 양

② 작물의 건물 100g을 생산하는 데 소비되는 수분의 양

③ 건물 1kg을 생산하는 데 소비되는 증산량

④ 건물 100kg을 생산하는 데 소비되는 증산량

해설

요수량의 정의는 건물 1g 을 생산하는데 소요되는 수분량이다.

03 춘화현상에 대한 설명으로 틀린 것은?

① 춘화현상의 반응을 기초로 맥류는 추파형 품종과 춘파형 품종으로 구분한다.

② 딸기와 같이 화아분화에 저온이 필요한 작물을 겨울에 출하하기 위해서 촉성재배를 하려면 여름에 냉장하여 화아분화를 유도하는 저온처리를 한다.

③ 춘화현상에서 저온에 감응하는 부위는 종자의 배유이다.

④ 맥류나 십자화과 작물의 육종과정에서 세대촉진을 위하여 여름철 수확 후에 저온춘화처리를 하여 일 년에 2세대를 재배함으로써 육종연한을 단축시킬 수 있다.

해설

춘화처리에 감응하는 식물의 부위는 생장점이다.

04 변온에 의하여 종자의 발아가 촉진되지 않는 것은?

① 당근 ② 담배

③ 아주까리 ④ 셀러리

해설

식물에 따라 온도의 주기적 변화를 주는 변온조건에서 발아가 촉진되는 경우도 있다. 변온조건에서 발아가 촉진되지 않는 작물로 당근이 있는데 이러한 작물들은 지베렐린이나 침수처리 등에 의해 발아가 이루어진다.

정답 01 ③ 02 ① 03 ③ 04 ①

05 종묘로 이용되는 영양기관이 땅속줄기가 아닌 것은?

① 생강   ② 연
③ 호프   ④ 마

> **해설**
> 생강, 연, 호프 등은 땅속줄기이지만 고구마, 마는 덩이뿌리에 해당한다.

06 경운의 필요성을 설명한 것 중 거리가 먼 것은?

① 잡초 발생 억제
② 해충 발생 증가
③ 토양의 물리성 개선
④ 비료, 농약의 시용효과 증대

> **해설**
> 경운을 통해 땅속에 있던 해충 발생이 감소된다.

07 냉해에 대한 설명으로 틀린 것은?

① 우리나라에서는 특히 벼농사에서 냉해가 문제된다.
② 작물의 냉해는 벼를 위시해서 지연형 냉해, 장해형 냉해, 병해형 냉해가 있다.
③ 작물이 조직 내에 결빙이 생기지 않는 범위의 저온에 의해서 받는 피해를 냉온장해라 한다.
④ 지연형 냉해는 유수형성기~개화기의 냉온 피해로 등숙 불량을 초래한다.

> **해설**
> 장해형 냉해는 유수형성기~개화기의 냉온 피해로 수정장해가 유발된다.

08 뿌리에서 가장 왕성하게 수분흡수가 일어나는 부위는?

① 근모부   ② 뿌리골무
③ 생장점   ④ 신장부

> **해설**
> 수분의 흡수를 담당하는 뿌리는 뿌리골무, 생장점, 신장부, 근모부로 분류되며 근모부에서 수분의 흡수가 가장 활발하게 이루어진다.

09 점적관개에 대한 설명으로 옳은 것은?

① 미생물을 물에 타서 주는 방법
② 작은 호스 구멍으로 소량씩 물을 주는 방법
③ 싹을 틔우기 위해 물을 뿌려주는 방법
④ 스프링클러 등으로 물을 뿌려주는 방법

> **해설**
> 점적관개는 작은 호스 구멍으로 소량씩 물을 주는 방법으로 물을 절약할 수 있는 장점이 있다.

10 탄산시비의 목적으로 가장 적합한 것은?

① 호흡작용의 증대 ② 증산작용의 증대
③ 광합성의 증대   ④ 비료흡수의 촉진

> **해설**
> 시설재배에서 시설 내 이산화탄소 농도를 인위적으로 높여주는 것을 탄산시비라 하는데 이를 통해 광합성을 증대한다.

11 식물이 주로 이용하는 토양수분의 형태는?

① 결합수   ② 흡습수
③ 지하수   ④ 모관수

> **해설**
> 모관수는 식물이 이용하는 유효수분이다.

12 작물의 분화과정을 옳게 나열한 것은?

① 변이발생 → 순화 → 격리 → 도태
② 변이발생 → 격리 → 적응 → 도태
③ 변이발생 → 도태 → 격리 → 적응
④ 변이발생 → 도태 → 순화 → 격리

해설

작물의 분화 과정은 변이, 도태와 적응, 순화 등의 과정을 거치고 유전적 교섭이 발생하지 않게 격리를 하도록 한다.

13 용도에 따른 작물의 분류에서 포도와 무화과는 어느 것에 속하는가?

① 장과류   ② 인과류
③ 핵과류   ④ 곡과류

해설

포도, 무화과, 딸기 등은 장과류에 해당한다.

14 수해의 사전대책으로 옳지 않은 것은?

① 경사지와 경작지의 토양을 보호한다.
② 질소과용을 피한다.
③ 작물의 종류나 품종의 선택에 유의한다.
④ 경지정리를 가급적 피한다.

해설

수해의 사전대책 중 하나로 경지정리를 하여 배수가 잘되게 해야 한다.

15 작물의 재배적 특징으로 옳지 않은 것은?

① 토지를 이용함에 있어 수확체감의 법칙이 적용된다.
② 자연환경의 영향으로 생산물량 확보가 자유롭지 못하다.
③ 소비면에서 농산물은 공산물에 비하여 수요탄력성과 공급탄력성이 크다.
④ 노동의 수요가 연중 균일하지 못하다.

해설

농산물의 가격의 변화에 비해 수요탄력성과 공급탄력성이 크지 않은 비탄력적 성격을 지니고 있다.

16 고온으로 발생된 해(害)작용이 아닌 것은?

① 위조의 억제
② 황백화 현상
③ 당분 감소
④ 암모니아 축적

해설

고온으로 위조현상이 증가한다.

17 토양 구조의 입단화와 가장 관련이 깊은 것은?

① 세균   ② 방선균
③ 선충류   ④ 균근균의 균사

해설

균근은 식물의 뿌리가 토양 중 있는 곰팡이와 공생하는 형태로 토양의 입단화와 가장 관련이 깊다.

18 고추와 토마토의 일장 감응형은?

① 장일성   ② 중일성
③ 단일성   ④ 정일성

해설

고추, 토마토는 중성식물로 일장 감응형은 중일성이다.

19 식물의 필수 양분 중 미량원소가 아닌 것은?

① Fe
② B
③ N
④ Cl

> **해설**
>
> 질소(N)는 다량원소에 해당한다.

20 작물의 광합성에 가장 유효한 광선은?

① 적색과 청색
② 황색과 자외선
③ 녹색과 적외선
④ 자색과 녹색

> **해설**
>
> 광합성에 유효한 광파장은 청색파장(450nm), 적색파장(650nm)이다.

21 토양통기성이 양호한 밭토양에서 미생물의 분포가 가장 많은 토층은?

① A층
② B층
③ C층
④ R층

> **해설**
>
> A층은 유기물층으로 미생물의 먹이가 많이 미생물의 분포가 가장 많은 층이다.

22 토양의 무기입자의 입경조성에 의한 토양분류로서 모래, 미사, 점토의 함유 비율에 의해 결정되는 것은?

① 토양 견지성
② 토성
③ 토양구조
④ 토양공극

> **해설**
>
> 토성은 모래(미사, 조사), 점토 함량을 기준으로 분류하는데 이는 입경구분에 의한 토양의 분류가 되겠다.

23 호기성미생물의 생육요인으로 가장 거리가 먼 것은?

① 수소
② 온도
③ 양분
④ 산소

> **해설**
>
> 호기성미생물의 생육조건에는 양분, 온도, 수분, 산소, pH 가 있다.

24 질산화작용에 대한 설명으로 옳은 것은?

① 논토양에서는 일어나지 않는다.
② 암모늄태 질소가 산화되는 작용이다.
③ 결과적으로 질소의 이용률이 증가한다.
④ 사상균과 방사상균들에 의해 일어난다.

> **해설**
>
> 질산화작용은 암모니아가 질산으로 산화되는 과정이다.

25 토양침식 중 수식에 관여하는 요인으로 적합하지 않은 것은?

① 경사도
② 강우량
③ 투수속도
④ 풍속

> **해설**
>
> 수식의 관여 요인으로 기상조건, 지형, 토양조건, 식물생육 등이 있다. 여기서 풍속은 풍식에 관련된 인자이다.

26 논의 특징적 성질로 볼 수 없는 것은?

① 재배기간 중 토양은 대부분 환원상태로 지속된다.
② 논에서의 전형적인 질소 손실은 탈질작용이다.
③ 경사지에 분포하고 있어 토양침식과 용탈이 많다.
④ 밭토양에 비하여 인산의 유효도가 높다.

> **해설**
>
> 주로 곡간지, 구릉지 등의 경사지가 많이 분포되어 토양침식 및 용탈이 많은 것은 밭토양의 특성이다.

27 다음 중 내염성이 약한 작물은?

① 양란 ② 케일
③ 양배추 ④ 시금치

해설
내염성이 약한 작물로 양란, 콩, 감자 등이 있다.

28 토양 내 미생물의 바이오매스량(ha당 생체량)이 가장 큰 것은?

① 세균 ② 방선균
③ 사상균 ④ 조류

해설
토양 내 미생물 중 사상균의 바이오매스량(생물체량)이 가장 크다.

29 석회암지대의 천연동굴은 사람이 많이 드나들면 호흡 때문에 훼손이 심화될 수 있다. 천연동굴의 훼손과 가장 관계가 깊은 풍화작용은?

① 가수분해 ② 산화작용
③ 탄산화작용 ④ 수화작용

해설
탄산화작용(탄산작용)은 공기중의 이산화탄소가 물에 용해되어 탄산이 되고, 이때 발생하는 이온에 의해 화학적 풍화작용이 일어나는데 석회암지대의 천연동굴의 훼손에 가장 많이 관련된 현상이다.

30 토양의 용적밀도를 측정하는 가장 큰 이유는?

① 토양의 산성 정도를 알기 위해
② 토양의 구조발달 정도를 알기 위해
③ 토양의 양이온 교환용량 정도를 알기 위해
④ 토양의 산화환원 정도를 알기 위해

해설
용적밀도는 자연상태의 토양밀도로 무기질, 유기질, 공기, 수분이 혼합된 밀도이다. 이러한 용적밀도 측정을 통해 토양의 구조발달 정도를 파악한다.

31 토양공극에 대한 설명으로 옳은 것은?

① 토양무게는 공극량이 적을수록 가볍다.
② 다양한 용기에 채워진 젖은 토양무게를 알면 공극량을 계산할 수가 있다.
③ 물과 공기의 유통은 공극의 양보다 공극의 크기에 따라 주로 지배된다.
④ 모래질 토양은 공극량이 많고 공극의 크기가 작아서 공기의 유통과 물의 이동이 빠르다.

해설
대공극이 많아지면 공기와 물의 유동이 많아지는데 이는 공극의 양보다는 크기에 주로 영향을 받기 때문이다.

32 토양생성작용에 대한 설명으로 틀린 것은?

① 습윤한 지역에서는 지하수위가 낮으면 유기물 분해가 잘 된다.
② 고온다습한 지역은 철 또는 알루미늄 집적 토양 생성이 잘 된다.
③ 습윤하고 배수가 양호한 지역은 규반비가 낮은 토양 생성이 잘 된다.
④ 건조한 지역에서는 지하수위가 높을수록 산성토양생성이 잘 된다.

해설
건조지역에서 지하수위가 높으면 염류로 인하여 염기토양생성이 잘 된다.

33 토양미생물의 활동에 영향을 미치는 조건으로 영향이 가장 적은 것은?

① 영양분　　　　② 토양온도
③ 토양 pH　　　　④ 점토함량

해설

토양미생물 활동에 영향을 주는 요인으로 양분, 수분, 온도, pH, 토양의 깊이 등이 있다.

34 점토광물에 대한 설명으로 옳은 것은?

① 석고, 탄산염, 석영 등 점토 크기 분획의 광물들도 점토광물이다.
② 토양에서 점토광물은 입경이 0.002mm 이하인 입자이므로 표면적이 매우 적다.
③ 결정질 점토광물은 규산 4면체판과 알루미나 8면체판의 겹쳐있는 구조를 가지고 있다.
④ 규산판과 알루미나판이 하나씩 겹쳐져 있으면 2 : 1형 점토광물이라고 한다.

해설

결정질 점토광물은 규산4면체와 알루미나8면체가 결합하여 결정단위를 이루고 있는 교질입자이다.

35 식물이 자라기에 가장 알맞은 수분상태는?

① 위조점에 있을 때
② 포장용수량에 이르렀을 때
③ 중력수가 있을 때
④ 최대용수량에 이르렀을 때

해설

식물이 사용가능한 수분은 포장용수량에서 영구위조점 사이이므로 보기 중 포장용수량에 이르렀을 때 가장 알맞은 수분상태가 되겠다.

36 우리나라의 전 국토의 2/3가 화강암 또는 화강편마암으로 구성되어 있다. 이러한 종류의 암석은 토양생성과정 인자 중 어느 것에 해당하는가?

① 기후　　　　② 지형
③ 풍화기간　　　　④ 모재

해설

모재는 점토광물의 종류를 결정지어 주는 1차적 요인이 되며 우리나라 국토의 2/3 정도는 화강암과 화강편마암으로 되어 있다.

37 대기의 공기 조성에 비하여 토양 공기에 특히 많은 성분은?

① 이산화탄소(CO_2)　② 산소(O_2)
③ 질소(N_2)　　　　④ 아르곤(Ar)

해설

대기 중 이산화탄소는 0.03% 이지만 토양공기에서는 0.1~10% 정도로 많아지는데 이는 토양미생물의 호흡이 원인이 된다.

38 밭토양과 비교하여 신개간지 토양의 특성으로 틀린 것은?

① 산성이 강하다.
② 석회 함량이 높다.
③ 유기물 함량이 낮다.
④ 유효인산 함량이 낮다.

해설

개간한 토양은 보통 산성을 띠기에 석회 함량이 낮다. 이를 개선하기 위해 석회 물질을 활용한다.

39 유기물을 많이 사용한 토양의 보비력이 높은 이유는?

① 유기물이 공극을 막아 비료의 유실을 막아 주기 때문에

② 유기물이 토양의 점토종류를 변화시키기 때문에

③ 유기물은 식물이 비료를 흡수하는 것을 막 아주기 때문에

④ 유기물은 전기적으로 비료를 흡착하는 능 력이 크기 때문에

해설

토양에 양이온치환용량이 크다는 것은 비옥한 토 양을 의미하는데 이는 유기물이 전기적으로 비료 를 흡착하는 능력이 크기 때문이다.

40 질소 고정 능력이 없는 미생물은?

① 클로스트리듐   ② 니트로박터

③ 근류균   ④ 남조류

해설

니트로박터는 아질산성 질소를 질산성 질소로 산 화시키는 미생물이다.

41 잡초의 방제는 예방과 제거로 구분할 수 있 다. 예방의 방법으로 가장 거리가 먼 것은?

① 답전윤환 실시

② 제초제 사용

③ 방목 실시

④ 플라스틱필름으로 포장을 피복

해설

제초제를 사용하는 것은 화학적 방제법에 해당한 다.

42 유기농업의 기여에 대한 설명으로 거리가 먼 것은?

① 국민보건의 증진에 기여

② 생산증진에 기여

③ 경쟁력 강화에 기여

④ 환경보전에 기여

해설

유기농업의 생산체계에서 작물 및 축산물의 과잉 생산을 해결하기 위함을 목표로 하기에 생산 증진 에 기여는 맞지 않다.

43 자연 상태에서 자식을 주로 하면서도 상당히 높은 자연 교잡율을 나타내는, 자식과 타식을 겸하는 식물로만 짝지어진 것은?

① 토마토, 목화

② 아스파라거스, 시금치

③ 목화, 수수

④ 담배, 귀리

해설

자식과 타식을 겸하는 작물도 있는데 주로 자가수 정을 하며 자연교잡률이 높은 것이 특징이다. 작 물에는 목화, 수수, 유채 등이 있다.

44 시설의 일반적인 피복방법이 아닌 것은?

① 외면피복   ② 커튼피복

③ 원피복   ④ 다중피복

해설

시설의 피복에는 다중피북(이중피복), 외면피복, 커튼피복 등이 있다.

45 유기축산물에서 축사조건에 해당 되지 않는 것은?

① 공기순화, 온·습도, 먼지 및 가스농도가 가축건강에 유해하지 아니한 수준 이내로 유지 되어야 할 것

② 충분한 자연환기와 햇빛이 제공될 수 있을 것

③ 건축물은 적절한 단열·환기 시설을 갖출 것

④ 사료와 음수는 거리를 둘 것

해설
사료와 음수는 접근이 용이해야 한다.

46 노포크(Nor fork)식 윤작법에 해당되는 것은?

① 알팔파-클로버-밀-보리

② 밀-순무-보리-클로버

③ 밀-휴한-순무

④ 밀-보리-휴한

해설
노포크식은 화본과의 식용작물과 두과인 클로버, 근채류인 순무를 순차적으로 윤작하는 방법으로 <밀-순무-보리-클로버> 등의 4년주기의 윤작방식이다

47 지렁이가 가장 잘 생육할 수 있는 토양환경은?

① 배수가 어려운 과습토양

② pH3 이하의 산성토양

③ 통기성이 양호한 유기물 토양

④ 토양온도가 18~25℃인 토양

해설
지렁이의 활동에 영향을 주는 요인으로 먹이의 종류, 유기물, 습도, 온도, pH, 탄산가스 양 등이 있는데 그 중 통기성이 양호한 유기물 토양의 경우 지렁이가 살기 적합하다.

48 저항성 품종의 장점이 아닌 것은?

① 농약의존도를 낮춘다.

② 저항성이 영원히 지속된다.

③ 작물의 생산성을 향상시킨다.

④ 환경 및 생태계에 도움이 된다.

해설
환경적 변이, 돌연변이 등에 의해 저항성은 영원하게 지속하지는 못한다.

49 자가불화합성을 이용하여 F1(일대잡종)을 채종하는 작물은?

① 밀   ② 오이

③ 배추   ④ 국화

해설
잡종강세를 나타내는 작물의 1대잡종(F_1) 종자를 대량 생산할 수 있어 국내의 경우 무, 배추, 양배추 종자 생산에 이용된다.

50 주로 논에서 발생하는 잡초는?

① 알방동사니   ② 강아지풀

③ 바랭이   ④ 쇠비름

해설
논에서 발생하는 논잡초에는 알방동사니, 피, 너도방동사니, 올미, 올방개 등이 있다.

51 (A×B)×C와 같이 F_1과 제3품종을 교배하는 것은?

① 다계교배   ② 복교배

③ 3원교배   ④ 단교배

해설
3원교배(삼계교잡)은 단교배 F_1과 어떤 품종과 교배로 (A×B)×C 이다.

52 유기농업과 밀접한 관계가 없는 것은?

① 물질의 지역 내 순환
② 토양유기물함량
③ 인증농산물생산
④ 유기농업 연작체계 마련

해설

유기농업을 위해서는 양분의 부족 및 병해충이 발생하는 연작보다 윤작체계를 마련하는 것이 좋다.

53 작물의 병에 대한 품종의 저항성에 대한 설명으로 가장 적합 한 것은?

① 해마다 변한다.
② 영원히 지속된다.
③ 때로는 감수성으로 변한다.
④ 감수성으로 절대 변하지 않는다.

해설

작물의 저항성은 새로운 발병요인에 의해서 감수성으로 변하기도 한다.

54 시설의 토양관리에서 토양반응이란?

① 식물체 근부의 상태
② 토양 용액 중 수소이온의 농도
③ 토양의 고상, 기상, 액상의 분포
④ 토양의 미생물과 소통물의 행태

해설

토양반응은 토양의 pH 로 표시하며 이는 수소이온 농도에 의해 변화한다.

55 과수의 내한성을 증진시키는 방법으로 옳은 것은?

① 적절한 결실 관리
② 적엽 처리
③ 환상박피 처리
④ 부초 재배

해설

과수의 추위에 대한 내한성을 증진시키기 위해 과수의 결실 관리를 한다. 과수의 결실이 과다하면 양분의 부족으로 내한성이 저하되기에 결실 관리를 실시하게 된다.

56 유기축산물이란 전체 사료 가운데 유기사료가 얼마 이상 함유된 사료를 먹여 기른 가축을 의미하는가?(단, 사료는 건물을 기준으로 한다)

① 100%   ② 75%
③ 50%   ④ 25%

해설

유기축산물의 생산을 위한 가축에게는 100% 유기사료를 급여하여야 한다.

57 두과 사료작물에 해당하는 작물은?

① 라이그라스   ② 호밀
③ 옥수수   ④ 알팔파

해설

두과 사료작물에는 클러버, 알팔파, 레드클로버, 화이트클러버 등이 있다. 라이그라스, 호밀, 옥수수는 화본과사료작물에 해당한다.

58 다음 중 시설의 토양관리에서 객토를 실시하는 이유로 거리가 먼 것은?

① 미량원소의 공급
② 토양침식 효과
③ 염류집적의 제거
④ 토양물리성 개선

해설

객토는 지력의 증진을 위해 다른 곳의 흙을 가져오는 것으로 결과적으로 토양의 물리성이 개선되면서 토양 침식이 줄어들게 된다.

59 다음 중 포식성 곤충에 해당하는 것은?

① 팔라시스이리응애
② 침파리
③ 고치벌
④ 꼬마벌

해설

포식성 천적의 예로 무당벌레, 풀잠자리, 칠레이리응애, 팔라시스이리응애 등이 있다.

60 친환경농산물의 분류에 속하는 것은?

① 천연농산물
② 무공해농산물
③ 바이오농산물
④ 무농약농산물

해설

친환경농산물은 친환경농업을 통해 얻은 것으로 유기농산물, 유기축산물 및 유기임산물, 무농약농산물, 무항생제축산물이 있다.

국가기술자격검정 CBT 모의고사시험

CBT 제2회 필기 모의고사 문제		수험번호	성명
자격종목 유기농업기능사	시험시간 1시간	시험유형	

※ 답안카드 작성시 시험문제지 형별누락, 마킹착오로 인한 불이익은 전적으로 수험자의 귀책사유임을 알려드립니다.

** 본문제는 수검자의 생각에 의한 것으로 실제 문제와 약간 다를 수 있음.

01 농경의 재배형식상 분류가 다른 것은?

① 포경　　　② 원경

③ 곡경　　　④ 화경

해설 ────────────────

농업의 재배형식상 분류에는 원경, 곡경, 포경, 소경, 식경 등이 있다.

02 우리나라에서 가장 많이 재배되고 있는 시설 채소는?

① 근채류　　　② 엽채류

③ 과채류　　　④ 양채류

해설 ────────────────

과채류는 시설면적의 50% 이상으로 가장 많이 재배되고 있다.

03 결핍 시 잎의 황백화 현상이 어린 잎에 나타나지 않는 것은?

① Ca　　　② N

③ S　　　④ Fe

해설 ────────────────

질소는 성숙한 잎 전체의 황백화 현상이 나타나며 심할 경우 괴사한다.

04 수광태세가 가장 좋지 않은 벼의 초형은?

① 키가 너무 크거나 작지 않다.

② 상위엽이 늘어져 있다.

③ 분얼은 개산형이다.

④ 각 잎이 공간적으로 되도록 균일하게 분포한다.

해설 ────────────────

수광태세가 좋은 벼의 초형은 상위엽이 직립해야 한다.

05 다음 중 연작의 피해가 심하여 휴작을 요하는 기간이 가장 긴 것은?

① 벼　　　② 양파

③ 인삼　　　④ 감자

해설 ────────────────

인삼은 연작의 피해가 심해 10년 이상 휴작이 요구되는 작물이다.

06 다음 중 발아에 필요한 종자의 수분흡수량이 가장 많은 작물은?

① 벼　　　② 콩

③ 옥수수　　　④ 밀

해설 ────────────────

발아에 필요한 종자의 수분 흡수량은 종자무게 대비 벼 23%, 밀 30%, 콩 100% 정도이다.

07 휘묻이 방법의 종류가 아닌 것은?

① 당목취법   ② 선취법

③ 파상취목법   ④ 고취법

해설

고취법은 가지나 줄기의 일부에 상처를 주고 그 자리에 수태 혹은 황토로 싸서 건조하지 않도록 해주며 물을 주어 적당한 습도 조건에 유지하여 발근하는 방법이다.

08 냉해의 생리적 원인으로 거리가 먼 것은?

① 호흡량의 급감소로 생장저해

② 광합성 능력의 저하

③ 양분의 전류 및 축적방해

④ 화분의 이상발육에 의한 불임현상

해설

냉온 발생시 수분과 양분의 흡수 기능이 감퇴되어 식물호흡이 증가하며 식물의 동화작용과 생육에 저해되고 유해한 암모니아성 물질이 축적된다.

09 다음 중 잡곡류에 해당하지 않는 것은?

① 조   ② 팥

③ 수수   ④ 옥수수

해설

수수, 옥수수, 메밀, 기장 등이 잡곡류에 해당하고 팥은 두류에 해당한다.

10 가장 높은 적산온도를 필요로 하는 작물은?

① 밀   ② 옥수수

③ 벼   ④ 메밀

해설

작물별로 적산온도의 경우 메밀은 1000~1200°C, 감자는 1300~3000°C, 추파맥류는 1700~2300°C, 완두는 2100~2800°C, 콩은 2500~3000°C, 담배는 3200~3600°C 벼는 3500~4500°C 정도이다.

11 다음 중 칼리비료에 대한 설명으로 바르지 못한 것은?

① 칼리비료는 거의가 수용성이며 비효가 빠르다.

② 황산칼륨과 염화칼륨이 주된 칼리질 비료이다.

③ 단백질과 결합된 칼리는 수용성이며 속효성이다.

④ 유기태칼리는 쌀겨, 녹비, 퇴비, 산야초 등에 많이 들어있다.

해설

단백질과 결합된 칼리는 물에 난용성이어서 지효성이다.

12 병충해 방제 방법 중 경종적 방제법으로 옳은 것은?

① 벼의 경우 보온 육묘한다.

② 풀잠자리를 사육하면 진딧물을 방제한다.

③ 이병된 개체는 소각한다.

④ 맥류 깜부기병을 방제하기 위해 냉수온탕 침법을 실시한다.

해설

보온 육묘와 같은 방법은 재배관리는 경종적 방제법(재배적 방제법)에 해당한다.

13 다음 중 식용작물로 분류되지 않은 것은?

① 벼   ② 보리

③ 옥수수   ④ 참깨

해설

참깨는 유료작물에 해당한다.

14 광합성 효율이 좋은 C4 식물에 해당하는 것은?

① 벼　　　　　　② 보리
③ 고구마　　　　④ 옥수수

> **해설**
> 옥수수, 수수, 사탕수수 등은 C4 식물에 해당한다.

15 종자춘화형 식물이 아닌 것은?

① 추파맥류　　　② 완두
③ 양배추　　　　④ 봄올무

> **해설**
> 양배추는 녹식물춘화형이다.

16 종자의 활력을 검사하려고 할 때, 테트라졸륨 용액에 종자를 담그면 씨눈 부분에만 색깔이 나타나는 작물이 아닌 것은?

① 벼　　　　　　② 옥수수
③ 보리　　　　　④ 콩

> **해설**
> 배유종자가 배(씨눈)부분까지 색깔이 나타나며 콩과 같은 무배유종자는 자엽까지 색이 나타난다.

17 논상태와 밭상태로 몇 해씩 돌려가며 재배하는 방법은?

① 윤작 재배　　　② 교호작 재배
③ 이모작 재배　　④ 답전윤환 재배

> **해설**
> 답전윤환은 논상태와 밭상태로 몇 해씩 돌려가면서 벼와 작물을 재배하는 방식을 말한다.

18 다음 중 화성 유도에 관여하는 요인으로 부적절한 것은?

① C/N 율　　　　② 광
③ 온도　　　　　④ 수분

> **해설**
> 식물의 화성유도에 영향을 주는 주요 인자로 식물 호르몬, 양분(C/N율 등), 광, 온도 등이 있다.

19 광합성에 영향을 미치는 요인이 아닌 것은?

① 광의 강도
② 온도
③ 이산화탄소의 농도
④ 질소의 농도

> **해설**
> 광합성에 영향을 미치는 요인으로 광도, 이산화탄소, 온도, 광파장 등이 있다.

20 작물 열해의 주요 원인이 아닌 것은?

① 유기물의 과잉 소모
② 철분의 침전
③ 증산 과다
④ 암모니아의 과잉 소모

> **해설**
> 열해로 인하여 고온에서 단백질 합성이 저해되고 암모니아 축적이 많아진다.

21 다음 중 대기로부터 토양에 유입된 이산화탄소가 토양 내 물과 반응하였을 때 생성되는 화합물은?

① 아세틱산　　　② 옥살릭산
③ 탄산　　　　　④ 메탄가스

> **해설**
> 대기의 이산화탄소는 물에 용해되면서 탄산이 된다.

22 암석과 광물의 물리적 풍화작용에 해당되는 것은?

① 탄산화작용　　② 착염형성

③ 산화작용　　　④ 온도의 변화

> **해설**
> 기계적(물리적) 풍화작용은 화학적 변화 없이 물, 바람, 충격, 온도, 염류작용 등에 의해 크기가 작아지는 현상이다.

23 토양단면 중 집적층을 나타내는 것은?

① A층　　　　　② E층

③ B층　　　　　④ C층

> **해설**
> B층은 집적층이라 하며 A층에서 용탈된 물질이 있는 층이다.

24 산화철이 존재하는 토양에 물이 많고 공기의 유통이 좋지 못한 곳의 색상은?

① 붉은색　　　　② 회색

③ 황색　　　　　④ 흑색

> **해설**
> 산화철이 많은데 토양에 수분이 많고 통기성이 좋지 못한 경우 회색 혹은 청회색을 띤다.

25 산성토양을 개량하기 위한 대책으로 가장 적합하지 않은 것은?

① 석회요구량을 계산하여 그 양만큼 사용

② 유기물 사용

③ 마그네슘, 칼슘 등 염기 사용

④ 토양개량제에 황을 첨가

> **해설**
> 황을 첨가하게 되면 토양의 산성화가 촉진된다.

26 토양소동물 중 가장 많이 존재하면서 작물의 뿌리에 크게 피해를 입히는 것은?

① 지렁이　　　　② 선충

③ 개미　　　　　④ 톡톡히

> **해설**
> 선충은 토양선충으로 작물의 뿌리에 기생하여 피해를 준다.

27 생리적 염기성 비료는?

① 칠레초석　　　② 황산암모늄

③ 황산칼륨　　　④ 과인산석회

> **해설**
> 생리적 염기성 비료에는 질산나트륨(칠레초석), 질산칼슘, 용성인비, 초목회가 있다.

28 토양침식 관여 인자로 거리가 먼 것은?

① 토성　　　　　② 빗물

③ 바람　　　　　④ 파도

> **해설**
> 토양의 침식에 영향을 주는 요인에는 바람이나 강우와 같은 기상조건이 있으며 빗물, 파도, 바람 등이 해당된다. 토성은 모래(미사, 조사), 점토 함량을 기준으로 분류 기준으로 침식에 관여 인자는 아니다.

29 다음 중 논토양의 특징이 아닌 것은?

① 광범위한 환원층이 발달한다.

② 연작장해가 나타나지 않는다.

③ 철이 쉽게 용탈된다.

④ 산성 피해가 잘 나타난다.

> **해설**
> 논토양은 관개수 및 담수상태로 인하여 산성 피해가 잘 나타나지 않는다.

30 피복작물에 의한 토양보전 효과로 볼 수 있는 것은?

① 토양의 유실 증가
② 토양 투수력 감소
③ 빗방울의 토양 타격강도 증가
④ 유거수량의 감소

> **해설**
> 피복작물이 증가하면 지표에 직접적으로 흐르는 물의 양인 유거수량이 감소하면서 침식이 줄어든다.

31 입단구조의 생성에 대한 설명으로 가장 거리가 먼 것은?

① 양이온이 점토입자와 점토입자 사이에 흡착되어 입단을 형성한다.
② 유기물질의 수산기나 카르복실기가 점토광물과 결합하여 입단을 형성한다.
③ 식물뿌리가 완전히 분해되면서 생기는 탄산에 의하여 입단을 형성한다.
④ 폴리비닐, 크릴리움 등은 입자를 접착시켜 입단을 형성한다.

> **해설**
> 식물뿌리가 완전히 분해되면서 미생물의 분해작용으로 입단이 조성된다.

32 한랭습윤지역에 생성된 포드졸 토양의 설명으로 옳은 것은?

① 용탈층에는 규산이 남고, 집적층에는 Fe 및 Al이 집적된다.
② 용탈층에는 Fe 및 Al이 남고, 집적층에는 염기가 집적된다.
③ 용탈층에는 염기가 남고, 집적층에는 규산이 집적된다.
④ 용탈층에는 염기가 남고, 집적층에는 Fe 및 Al이 집적된다.

> **해설**
> 토양표층의 철과 알루미늄 등이 용탈되어 하층토에 집적되는데 용탈층에는 규산이 남아 백색의 표토층이 되고, 집적층에는 철과 알루미늄에 의해 황갈색이 된다.

33 식물영양소를 토양용액으로부터 식물의 뿌리표면으로 공급하는 대표적인 기작으로 옳지 않은 것은?

① 흡습계수　　② 뿌리차단
③ 집단류　　　④ 확산

> **해설**
> 마른 토양의 수분함량을 흡습계수라 하며 식물의 수분흡수와는 관련이 없다.

34 큰 토양입자가 토양표면을 구르거나 미끄러지며 이동하는 것은?

① 부유　　　② 약동
③ 포행　　　④ 비산

> **해설**
> 풍식의 기장 중 하나인 포행은 큰 입자가 토양표면을 구르거나 미끄러지며 이동하는 것으로 이동하는 입자의 크기는 약 1mm 이상이며 전체 토양 이동량의 5~25%를 차지한다.

35 물에 의한 침식을 가장 받기 쉬운 토성은?

① 식토 ② 양토
③ 사토 ④ 사양토

해설

식토는 진흙의 함량이 50% 이상으로 물에 의한
침식을 받기 쉽다.

36 다음 중 양이온치환용량이 가장 큰 것은?

① 부식(humus)
② 카울리나이트(kaolinite)
③ 몬모릴로나이트(montmorillonite)
④ 버미큘라이트(vermiculite)

해설

양이온치환용량(me/100g)은 부식이 100~300, 몬
모릴로나이트와 버미큘라이트 80~150, 카울리나
이트 3~15 정도로 부식이 가장 크다.

37 토양오염 우려기준 물질에 포함되지 않는 것
은?

① Cd ② Al
③ Hg ④ As

해설

토양오염에 영향을 주는 무기원소로 비소(As), 카
드뮴(Cd), 코발트(Co), 크롬(Cr), 구리(Cu), 수은
(Hg), 납(Pb) 등이 있다.

38 간척지 토양의 일반적 특성이 아닌 것은?

① Na^+ 함량이 높다
② 제염 과정에서 각종 무기염류의 용량이 크
다.
③ 토양교질이 분산되어 물 빠짐이 양호하다
④ 유기물함량이 낮다.

해설

간척지 토양은 점토가 과다하고 나트륨이온이 많
아 토양의 투수성 및 통기성이 불량하다.

39 토양의 염기포화도 계산에 포함되지 않는 이
온은?

① 칼슘이온 ② 나트륨이온
③ 마그네슘이온 ④ 알루미늄이온

해설

염기포화도는 양이온 중 수소와 알루미늄 이온을
제외한 치환성염기의 함유비율이다.

40 다음 중 2:2 규칙형 광물은?

① kaolinite ② allophane
③ vermiculite ④ chlorite

해설

2:2 격자형은 마그네슘 8면체를 중간에 넣고 2:1
격자형 점토광물이 결합된 것으로 chlorite가 있
다.

41 우리나라에서 유기농업이 필요하게 된 배경
이 아닌 것은?

① 안전농산물에 대한 소비자의 요구
② 토양과 수질의 오염
③ 유기농산물의 국제교역 확대
④ 충분한 먹거리의 확보 요구

해설

국내의 경우 유기농업이 필요하게 된 배경 중 하
나로 작물 및 축산물의 과잉생산에 있다.

42 일반적으로 돼지의 임신기간은 약 얼마인가?

① 330일 ② 280일
③ 152일 ④ 114일

해설

돼지의 임신기간은 약 114일 이며 2~3일 정도의
오차가 발생한다. 참고로 소는 280~285일 정도이
다.

43 다음 중 자가불화합성을 이용하는 것으로만 나열된 것은?

① 당근, 상추　② 고추, 쑥갓
③ 양파, 옥수수　④ 무, 양배추

해설

자가불화합성의 이용에서 잡종강세를 나타내는 작물의 1대잡종(F_1) 종자를 대량 생산할 수 있어 국내의 경우 무, 배추, 양배추 종자 생산에 이용된다.

44 온실효과에 대한 설명으로 옳지 않은 것은?

① 시설농업으로 겨울철 채소를 생산하는 효과이다.
② 대기 중 탄산가스 농도가 높아져 대기의 온도가 높아지는 현상을 말한다.
③ 산업발달로 공장 및 자동차의 매연가스가 온실효과를 유발한다.
④ 온실효과가 지속된다면 생태계의 변화가 생긴다.

해설

시설농업으로 겨울철 채소를 생산하는 것은 온실재배이다.

45 다음 종자 소독 중 물리적 방법이 아닌 것은?

① 도말법　② 냉수침법
③ 적외선 조사　④ 건열처리

해설

종자소독의 물리적 방법에는 냉수온탕침법, 온도처리, 건열처리, 적외선, 고주파, 방사선 등이 있다.

46 종자의 발아조건 3가지는?

① 온도, 수분, 산소
② 수분, 비료, 빛
③ 토양, 온도, 빛
④ 온도, 미생물, 수분

해설

종자의 발아를 위한 내적조건 4가지에 수분, 온도, 산소, 광이 있다.

47 유기농업에서 이용할 수 있는 식물 추출 자재가 아닌 것은?

① 님제제　② 제충국
③ 바이오밥　④ 카보후란

해설

카보후란은 화학적 방제법에 활용하는 살충제이다.

48 우리나라에서 친환경농산물 인증기준이 명시되어 있는 것은?

① 친환경농업육성법
② 친환경농어업 육성 및 유기식품 등의 관리 · 지원에 관한 법률 시행규칙
③ 농산물품질관리법
④ 농산물품질관리법 시행령

해설

친환경농산물 인증기준은 친환경농어업 육성 및 유기식품 등의 관리 · 지원에 관한 법률 시행규칙에 명시되어 있다.

49 다음 중 오늘날 작물육종의 목표와 거리가 먼 것은?

① 외관 및 식미의 개량
② 다비요구성
③ 병충해 저항성
④ 환경 적응성

> **해설**
>
> 작물육종의 목표 중 하나로 저비성 작물을 통해 비료의 덜 주어 환경을 보호하고자 한다.

50 수막하우스의 특징을 바르게 설명한 것은?

① 광투과성을 강화한 시설이다.
② 보온성이 뛰어난 시설이다.
③ 자동화가 용이한 시설이다.
④ 내구성을 강화한 시설이다.

> **해설**
>
> 수막하우스는 커튼 위에 물을 뿌릴 수 있는 구조로 된 보온시설로 수막은 겨울철 난방이 가능하다.

51 다음 중 품종의 형질과 특성에 대한 설명으로 맞는 것은?

① 품종의 형질이 다른 품종과 구별되는 특징을 특성이라고 표현한다.
② 작물의 형태적·생태적·생리적 요소는 특성으로 표현된다.
③ 작물 키의 장간·단간·숙기의 조생·만생은 품종의 형질로 표현된다.
④ 작물의 생산성·품질·저항성·적응성 등은 품종의 특성으로 표현된다.

> **해설**
>
> 어떤 품종을 다른 품종과 구별하는데 필요한 특징을 특성이라 하고 특성을 표현하기 위해 측정의 대상이 되는 것을 형질이라 한다.

52 품종의 퇴화원인은 3가지로 분류할 때 해당하지 않는 것은?

① 유전적 퇴화
② 생리적 퇴화
③ 병리적 퇴화
④ 영양적 퇴화

> **해설**
>
> 품종의 퇴화원인에는 유전적 퇴화, 생리적 퇴화, 병리적 퇴화가 있다.

53 무경운의 장점으로 옳지 않은 것은?

① 토양구조 개선
② 토양유기물 유지
③ 토양생명체 활동에 도움
④ 토양침식 증가

> **해설**
>
> 무경운의 장점 중 하나로 토양의 침식은 감소 및 방지된다.

54 유기배합사료 제조용 자재 중 보조사료가 아닌 것은?

① 활성탄
② 올리고당
③ 요소
④ 비타민A

> **해설**
>
> 요소는 비단질질소화합물로 유기배합사료에 활용하지 않는다.

55 교배 방법의 표현으로 틀린 것은?

① 단교배 : A × B
② 여교배 : (A × B) × A
③ 삼원교배 : (A × B) × C
④ 복교배 : A × B × C × D

> **해설**
>
> 복교배는 두 개의 단교배로 F_1 끼리 교배하며 [(A×B)×(C×D)] 이다.

56 다음 중 농작물의 특성을 유지하기 위한 방법이 아닌 것은?

① 자연교잡에 의한 재배
② 영양번식에 의한 보존재배
③ 격리재배
④ 원원종재배

해설

자연교잡에 의한 재배는 종자의 퇴화가 발생한다.

57 다음 중 논에 주로 발생하는 잡초로만 짝지어진 것은?

① 올방개, 가래
② 바랭이, 강아지풀
③ 쑥, 쇠비름
④ 참방도사니, 명아주

해설

논에서 주로 발생하는 논잡초에는 올방개, 올미, 가래, 나도겨풀, 피, 올챙이고랭이 등이 있다.

58 가금류의 사육장 및 사육조건으로 적합하지 않은 것은?

① 충분한 활동 면적을 확보
② 쾌적한 공장형 케이지 사육장 설치
③ 사료와 음수의 접근이 용이
④ 개방 조건에서 방목

해설

가금류의 사육장 및 사육조건에서 가금은 개방조건에서 사육되어야 하고, 기후조건이 허용하한야외 방목장에 접근이 가능하여야 하며, 케이지에서 사육하지 아니한다.

59 경사지 과수원에서 등고선식 재배방법을 하는 가장 큰 목적은?

① 토양침식 방지
② 과실착색 촉진
③ 과수원경관 개선
④ 토양물리성 개선

해설

등고선식 재배법은 경사지에 등고선에 따라 이랑을 만드는 것으로 이랑 사이 유거수가 발생하지 않아 침식이 방지된다.

60 유기종자 생산을 위한 종자의 소독 방법으로 적합하지 않은 것은?

① 냉수온탕침법
② 온탕침법
③ 건열처리
④ 분의소독

해설

분의소독은 종자에 약제를 묻혀 소독하는 방법인데 유기종자는 화학약제를 사용하면 안된다.

CBT 제3회 필기 모의고사 문제		수험번호	성명
자격종목 **유기농업기능사**	시험시간 **1시간**	시험유형	

※ 답안카드 작성시 시험문제지 형별누락, 마킹착오로 인한 불이익은 전적으로 수험자의 귀책사유임을 알려드립니다.

※※ 본문제는 수검자의 생각에 의한 것으로 실제 문제와 약간 다를 수 있음.

01 다음 중 군락의 수광태세가 양호하여 광합성에 가장 유리한 벼의 초형은?

① 줄기가 직립으로 모여 있고 잎이 넓으며 키가 큰 품종

② 잎이 특정한 방향으로 모여 있으면서 노화가 빠른 품종

③ 줄기가 어느 정도 열려있고 상위엽이 직립인 품종

④ 잎이 말려 있고 아래로 처지거나 수평을 이루고 있는 품종

해설

수광태세가 양호한 벼의 초형은 잎이 과히 얇지 않고 약간 좁으며 상위엽이 직립한다.

02 연작 장해를 해소하기 위한 가장 친환경적인 영농방법은?

① 토양소독

② 유독물질의 제거

③ 돌려짓기

④ 시비를 통한 지력 배양

해설

연작은 동일 포장에 동일 작물을 매년 지속적으로 재배하는 방식을 말한다. 연작을 할 경우 작물이 선호하는 양분의 선택적 이용으로 토양에 특정 양분이 부족하게 되어 작물이 제대로 자라지 못하게 된다. 이러한 연작의 피해를 줄이기 위해 다른 작물을 순차적으로 재배하는 연작을 하는 것이 효과적이다.

03 다음 중 호광성 종자에 해당하는 것은?

① 담배　　　② 호박

③ 양파　　　④ 오이

해설

담배, 상추, 우엉 등은 호광성종자에 해당한다.

04 다음 중 중경의 효과가 아닌 것은?

① 발아의 조장　　② 제초 효과

③ 토양 수분 손실　④ 토양 물리성 개선

해설

중경작업 시 토양을 얇게 작업하면 모세관이 절단되고 표면 공극이 좁아져 토양의 유효수분 증발이 줄어드는 효과가 있다.

05 규산에 대한 설명으로 틀린 것은?

① 벼, 보리 등 외떡잎식물에서 많이 흡수되며, 엽신에 침적되어 규질화세포를 형성한다.

② 규질화된 잎은 도열병균이 침입하기 어려우며, 각피 증산이 촉진된다.

③ 규소가 잎에 축적되면 잎을 직립하게 하여 수광 태세가 좋아지고 도복을 방지한다.

④ 규소가 물관에 축적되면 증산이 심할 때 받는 압력에 견디게 해준다.

해설

규산이 충분히 공급되면 규질화된 조직에 의해 도열병균의 침입이 어렵고 각피의 증산이 억제된다.

06 농작물의 유연관계를 교잡에 의해 분석할 때 서로의 관계가 멀고 가까움을 나타내는 지표는?

① 종자의 임실률
② 생리적인 특성의 차이
③ 염색체의 모양과 수적 변이
④ 종자가 함유하고 있는 단백질 조성의 차이

해설

농작물 유연관계를 교잡에 의해 분석할 경우 유연관계가 멀수록 임실률이 낮아지는데 이러한 임실률을 하나의 지표로 참고하게 된다.

07 식물의 굴광현상에 가장 유효한 광은?

① 자색광　　　② 청색광
③ 적색광　　　④ 적외선

해설

굴광현상은 400~500nm, 특히 440~480nm 청색광이 가장 유효하다.

08 다음 중 산성토양에 가장 강한 작물은?

① 상추　　　② 완두
③ 고추　　　④ 수박

해설

산성토양에 저항성이 강한 작물로는 벼, 귀리, 조, 옥수수, 감자, 수박 등이 있다.

09 작물의 광합성 작용에 가장 효과적인 빛은?

① 자외선　　　② 적외선
③ 가시광선　　　④ β선

해설

햇빛에 의해 발생되는 광의 경우 파장에 의해 적외선, 가시광선, 자외선으로 분류되며 광합성은 가시광선 파장에 가장 큰 영향을 받는다.

10 이명법에 의한 학명으로 옳은 설명은?

① 과명과 속명을 함께 표시한 것이다.
② 영어로 명명하고 라틴체로 쓴다.
③ 용도에 따른 식물분류에 기본으로 활용한다.
④ 식물의 학명은·세계 공통으로 쓰인다.

해설

식물은 학술적으로 연구를 할 때 소통의 어려움이 있어 이명법을 통해 세계 공용으로 활용하고 있다.

11 작물수량을 증가시키는 3대 조건이 아닌 것은?

① 유전성이 좋은 품종 선택
② 알맞은 재배환경
③ 적합한 재배기술
④ 상품성이 우수한 작물 선택

해설

작물의 수량은 유전성, 환경조건, 재배기술을 3변으로 표현하는 작물수량 삼각형으로 표현한다. 작물수량 삼각형은 유전성은 우수하고 최적의 환경조건을 가지며 적합한 재배기술을 적용해야 한다.

12 작물의 광합성에 필요한 요소들 중 이산화탄소의 대기 중 함량은?

① 약 0.03%　　　② 약 0.3%
③ 약 3%　　　④ 약 30%

해설

대기의 조성은 질소 78%, 산소 21%, 이산화탄소 0.03% 및 기타로 구성되어 있다.

13 다음 중 중금속의 유해 작용을 경감시키는 것은?

① 붕소 ② 석회
③ 철 ④ 유황

해설
석회를 공급하면 토양 중금속의 유해 작용을 경감시킬수 있다.

14 기지현상의 원인이라고 볼 수 없는 것은?

① C.E.C의 증대 ② 토양 중 염류집적
③ 양분의 소모 ④ 토양선충의 피해

해설
CEC는 양이온 치환용량이라 하여 양이온치환용량이 크다는 것은 비옥한 토양을 의미하기에 기지현상의 원인으로 볼 수 없다.

15 작물의 요수량에 관한 설명으로 틀린 것은?

① 작물의 건물 1g을 생산하는데 소비된 수분량이다.
② 증산계수 또는 증산능률이라고도 한다.
③ 요수량이 작은 작물이 가뭄에 강하다.
④ 작물별로 수분의 절대소비량을 표기하는 것은 아니다.

해설
증산능률은 증산의 효율 정도로 증산계수 및 요수량의 반대개념이다.

16 종자의 발아에 관한 설명으로 틀린 것은?

① 발아시는 파종된 종자 중에서 최초 1개체가 발아한 날이다.
② 발아기는 전체종자수의 약 50%가 발아한 날이다.
③ 발아전은 종자의 대부분이 발아한 날이다.
④ 발아일수는 파종기부터 발아 전까지의 일수이다.

해설
발아일수는 파종기부터 발아기까지의 일수이다.

17 다음 중 적산온도 요구량이 가장 높은 작물은?

① 감자 ② 메밀
③ 벼 ④ 담배

해설
작물의 적산온도는 벼는 3500~4500℃, 담배는 3200~3600℃, 감자는 1300~3000℃, 메밀은 1000~1200℃ 정도로 벼가 가장 높다.

18 다음 중 뿌리의 흡수량 또는 흡수력을 감소시키는 요인은?

① 토양 중 산소의 감소
② 건조한 공중습도
③ 광합량의 증가
④ 비료의 사용량 감소

해설
토양 중 산소가 부족하면 뿌리 호흡이 불량해지면서 뿌리의 기능이 저하되어 흡수량이 감소된다.

19 자동차 등에서 배출된 대기 중의 이산화질소가 자외선에 의해 분해되어 산소와 결합하여 발생하는 유해가스는?

① 오존　　　　　② PAN
③ 아황산가스　　④ 일산화질소

해설

오존은 NO_2 가 자외선 하에서 광산화되어 생성된다.

20 경영면에 따른 작물의 분류는?

① 조생종　　　　② 도입품종
③ 환금작물　　　④ 장간종

해설

경제, 경영에 의한 분류에는 자급작물, 환금작물, 경제작물이 있다.

21 점판암은 무선 암석이 변성작용을 받아서 된 것인가?

① 사암　　　　　② 규암
③ 혈암　　　　　④ 편암

해설

점판암은 혈암이나 이암 등이 변질된 것으로 판상으로 쪼개지는 성질을 갖는 대부분 암회색을 띠는 암석이다.

22 화학적 풍화적용이 아닌 것은?

① 가수분해작용　② 산화작용
③ 수화작용　　　④ 대기의 작용

해설

대기의 작용은 기계적 풍화작용에 해당한다.

23 다음 설명 중 심층시비를 가장 바르게 실시한 것은?

① 암모늄태 질소를 산화층에 시비하는 것
② 암모늄태 질소를 환원층에 시비하는 것
③ 질산태 질소를 산화층에 시비하는 것
④ 질산태 질소를 표층에 시비하는 것

해설

암모늄태질소를 산화층에 주면 탈질작용에 의해 질소가 손실되기 때문에 심층시비를 통해 암모늄태 질소를 환원층에 공급하여 산소가 차단되면서 양분을 공급하는 방법이다.

24 논토양의 일반적인 특성이 아닌 것은?

① 토층의 분화가 발생한다.
② 조류에 의한 질소공급이 있다.
③ 연작장해가있다.
④ 양분의 천연공급이 있다.

해설

논토양은 관개수에 의해 천연 양분이 공급되기에 연작장해가 없다.

25 일반토양에 비하여 염해지토양에 많이 존재하는 물질은?

① 유기물　　　　② 철
③ 석회　　　　　④ 나트륨

해설

염해지 토양은 일반 토양에 비하여 나트륨 함량이 약 20배 정도 많다.

26 토양미생물에 대한 설명으로 틀린 것은?

① 균근류는 통기성과 투수성을 증가시킨다.

② 화학종속영양세균의 주 에너지원은 빛이다.

③ 토양 유기물을 분해시켜 부식으로 만든다.

④ 조류는 광합성을 하고 산소를 방출한다.

> **해설**
> 화학종속영양세균은 유기물의 분해로부터 에너지를 얻는다.

27 노후화된 논 토양에서 용탈에 의하여 주로 결핍 증상이 나타나는 성분으로 바르게 나열된 것은?

① 질소, 인산
② 철, 망간
③ 유기물, 황
④ 염분, 칼륨

> **해설**
> 노후답은 노후화 현상이 발생한 논토양으로 철분, 망간, 칼슘, 마그네슘 등의 주요 양분이 용탈하여 영양장애 등을 유발하는 것을 말한다.

28 다음 중 뿌리혹박테리아에 의한 질소 공급으로 별도의 질소질 비료를 적게 주어도 되는 작물은?

① 콩
② 벼
③ 고추
④ 호박

> **해설**
> 콩과작물의 경우 질소고정능력이 있어 별도의 질소질 비료를 적게 주어도 된다.

29 Munsell 표기법에 의한 토양색이 7.5R 7/2일 때 채도를 나타내는 기호로 옳은 것은?

① 7.5
② R
③ 7
④ 2

> **해설**
> 보통 색상, 명도, 채도의 순서로 표기한다. 예를 들어 7.5R 7/2 로 표기한 토양은 색상은 7.5R, 명도는 7, 채도는 2를 의미한다.

30 토양단면도에서 O층에 해당되는 것은?

① 모재층
② 집적층
③ 용탈층
④ 유기물층

> **해설**
> 토양단면에서 O층은 유기물층이라 한다.

31 대표적인 혼층형 광물로서 2 : 1 : 1 의 비팽창형 광물은?

① chlorite
② vermiculite
③ illite
④ montmorillonite

> **해설**
> chlorite 는 혼합형광물로 2:1:1 형의 비팽창형 광물이다.

32 다음 중 토양공기에 영향을 미치는 요인의 설명으로 옳은 것은?

① 점질 통야은 비모관공극이 많고, 토양의 용기량이 크다.

② 심경을 하면 토양의 깊은 곳까지 용기량이 증대한다.

③ 미숙유기물을 사용하면 이산화탄소의 농도가 낮아진다.

④ 식물이 생육하고 있는 토양은 뿌리의 호흡에 의해 이산화탄소의 농도가 나지(裸地)보다 낮아진다.

> **해설**
> 심경을 하게 되면 토양의 깊은 곳까지 통기성이 양호해져 용기량이 증대된다.

33 토양 풍식에 대한 설명으로 옳은 것은?

① 바람의 세기가 같으면 온대습윤지방에서의 풍식은 건조 또는 반건조 지방보다 심하다.

② 우리나라에서는 풍식작용이 거의 일어나지 않는다.

③ 피해가 가장 심한 풍식은 토양입자가 도약, 운반되는 것이다.

④ 매년 5월 초순에 만주와 몽고에서 우리나라로 날아오는 모래먼지는 풍식의 모형이 아니다.

> **해설**
> 풍식은 바람에 의한 토양침식으로 피해가 가장 심한 풍식은 토양입자가 도약, 운반되는 것이다.

34 토양에 사용한 유기물의 역할로 틀린 것은?

① 양이온교환용량(CEC)을 증가시킨다.

② 수분보유량을 증가시킨다.

③ 유기산이 발생하여 토양입단을 파괴한다.

④ 분해되어 작물에 질소를 공급한다.

> **해설**
> 유기물의 시용은 토양의 입단에 도움을 준다.

35 토양미생물 중 황세균의 최적 pH는?

① 2.0~4.0   ② 4.0~6.0
③ 6.8~7.3   ④ 7.0~8.0

> **해설**
> 토양세균은 pH 6~8 정도에서 생육이 양호한데 황세균과 같이 pH 2~4에 최적화되어 있는 세균도 있다.

36 질화작용이 일어나는 장소와 과정이 옳은 것은?

① 환원층, $NH4^+ \rightarrow NO3^- \rightarrow NO2^-$

② 환원층, $NH4^+ \rightarrow NO2^- \rightarrow NO3^-$

③ 산화층, $NO3^- \rightarrow NO2^- \rightarrow NH4^+$

④ 산화층, $NH4^+ \rightarrow NO2^- \rightarrow NO3^-$

> **해설**
> 논토양의 산화층에서는 질산화성작용(질화작용)이 이루어지는데 암모니아가 질산으로 산화되는 과정이다. 암모니아태질소(NH_4^+)가 질산균에 의해 2번의 반응을 거쳐 질산태질소(NO_3^-)가 된다.

37 수평배열의 토괴로 구성된 구조이며, 투수성에 가장 불리한 토양구조는?

① 판상   ② 입상
③ 주상   ④ 괴상

> **해설**
> 판상구조는 접시와 같은 모양이거나 수평배열의 토괴로 구성된 구조로 용적밀도가 크고 공극률이 낮으며 대공극이 없어 투수성이 낮다.

38 일반적으로 표토에 부식이 많으면 토양의 색은?

① 암흑색   ② 회백색
③ 적색   ④ 황적색

> **해설**
> 유기물이 부식화가 진행되면 흑색이나 어두운 회색을 띠게 된다.

39 토양의 비열이란?

① 토양 100g을 1℃ 올리는 데 필요한 열량

② 토양 1g을 1℃ 올리는 데 필요한 열량

③ 토양 10g을 1℃ 올리는 데 필요한 열량

④ 토양 1g의 열량으로 수온 1℃ 올리는 데 필요한 열량

> **해설**
> 비열은 물질 1g의 온도를 1℃ 올리는데 필요한 열량이다.

40 토양구성 3상 중 비열이 가장 높은 것은?

① 물 　　　　　　② 점토
③ 유기물 　　　　④ 공기

해설

비열은 물질 1g 의 온도를 1℃ 올리는데 필요한 열량인데 토양의 3상 중 물의 비율이 가장 높아 토양의 온도 변화가 쉽지 않다.

41 친환경농업의 필요성이 대두된 원인으로 거리가 먼 것은?

① 농업부문에 대한 국제적 규제 심화
② 안전농산물을 선호하는 추세의 증가
③ 관행농업 활동으로 인한 환경오염 우려
④ 지속적인 인구증가에 따른 증산위주의 생산 필요

해설

친환경농업은 생산체계에서 작물 및 축산물의 과잉생산을 해결하기 위함에 있다.

42 잡종강세육종에서 일반조합능력과 특정조합능력을 함께 검정할 수 있는 것은?

① 단교배 　　　　② 톱교배
③ 이면교배 　　　④ 3원교배

해설

이면교배는 여러 자식계를 둘씩 조합하거나 교배하여 특정조합능력과 일반조합능력을 검정한다.

43 다음 작물 중 일반적으로 배토를 실시하지 않는 것은?

① 파 　　　　　　② 토란
③ 감자 　　　　　④ 상추

해설

배토는 맥류, 감자, 옥수수, 토란, 파 등의 작물에 주로 실시한다.

44 토양 속 지렁이의 역할이 아닌 것은?

① 유기물을 분해한다.
② 통기성을 좋게 한다.
③ 뿌리의 발육을 저해한다.
④ 토양을 부드럽게 한다.

해설

지렁이는 흙과 유기물을 먹고 분해면서 토양 성분의 개량에 도움을 준다. 또한 파놓은 구멍 속으로 공기와 물이 유입되어 산소와 수분공급에도 도움을 주면서 토양을 부드럽게 한다.

45 다음 중 물리적 종자 소독방법이 아닌 것은?

① 냉수온탕침법 　② 건열처리
③ 온탕침법 　　　④ 분의소독법

해설

분의소독법은 종자에 약제를 묻혀 살균 또는 살충하는 방법으로 화학적 방제법에 해당한다.

46 유기농업과 관련된 국제활동조직 명칭은?

① ILO 　　　　　② IFOAM
③ ICA 　　　　　④ WTO

해설

IFOAM 은 국제유기농업운동연맹이다.

47 초생재배의 장점이 아닌 것은?

① 토양의 단립화 　② 토양침식 방지
③ 제초노력 경감 　④ 지력증진

해설

초생재배를 하면 토양의 지력이 증진하면서 입단화가 이루어진다.

48 벼 생육의 최적 온도는?

① 25~28℃ ② 30~32℃

③ 35~38℃ ④ 40℃ 이상

해설

벼의 생육 최적온도는 30~32℃ 이다.

49 다음 중 잡초의 해가 아닌 것은?

① 양분, 수분, 광에 대하여 경합한다.

② 병해충을 매개하거나 월동 서식지가 된다.

③ 작물의 품질을 떨어뜨린다.

④ 수량 손실 감소한다.

해설

잡초로 인하여 수량손실이 증가한다.

50 육종기술의 3단계가 아닌 것은?

① 유전정보 수집

② 변이의 탐구와 창성

③ 변이의 선택과 고정

④ 신종의 증식과 보급

해설

육종기술은 변이의 탐구와 창성, 변이의 선택과 고정, 신품종의 증식과 보급의 3단계로 구성된다.

51 다음 중 동형 접합체를 나타내는 것은?

① AA ② Aa

③ AB ④ BC

해설

동형접합체는 같은 유전자형을 가진 것으로 AA 혹은 aa 로 표현할수 있다.

52 유기농업적 관점에서 가장 부적절한 멀칭용 피복재료는?

① 플라스틱 필름 ② 건초

③ 낙엽 ④ 전정한 나뭇가지

해설

재활용 및 양분이 되는 건초, 낙엽, 나뭇가지는 친환경 자재이나 플라스틱 필름은 재생 불가능한 자원으로 유기농업 관점에서 부적절한 재료이다.

53 퇴비를 토양에 시용하였을 때 효과는?

① 토양의 공극률 증대 및 보수력 증가

② 토양의 치환용량 감소 및 미생물 활동 감소

③ 비료양분 공급 및 보수력 감소

④ 토양의 공극률 및 미생물 활동 감소

해설

퇴비를 토양에 사용하면 양분 공급, 토양 입단화, 미생물 활성화, 토양의 공극률 증대, 보수력 증가 등의 효과가 있다.

54 품종퇴화의 원인으로 볼 수 없는 것은?

① 이형유전자의 분리

② 이형종자의 혼입 억제

③ 자연교잡

④ 돌연변이

해설

품종퇴화의 원인에서 유전적 퇴화에는 자연교잡, 돌연변이, 이형유전자형의 분리, 이형종자의 기계적 혼입이 있다.

55 우리나라 벼 품종의 일반적인 종자갱신 주기는?

① 1년 1기 ② 4년 1기

③ 5년 1기 ④ 6년 1기

해설

벼의 종자갱신 주기는 4년 주기이다.

56 시설 내 환경 특성에 대한 일반적인 설명으로 틀린 것은?

① 일교차가 크다.
② 광분포가 불균일하다.
③ 공중습도가 낮다.
④ 토양의 염류농도가 높다.

해설

시설 내 밀폐된 공간에서는 공중습도가 높다.

57 유기재배 시 제초방제 방법으로 잘못된 것은?

① 저독성 화학합성물질 살포
② 멀칭・예취
③ 화염제초
④ 기계적 경운 및 손 제초

해설

유기재배에서 화학합성물질은 사용할 수 없다.

58 벼를 재배할 경우 발생되는 주요 잡초가 아닌 것은?

① 방동사니, 강피   ② 망초, 쇠비름
③ 가래, 물피   ④ 물달개비, 개구리밥

해설

망초, 쇠비름은 밭잡초로 분류된다.

59 우리나라 유기축산의 문제점과 가장 거리가 먼 것은?

① 유기사료 재배포장의 확보문제
② 유기사료 생산에서의 기술적 문제
③ 유기사료 곡물의 확보 문제
④ 유기 가축 축사 설치 문제

해설

국내의 경우 유기 가축 축사 설치에 관한 기술은 문제가 없으나 유기사료 확보에 문제가 있다.

60 병해충 종합관리에 대한 설명으로 옳은 것은?

① 효과범위가 넓은 약제를 살포하여 여러 가지 병해충을 동시에 방제할 수 있다.
② 농약을 사용하지 않고 천적만을 이용하여 병해충을 방제할 수 있다.
③ 생물학적, 경종적 방법 등을 이용하여 농약 살포를 최소화 할 수 있다.
④ 병해충에 강하도록 작물의 유전자를 변형하여 병해충을 방제할 수 없다.

해설

병해충종합관리는 환경 친화적이고 지속가능한 방법으로 병해충을 관리하여 농약으로 인한 사회, 보건학적 위험을 줄이는 것을 목적으로 하는 방법이다. 그래서 생물학적, 물리적, 경종적 방법 등을 주로 활용하며 화학적 방법인 농약살포는 최소화 할 수 있다.

CBT 제4회 필기 모의고사 문제		수험번호	성명
자격종목	시험시간	시험유형	
유기농업기능사	1시간		

※ 답안카드 작성시 시험문제지 형별누락. 마킹착오로 인한 불이익은 전적으로 수험자의 귀책사유임을 알려드립니다.
** 본문제는 수검자의 생각에 의한 것으로 실제 문제와 약간 다를 수 있음.

01 농작물의 분화과정에서 자연적으로 새로운 유전자형이 생기게 되는 가장 큰 원인은?

① 영농방식의 변화
② 재배환경의 변화
③ 재배기술의 변화
④ 자연교잡과 돌연변이

해설
분화의 가장 큰 원인에는 자연교잡과 돌연변이와 같은 유전적 변이이다.

02 대기조성과 작물에 대한 설명으로 틀린 것은?

① 대기 중 질소가 가장 많은 함량을 차지한다.
② 대기 중 질소는 콩과 작물의 근류균에 의해 고정되기도 한다.
③ 대기 중의 이산화탄소의 농도는 작물이 광합성을 수행하기에 충분한 과포화 상태이다.
④ 산소농도가 극히 낮아지거나 90% 이상이 되면 작물의 호흡에 지장이 생긴다.

해설
대기 중 이산화탄소 농도는 0.03% 정도로 작물이 광합성을 수행하기에 충분하지 않은 상태이다. 시설 재배에서 이산화탄소시비 등을 통해 충분한 이산화탄소를 공급하게 된다.

03 포장군락의 단위면적당 동화능력을 포장동화능력이라 한다. 일정한 조사 광량에서 포장동화능력을 구하고자 할 때 관계하는 요인으로 거리가 먼 것은?

① 수광능률
② 최적엽면적
③ 총엽면적
④ 평균동화능력

해설
포장동화능력은 포장군락의 단위면적당 광합성의 능력을 말하며 <포장동화능력=총엽면적×수광능률·평균동화능력>으로 구할 수 있다.

04 다음 중 경작지 전체를 3등분하여 매년 1/3씩 경작지를 휴한하는 작부 방식은?

① 3포식 농업
② 이동 경작 농법
③ 자유 경작 농법
④ 4포식 농법

해설
삼포식은 포장을 3등분하여 하나는 여름작물, 다른 하나는 겨울작물, 마지막 하나는 휴한을 하여 매년 돌려짓기를 실시하며 결국 3년에 한번의 휴한을 하게 된다.

05 수중에서는 발아를 하지 못하는 종자로만 짝지어진 것은?

① 벼, 토마토, 카네이션
② 상추, 당근, 셀러리
③ 귀리, 밀, 무
④ 셀러리, 티머시, 상추

해설
수중에서 발아가 잘 안되는 종자에는 밀, 콩, 무, 귀리, 양배추, 가지, 고추 등이 있다.

06 농업기계 자동화를 통한 생력재배에 관한 설명으로 가장 거리가 먼 것은?

① 노동생산성을 향상시킨다.
② 농기계의 내구성이 저하된다.
③ 농산물 품질을 향상시킨다.
④ 작업능률을 향상시킨다.

> **해설**
> 농기계의 내구성이 저하됨은 작업의 단점에 해당된다.

07 비료의 엽면흡수에 영향을 끼치는 요인에 대한 설명으로 틀린 것은?

① 잎의 표면보다 표피가 얇은 이면이 더 잘 흡수된다.
② 잎의 호흡작용이 왕성할 때 흡수가 잘 되며 노엽보다 성엽에서 흡수가 잘 된다.
③ 살포액의 pH 는 알칼리성인 것이 흡수가 잘 된다.
④ 전착제를 가용하는 것이 흡수가 잘된다.

> **해설**
> 엽면시비된 살포액이 약산성의 경우 흡수가 잘 이루어진다.

08 작물을 재배할 때 발생하는 풍해에 대한 재배적 대책이 아닌 것은?

① 내풍성 품종의 선택
② 내도복성 품종의 선택
③ 요소의 엽면시비
④ 배토·지주 및 결속

> **해설**
> 풍해를 방지하기 위해 방풍림 조성이 가장 효과적이며 내풍성 및 내도복성 수종의 선택, 비배관리, 풍향의 직각방향 이랑 만들기 등의 방법이 있다. 그런데 요소의 엽면시비는 강한 바람에 의해 시비한 요소가 유실될 가능성이 높다.

09 다음 중 세균성 병원균이 주원인인 병은?

① 벼도열병
② 사과, 배 검은별무늬병
③ 토마토 풋마름병
④ 담배모자이크병

> **해설**
> 세균의 대표적인 종류로 벼 세균성줄무늬병, 벼 흰잎마름병, 맥류 검은마디병, 감자 둘레썩음병, 감자 더뎅이병, 토마토 풋마름병 등이 있다.

10 장일식물로만 바르게 나열된 것은?

① 도꼬마리, 국화 ② 들깨, 콩
③ 시금치, 담배   ④ 양파, 상추

> **해설**
> 보리, 시금치, 양파, 당근, 양배추, 아마, 감자, 상추 등이 장일식물에 해당한다.

11 지력을 향상시키는 방법이 아닌 것은?

① 토심을 깊게 한다.
② 단립구조를 만든다.
③ 토양 pH는 중성으로 만든다.
④ 토성은 사양토 ~ 식양토로 만든다.

> **해설**
> 지력을 향상시키기 위해서는 입단구조를 만드는 게 좋다.

12 광합성에 가장 유효한 반응은?

① 녹색광   ② 황색광
③ 자색광   ④ 적색광

> **해설**
> 광합성에 가장 효과적인 광은 청색광(450nm), 적색광(650nm)이다.

13 암발아 종자에 속하는 것은?

① 호박　　　② 담배
③ 베고니아　④ 상추

> **해설**
> 혐광성종자(암발아종자)에는 호박, 토마토, 고추,
> 양파, 가지, 오이, 무, 부추 등이 있다.

14 다음 중 토양 경운작업의 효과로 볼 수 없는 것은?

① 물 빠짐과 공기 유통을 원활하게 한다.
② 토양미생물의 활동을 왕성하게 한다.
③ 잡초의 발생을 많게 한다.
④ 토양을 부드럽게 한다.

> **해설**
> 경운은 토양을 갈아 흙덩이를 부스러뜨리는 작업
> 으로 잡초의 발생이 줄어들고 해충이 박멸하는데
> 도움이 된다.

15 작물의 적산온도에 대한 설명으로 틀린 것은?

① 작물의 생육시기와 생육기간에 따라 차이가 있다.
② 작물의 생육이 가능한 범위의 온도를 나타낸다.
③ 작물이 일생을 마치는데 소요되는 총온량을 표시한다.
④ 작물의 발아로부터 성숙에 이르기까지의 0℃ 이상의 일평균기온을 합산한 온도이다.

> **해설**
> 작물의 생육 가능한 온도의 범위를 유효온도라고
> 한다.

16 수해에 대한 설명으로 틀린 것은?

① 수해를 예방하기 위해 볏과 목초, 피, 수수 등 침수에 강한 작물을 선택한다.
② 수온이 높으면 호흡기질 의 소모가 빨라 피해가 크다.
③ 벼의 침수피해는 수잉기보다 분얼 초기에 심하다.
④ 질소질 비료를 많이 주면 관수해가 커진다.

> **해설**
> 벼의 침수피해는 수잉기에서 출수개화기에는 침
> 수에 약해지면서 침수피해가 크게 나타난다.

17 종자 발아에 광선이 필요한 호광성종자로만 나열된 것은?

① 토마토, 가지　② 호박, 오이
③ 상추, 우엉, 담배④ 옥수수, 콩

> **해설**
> 광을 주어야 발아하는 호광성 종자는 담배, 상추,
> 우엉 등이 있으며 광을 싫어하는 혐광성 종자에는
> 호박, 고추, 양파, 오이 등이 있다.

18 작부 체계별 특성에 대한 설명으로 틀린 것은?

① 단작은 많은 수량을 낼 수 있다
② 윤작은 경지의 이용 효율을 높일 수 있다
③ 혼작은 병해충 방제와 기계화 작업에 효과적이다
④ 단작은 재배나 관리 작업이 간단하고 기계화 작업이 가능하다

> **해설**
> 혼작은 생육기간이 거의 같거나 유사한 작물을
> 섞어 재배하는 방법으로 병해충 방제나 기계화
> 작업에 불리하다.

19 장일식물에 대한 설명으로 옳은 것은?

① 장일상태에서 화성이 저해된다.

② 장일상태에서 화성이 유도, 촉진된다.

③ 8~10시간의 조명에서 화성이 유도 촉진된다.

④ 한계일장은 장일측에, 최적일장과 유도일장은 주체는 단일측에 있다.

> **해설**
>
> 장일식물은 장일상태에서 화성이 유도 및 촉진되는데 낮이 길게 되어 화아가 유발되는 식물로 14시간 이상의 일장 조건이 요구된다.

20 작물의 이산화탄소 포화점이란?

① 광합성에 의한 유기물의 생성속도가 더 이상 증가하지 않을 때의 CO_2 농도

② 광합성에 의한 유기물의 생성속도가 최대한 빠르게 진행될 때의 CO_2 농도

③ 광합성에 의한 유기물의 생성속도와 호흡에 의한 유기물의 소모속도가 같을 때의 CO_2 농도

④ 광합성에 의한 유기물의 생성속도가 호흡에 의한 유기물의 소모속도보다 클 때의 CO_2 농도

> **해설**
>
> 이산화탄소농도가 어느 한계까지 높아지면 그 이상 높아져도 광합성속도는 그 이상 증대하지 않는 상태에 도달하게 되는데 이 한계점의 이산화탄소 농도를 이산화탄소포화점이라 한다.

21 다음 중 비중이 가장 낮은 것은?

① 석영   ② 정장석

③ 부식   ④ 카올리나이트

> **해설**
>
> 부식은 유기물이 분해된 것으로 비중이 약 0.2 정도로 매우 낮다.

22 떼알구조의 토양으로 볼 수 없는 것은?

① 지렁이가 배설한 토양

② 유기물이 풍부한 토양

③ 곰팡이 균사의 물리적 결합이 이루어진 토양

④ 물빠짐이 좋지 않은 토양

> **해설**
>
> 떼알구조가 발달하면 투수성 및 통기성이 양호해지고 토양의 수분 보유력도 좋아진다.

23 토양 중의 암모니아태질소가 산소에 의해 산화되면 무엇이 되는가?

① 단백질   ② 질산

③ 질소가스   ④ 암모니아가스

> **해설**
>
> 암모니아태질소를 산화층에 주면 질화균에 의해서 질산이 된다.

24 다음 유기물 중 토양 내에서 분해속도가 가장 빠른 것은?

① 나무껍질   ② 보릿짚

③ 톱밥   ④ 녹비

> **해설**
>
> 토양에서 분해속도는 탄질율이 낮을수록 빠르다. 톱밥이 500~1000, 보릿짚은 100~150, 나무껍질은 170 정도로 높은 편이며 녹비는 매우 낮아 가장 빠르다.

25 생리적 중성비료인 것은?

① 황산칼륨   ② 염화칼륨

③ 요소   ④ 용성인비

> **해설**
>
> 생리적 중성비료에는 질산암모늄, 질산칼륨, 요소가 있다.

26 노후답의 개량방법으로 가장 거리가 먼 것은?

① 좋은 점토로 객토한다.
② 심토층까지 심경한다.
③ 규산질비료를 사용한다.
④ 함철자재의 사용을 억제한다.

해설

노후답은 객토, 심경, 함철자재의 사용, 규산질비료의 사용을 통해 개량이 가능하다.

27 투수가 잘 되어 토양의 환원상태가 오랫동안 유지되지 못하는 토양은?

① 저습지토양   ② 유기물이 많은 토양
③ 점질토양   ④ 사질토양

해설

진흙의 함량이 낮은 사질토양은 보수력이 낮고 투수가 잘되어 토양의 환원상태가 오랫동안 유지되지 못한다.

28 토양 중 인산에 대한 설명으로 옳은 것은?

① 토양 pH가 5~6의 범위에서는 $H_2PO_4^-$의 형태로 존재한다.
② 토양의 pH가 중성보다 낮아질수록 용해도가 증가한다.
③ 토양 pH가 8이상의 범위에서는 H_3PO_4의 형태로 존재한다.
④ CEC가 클수록 흡착되는 양이 많아진다.

해설

인산은 중성토양에서 유효도가 증가하는데 주로 $H_2PO_4^-$ 형태로 존재하고 식물에 흡수된다.

29 토양의 평균적인 입자 밀도는?

① $0.7mg/m^3$ ② $1.5mg/m^3$
③ $2.65mg/m^3$ ④ $5.4mg/m^3$

해설

토양에서 입자밀도는 고상을 구성하는 자체밀도로서 $2.5~2.7g/cm^3$ 으로 평균 $2.65g/cm^3$ 이다

30 토양 층위를 지표부터 지하 순으로 옳게 나열된 것은?

① R층 → A층 → B층 → C층 → 0층
② 0층 → A층 → B층 → C층 → R층
③ R층 → C층 → B층 → A층 → 0층
④ 0층 → C층 → B층 → A층 → R층

해설

토양의 단면은 지표를 시작으로 O층, A층, B층, C층, R층으로 구분된다.

31 토양이 자연의 힘으로 다른 곳으로 이동하여 생성된 토양 중 중력의 힘에 의해 이동하여 생긴 토양은?

① 정적토   ② 붕적토
③ 빙하토   ④ 풍적토

해설

붕적토는 토양 모재가 중력에 의해 경사지에서 미끄러져 퇴적된 것이다.

32 이 성분을 많이 흡수한 벼는 도복과 도열병에 강해지고 증수의 효과가 있다. 이 원소는?

① Ca   ② Si
③ Mg   ④ Mn

해설

규산(Si)은 화곡류의 저항성을 높이는데 도움을 주는데 벼에 있어 도열병에 대한 저항성을 키워주고 잎을 곧게 지지하도록 도와준다.

33 토양의 구조 중 입단의 세로축보다 가로축의 길어가 길고, 딱딱하여 토양의 투수성과 통기성을 나쁘게 하는 것은?

① 주상구조   ② 괴상구조
③ 구상구조   ④ 판상구조

해설

판상구조는 접시와 같은 모양이거나 수평배열의 토괴로 구성된 구조로 토양생성과정 중에 발달하는 편이다. 토양의 투수성과 통기성이 불량하여 수분의 하향이동이 어렵고 뿌리가 밑으로 자랄 수 없다.

34 Kaolinite에 대한 설명으로 틀린 것은?

① 동형치환이 거의 일어나지 않는다.
② 다른 층상의 규산염광물들에 비하여 상당히 적은 음전하를 가진다.
③ 1 : 1층들 사이의 표면이 노출되지 않기 때문에 작은 비표면적을 가진다.
④ 우리나라 토양에서는 나타나지 않는 점토 광물이다.

해설

우리나라의 토양은 kaolinite 점토가 대부분이다.

35 토양입자의 크기가 갖는 의미로 틀린 것은?

① 토양의 모래·미사, 점토함량을 알면 토양의 물리적 성질에 대한 많은 정보를 알 수 있다.
② 모래함량이 많은 토양은 배수성과 투수성이 크지만 양분을 보유하는 힘이 약하다.
③ 미사가 많은 토양은 배수성과 양분보유능이 매우 크다.
④ 점토가 많은 토양은 양분과 수분을 보유하는 힘은 강하지만 배수성은 매우 나빠진다.

해설

미사가 많은 토양은 배수성은 양호하나 양분의 보유능은 상대적으로 낮다.

36 토양이 산성화됨으로써 발생하는 현상이 아닌 것은?

① 미생물의 활성 감소
② 인산의 불용화
③ 알루미늄 등 유해금속이온 농도 증가
④ 탈질반응에 따른 질소 손실 증가

해설

토양이 산성화되면 탈질균의 활성이 감소하면서 질소 손실이 상대적으로 줄어들게 된다.

37 토양오염에 대한 설명으로 틀린 것은?

① 질소와 인산비료의 과다사용은 토양오염을 유발할 수 있다.
② 농경지 농약의 살포는 토양오염을 유발할 수 있다.
③ 일반적으로 중금속의 흡착은 pH가 높을수록 적어진다.
④ 방사성 물질은 비점오염원이다.

해설

토양오염의 원인이 되는 중금속은 pH 가 낮을수록 용출이 되면서 토양에서의 양이 줄어들게 된다. 반대로 pH 가 높은 토양은 중금속 흡착으로 중금속의 양이 많아지게 된다.

38 토양이 물이나 바람에 유실되면 유기농업에서는 상당한 손실 이다. 토양침식을 막기 위한 수단으로 틀린 것은?

① 경사도가 5° 이상인 비탈에서는 등고선을 따라 띠 모양으로 번갈아 재배한다.
② 유기물사용이 많아지면 입단구조가 되어 유실이 적어진다.
③ 경사지에서는 이랑 방향과 경사지 방향을 같도록 재배한다.
④ 경사도가 15° 이상인 곳은 초지를 조성하는 것이 바람직하다.

해설

경사지에서는 이랑 방향과 경사지 방향이 직각이 되도록 재배하는 것이 토양침식을 막기 유리하다.

39 논토양에서 탈질작용이 가장 빠르게 일어날 수 있는 질소의 형태는?

① 질산태 질소　② 암모늄태 질소
③ 요소태 질소　④ 유기태 질소

> **해설**
> 질산태 질소는 일부가 작물흡수가 되는데 일부가 용탈되거나 탈질균에 의해 가스로 휘산되는 탈질 작용이 일어난다.

40 일반적으로 작물생육에 가장 알맞은 이상적인 토양3상의 분포로 적당한 것은?

① 고상 25%, 액상 25%, 기상 50%
② 고상 25%, 액상 50%, 기상 25%
③ 고상 50%, 액상 25%, 기상 25%
④ 고상 30%, 액상 30%, 기상 40%

> **해설**
> 토양은 고상, 기상, 액상으로 구성되어 있으며 고상의 대부분은 무기물이, 기상은 토양공기, 액상은 토양수분을 의미하며 고상:액상:기상=50:25:25 비율로 구성되어 있는 것이 작물이 크기에 가장 이상적인 구조이다.

41 염류농도 장해 대책으로 거리가 먼 것은?

① 심경　　　　② 유기물 사용
③ 담수 처리　④ 동반작물 이용

> **해설**
> 염류농도 장해 대책으로 제염작물을 이용한다.

42 두과 녹비작물은?

① 동부　　　② 메밀
③ 조　　　　④ 수수

> **해설**
> 두과 녹비작물에는 자운영, 알팔파, 동부, 화이트클로버, 레드클로버 등이 있다.

43 토양 속 지렁이의 효과가 아닌 것은?

① 유기물을 분해한다.
② 통기성을 좋게 한다.
③ 뿌리의 발육을 저해한다.
④ 토양을 부드럽게 한다.

> **해설**
> 지렁이는 물리, 화학적 토양 성질을 개량해주고 식물 뿌리의 발육을 왕성하게 해준다.

44 유기재배 시 병해충 방제방법으로 잘못된 것은?

① 유기합성농약 사용
② 적합한 윤작체계
③ 천적활용
④ 덫

> **해설**
> 유기재배에서는 유기합성농약과 같은 화학약제를 사용할 수 없다.

45 농기구나 맨손으로 잡초나 해충을 직접 죽이거나 열, 물, 광선 등을 이용하여 잡초, 병해충을 방제하는 방법은?

① 화학적 방제　② 생물학적 방제
③ 재배적 방제　④ 물리적 방제

> **해설**
> 해충이 살기 어려운 조건을 만들어주는 것으로 방사선, 고주파를 이용하는 방법과 환경조건을 달리하도록 온도 및 습도를 조절하는 방법으로 해충의 물리적 방제가 있다.

46 한 포장 내에서 위치에 따라 종자, 비료, 농약 등을 달리함으로써 환경문제를 최소화하면서 생산성을 최대로 하려는 농업은?

① 자연농업　　② 생태농업
③ 정밀농업　　④ 유기농업

해설

정밀농업은 농작물 재배에 영향을 미치는 요인에 관한 정보를 수집하고, 이를 분석하여 불필요한 농자재 및 작업을 최소화함으로써 농산물 생산관리의 효율을 최적화하는 시스템이다. 정밀농업 기술은 식량생산 한계나 환경보존의 문제를 동시에 해결할 수 있는 대안으로 부상하고 있다.

47 다음 중 작물의 요수량이 가장 큰 것은?

① 옥수수　　② 클로버
③ 보리　　④ 기장

해설

요수량이 큰 식물로 알팔파, 클로버, 완두, 명아주 등이 있다.

48 우리나라에서 유기농업발전기획단이 정부의 제도권 내로 진입한 연대는?

① 1971　　② 1981
③ 1991　　④ 2000

해설

유기농업발전기획단을 설치한 것은 1991년이다. 이후 1994년 환경농업과 설치, 1997년 환경농업 육성법 제정을 하였다.

49 발효퇴비의 장점이 아닌 것은?

① 분해과정 중 양분의 손실
② 유효균의 배양
③ 토양의 중화
④ 병·해충의 사멸

해설

발효퇴비는 양분이 늘어난다.

50 인과류에 속하는 과수는?

① 비파　　② 살구
③ 호두　　④ 귤

해설

인과류에는 사과, 배, 비파 등이 있다.

51 퇴비화 과정에서 숙성단계의 특징이 아닌 것은?

① 퇴비더미는 무기물과 부식산, 항생물질로 구성된다.
② 붉은두엄벌레와 그 밖의 토양생물이 퇴비더미 내에서 서식하기 시작한다.
③ 장기간 보관하게 되면 비료로써의 가치는 떨어지지만, 토양개량제로써의 능력은 향상된다.
④ 발열과정에서보다 많은 양의 수분을 요구한다.

해설

퇴비화 과정을 보면 초기에 50~60% 정도이며 후반부로 갈수록 요구되는 수분이 점점 줄어든다. 그래서 숙성단계에서는 발열과정보다 적은 양의 수분이 요구된다.

52 관행축산과 비교하여 유기축산에서 더 중요시 하는 축사의 조건은?

① 온습도 유지　　② 적당한 환기
③ 적절한 단열　　④ 충분한 공간

해설

유기축산에서 자연스럽게 일어서서 앉고 돌고 활개 칠 수 있는 등 충분한 활동공간이 확보되어야 한다.

53 과수의 전정방법에 대한 설명으로 옳은 것은?

① 단초전정은 주로 포도나무에서 이루어지는데 결과모지를 전정할 때 남기는 마디수는 대개 4~6개이다.

② 갱신전정은 정부우세현상으로 결과모지가 원줄기로부터 멀어져 착과되는 과실의 품질이 불량할 때 이용하는 전정방법이다.

③ 세부전정은 생장이 느리고 연약한 가지·품질이 불량한 과실을 착생시키는 가지를 제거하는 방법이다.

④ 큰 가지전정은 생장이 느리고 외부에 가지가 과다하게 밀생하며 가지가 오래되어 생산이 감소할 때 제거하는 방법이다.

> **해설**
>
> 오래된 측지는 꽃눈이 불량하고 과실의 발육과 품질이 나빠지기 때문에 일정수의 새로운 가지로 갱신전정을 통해 갱신을 해주어야 한다.

54 생물적 방제와 가장 거리가 먼 것은?

① 자가 액비 제조 이용

② 천적 곤충의 이용

③ 천적 미생물의 이용

④ 식물의 타감작용 이용

> **해설**
>
> 액비는 액체 상태의 비료로 생물적 방제법과는 거리가 멀다.

55 답전윤환 체계로 논을 밭으로 이용할 때 유기물이 분해되어 무기태질소가 증가하는 현상은?

① 산화작용　　② 환원작용

③ 건토효과　　④ 윤작효과

> **해설**
>
> 토양 중 유기태 양분의 무기화 촉진을 위해 논토양을 상온에 대기조건에서 풍건처리한 후 담수 보온 처리를 하면 다량의 무기태 양분이 생성되는데 이를 건토효과라 한다.

56 품종육성의 효과로 기대하기 어려운 것은?

① 품질개선　　② 지력증진

③ 재배지역의 확대　④ 수량증가

> **해설**
>
> 품종육성은 나라 경제 발전에 기여하고 농작물 재배의 지리적 한계 및 계절적 한계를 극복할 수 있다. 농산물의 품질을 개선하고 작황의 안정성 증대, 농업경영의 합리화를 기대할 수 있다.

57 유기재배 과수의 토양표면 관리법으로 가장 거리가 먼 것은?

① 청경법　　② 초생법

③ 부초법　　④ 플라스틱 멀칭법

> **해설**
>
> 토양표면 관리법으로 청경법, 초생법, 부초법 등이 있다.

58 유기농업 벼농사에서 이용할 수 있는 종자처리 방법이 아닌 것은?

① 온수에 종자를 침지하는 온탕소독
② 마늘가루 같은 식물체 종자 코팅
③ 길항작용 곰팡이 분의처리
④ 종자소독약에 종자 침지

해설

유기농업에서 종자처리는 천연 혹은 물리적 방법을 허용하고 있으며 종자소독약과 같은 화학적 방법은 제외된다.

59 생태계를 교란시킬 위험성이 있고 환경을 오염시켜 농산물의 안전성을 위협할 수 있는 병해충 방제 방법은?

① 경종적 방제 ② 물리적 방제
③ 화학적 방제 ④ 생물학적 방제

해설

화학적 방제법은 화학약제 및 농약 등을 활용하기에 생태계 교란 및 환경오염을 야기할수 있다.

60 밀폐된 창고나 온실에서 약제를 가스로 발생시켜 병충해를 방제하는 방법은?

① 연무법 ② 미량살포법
③ 훈증법 ④ 관주법

해설

병충해의 화학적 방제법 중 훈증법은 훈증제를 활용하는데 약제를 가스화 하여 처리하며 별도의 밀폐처리가 필요하다.

※ 답안카드 작성시 시험문제지 형별누락, 마킹착오로 인한 불이익은 전적으로 수험자의 귀책사유임을 알려드립니다.

** 본문제는 수검자의 생각에 의한 것으로 실제 문제와 약간 다를 수 있음.

01 다음 중 타가수분을 하는 작물은?

① 배추　　　　② 토마토
③ 벼　　　　　④ 밀

> **해설**
> 배추, 무, 시금치 등은 타가수분을 한다.

02 다음 중 종자의 발아에 가장 효과가 큰 파장은?

① 550nm　　　② 670nm
③ 750nm　　　④ 860nm

> **해설**
> 종자의 발아를 촉진하는 광파장은 적색부분(660~700nm) 이며 660~670nm 파장에서 가장 활성화된다.

03 작물의 수분 부족 장해가 아닌 것은?

① 무기양분이 결핍된다.
② 증산작용이 억제된다.
③ ABA 양이 감소된다.
④ 광합성능이 떨어진다.

> **해설**
> 작물의 수분이 부족할 경우 ABA(아브시스산)이 증가한다.

04 다음 중 대기의 공기에 가장 많이 함유되어 있는 가스는?

① 산소가스　　② 질소가스
③ 이산화탄소　④ 아황산가스

> **해설**
> 대기의 조성은 질소 78%, 산소 21%, 이산화탄소 0.03% 및 기타로 구성되어 있다.

05 식물이 이용하는 광에 대한 설명으로 옳은 것은?

① 식물이 광에 반응하는 굴광 현상은 청색광이 가장 유효하다.
② 광합성은 675nm을 중심으로 한 620~770nm 의 황색광이 가장 효과적이다.
③ 광으로 인해 광합성이 활발해지면 동화물질이 축적되어 증산작용을 감소시킨다.
④ 자외선과 같은 단파장은 식물을 도장시킨다.

> **해설**
> 굴광현상은 400~500nm, 특히 440~480nm 청색광이 가장 유효하다.

06 춘화처리 할 때 가장 중요한 환경조건은?

① 산소　　　　② 습도
③ 온도　　　　④ 일장

> **해설**
> 춘화처리라고도 하는 버널리제이션은 식물에 인위적인 저온 처리를 통해 화성을 유도하는 것을 의미한다. 즉 춘화처리는 온도에 가장 중요한 환경요인이 되겠다.

07 다음 작물 중 일장형의 분류상 장일식물에 속하는 것은?

① 시금치
② 벼
③ 콩
④ 담배

> **해설**
> 보리, 시금치, 양파, 당근, 양배추, 아마, 감자, 상추 등이 장일식물에 해당한다.

08 물속에서는 발아하지 못하는 종자는?

① 상추
② 가지
③ 당근
④ 셀러리

> **해설**
> 수중에서 발아가 잘 안되는 종자에는 밀, 콩, 무, 귀리, 양배추, 가지, 고추 등이 있다.

09 경운작업의 긍정적 효과와 거리가 먼 것은?

① 단립구조 형성
② 잡초 경감
③ 토양유기물 분해 촉진
④ 해충 경감

> **해설**
> 물리적 충격을 주는 경운 작업은 토양의 입단구조를 파괴하기도 하며 단립구조가 형성되기도 하는데 이는 경운작업의 단점에 해당된다.

10 생력재배의 효과와 가장 거리가 먼 것은?

① 농업노력비의 절감
② 품질의 향상
③ 재배면적의 증대
④ 단위수량의 증대

> **해설**
> 생력재배를 통해 농업에 필요한 노동력 절감 및 경영에 효율이 개선되는 데 주 목적이 있으며 품질의 향상은 기대하기 어렵다.

11 다음 중 맥류의 동상해 방지대책으로 거리가 먼 것은?

① 퇴비 등을 시용하여 토질을 개선함
② 내동성이 강한 품종을 재배함
③ 이랑을 세워 뿌림골을 깊게 함
④ 적기파종과 인산비료를 증시함

> **해설**
> 동상해 방지를 위해 칼륨 및 규산 비료를 증시하는게 유리하다.

12 작물의 일반적인 도복 방지 대책으로 거리가 먼 것은?

① 단간품종의 선택
② 밀식
③ 답압·배토·토입
④ 규산과 석회의 사용

> **해설**
> 밀식을 하면 근계발달이 불량해지면서 도복 발생이 증가하게 된다.

13 잎의 가장자리에 있는 수공에서 물이 나오는 현상은?

① 일액현상
② 일비현상
③ 증산작용
④ Apoplast

> **해설**
> 일액현상은 잎의 가장자리에 있는 수공에서 물이 나오는 현상이다.

14 식물의 미소식물군 중 독립영양생물에 속하는 것은?

① 녹조류
② 곰팡이
③ 효모
④ 방선균

> **해설**
> 녹조류, 규조류 등은 독립영양생물에 속한다.

15 토양의 양이온교환용량의 값이 크다는 의미는?

① 산도가 높음을 의미
② 토양의 공극량이 큼을 의미
③ 토양의 투수력이 큼을 의미
④ 비료성분을 지니는 힘이 큼을 의미

해설

양이온치환용량이 크다는 것은 비옥한 토양을 의미하기에 비료성분이 지니는 힘이 크다고 할 수 있다.

16 삼한시대에 재배된 오곡에 포함되지 않는 작물은?

① 수수　② 보리
③ 기장　④ 피

해설

삼한시대 5곡에는 보리, 피, 기장, 조, 참깨가 있다.

17 작물이 받는 냉해의 종류가 아닌 것은?

① 생태형 냉해　② 지연형 냉해
③ 병해형 냉해　④ 장해형 냉해

해설

냉해의 종류에는 지연형 냉해, 장해형 냉해, 병해형 냉해가 있으며 이러한 냉해는 복합적으로 나타날 경우 혼합형 냉해라고 한다.

18 지표관개 방법에 해당하지 않는 것은?

① 일류관개　② 보더관개
③ 수반법　④ 스프링클러관개

해설

스프링클러법은 다공관관개법, 물방울관개법와 함께 살수관개에 해당한다.

19 작물의 발달과 관련된 용어의 설명 중 틀린 것은?

① 작물이 원래의 것과 다른 여러 갈래로 갈라지는 현상을 작물의 분화라고 한다.
② 작물이 환경이나 생존경쟁에서 견디지 못해 죽게 되는 것을 순화라고 한다.
③ 작물이 점차 높은 단계로 발달해 가는 현상을 작물의 진화라고 한다.
④ 작물이 환경에 잘 견디어 내는 것을 적응이라 한다.

해설

작물의 환경이나 생존경쟁에서 견디지 못해 죽게 되는 것을 도태라고 하고 환경에 적응하여 특성이 변화되는 것을 순화라고 한다.

20 자연 환경의 3요소가 아닌 것은?

① 토양요소　② 기상요소
③ 기술요소　④ 생물요소

해설

자연 환경의 3요소에는 토양, 생물, 기상이 있다.

21 화강암과 같은 광물조성을 가지는 변성암으로 석영을 주요 조암광물로 하고 있으며, 우리나라 토양생성에 있어서 주요 모재가 되는 암석은?

① 편마암　② 섬록암
③ 안산암　④ 석회암

해설

편마암은 화강암과 같은 광물조성(석영, 장석, 운모)을 가지지만 장석을 주성분으로 하는 편마상의 변성암이다.

22 다음 중 점토함량이 가장 많은 토성은?

① 사토   ② 양토

③ 식토   ④ 식양토

> **해설**
>
> 식토는 점토함량이 50% 이상으로 가장 많다.

23 토양의 떼알구조(입단화)를 위한 조치로서 틀린 것은?

① 완숙유기물의시용

② Na^+ 의 시용

③ 토양의 피복

④ 콩과 작물의 재배

> **해설**
>
> 나트륨이온에 의해 오히려 입단화가 방해받거나 파괴된다.

24 강우에 의한 토양침식 방지 대책으로 적합하지 않은 것은?

① 토양피복   ② 청경재배

③ 초생재배   ④ 등고선 경작

> **해설**
>
> 청경재배는 토양을 이용하지 않는 재배 방법으로 토양방지 대책으로 적합하지 않다.

25 강물이나 바닷물의 부영양화를 일으키는 원인물질로 가장 거리가 먼 것은?

① 질소   ② 인산

③ 칼륨   ④ 염소

> **해설**
>
> 염소는 독성이 강해 소독용으로 활용하기도 한다.

26 우리나라 밭토양의 특징과 거리가 먼 것은?

① 밭토양은 경사지에 분포하고 있어 논토양보다 침식이 많다.

② 밭토양은 인산의 불용화가 논토양보다 심하지 않아 인산유효도가 높다.

③ 밭토양은 양분유실이 많아 논토양보다 비료 의존도가 높다.

④ 밭토양은 논토양에 비하여 양분의 천연공급량이 낮다.

> **해설**
>
> 밭토양은 논토양보다 pH 유지가 어려워 인산의 불용화가 심해 인산유효도가 낮다.

27 다음 중 토양의 양분 보유력을 가장 증대시킬 수 있는 영농방법은?

① 부식질 유기물의 시용

② 질소비료의 시용

③ 모래의 객토

④ 경운의 실시

> **해설**
>
> 부식질 유기물은 양이온 치환용량이 커서 양분의 보유력을 증대시킬 수 있다.

28 논토양과 밭토양의 차이점으로 틀린 것은?

① 논토양은 무기양분의 천연공급량이 많다.

② 논토양은 유기물 분해가 빨라 부식함량이 적다.

③ 밭토양은 통기상태가 양호하며 산화상태이다.

④ 밭토양은 산성화가 심하여 인산유효도가 낮다.

> **해설**
>
> 논토양은 담수상태이기에 밭토양에 비해 유기물의 분해가 느리다.

29 토양의 환원상태를 촉진하지 않는 것은?

① 미숙퇴비 살포

② 투수성 불량

③ 토양의 수분 건조

④ 미생물 활동 증가

해설

토양에 수분이 건조하면 산소의 공급이 원활하기에 산화상태가 된다.

30 토양의 3상에 속하지 않는 것은?

① 액상 ② 기상

③ 고상 ④ 주상

해설

토상은 고상, 기상, 액상으로 구성되어 있다.

31 호기적 조건에서 단독으로 질소고정작용을 하는 토양미생물 속은?

① 아조토박터(Azotovacter)

② 클로스트리디움(Clostridium)

③ 리조비움(Rhizobium)

④ 프랑키아(Frankia)

해설

아조토박터(Azotovacter)는 토양 미생물로 호기성 세균이며 단독으로 유리질소를 고정하는 세균이다.

32 토양 구조에 대한 설명으로 옳은 것은?

① 판상구조는 배수와 통기성이 양호하며 뿌리의 발달이 원활한 심층토에서 주로 발달한다.

② 주상구조는 모재의 특성을 그대로 간직하고 있는 것이 특징이며, 물이나 빙하의 아래에 위치하기도 한다.

③ 괴상 구조는 건조 또는 반건조지역의 심층토에 주로 지표면과 수직한 형태로 발달한다.

④ 구상 구조는 주로 유기물이 많은 표층토에서 발달한다.

해설

구상구조는 입상구조라 하며 주로 유기물이 많은 표층토에서 발달하고 입단이 구상을 나타낸다.

33 단위 무게당 비표면적이 가장 큰 토양입자는?

① 조사 ② 중간사

③ 극세사 ④ 미사

해설

입경이 작을수록 단위 무게당 비표면적이 크게 되는데 미사의 입경이 0.002 ~ 0.02mm 정도로 작다.

34 토양의 pH가 낮을수록 유효도가 증가되는 성분은?

① 인산 ② 망간

③ 몰리브덴 ④ 붕소

해설

알루미늄(Al), 구리(Cu), 철(Fe), 망간(Mn), 아연(Zn)은 산성토양에서 유효도가 증가하는 성분이다.

35 토성을 결정할 때 자갈과 모래로 구분되는 분류 기준(지름)은?

① 5mm ② 2mm
③ 1mm ④ 0.5mm

해설

토양입자의 입경이 2mm 이상이면 자갈이다.

36 다음 중 토양유실 예측 공식에 포함되지 않는 것은?

① 토양관리인자 ② 강우인자
③ 평지인자 ④ 작부인자

해설

토양유실예측 공식은 < 유실량 = 강우×토양침식성×경사도×작부×보전관리 > 이다.

37 입단구조의 발달과 유지를 위한 농경지 관리 대책으로 활용할 수 없는 것은?

① 석회물질의 사용
② 유기물의 사용
③ 목초의 재배
④ 토양 경운 강화

해설

경운은 토양을 갈아 흙덩이를 부스러뜨리는 작업으로 적당한 경운은 작물 재배에 도움을 주나 과도한 경운을 할 경우 입단구조가 파괴된다.

38 다음 중 습답의 특징이 아닌 것은?

① 환원상태
② 토양 색깔의 회색화
③ 추락현상
④ 중금속 다량용출

해설

습답은 지하수위가 높고 건조하지 않은 곳으로 환원상태인 곳이며 그로 인하여 토양의 색은 회색화가 되어 있고 벼의 생육 후기 질소과다로 병해 및 도복이 유발되고 추락현상이 나타난다. 그러나 중금속이 다량 용출되지는 않는다.

39 토양의 염류집적 방지 대책 중 염류를 제거하는 데 가장 적합한 방법은?

① 작물 수확 후 토지를 그대로 방치 한다.
② 담수한 후 경운하고 얼마 후에 물을 뺀다.
③ 비닐하우스에 경제적인 이득을 위하여 한 품목만 재배한다.
④ 최소 깊이의 경운을 실시하여 토양을 반전시킨 후 계속해서 경작한다.

해설

담수 후 경운을 하면 토양의 염류가 물에 이온화되고 얼마 후 물을 빼주게 되면 대부분 제거가 된다.

40 점토 함량이 높은 밭토양의 개량방법으로 적합하지 않은 것은?

① 심토파쇄 ② 객토
③ 암거배수 ④ Na 계통 비료 사용

해설

나트륨이온은 토양의 입단을 파괴하기에 양분의 유실 및 배수가 어려워 밭토양의 개량을 더 어렵게 한다.

41 유기농산물 생산을 위한 식물병 방제방법으로 적절치 않은 것은?

① 생물적 수단 강구
② 내병성 품종재배
③ 경종적 수단 동원
④ 발병예방을 위한 살균제 살포

> **해설**
>
> 살균제 살포는 화학적 방제법에 해당하며 유기농업에서는 화학적 약제의 사용을 하면 안된다.

42 유기농업의 단점이 아닌 것은?

① 유기비료 또는 비옥도 관리수단이 작물의 요구에 늦게 반응 한다.
② 인근 농가로부터 직·간접적인 오염이 우려된다.
③ 유기농업에 대한 정부의 투자효과가 크다.
④ 노동력이 많이 들어간다.

> **해설**
>
> 유기농업에 대한 정부의 투자의 효과가 큰 것은 장점이다.

43 과실에 봉지씌우기를 하는 목적과 가장 거리가 먼 것은?

① 병해충으로부터 과실보호
② 과실의 외관보호
③ 농약오염방지
④ 당도 증가

> **해설**
>
> 과수의 봉지씌우기는 병해충 방제, 착색의 증진, 열과 방지, 숙기 조절 등을 위하여 실시한다. 봉지를 씌우면 일사량이 부족해져 당도는 감소하게 된다.

44 재배 시 석회 시용이 필요 없는 작물은?

① 벼
② 콩
③ 시금치
④ 보리

> **해설**
>
> 벼, 귀리, 조 등은 산성토양에 강해 석회 시용이 필요가 없다.

45 유기사료를 가장 바르게 설명한 것은?

① 비식용품유기가공품 인증기준에 맞게 재배·생산된 사료를 말한다.
② 배합사료를 구성하는 사료로 사료의 맛을 좋게 하는 첨가사료이다.
③ 혼합사료를 만드는 보조사료이다.
④ 혼합사료의 혼합이 잘 되게 하는 첨가제이다.

> **해설**
>
> 유기사료는 비식용유기가공품 인증기준에 맞게 재배, 생사된 사료이다.

46 다음 중 배 품종명은?

① 후지
② 신고
③ 홍옥
④ 델리셔스

> **해설**
>
> 보기의 후지, 홍옥, 델리셔스는 사과의 품종명이다.

47 Codex 가이드라인의 기준에 따라 유기재배 인증 농가가 토양개량과 작물생육에 사용할 수 없는 자재는?

① 공장형 농장에서 생산한 가축분뇨를 발효시킨 것

② 식품 및 섬유공장의 유기적 부산물 중 합성첨가물이 포함되어 있지 않은 것

③ 퇴비화 된 가축배설물 및 유기질비료 중 농촌진흥청장이 고시한 기준에 적합한 것

④ 나무숯 및 나뭇재와 천연 인광석

해설

공장형 농장의 경우 항생물질이 없고 유해성분함량이 기준에 부합하지 않을수도 있어 사용이 어렵다.

48 잘 발효된 퇴비로 보기 어려운 것은?

① 유해가스 배제　② 양분의 증가

③ 유효균 배양　　④ 영양분 손실

해설

잘 발효된 퇴비는 미생물의 작용으로 양분이 증가된다.

49 다음 중 시설하우스 염류집적의 대책으로 적합하지 않은 것은?

① 담수에 의한 제염

② 제염작물의 재배

③ 유기물 시용

④ 강우의 차단

해설

강우을 차단하면 염류가 유실되지 못해 염류집적이 가속화된다.

50 벼의 이앙재배에 비해 직파재배의 가장 큰 장점은?

① 잡초방제가 용이하다.

② 쌀의 품질이 향상된다.

③ 노동력을 절감시킬 수 있다.

④ 종자를 절약할 수 있다.

해설

모를 키우고 이동시키는 이앙작업 없이 바로 직파를 하기에 직파재배가 상대적으로 노동력이 절감된다.

51 주사료로 조사료를 이용하는 가축은?

① 돼지　　　　　② 닭

③ 칠면조　　　　④ 산양

해설

산양은 건초, 생초, 사일리지, 청초 등인 조사료를 공급해야 한다. 조사료는 부피가 크고 조섬유 10% 이상인 사료이다.

52 다음 중 자연농업에 대한 설명으로 옳지 않은 것은?

① 무경운, 무비료, 무제초, 무농약 등 4대원칙을 지킨다.

② 자연생태계를 보전, 발전시킨다.

③ 화학적 자재를 가능한 한 배제한다.

④ 안전한 먹을거리를 생산한다.

해설

자연농업에서 화학적 자재는 사용하지 않아야 한다.

53 다음 중 붕소의 일반적인 결핍증이 아닌 것은?

① 사탕무의 속썩음병
② 셀러리의 줄기쪼김병
③ 사과의 적진병
④ 담배의 끝마름병

해설

사과의 적진병은 망간의 과잉으로 나타나는 증상 중 하나이다.

54 딸기의 우량 품종 특성을 유지하기 위한 가장 좋은 방법은?

① 자연적으로 교잡된 종자를 사용한다.
② 재배했던 식물의 종자를 사용한다.
③ 영양번식으로 증식한다.
④ 저온으로 저장된 종자는 퇴화되어 사용하지 않는다.

해설

영양번식은 모체와 유전적으로 동일한 개체를 얻을수 있다.

55 우량 과수 묘목의 구비조건이 아닌 것은?

① 품종의 정확성   ② 대목의 확실성
③ 근군의 양호성   ④ 묘목의 도장성

해설

묘목의 도장성은 묘목이 쓰러지는 것으로 우량 묘목의 경우 도장성이 없어야 한다.

56 품종의 특성유지방법이 아닌 것은?

① 영양번식에 의한 보존재배
② 격리재배
③ 원원종재배
④ 집단재배

해설

집단재배를 하면 자연 교잡이 증가하여 품종의 특성 유지가 어렵다.

57 과수원에 부는 적당한 바람과 생육과의 관계에 대한 설명으로 틀린 것은?

① 양분흡수를 촉진한다.
② 동해발생을 촉진한다.
③ 광합성을 촉진한다.
④ 증산작용을 촉진한다.

해설

적당한 바람은 연풍으로 증산 및 양분흡수를 촉진하고, 병해 경감, 광합성 촉진, 수정 및 결실 촉진 등의 효과가 나타난다.

58 녹비작물의 효과에 해당되지 않는 것은?

① 토양유기물 함량 증가
② 작물 내병성 증가
③ 후기성분의 유효도 증가
④ 토양미생물 활동 증가

해설

녹비를 통해 토양의 비옥도와 토양의 물리적 성질을 개선하면 후기성분의 유효도가 증가하고 토양의 미생물 활동도 증가하게 된다.

59 인공교배하여 F1을 만들고 F2부터 매 세대 개체선발과 계통재배 및 계통선발을 반복하면서 우량한 유전자형의 순계를 육성하는 육종방법은?

① 파생계통육종   ② 계통육종
③ 여교배육종   ④ 집단육종

해설

계통육종법은 교배를 하여 잡종을 만들고 그 분리 세대인 F_2 이후부터 계속 개체선발을 하고 선발된 개체를 개체별 계통재배를 되풀이 하면 그들 계통을 서로 비교하여 우량한 계통을 선발, 고정하여 순계를 만들어 가는 방법으로 자가수정작물의 대표적인 육종방법이다.

60 산도(pH)가 중성인 토양은?

① pH 3~4　　② pH 4~5

③ pH 6~7　　④ pH 9~10

[해설]

중성은 pH 7을 기준으로 하며 그 범위는 pH 6~8
로 한다.

올배움 BOOK 이러닝 강의 및 교재내용 문의

올배움 홈페이지 **www.kisa.co.kr** 에
방문하시면 본 교재의 저자직강 강의를 통하여
자격증 단기합격을 할 수 있습니다.
또한 본 교재의 정오표는
올배움 홈페이지를 통해 확인이 가능하며
그 밖의 다른 의견 및 오탈자를 제보해주시면
더 좋은 강의와 교재로 보답하겠습니다.

www.kisa.co.kr

📞 **1544-8509**   💬 카톡 ID : **kisa**

올배움BOOK
홈페이지
바로가기   >

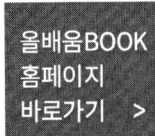

유기농업기능사 필기

1판1쇄 발행	2024년 3월 10일	2판1쇄 발행	2025년 1월 10일
3판1쇄 발행	2026년 1월 10일		

지 은 이 • 권 현 준
펴 낸 이 • 이 정 훈
펴 낸 곳 • 올배움
주   소 • 서울시 금천구 가산디지털1로 168 B동 B105(가산동, 우림라이온스밸리)
전   화 • 1544-8509 / FAX 0505-909-0777
홈페이지 • www.kisa.co.kr

법인등록번호 • 110111-5784750
I S B N • 979-11-6517-186-5 (13520)

정가 25,000원
